绿色建筑性能设计与分析

——VE 建筑可持续性分析

张辉 著

中国建筑工业出版社

图书在版编目（CIP）数据

绿色建筑性能设计与分析——VE建筑可持续性分析/张辉著. —北京：中国建筑工业出版社，2018.3
ISBN 978-7-112-21760-1

Ⅰ.①绿… Ⅱ.①张… Ⅲ.①生态建筑-建筑设计 Ⅳ.①TU201.5

中国版本图书馆CIP数据核字（2018）第007717号

本书是作者多年的专业和科研项目的总结，全书共分为：绿色建筑与可持续设计，绿色建筑可持续设计性能模拟与分析，IES〈VE〉概述，IES〈VE〉模型创建，IES〈VE〉气象参数设定，建筑能耗模拟分析，建筑通风分析，建筑日照与遮阳分析，建筑采光分析，建筑制冷与采暖系统分析，国内外相关案例解析等章节内容。本书可供建筑学专业师生的阅读使用。

责任编辑：范业庶　张伯熙
责任设计：李志立
责任校对：芦欣甜

绿色建筑性能设计与分析
——VE建筑可持续性分析
张　辉　著
*
中国建筑工业出版社出版、发行（北京海淀三里河路9号）
各地新华书店、建筑书店经销
北京科地亚盟排版公司制版
北京建筑工业印刷厂印刷
*
开本：787×1092毫米　1/16　印张：16¾　字数：402千字
2021年6月第一版　2021年6月第一次印刷
定价：**68.00**元
ISBN 978-7-112-21760-1
（31600）

前　言

从20世纪可持续理论诞生以来，以绿色建筑为代表的建筑理念成为了建筑领域理念和设计创新的重要形式，是建筑未来发展的趋势之一。绿色建筑以人为核心，根本的目的是为使用者创造健康、舒适、高效的工作和生活环境。因此，如何合理营造健康舒适的建筑室内物理环境，设计节能高效的建筑环境系统，进一步提升建筑环境性能，成为绿色建筑的重要目标，也是设计师在绿色建筑设计过程中需要思考和解决的基本问题。

绿色建筑的设计与建造强调了资源的节约、环境的保护，强调了与气候特征、地域条件、人文环境、社会经济发展、技术应用等多方面的适用性，强调了建筑全寿命周期内节约能耗、环境保护与资源利用的最优化。绿色建筑设计与建造体现了多专业、多领域的综合协调与优化。从另一方面讲，绿色建筑更为强调“因地制宜，被动优先、主动优化”的思路，这也是绿色建筑技术体系选择与优化的重要原则。

近些年，随着计算机仿真技术的不断发展，为绿色建筑的性能设计与分析提供了重要的技术保障。在绿色建筑设计过程中，更多强调了建筑与环境的关系，从建筑能耗、建筑光环境、建筑热环境、建筑风环境、建筑声环境和室内空气质量方面进行控制。对于建筑师而言，传统的建筑设计更多的是从功能、形态、空间、流线等方面入手，虽然也考虑了建筑与环境的关系问题，但很难在建筑的设计层面量化评判设计的效果。于是，绿色建筑的性能设计与分析为绿色建筑的设计提供了重要的技术保障。由于建筑师在设计过程中的项目分工，虽然在设计过程中处于一定的主导地位，但在建筑环境的性能模拟与分析方面成为巨大的弊端，也给绿色建筑的设计与优化带来了一定的障碍。

本书希望从绿色建筑的设计与性能分析角度切入，结合当前我国的绿色建筑设计与评价需求，为从事建筑学专业学习或研究的同仁提供思路和帮助。本人从2004年进入华中科技大学进行研究生学习至今，深受导师余庄教授、李保峰教授、陈宏教授在绿色建筑与建筑节能方面的影响。研究生学习期间，曾参与国家自然科学基金“夏热冬冷地区基于节能及气候适应性的城市设计策略研究”（编号：50578067），中华人民共和国财政部与中华人民共和国住房和城乡建设部可再生能源项目“华中科技大学可再生能源示范建筑研究”，以及中国可持续能源项目（G-1011-13456）等课题研究。2011年进入湖北工业大学从事科研和教学工作至今，现主持国家自然科学基金青年项目“高层住宅被动式参数化节能设计研究”（编号：51508169），湖北省自然科学基金项目“适应气候变化的高层住宅太阳能整合设计研究”（编号：2014CFB475），中国博士后科学研究基金“低能耗建筑围护结构节能技术研究”（编号：2013M531697），作为子课题负责人主持中华人民共和国住房和城乡建设部科学技术项目计划“铁路交通枢纽建筑绿色性能设计与决策系统研究及应用”（编号：2017-K1-009）等国家及省级科研项目多项，并在实际工作中主持完成了“太原南建筑环境模拟与环境测试分析”“城市商业综合体绿色建筑技术与公共安全应急交通规划研究”等项目。这些项目均进行了大量的建筑环境模拟与分析工作，这些积累也为本书的编写奠定了一定基础。

在本书编写过程中，本人认真学习和阅读了刘加平教授、秦佑国教授、李百战教授、林波荣教授、曾旭东教授、潘毅群教授等人在绿色建筑和建筑性能模拟方面的著作以及其他相关学者的研究成果，为本书的编写提供了思路和参考，在此对前辈的研究表示深深的敬重和由衷的感谢！

与此同时，本书的编写得到了国内外相关专家、学者和同仁的鼎力支持。感谢 IES 公司李智裕（JIMMY）先生在部分章节编写和技术上给予的指导，感谢艾迪捷信息科技（上海）有限公司吴成涛经理在本书编写过程中的精心核对，感谢艾迪捷信息科技（上海）有限公司韩海博士（董事长）、贺懿经理在该书出版过程中的鼎力支持，感谢 IDAJ 中国 IES〈VE〉工程师李龙先生给予的技术指导。感谢北京宇捷节能科技有限公司项卫中博士提供的精彩案例。感谢泽亿绿建科技有限公司王晶晶总工程师和武昌理工学院刘玉曦老师在校核过程中的给予的建议和帮助。感谢湖北工业大学肖本林教授、贺行洋教授、黄艳雁教授、邹贻权教授等同仁给予的支持和建议。

本书在编写过程中，还得到了新加坡国立大学设计与环境学院刘兴奔同学，湖北工业大学刘宇航、魏迪、刘丹凤、李清、夏斐然、唐萌、韩啸霖、朱富城、王惠慧等同学的支持，在此一并感谢！

本书作为绿色建筑设计与可持续建筑环境分析相关的参考与借鉴，希望能够给建筑学专业的本科、研究生以及相关专业的同仁在绿色建筑设计与分析方面的学习提供一定的帮助。本书仍有诸多不足之处，还请各位同仁积极反馈，给予指正！

目　　录

第1章　绿色建筑与可持续设计

1.1　绿色建筑产生与发展

1.1.1　可持续发展理念的提出

20世纪80年代后，人们希望能够探索一种在环境和自然资源可以承受基础上的发展模式，提出了经济“协调发展”、“有机增长”、“全面发展”等许多设想，为可持续发展观的提出做了理论准备。1980年，世界自然保护联盟在《世界保护策略》中首次使用了“可持续发展”的概念，并呼吁全世界“必须研究自然的、社会的、生态的、经济的以及利益自然资源过程中的基本关系，确保全球的可持续发展”。

1981年，第14届国际建筑协会在《华沙宣言》中提出了“建筑学是人类建立生活环境的综合艺术和科学”，将传统建筑学引入了“环境建筑学”阶段。它强调了环境的整体（自然环境、社会环境、人工环境）同建筑设计的关系。“建筑学是对环境的理解和洞察的产品”，地域性的建筑学存在的前提，表现为建筑的“地方性”、“地域性”及“民族性”。

1983年，21个国家的环境与发展问题的著名专家组成了联合国世界环境与发展委员会研究经济增长和环境问题之间的相互关系。经过4年的调查研究，于1987年发表了《我们共同的未来》调查报告。在报告中，从环境和经济协调发展的角度，正式提出了“可持续发展”的观念，并指出“可持续发展”是人类社会生存和发展的唯一选择。可持续发展观是人类经过长期探索，吸取了以往发展道路的经验教训，根据多年的理论和实际研究而提出的一种崭新的发展观和发展模式。一经提出，即成为全世界不同社会制度、意识形态和文化群体的共识，成为解决环境问题的根本思想和原则。

1992年，在巴西里约热内卢召开的联合国环境与发展会议通过了《里约环境与发展宣言》（又名《地球宣言》）和《21世纪议程》两个纲领性文件，并签署了《气候变化框架公约》和《生物多样性公约》，此次大会通过的纲领性文件，标志着可持续发展成为人类的共同行动纲领。

1998年签订的《京东协议》和2009年“哥本哈根国际气候变化峰会”将控制碳排放作为处理地球环境恶化问题的解决办法。可持续发展逐渐明确其含义：要求在发展过程中，既可以满足当代人的需求，又不损害下一代人发展的需求。保障下一代使用权利的基础是合理地使用资源和减少对环境的影响。

“可持续发展”的核心内容是人类社会、经济文化、自然环境和谐共生与协同发展，将资源、环境、生态三者进行综合整体考虑的新观点。“可持续发展”观念成为建筑领域的新观念。作为一种全新的建筑观，可持续发展观为建筑学观念的发展树立了新的里程碑，正在全球范围内引发一场新的建筑变革。

1.1.2　绿色建筑的发展

20世纪中期以来，绿色建筑的相关研究已初显苗头。人类社会进行大跨步式的发展和飞跃，却是以牺牲资源环境为代价，人类为了经济的发展，盲目地把资源环境问题抛之脑后或者选择视而不见。大规模的污染和掠夺性的资源开发造成了严重恶果。进入21世纪后，能源危机和温室气体过量排放引起的全球变暖成为全人类面临的最严峻的两大问题。这使得我们不得不反思原有的发展模式，从而提出了一系列的节能技术和理念，而这些技术和理念反映在建筑业，则催生了一批新的设计思想。在此背景之下，在能源消耗大户的建筑领域，世界各国纷纷提出了“可持续建筑发展”的理念，以此寻求建筑与自然之间的和谐与发展。

目前，可持续建筑发展是国内外建筑业发展的主要趋势，它的发展经历了低能耗建筑、零能耗建筑、能效建筑、环境友好型建筑，再到时下的生态建筑和绿色建筑理念。关于绿色建筑的理念，根据文献归纳：绿色建筑是应用环境回馈和资源效率的集成思维去设计和建造的建筑。绿色建筑从建筑及其构件的全生命周期出发，考虑建筑使用性能和对环境、经济的影响，简而言之，绿色建筑就是可持续建筑。

20世纪60年代，美籍意大利建筑师保罗·索勒瑞首次将生态与建筑合称为“生态建筑”。绿色建筑起源于20世纪70年代初期能源危机的“节能建筑”风潮，后来结合“风土建筑”、“生态建筑”的环境设计理念，伴随着可持续发展理念和健康住宅理念而提出的。随着社会的进步，其范畴扩展到建筑全生命周期的资源节约、改善室内空气质量、提高居住舒适性、安全性等更广的领域。今天的绿色建筑，与过去的“节能建筑”、“风土建筑”、“生态建筑”，在环保尺度上已是截然不同的层级。

几十年来，绿色建筑由理论到实践，在发达国家逐步完善，形成了较成体系的设计方法、评价方法，各种新技术、新材料层出不穷。从1990年英国建筑科学研究院（BRE）发布首个绿色建筑评价标准《英国建筑研究组织环境评价法（BREEAM）》开始，世界各国和地区陆续针对绿色建筑出台适合本国的评价标识体系，包括1995年美国绿色建筑委员会的《能源及环境设计先导计划（LEED）》，2000年加拿大推出的《绿色建筑挑战2000标准》，澳大利亚的Green Star，日本的CASBEE等，绿色建筑的评价认证及其所倡导的设计理念得到了世界范围的广泛认同。至今，国际建筑界对绿色建筑的理论研究还在不断深化，绿色建筑的思想观念也在不断发展，绿色建筑在未来几年内将逐步成为全球建筑行业的主流，绿色建筑设计原则将成为几乎所有建筑必须遵循的基本设计原则。

我国的绿色建筑起步于20世纪初，先后出台了《中国生态小区评估手册》、《绿色奥运建筑评估体系》等尝试性评估方法，2006年3月建设部发布了我国第一部绿色建筑国家标准《绿色建筑评价标准》，此标准的发布标志着我国的绿色建筑工作全面启动。2009年8月，国务院提出大力发展绿色经济，首次将绿色建筑发展工作列入了国家的中长期发展规划。2010年11月中华人民共和国住房和城乡建设部颁布《民用建筑绿色设计规范》，并于2011年10月1日起实施。从《绿色建筑评价标准》到《民用建筑绿色设计规范》，作为一种设计理念的“绿色建筑”概念不仅在理论上更加完善，而且更加契合了绿色建筑的设计实践。绿色建筑的发展进入了提速期。

近几年来，我国的研究机构始终关注并开展绿色建筑前沿的课题研究，有关的企业、科研单位和高校积极参加相关的绿色建筑国际活动，并在相关领域进行科技联合攻关和工程应用示范。所取得的社会和经济效果使政府和建筑业界共同意识到绿色建筑是建筑业由黑色产业转向绿色可持续发展产业的重要途径，推动绿色建筑在中国的发展，能极大地促进中国建筑业的可持续发展。

1.2 世界绿色建筑标准简介

1.2.1 国外绿色建筑标准介绍

绿色建筑的概念起源于20世纪60、70年代的欧美发达国家，至今已有40多年的历史。自20世纪80年代以来，随着世界范围内能源的消耗、资源匮乏、环境危机的加剧，绿色可持续性建筑的研究与实施，逐渐成为国际关切的建筑议题。发达国家在20世纪90年代相继开发了适应不同国家特点的绿色建筑评价标准和评估体系，如英国的BREEAM、美国的LEED评估体系、日本的CASBEE、澳大利亚的建筑环境评价体系NABERS、德国的生态导则LNB、法国的ESCALE等。自20世纪90年代，绿色建筑概念开始引入我国。

国外的典型绿建评价体系介绍如下：

1. 英国建筑研究所环境评估法（BREEAM）

BREEAM是由英国建筑研究所研发的世界上第一个绿色建筑评价体系，其评价结果分为合格、良好、优良和优异。BREEAM包括管理、能源、健康舒适、污染、交通、土地使用生态、材料、水资源等的内容。

其评估方式为：当建筑物超过某一指标基准时，就获得该项分数，每项指标分值相同，评分标准根据评价内容而有不同规定。建筑研究所环境评估法的评分步骤如下：首先，根据被评估建筑物定需要评估的部分，如核心部分或核心部分加设计和实施等；其次，计算被评估建筑在各环境表现分类中的得分及其占比分类总分数的百分比；然后，乘以分类的权重系数，即得到被评估建筑在此分类的得分；最后，被评估建筑每个分类的得分累加即得到总分。

BREEAM体系的出现使得建筑的环境性能有了较大的提高，在国际上的影响力超过其他任何一类评价体系。BREEAM的主要有以下优点：

（1）BREEAM从建筑的全寿命周期对环境的影响进行了深入考察；

（2）条款式体系，评估方法较为简单直观；

（3）体系评价需要大量的数据，数据体现了各种建筑元素的环境影响关系，数据库在设计阶段可以帮助建造师预测建筑可能对环境造成的影响；

（4）BREEAM对不同阶段、用途的建筑分别有不同版本的评估体系，针对性强。

但同时，BREEAM也存在一定不足之处。该体系是基于英国的特点开发的，并没有考虑地域因素，体系的适用范围有限。

2. 美国绿色建筑评估体系（LEED）

LEED已成为全球目前最有影响力的绿色建筑评价体系之一，于1998年由美国绿色建筑协会发布问世。LEED的评价结果分为4个等级，分别是铂金级、金级、银级、认证级。评价内容包括可持续场址、节水、能源与大气、材料与资源、室内环境质量、创新设计、本地优先。在每个内容方面，它都提出评定的目的、要求、相应的技术及策略和提交评定文档的要求。

其评估方式为：LEED根据评定建筑物类型的不同，评定标准中条款要求和所占比重不同，分为必备条款和分值条款，必备条款不占分值，评定得分为全部分值条款评定得分的总和。

整个LEED评估体系的覆盖范围广泛，实施简单易行，不仅获得美国市场也获得国际社会认可。LEED主要有以下优点：

(1) LEED很少设置控制性指标，不因其中一项不达标而影响其他项的评价，可通过调整各指标形成互补，可以使用于不同地域条件或技术经济条件下的建筑绿色评价；

(2) LEED是以市场需求为导向的评价体系，且有独立的第三方评价机构；

(3) LEED评定系统结构简洁，操作程序简单，便于实施。

LEED的众多优点是其他国家建立绿色建筑评价体系的学习榜样，但作为环境评价的综合手段，LEED还存在一定的缺陷，例如：

(1) 并未从全寿面周期的角度考察建筑环境影响；

(2) 未对建筑不同阶段的环境表现区分评估；

(3) 权重体系不完善，未对体系各项条款、子条款设定权重，仅用打分累加分数，评价结果主观性强。

3. 日本建筑物综合环境性能评价体系（CASBEE）

CASBEE是由日本可持续建筑学会开发的绿色建筑评价体系。其评估方式为：它从两个角度来评价建筑，包括建筑的环境质量和性能以及建筑外部环境负荷。当评价建筑综合环境性能时，定义一个新的综合评价指标：建筑环境效率指标BEE。CASBEE追求计算结果的精确性，通过复杂的计算公式和权重系数的设立来反映被评估建筑真实的情况。CASBEE的等级划分为5个等级，用S、A、B+、B−、C表示，分别代表特优、优、好、一般、劣（图1-1）。

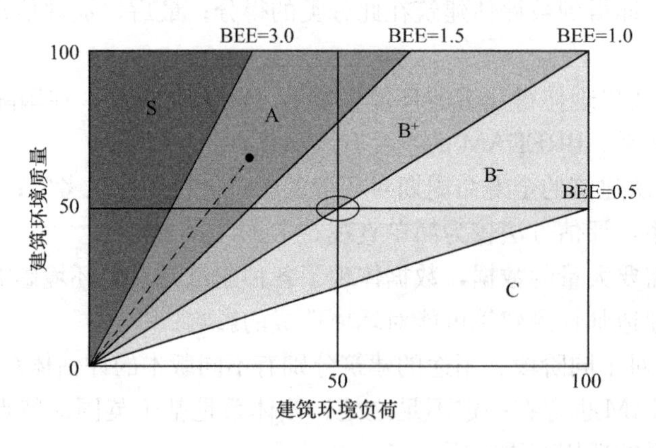

图1-1 CASBEE评分划分

CASBEE是首个由亚洲国家开发的绿色建筑评价体系，是亚洲国家开发适应本国国情的绿色建筑评价体系的一个范例，CASBEE的创新之处和特点如下：

(1) CASBEE是世界同类评价体系中首次尝试将生态效率(BEE)概念应用于实践的评价工具,BEE的定义源于魏茨泽克博士的“四要素”思想,其理念的普遍性已在世界范围内被广泛认可。

(2) 虽然世界上已经开发了一系列的绿色建筑评价体系,但CASBEE是首次将评价体系划分为“质量”和“负荷”分别评价,通过相对比得出建筑环境性能的评价体系。

(3) CASBEE的评价项目多,导致评价工作量巨大且灵活性差;评价体系没有考虑经济性问题。

4. 澳大利亚国家绿色建筑评估体系(NABERS)

评估体系由澳大利亚新南威尔士州能源发展局(SEDA)发布,它是澳大利亚国内第一个较全面的绿色建筑评估体系,主要针对建筑能耗及室温气体排放做评估,它通过对参评建筑打星值而评定其对环境影响的等级。

其评估方式为:在记分方法上采用星值评定法,规定有8个分项(场地管理;建筑材料;能耗;水资源;室内环境;资源;交通;废物处理等)。8项指标没有权重之分。每项的满分是五星,汇总各分项总分最高时40个星值,当评估某个项目时,根据建筑在各分项的不同表现分别给予星值,汇总后除以40,得出的百分数即为该建筑的评定结果。

其特点有:

(1) 该认证体系强调了自愿参与性,对建筑的整体性能评价,而非对运营过程进行绿色评级等等。

(2) 绿色之星认证中,在各部分指标得分后加上环境加权因子得分,这些因子因不同的环境而不同,反映了澳大利亚各地关注的环境问题,具有一定的灵活性。

1.2.2 国内绿色建筑标准介绍

我国绿色建筑的评估标准自20世纪90年代起,在建筑节能工作的基础上借鉴国外先进经验,开始了绿色建筑的探索历程。下面分析总结一些重点的评价体系。

1. 中国生态住宅技术评估体系(CEHRS)

该体系是我国第一个建筑环境性能综合评价体系,它主要借鉴了美国的LEED体系。评价的内容包括小区环境规划设计、能源与环境、室内环境质量、小区水环境、材料与资源。评价体系分为4级,得分无权重计算,评价指标采用定性和定量相结合的原则。这种评价体系具有良好的开放性,便于指标的调整,但最大的问题是各指标之间没有进行重要性区分,使得所有指标的重要性相同,这样的后果难免使得评估者投机取巧:选择容易的指标以通过该体系,而非以提高建筑的环境性能为出发点。

虽然《中国生态住宅技术评估手册》还存在例如定量指标比重过少而定性指标多,缺少有效数据的收集和支持,某些标准过低难以达到绿色标准,不能实现减少建筑物对环境不良影响的作用等问题,但该体系对绿色建筑的发展起到了巨大的推动作用。

2. 绿色奥运建筑评估体系(GOBAS)

在吸取了中国生态住宅技术评估体系(CEHRS)的经验基础上,绿色奥运建筑评估体系主要借鉴了日本的CASBEE体系。绿色奥运建筑评估体系根据建筑生命周期的不同阶段,有不同评价版本,分别是:规划阶段、设计阶段、施工阶段和验收与运行管理阶段。另外,相比中国生态住宅技术评估体系(CEHRS),绿色奥运建筑评估体系设立了权重体系，使得各个指标之间并非完全并行，指标之间的互偿性缺陷得以改善。

GOBAS是以落实“绿色奥运”承诺为目标，根据绿色建筑的概念和奥运建筑的具体要求而建立，它的使用范围具有很大的局限性，但是对我国进一步探索开发绿色建筑评价方法，在全国城镇建设公共建筑“绿色”探索经验提供了参考和示范作用。

3. 生态住宅环境标志认证技术标志（PEH）

该标准是由国家环境保护局科技标准司于2007年颁布的，旨在实现住宅建筑的节能和降低对环境的影响，提高中国生态住宅建设总体水平，推进住宅产业的可持续发展而制定的标准。该标准参照了中国生态住宅技术评估体系（2003版）、绿色奥运建筑评估体系和美国绿色建筑评估体系（LEED-NC版）。评价内容大致包括五大方面，分别是节能、室内环境、材料与资源、水环境以及场地环境规划。

4. 中国绿色建筑评价标准（ESGB）

绿色建筑评价标准是由建设部发布的，于2006年起实施的国家标准，该标准是为了贯彻落实科学发展观，完善资源节约标准的要求，总结近年来我国绿色建筑方面的实践经验和研究成果，借鉴国际先进经验制定的一部多目标、多层次的绿色建筑综合评价标准。该标准体系将评价指标分为节地与室外环境类别、节能与能源利用类别、节水与水资源利用类别、节材与材料资源利用类别、室内环境质量类别和运营管理类别，根据指标的重要性和难易程度，又将每大类别中的指标分成了控制项等级、一般项等级与优选项等级，最后，根据控制项、一般项与优选项的达标多少，确定评价目标的水平，具体水平由高到低分别是三星级、二星级、一星级和不达标。

1.2.3 国内外绿色建筑评价比较

英国的BREEAM是世界上第一个绿色建筑评估体系，但美国的LEED标准在世界范围内的影响越来越大，截至2017年3月中国已超过1000个项目通过LEED认证；日本的CASBEE作为亚洲国家第一个绿色建筑评价体系，是亚洲国家开发适应本国国情的绿色建筑评价体系的一个范例，接近亚洲国家的实际情况，对中国开发适应相应的绿色建筑评价体系具有借鉴意义；中国的《绿色建筑评价体系》是国内第一部从住宅和公共建筑全寿命周期出发，多目标、多层次地对绿色建筑进行综合性评价的推荐性国家标准。以上的体系均具有代表性意义。表1-1为国内外主要的评价体系对比表。

国内外主要的评价体系对比 **表1-1**

评价体系	定量化指标	权重体系	阶段评估	全生命周期	可操作性	评价结果分级	适用范围
BREEAM	较完善	较好	二阶段	有数据库	较易	四个等级	商业建筑、住宅、商场、超市、工业建筑
LEED	少	无	无	基本无	简易	四个等级	商业建筑、住宅
CASBEE	较完善	三级	二阶段	有数据库	较复杂	五个等级	不同版本适用各类建筑
中国绿色建筑评价标准2014	较完善	较好	二阶段	基本无	简易	三个等级	住宅建筑、公共建筑
中国绿色建筑评价标准2019	较完善	无	二阶段（含预评价）	有数据库	简易	四个等级	住宅建筑、公共建筑

国内评价体系与国外体系在评价内容方面有以下几点不同：

1. 场地利用

英美等国家重视受污染被遗弃土地的再利用，中国评价体系的重点在保护基本农田、森林和人均居住用地指标控制，把再利用场地作为加分项。

2. 节能

BREEAM、CASBEE等既注重能源消耗又强调CO_2的排放，我国将能源消耗项多数定为控制项，但在加分项对CO_2的排放做出规定。

3. 水资源

在建筑水资源利用方面，欧美重点关注节水规划、污水回收和节约用水，如英国的BREEAM强调了保水率、节水量、节水器材使用比例。我国的评价体系更多关注的是“非传统水源”的使用。

4. 室外环境

外国体系中大多将室外环境单列考察，中国评价体系中将室外环境与节地共同考虑，对室外环境的关注不如国外体系。如日本建筑综合环境评价指标强调室外生态环境和保护、区域环境等，对较为宏观的环境进行考察。中国十分强调“绿化”问题，对绿地率和人均绿地面积都有规定，关注的范围较小。

5. 材料与资源

国外体系强调材料的选择对环境污染的影响，材料生命周期对建筑使用性能的影响等。我国评价体系中将室内装修及土建施工一体化从而减少材料浪费作为评价项目，鼓励建筑设计考虑建筑寿命并兼顾未来建筑功能的变化发展。

1.3　绿色建筑可持续设计对策与思路

绿色建筑的兴起与绿色设计观念在全世界的广泛传播密不可分，是绿色设计理念在建筑学领域的体现。绿色设计同环保设计含义相同，指产品在整个生命周期内优先考虑环境属性，同时保证产品应用的基本性能、使用寿命和质量。因此，同传统建筑设计相比，绿色建筑设计过程体现了两个明显的特征：①在保证建筑性能、质量、寿命、成本等要求的同时，优先考虑建筑的环境性能，从根本上防止污染，节约能源和资源；②设计过程中考虑的实践跨度涉及建筑的全寿命周期，即从建筑的策划、设计、施工、运营及建筑废弃后对建筑的全寿命周期环节。

1.3.1　绿色建筑设计原则

从绿色建筑的含义来讲，绿色建筑设计包含了两个方面：①从建筑物自身考虑，要求其有效地利用资源、能源，创造健康、舒适的室内外条件；②从建筑周边环境考虑，适应气候地进行设计，因地制宜。

对于绿色建筑设计原则而言，从相关的绿色建筑设计与理论著作中，具有一定影响力的观点是由威尔夫妇在《绿色建筑：为可持续发展而设计》中提出的设计原则：

（1）节约能源；

（2）设计结合气候；

（3）材料与能源的循环利用；
（4）尊重用户；
（5）尊重基地环境；
（6）整体设计观。

此外，雷恩和考恩在《生态设计》一书中同样提出了绿色设计的原则和方法：
（1）设计成果来自环境；
（2）生态开支应为评价标准；
（3）公众参与设计；
（4）为自然增辉。

绿色建筑设计除了满足传统建筑设计的一般原则外，还应遵循可持续发展的理念，即满足当代人需求的同时，还应不危及后代人的需求以及选择生活方式的可能性。参照国内相关绿色建筑理论基础上，结合现代建筑设计需求，提出了绿色设计的3个原则：

1. 资源利用的3R原则

建筑的建造和使用过程中涉及的资源主要包含能源、土地、材料、水资源。3R原则，即减量（Reducing）、重用（Reusing）和循环（Recycling），是绿色建筑中资源利用的基本原则，每一项必不可少。

（1）减量（Reducing）：减量是指减少进入建筑物建设和使用过程的资源（能源、土地、材料、水）消耗量。通过减少物质使用量和能源消耗量，从而达到节约资源（节能、节地、节水、节材）和减少排放的目的。

（2）重用（Reusing）：即再利用，是指尽可能保证所选用的资源在整个生命周期中得到最大限度的利用。尽可能多次以及尽可能以多种方式使用建筑材料或建筑构件。设计时，注意使建筑构件容易拆解和更换。

（3）循环（Recycling）：选用资源时必须考虑其再生能力，尽可能利用可再生资源；所消耗的能量、原料及废料能循环利用或自行消耗分解。在规划设计中能使其各系统在能量利用、物质消耗、信息传递及分解污染物方面能形成一个有效的相对闭合的循环网络，这样既对设计区域外部环境不产生污染，周围环境的有害干扰也不易入侵设计区域内部。

2. 环境友好原则

在建筑领域的环境包含两层含义：①设计区域内的环境，即建筑空间的内部环境和外部环境，也可以称之为室内环境和室外环境；②设计区域的周围环境。

（1）室内环境品质：考虑建筑的功能要求及使用者的生理和心理需求，努力创造优美、和谐、安全、健康、舒适的室内环境。

（2）室外环境品质：应努力营造出阳光充足、空气清新、无污染及噪声干扰，有绿地和户外活动场地，有良好环境景观的健康安全的环境空间。

（3）周围环境影响：尽量使用清洁能源或二次能源，从而减少因能源使用而带来的环境污染；同时，规划设计时应充分考虑如何消除污染源，合理利用物质和能源，更多地回收利用废物，并以环境可接受的方式处置残余的废弃物。选用环境友好的材料和设备。采用环境无害技术，包括预防污染的少废或无废的技术和产品技术，同时也包括治理污染的末端技术。要充分利用自然生态系统的服务，如空气和水的净化，废弃物的降解和脱毒，局部调节气候等。

3. 地域性原则

地域性原则包含三方面含义：

（1）尊重传统文化和乡土经验，在绿色建筑的设计中应注意传承和发扬地方历史文化。

（2）注意与地域自然环境的结合，适应场地的自然过程：设计应以场地的自然过程为依据，充分利用场地中的天然地形、阳光、水、风及植物等，将这些带有场所特征的自然因素结合在设计中，强调人与自然过程的共生和合作关系，从而维护场所的健康和舒适，唤起人们与自然的天然情感联系。

（3）当地材料的利用，包括建材和植物。乡土物种不但最适宜于在当地生长，管理和维护成本最低，还因物种的消失已成为当代最重要的环境问题。所以，保护和利用地方性物种也是对设计师的伦理要求。考虑本土材料在运输过程中的能源消耗和环境污染。

1.3.2 绿色建筑设计研究内容

许多专业工具和技术，可用于实现绿色建筑设计的目标。从绿色建筑内涵来讲，设计研究内容贯穿各领域的方法以多种工具和技术为基础，包括以下几个方面：

1. 综合设计流程

在传统的设计过程中，每个人都在其专业领域内工作，很少有互动。综合设计流程是基于跨学科的研究和设计，而不是研究个体建筑构件、系统或隔离的功能。来自不同学科的专家共同分析经济、环境、社会、建筑构件和材料之间相互关联的影响，并找到共同的解决方案。

通过他们的协同努力，试图整合不同的目标，如经济效益、环保的地块规划、适当地选择材料和产品、能源和水资源的可持续利用、提供清洁的水、室内环境质量和卫生设施以及废水和固体垃圾管理、正确的操作和维护。

2. 考虑生命周期

绿色建筑设计从宏观角度，鼓励考虑房子的整个生命周期：从设计、建造、使用、维护到生命活动的结束。要考虑到建筑物生命周期存在的各个阶段，并考虑所有利益相关者。从建筑的整体影响来讲，每个阶段都有不同的特点，需要不同的方法。绿色建筑设计研究内容的干预在项目的早期阶段更有效，如图 1-2 所示。

生命周期评估（LCA）和生命周期成本（LCC）是两个应用于生命周期的方法。这其中生命周期分析的应用大多仅限于研究项目，需要投入大量精力和数据。除了以上方法，应该强调的是生命周期思想对综合设计流程的贡献，因为它涉及了所有的能源投入、影响和利益相关者。在少数情况下生命周期思想可能不适合，例如，为受灾群众提供清洁用水和卫生设施的项目需要立即交付等。

3. 降低资源强度

绿色建筑强调对材料、能源和水资源的合理利用。为了减少资源的使用，这种方法不鼓励使用资源强度高的材料，如混凝土和钢筋。鼓励使用寿命更长，需要较少维护的材料和产品。多功能设计的理念有助于通过转换或修改、延长建筑物的寿命。回收再利用通过易拆解的设计和制造来实现。能源效率及负荷管理有助于降低能源强度。科技和技术可以减少水资源的使用。

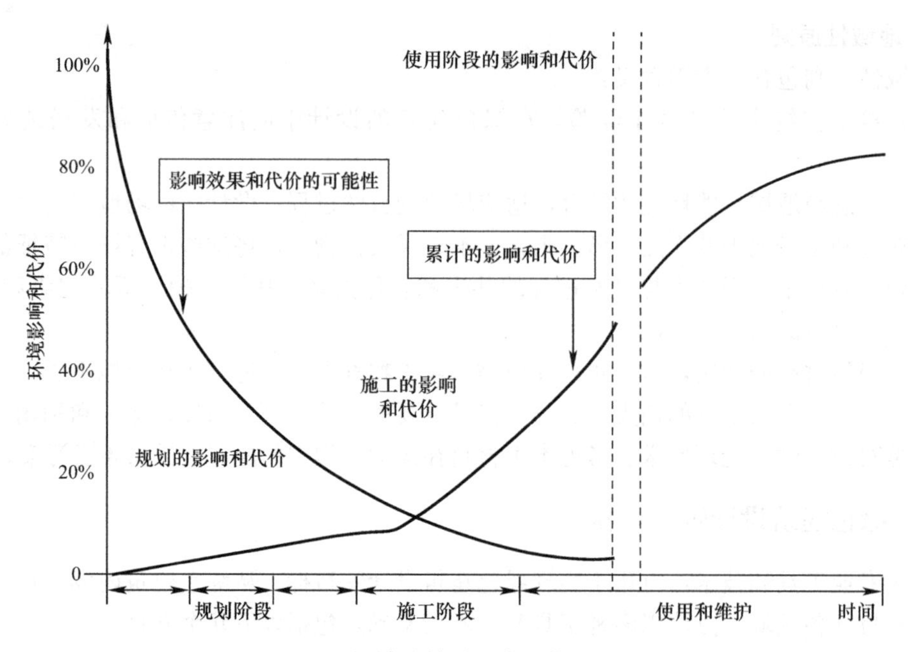

图 1-2　设计决策对生命周期的影响

但是，更雄心勃勃的绿色建筑的拥护者提出了从“非物质化”到“重新实物化”的举措。他们不仅仅尽量减少资源的使用和产生的负面影响，还模仿自然的周期，以创造更多、更积极的影响，如建造能产生氧气、固碳、固氮和蒸馏水的建筑，为数千物种提供栖息地，累积太阳能作为燃料，重塑土壤，创造微气候，随着季节而变化。他们也提出了一个系统用于持续跟踪材料、正确的回收和设计实践，从而使材料可以一次又一次地被回收。

4. 气候适应性设计

建筑物通过区分室内和室外，对气候进行被动控制，也可以通过耗能加热、冷却和湿度控制系统提供额外的控制，即主动控制。绿色建筑设计的目的之一是优化被动控制策略以实现舒适的条件，在必要情况下采用主动控制。因此，从设计研究角度来讲，“被动为主、主动辅助”成为绿色建筑设计的重要思路。

在传统的设计中，设计师没有给予天然环境资源太多的关注，反而依靠主动控制来创造舒适的条件。在适应性设计过程中，场地因素（植被和景观）被用来改变微气候。建筑物正确的位置和方向帮助保护自身免受太阳光、风和雨的侵蚀，还有助于通过最佳方式利用阳光和风能，改善通风和采光。建筑围护结构的改善以及重视改善室内环境使室内更加舒适。如果仍然缺乏舒适的条件，应大大减少空间湿度调节。

被动式设计因气候区的不同而有所不同。处在炎热的气候环境中的建筑可通过一些措施来降低太阳能吸收，如：安装较小的窗口；遮阴的墙壁，在东西方向尽量少暴晒；外墙和屋顶采取保温措施；使用太阳能烟囱、风塔等设计元素，以最大限度地提高通风。

某一气候区的湿度水平决定了采用哪种建筑物冷却的水处理措施。虽然贮水池、喷泉和屋顶花园等措施的使用有利于应对干热气候，但这些在潮湿气候区应谨慎使用。即使在同一气候区域，还需要有设计上的区别。每一个建筑的地点都有独特的地形地貌、植被、风流动格局、太阳能和光照条件。设计应能满足这些场地的条件和要求。

5. 采用传统的和当地资源的建筑实践

许多古老的建筑传统都促进了栖息地的可持续发展，例如，中国的“风水”和印度“里雅斯特”，它们是基于对生物气候条件和可持续生活模式的正确认识。通过对这些传统的重新发现和去神秘化，我们可以得到很多。传统的智慧部分反映在许多当地社区的做法中。传统的建筑方法不能简单地被复制，而是需要进行调整使其接近现代风格。它们也可以形成发展可持续技术的基础。

6. 使用可再生资源

可再生材料和能源的使用将大大有助于减少不可再生资源的使用情况。这是一种可持续性的使用，只要保证提取可再生资源的速度不超过资源再生的速率，就不会造成不良影响，比如环境影响或者食品生产中的短缺。

1.3.3 绿色建筑设计思路与对策

走可持续发展的道路是建筑师的核心责任。建筑设计在建设的全过程处于关键环节，尤其在目前的中国国情之下，建筑设计对推行绿色建筑至关重要。改变创作理念，利用现代科技手段实现精细化设计是必由之路。绿色建筑并不仅仅满足节水、节地、节能、空气污染的几个指标，也不是从南到北、从办公到住宅都能适用的，一定有个性化设计的要求。因此，从总体规划到单体设计的全过程必须从地域性、经济性和阶段性出发选择适宜的技术路线，如利用数字模拟技术对小区的日照、通风进行定量分析验证（图 1-3、图 1-4）。

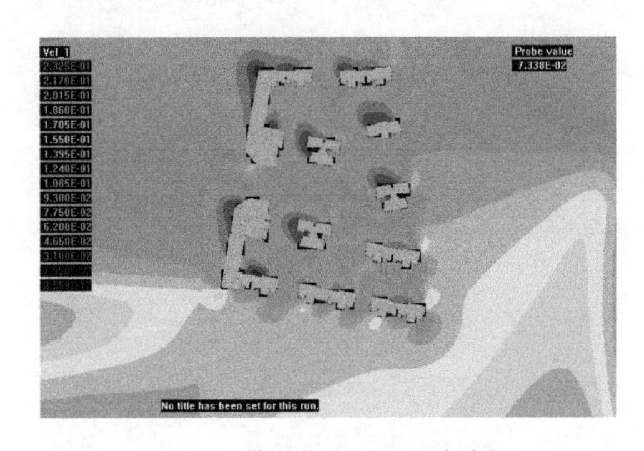

图 1-3 某居住小区风环境分析

图 1-4 建筑场地太阳辐射分析

精细化设计的前提是有精细化的思想意识—从粗放到精细，从局部走向整体，从建设周期走向全寿命周期。在此过程中，也有一个全寿命成本的概念。开发商的成本是一次性投入，用户则有运行成本，社会的成本是资源的消耗。

精细化设计首先体现在个性化的定性分析中，其次为科学化的定量验证，第三为合理化的设计措施。

在个性化的定性分析中，地域性特点和项目自身的特色是很重要的两个要素。例如，夏热冬暖地区（南方地区）遮阳和自然通风对节能的贡献率大于围护结构的保温隔热，这与北方地区非常关注体形系数、围护结构的热工性能有着不完全同的技术路线。同样为住宅项目，别墅类项目的重心是提高舒适度下的资源高效利用，对温湿度控制、室内空气品质、热水供应等的要求很高，往往有条件使用多种新材料、新设备，能承受较高的运行管理费用，而经济适用房强调的是以较低成本满足使用需求并降低运行管理费用。因此在节能、节水、节材、节地等方面采用不同的设计方法和技术措施十分必要。

现代计算机数字模拟技术的发展，为建筑师的定性判断提供了科学的验证手段。就如医疗上的CT片一样，现代数字化模拟技术能够将建成后才能实际监测到的声、光、热、风等多种物理参数、性能指标通过软件模拟的方法提前发现问题，从而为修正设计或提前解决问题提供依据。例如，利用计算流体力学（CFD）技术辅助自然通风设计对南方地区的建筑节能设计卓有功效。利用电脑模拟的风压、风速、空气龄图和数据调整设计，大到总图规划，小到增减门窗，调整开启位置，都能不同程度改善室内外通风状况，结合日照、照明、能耗、噪声等模拟计算结果，还可以将遮阳装置、噪声控制、导风板、导光板与立面造型相结合作为创作的元素。

第2章　绿色建筑可持续设计性能模拟与分析

2.1　建筑环境性能及其研究意义

2.1.1　建筑环境性能定义

严格地讲，建筑环境性能有两种不同的定义，一种属于社会科学范畴，一种属于自然科学范畴。前者主要从美学、心理学等社会科学的角度来进行定义，如建筑从视觉上带给人的心理感受等；后者是指建筑在其全寿命周期内对环境（空气、水、土壤和生物等各方面）的各种物理和化学影响的总称，它包括原材料的获取和运输，建筑材料的制造、运输和安装，建筑的施工、运行、维护以及最后的拆除等全过程中对环境的所有影响。本书中对于建筑环境性能的定义采用第二种定义，即自然科学范畴出发进行阐述。其包含了如下几方面：

1. 原材料的获取过程

建筑的一生要从自然界中获得大量的原材料，而大规模地从自然界取得原材料必然会对自然界造成极大的影响，从而导致自然资源如石灰石和黏土等原材料的大量使用。建筑材料中使用的混凝土占其体积大约80%的砂石骨料要通过开山采矿，挖掘河床获取，严重破坏了自然景观和自然生态。例如，炼铁要采掘大量的铁矿石，生产水泥要挖掘河床，这些都会严重地破坏自然生态。木材取自于森林资源，而森林面积的减少，必然会加剧水土流失，从而导致土地的沙漠化。

2. 建筑材料的制造和运输过程

建筑材料的制造和运输，不仅会消耗大量的原材料，而且还要消耗大量的能源。在英国，建筑材料制造和运输消耗的能源占其一次能源消耗总量的8%。在建筑材料制造和运输过程中，还会产生大量的废气、废渣和粉尘，对环境造成温室效应和酸雨等污染。据统计，我国钢铁工业每吨钢的综合能耗折合成标准煤1.66t，需耗水48.6t；每烧制1t水泥熟料需消耗标准煤178kg，同时放出1t的CO_2气体。另外，一些建筑材料，如泡沫材料，在生产过程中会释放出大量的臭氧层破坏气体。

3. 建筑的建造过程

在获得了一定的建筑材料后，人类可以按照自己的设想进行设计和施工，得到所需要的建筑，从而服务于人类的生活、生产或社会公共活动。但是，在进行建筑施工时，除需要消耗大量的能量外，还会产生大量的粉尘、噪声、污水等，对环境造成污染。如在建筑施工中，混凝土的振捣及施工机械的运转都会产生大量的噪声和粉尘，并可能出现妨碍交通的现象。据调查，我国施工现场的噪声一般均超过施工场界噪声限值标准。另外，建筑的建造过程对周围景观和地表状况也有重大影响。研究表明：

建造过程中的平整土地和开挖土方会使土壤侵蚀的速度比未受干扰的场地增加 40000 倍。

4. 建筑的运行过程

建筑在运行过程中需要消耗大量的能量。另外，在城市中，由于大部分的地面被建筑或其附属设施所覆盖，使得地面缺乏透气性，雨水不能及时地还原到地下，从而严重影响了植物的生长和生态平衡，同时，还可能产生所谓的热岛效应。高层建筑使得一些地方的日照面积减少，日照时间缩短，人们就像生活在深谷之间。在有些建筑中，由于在外墙上大面积使用玻璃幕墙，会对周围环境造成“光污染”。更为严重的是，一些建筑在运行过程中还会给室内环境带来大量的污染，导致了“病态建筑综合征”等相关疾病的出现，严重地影响了人类的健康。一些建筑子系统，如空调系统、消防系统，在运行过程中还可能排放出大量的臭氧层破坏物质。

5. 建筑的拆除过程

建筑在完成了一定的历史使命后，必然面临着被拆除的命运。在对建筑进行拆除时，除消耗大量的能源外，还会产生大量的固体垃圾，从而占用了大片土地，并对周围的水质和土壤等生态环境造成污染。一些建筑子系统（如 HVAC 系统和消防系统），在拆除时还会泄漏出大量的臭氧层破坏物质。另外，由某些建筑材料，如塑料、橡胶等形成的建筑垃圾，在处理（如焚烧）时会释放出大量对地球环境和人类健康造成极大损害的物质，如 CO_2、SO_x、NO_x 等。

2.1.2 建筑环境性能的特点

与一般对象的环境性能相比，由于建筑的特殊性，建筑的环境性能存在着明显的不同，主要体现在以下几个方面：

1. 影响的种类多

建筑对环境影响的种类多。它不同于一般工艺过程，只局限于一种或少数几种影响，而是覆盖了地球上几乎所有的环境影响。因此，建筑环境性能研究是一项复杂的系统工程，需要全过程、全方位、动态地进行。

2. 影响分散，不易控制

不同于一般对象的环境影响，建筑对环境的影响非常分散，因此在实际工作中很容易被忽略。另外，建筑环境影响又具有强烈的个人行为特征，使得建筑环境影响比其他的环境影响更难于控制。

3. 与人的关系密切

在现代社会中，人类在室内的时间平均超过了 90%，而且随着现代化程度的提高，该比例还会不断增加。也就是说，建筑对环境的一些影响，如室内空气污染等，与人类的生活息息相关，严重地影响到人类的身体健康。

4. 时间的跨度大

建筑的使用寿命一般都比较长，大部分在 30～80 年。但是，建筑之间存在着很大的个体差别，有的建筑可以在世界上存在几百年，而有的建筑的寿命只有十几年，甚至几年。这就给建筑环境性能的研究带来了很大的不确定性。

5. 受地域影响大

建筑对环境影响的主要部分是其运行过程中的能源消耗。由于各地气候情况的不同，建筑单位面积的能耗也会大不相同。因此，建筑环境性能研究受地域的影响非常大。

6. 受生产力发展水平影响大

采用不同的生产技术和管理方法，一些建筑材料对环境的影响大不相同，因此不同生产力发展水平国家的建筑材料环境影响系数肯定不同，这就要求不同的国家均应建立相应的数据库。

正是由于建筑环境性能的这些特点，使得建筑环境性能研究比一般对象环境性能的研究更复杂，需要考虑的问题更多，不确定因素也明显增加。因此，建筑环境研究工作是一项非常具有挑战性的工作。

2.1.3 建筑环境性能研究的意义

建筑在全球可持续发展中占据着非常重要的地位，因此对建筑的环境性能进行研究具有重大的意义：

1. 提高人们对建筑环境性能的了解

与建筑的其他性能不同，现阶段人们对建筑环境性能的研究远远不够，因此，通过对建筑环境性能的研究，可以大大提高人们对建筑环境性能的认识，从而达到减少建筑对环境的不良影响，改善室内环境品质，提高人们的生活水平，促进全球可持续发展的目的。

2. 为政府制定建筑相应规范提供依据

建筑环境性能的改善很大程度上依赖于相应规范的科学性。现阶段建筑环境性能法规、标准的不完善归根结底取决于人们对建筑环境性能认识的不完善。通过对建筑环境性能的研究，可以了解我国建筑环境性能的现状，从而为政府制定建筑环境规范提供依据，并使得制定的规范具有可行性和实际意义。

3. 为改善建筑环境性能提供工具

建筑环境性能的改善是一个巨大的系统工程，因此一些简单的工具往往达不到改善建筑环境性能的目的，这就严重地阻碍了建筑环境性能的提高。通过对建筑环境性能进行研究，有目的地开发一些建筑环境性能决策和优化的工具，可以更好和更方便地改善建筑环境性能。

2.1.4 建筑环境性能研究现状及存在的问题

1. 建筑环境性能研究现状

建筑环境性能研究起源于20世纪末，1992年，英国建筑科学研究院公布了世界上第一个建筑环境评价系统BREEAM。在随后的十几年中，世界上已有多个国家和地区开发出多个评价系统，其中，应用比较广泛的有BREEAM、LEED、CASBEE、GBTool等。随后，我国有关部门也分别借鉴国外经验制定了《中国生态住宅技术评估手册》和《绿色奥运建筑评估体系》评价系统。

1）研究的内容

建筑环境性能可分为两种：一种是未来可能的环境性能，即在建筑交付使用前对运行时的环境性能进行研究，如CBIP评价系统。现阶段的建筑环境性能评价系统基本上将这两个对象分开进行研究，且大部分系统的研究对象为第一种。一般来说，运行时对建筑实际环境性能进行评价的系统的研究范围比较窄，它通常只对某些环境影响进行评价。例如，澳大利亚的 BGRS 只对建筑能耗及其相应排放物进行评价。而在建筑交付前，对建筑运行时段的环境性能评价内容较多，对设计人员、业主等可能感兴趣的内容都要进行评价，因此需要的参数比较多，如南非的 SBAT。

2）量化的方法

在对建筑环境性能进行评价时，首先需要对建筑环境性能进行模拟，即将建筑的环境性能进行量化。在现有的评价系统中，一般采用与基准进行比较的量化方法，即首先将建筑的环境性能分为几个大类，每个大类又分为多个子项，每个子项分别制定一个或一系列基准，然后根据这些基准对各个子项的表现进行打分，将各大类中每个子项的得分累加，得出各大类的总分，最后，根据一定的权重系数对各大类的得分进行集成，如 BREEAM 和 LEED 评价系统。现阶段建筑环境性能评价体系中权重系数的确定一般采用分析法和平均法。分析法通过对各类环境影响的实际危害进行分析，然后根据分析结果确定权重系数，如 LEED 系统。平均法认为各类环境影响的权重系数应该相同，如《中国生态住宅技术评估手册》。现阶段大部分系统采用分析法确定权重系数，但由于基础研究资料的贫乏，因此在实际应用中分析法大都变成了一种主观方法，即开发者往往根据自己的主观意志确定各类环境影响的权重系数。

3）适用的范围

每个评价系统都有一定的适用范围（表 2-1）。一般来说，开发者开发的系统主要是为自己所在的国家或地区服务，因此其他国家或地区在使用这种系统时，必须根据当地的实际情况进行调整，为改变这种情况，国际绿色挑战组织（GBC）开发了一种全球范围内可以使用的评价系统 GBTool。但实际上 GBTool 也只是一个框架，各个国家或地区在使用时，必须根据自己的具体情况进行扩充。截至 2003 年底，已有韩国、西班牙和意大利等国以这个框架为基础开发了适用于自己国家的评价系统。

4）实施的方式

由于使用目的不同，评价系统实施的方式也不同，现有的建筑环境性能评价系统可以分为强制性系统和自愿性系统。强制性系统常被政府用来确定建筑是否可以获得经济奖励甚至是否合乎标准的工具，如 CBIP 系统；而自愿性系统一般用于大范围内提高环境设计的水平，由行业自愿实施，如 BREEAM 和 LEED 评价系统。在具体的实施过程中，各个系统之间也存在着很大的差异。一些系统需要聘请专门的评价人员进行评价，如 BREEAM 和 LEED 评价系统，而另外一些系统则采用自我评价的方法。

几种常见建筑环境性能评价系统的比较　　**表 2-1**

项目	BREEAM	LEED	CASBEE	GBTool
发布单位	英国建筑科学研究院（BRE）	美国绿色建筑协会（USGBC）	日本可持续建筑协会（JSBC）	绿色建筑挑战组织（GBC）
适用范围	英国	美国	日本	全球
评价对象	运行阶段	运行阶段	运行阶段	运行阶段

续表

项目	BREEAM	LEED	CASBEE	GBTool
评价范围	3大类，18个子项	6大类，32个子项	6大类，54个子项	7大类，83个子项
量化方法	基准法	基准法	基准法	基准法
权重系数确定法	分析法	分析法	分析法	分析法
实施性质	自愿	部分强制	自愿	自愿
评价方式	第三者评价	第三者评价	自我评价	自我评价
评价费用	高	高	较高	较高

2. 存在的主要问题

通过对现阶段建筑环境性能评价系统研究现状的分析表明，经过多年的努力，建筑环境性能研究工作在全球各地取得了丰硕的成果。但是，与实际需要相比，尤其是与可持续发展的目标相比，这些研究依然存在着不少的问题：

1）量化方法不科学

在现阶段的建筑环境性能研究中，一般都是采用各子项与基准进行比较的量化方法。由于评价系统的子项一般都比较多（一般有几十项，有的甚至超过了100项），加之现阶段的基础研究资料又非常匮乏，因此各子项之间相对重要性的关系很难采用分析法确定，很多时候开发者只好根据主观意志来确定各子项之间的相对重要性。另外，在现阶段的评价系统中，很多概念的定义属于一种定性的描述，这又给量化结果带来了很大的不确定性。

2）没有统一的评价系统

在现阶段，每个国家或地区都开发有自己的评价系统。由于各自采用的标准都大不相同，因此使用不同系统得到的评价结果都不能直接进行比较，即使对于起源于同一个系统的不同国家版本，所得的结果也不能进行比较。这使得各国和地区都花费了大量的时间来开发系统，但由于各自的精力有限，因此开发的系统的效果都不好，加之同一个地方存在着几种评价系统，评价结果还可能存在着一定的矛盾，更加影响了评价结果的权威性。

3）缺乏全过程的研究

在现有研究中，一般都是集中在交付前对建筑运行时可能的环境性能进行评价，但在实际工作中，也经常需要对运行时的环境性能进行评价，因此需要改变现有的评价方式，采用全过程评价的方针，即开发的系统不仅可以在使用前对建筑运行时可能的环境性能进行评价，也可以在运行时对建筑实际的环境性能进行评价，这样才能使得评价结果具有连续性，不会出现“设计上是一套，实际上是另一套”的局面。

4）使用比较复杂，需专门培训

现有的建筑环境性能评价系统都比较复杂，子项的数目非常多，对某些项目的研究需要采用专业软件，一些评价项目还需要研究人员手工操作，因此对使用者的要求较高，需要进行专门的培训，使得评价的过程非常长，评价的费用也非常高。另外，培养出一定数量的合格评价人员也是一个问题，严重地影响了建筑环境性能评价系统的应用。据统计，在美国已经有几千个项目登记为LEED项目，但实际上只有不到100个项目进行了认证。

5）功能过于简单

建筑环境性能评价系统是提高建筑设计水平和做到建筑可持续发展的有效手段，它可以让客户对不同的方案直接进行比较。但是，在现阶段已开发的这些系统中，都只能对建筑环境性能进行简单的评价，用户如果想提高建筑的环境性能，则只能通过简单枚举的方法来对设计方案进行优化，而不能在可行的全设计范围内自动进行优化设计和决策。

从以上分析可以知道，现阶段建筑环境性能研究存在着很多缺点，严重地阻碍了建筑可持续发展相关技术、手段和政策的实施。因此，采用科学的量化方法，改进研究的客观性，扩大研究的范围，建立统一的评价形式，降低使用的复杂度和费用，加强系统的功能，是建筑环境性能研究发展的主要努力方向。

2.2　绿色建筑性能模拟与参数化设计发展

2.2.1　计算机辅助设计

计算机辅助设计思想起源于 20 世纪 90 年代末，是建筑性能设计与分析的初期理念。计算机辅助设计思想提出之初，由于处于起步阶段，国内外尚不具备成熟的技术支撑和完善的思想体系，因此其重点是通过建筑设计优化与建筑性能模拟的结合，并通过集成的方法实现建筑性能分析的指导。

图 2-1 显示了将 DOE-2 同 AutoCAD 进行智能化集成的计算机辅助设计思路，通过将

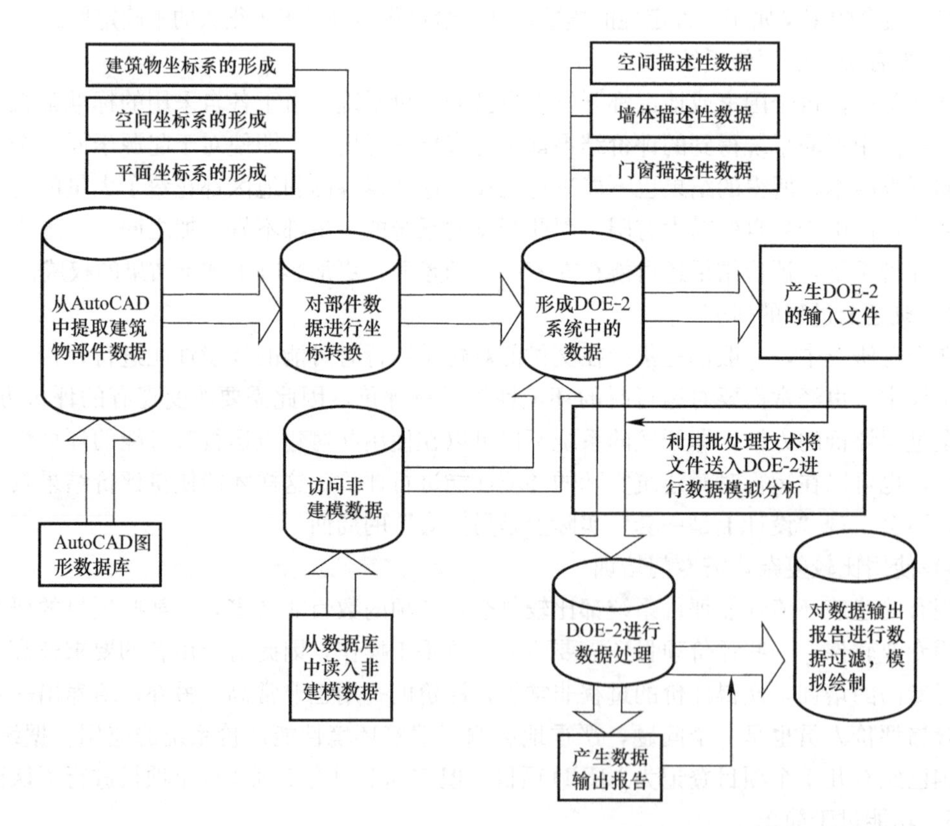

图 2-1　将 DOE-2 同 AutoCAD 进行智能化集成的计算机辅助设计思路

建筑设计过程与建筑节能计算分析过程融为一体，意在方便建筑师在进行建筑设计过程中对建筑进行能耗模拟计算。

2.2.2 建筑性能模拟分析

在绿色建筑的设计与评价中，往往需要进行一系列绿色建筑性能指标的计算或模拟分析，如室外风环境指标模拟分析、建筑能耗指标模拟分析、自然采光指标模拟分析、自然通风指标模拟分析、室外噪声模拟、室外热岛模拟、日照小时数达标情况模拟分析、可再生能源替代率指标计算分析等。但是现在的国家技术标准中都没有涉及具体的绿色建筑性能指标的计算方法标准化的问题。

为了适应我国绿色建筑快速发展需求，必须对建筑常用的计算方法和模拟输入参数进行标准化和规范，防止因为计算方法不统一，模拟计算参数输入时的混乱和边界条件、主观因素导致绿色建筑性能指标不准确而影响绿色建筑的设计与评价。

1. 国外发展趋势

国外的绿色建筑研究已经由建筑个体、单纯技术上升到体系层面，由建筑设计扩展到环境评估、区域规划等多个领域，形成了整体性、综合性和多学科交叉的特点。在绿色建筑规划设计领域的研究主要包括区域绿色建筑预评估和诊断技术、建筑群体规划理论、建筑性能综合模拟分析技术和建筑信息模型等技术领域。

在区域绿色建筑预评估与诊断技术方面，国外发达国家与地区在不同程度上对绿色建筑的规划提出了相应的评价要求，并特别强调前期的规划评估和诊断，在能源预评估和诊断、生态系统服务评估、场地交通、场地安全、环境控制等方面建立模拟和预测分析工具，并且采用了 GIS 等信息模型。比较典型的如美国绿色建筑评估系统（LEED-ND）、英国建筑科学研究院制定的 BREEAM COMMUNITIES 和德国 DGNB 评价体系。以上绿色建筑评价体系都具有对资源、生态、环境、社会等各领域的预评估与诊断，都由单体建筑的评价延伸到区域层面的绿色建筑群的评价。

在绿色建筑性能模拟软件开发方面，自 20 世纪 80 年代以来，各国学者即开始开展建筑环境及控制系统模拟技术的研究，并逐步开展 CFD 模拟、采光模拟、自然通风模拟等相关研究，并于 2000 年后开始逐渐在工程界逐渐得到了应用。这些软件包括：建筑能耗模拟软件，如美国的 DOE-2、EnergyPlus、EQuest，日本的 HASP，英国的 IES、ESP-r 等；遮阳与日照模拟软件，如英国开发的 Ecotect 日照模块等；自然采光模拟软件，如美国劳伦斯伯克利实验室开发的 Radiance、Day Sim；自然通风模拟软件，如 COMIST、CONTAMW 系列、BREEZE、NATVent 等。

在绿色建筑评价标准方面，许多国家的相关机构都在开发各自的绿色建筑评价体系和评价标准。目前比较常见且应用范围较广的有美国的 LEED、英国的 BREEAM，日本的 CASBEE，德国的 DGNB、新加坡的 GREEN MARK 等，国内也已经颁布和修编实施了《绿色建筑评价标准》（GB/T 50378—2019）。这些评价标准体系对绿色建筑的性能评价都提出了相应的要求和评价方法，涵盖了不同的性能评价指标，包括建筑能耗、室外环境、室内物理环境和室内空气品质等方面。各标准对节能和室外环境的评价指标要求见表 2-2。

各标准对节能和室外环境的评价指标要求 表2-2

项目	中国 GB/T 50738—2019	美国 LEED	英国 BREEAM	日本 CASBEE	德国 DGNB	新加坡 GREEN MARK
节能	• 负荷/系统能耗 • 围护结构性能 • 机组能效/能量回收/蓄冷蓄热 • 可再生能源 • $LCCO_2$ 评价	• 建筑整体能耗 • 围护结构性能 • 可再生能源 • 绿色电力 • 碳补偿	• 能源性能比率 • 碳排放总量	• 性能标准 PAL 值的降低率 • 围护结构的性能 • 设备系统的高效化 • $LCCO_2$ 评价	• 生命周期能耗 • 围护结果质量 • $LCCO_2$ 评价	• 能耗降低幅度 • 表皮的热性能 • 空调系统 • 可再生能源
室外环境	• 光污染 • 环境噪声 • 场地风环境 • 降低热岛强度	• 降低光污染 • 室外噪声 • 降低热岛效应	• 外部噪声源	• 光污染 • 场地风环境	/	/
声环境	• 室内噪声 • 隔声性能 • 减少噪声干扰 • 专项声学设计	• 背景噪声 • 扩音和掩蔽系统 • 混响时间	• 房间背景噪声	• 背景噪声 • 振动	• 室内噪声 • 隔声性能 • 减震 • 混响时间	• 室内噪声
光环境	• 采光系数 • 户外视野 • 改善自然采光	• 自然采光照度 • 优良视野 • 照明控制	• 天然采光 • 视野 • 眩光控制 • 内外部照明	• 采光系数 • 照度	• 采光系数 • 室外可见性 • 防眩光 • 照明控制	• 照度水平 • 眩光照射
热环境	• 可调节遮阳 • 末端独立调节	• 建筑外围护结构 • HVAC 系统	• 动态热模拟 • 温度控制	• 围护结构性能 • 温湿度控制 • 空调方式	• 夏季热舒适 • 冬季热舒适	• 围护结构参数 • 热舒适度
空气质量	• 自然通风 • 室内污染物 • 监控系统 • 气流组织	• 最小新风量 • 低逸散材料 • 环境烟控 • 控制和监测	• 自然通风潜力 • 空气污染源 • 通风区域	• 新风量 • 自然通风性能 • 气味水平	• 通风率 • TVOC	• 自然通风 • 室内污染源 • 机械通风

2. 国内发展现状

在绿色建筑模拟软件开发方面，自20世纪80年代以来，我国学者即开始开展建筑热环境及控制系统模拟技术的研究，并逐步开展CFD模拟、采光模拟、自然通风等相关研究，并与2000年后开始在工程界逐渐得到了应用。这些自主知识产权的绿色建筑模拟软件包括：清华大学开发的建筑能耗软件DeST、CFD软件Stach-3、遮阳与日照模拟软件Sunshine、BSAT；中国建筑科学研究院开发的基于PKPM的节能软件、遮阳与日照模拟软件Sunlight、采光软件；北京绿建斯维尔软件公司开发的GBSWARP。我国自主开发的绿色建筑模拟软件虽然在模拟精度上已达到国际先进水平，但大部分绿色建筑模拟软件从商业性、可推广性、易使用性及整合能力上均相比发达国家同类软件仍较为落后。

在绿色建筑及规划设计软件应用方面，近年来，结合各地兴起的规模化绿色建筑规划建设，在绿色建筑的尺度与规模不断拓展、区域建筑与单体建筑相互关联的需求下，绿色建筑规划设计技术取得了一定突破。新的规划设计软件开始涌现，多专业软件协同用于规划设计的技术体系需求增长，跨专业的技术集成与融合初步显现。基于绿色建筑细化设计和全过程管控的理念和需求，新的全过程协同规划设计的技术体系开始在一线城市、重点项目和大型设计单位中得以应用。

此外，在绿色建筑的施工图设计以及运行后评估阶段，现有的系统的设计软件和优化工具仍然不能完全满足，可以借用的国内部分软件多是节能设计软件或其拓展功能，许多计算只能依赖于国外软件计算核心。辅助分析工具基本上仍局限于计算机制图，建筑专业、结构、空调、供暖、通风专业，照明电器专业等彼此间脱节普遍存在，分析、计算和优化手段落后，很难全面贯彻绿色建筑全过程设计、精细化设计的理念。

在绿色建筑设计模拟化技术领域，由于各类细分的建筑性能模拟软件越来越多，即便是相同功能的软件，国内外也开发了几种甚至十多种。目前国内各相关计算软件没有集成在一个环境下，无法保证绿色建筑评价的准确性和一致性。国际上针对绿色建筑性能模拟优化工具还没有实现对建筑设计的真正创新，国外进行的参数化设计新方法探索，其控制法则过于侧重于建筑形体的变化，缺少内在的逻辑策略以及对于功能、性能的控制。另外，从国内外的绿色建筑评价标准或评价体系来看，绿色建筑各类性能的分析评价越来越依赖各种软件，并不断从事后评价到事先预测，从施工图阶段才开始配合到设计方案阶段就要求紧密介入。但是国内所研发的绿色建筑设计软件都是相互独立的、用于特定功能的应用软件，没有完全按照建筑信息模型进行系统设计，因此各软件之间数据描述重复，无法实现数据共享。

在绿色建筑标识评价的项目应用方面，清华大学林波荣教授研究团队曾经对北京、上海、江苏等地获得绿色建筑评价标识项目的模拟计算应用情况进行了统计分析，在调研的130个项目中，住宅建筑案例其中49个，公共建筑案例81个。具体信息与建筑类型统计见表2-3和表2-4。

调研项目基本信息统计 **表2-3**

项目	三星	二星	一星	不详	总计
总计	84	21	24	1	130
住宅	34	8	6	1	49
办公楼	45	5	3	—	53
商业综合体	2	4	14	—	20

项目采用模拟软件情况统计 **表2-4**

项目	住宅	公建	模拟软件
室外风环境	84%	96%	Fluent
			Phoenics
			Airpark
			STARCCM+
热岛	16%	—	Fluent
			SPOTE
			STAR-CD

续表

项目	住宅	公建	模拟软件
自然通风	56%	80%	Fluent
			Phoenics
			STARCCM+
能耗	44%	64%	DeST
			eQuest
自然采光	63%	76%	Ecotect
			VE
			Ecotect+Radiance
噪声	—	—	Cadna/A

可以发现对于室外风环境的相关模拟在调研项目中采用最多，住宅项目和公建项目的采用率高达90%；随后是自然通风的模拟，采用率达到70%；68%的项目采用了自然采光的模拟，最后是能耗模拟，采用率为54%。很少有热岛强度和噪声相关的模拟。

针对软件的应用情况，可以发现国际主流模拟软件在这些项目并没有得到广泛的应用。在建筑能耗模拟中，IES〈VE〉、DesignBuilder 和 TRNSYS 等软件很少得到应用。同样，Daysim 可以进行全年动态采光的模拟，但也很少在自然采光的模拟中得到应用。然而在 CFD 模拟中，许多国际主流软件已经得到了很好的应用，如 Phoenics 和 Fluent。

2.2.3 建筑性能参数化设计

参数化设计不同于传统方式下依据草图及经验的设计方法，而是将建筑设计要素用函数变量形式表达，以此构建参数模型，通过函数或者算法的变化形成不同的设计方案。参数化设计将设计关注点从设计结果转移到设计过程的控制和把握上，参数模型的不断优化体现了设计方案的优选过程。

参数化设计从建筑元素包含的数字化信息出发，从下至上地按照某种特定的、复杂且非线性的规则进行建筑参数的调整和方案的创作。只有在全面且理性的控制规则指导下生成的设计方案才能满足节能减排、提高室内环境质量等要求，这是建筑方案优化的关键。设计控制规则的确定不仅依靠建筑师的专业素养及经验，还需凭借辅助设计工具，将可持续理念融合参数化设计过程，使之成为更科学完善的决策体系。

建筑参数化设计的结果由全部设计参数和控制规则决定，主观要求和客观系数构成的整体设计参数是变化的自变量，建筑设计结果是因变量，控制规则是两者之间的关系式。构建合理有效的参数集，建立科学的建筑性能法则是参数化设计过程中包含建筑师主观设计理念的关键性工作。

在绿色建筑设计优化方面，由于建筑设计过程及生成方式具有复杂性、非线性的特点，近年来国外建筑师也在不断探索如何进行设计理论的创新，其中方案阶段的建筑参数化设计越来越受到重视，并在实践中得以应用。建筑参数化设计的核心思想是：把建筑设计的全要素都变成某个函数的变量，通过改变函数，或者说改变算法，人们能够获得不同的建筑方案。如果以建筑的绿色性能化目标，单位面积的能耗、材料消耗指标及室内光热物理环境指标作为控制函数，则可能将建筑参数化设计与绿色性能化目标统一，实现建筑体型参数化、建筑表皮、空间平面布置的设计优化，为建筑设计寻求一条新的方向。

参数化设计过程中最主要的研究方法之一是在设计导则的指导下确定建筑设计方案。班萨尔总结了影响建筑性能的主要参数：①选址、场地；②太阳位置；③朝向；④体形、布局；⑤窗户开口尺寸、位置；⑥建筑使用材料。陈飞博士等针对风环境对建筑形体生成的影响以及设计参数与风环境的关系展开研究，建立设计参数的优化策略，包含平面布局、材料设备选型、被动式通风、风能利用以及室外风害预防。

勒·柯布西耶曾经在《走向新建筑》中提出体量、表皮和平面是建筑的三要素。建筑体量是建筑外形的主要构成。以建筑体量为出发点的参数化设计案例最典型的属伦敦市政厅。该设计方案为整体向南倾斜的建筑，以此避免过量的太阳直射量。设计过程中建筑师提取了建筑宽度、高度、倾斜度等作为影响建筑性能的主要参数，对建筑形体的调整过程在 Microstation 软件中完成，软件能够很好地控制建筑曲线的变化，并呈现可视化效果。当变化后的方案符合外在设计要求的限制条件及内在艺术性标准时即可确定方案，之后则是对建筑模型的深入优化。

建筑表皮作为独立于建筑结构的存在，是参数化设计的主要载体之一，其与外部环境直接发生关系。建筑表皮也是可持续设计理想中影响建筑日照、保温隔热的重要因素。表皮的参数变化主要体现在遮阳形式的改变，其在减少太阳辐射量、防止眩光污染、改善自然采光条件等方面都有显著效果。

目前参数化设计中确定建筑形体的方式主要是出于艺术性或哲学角度的考虑，有关形体与建筑结构性能等的内部逻辑关系却少有关注。若将参数化设计策略融入方案设计阶段，以建筑节能为基础建立设计控制法则，有助于将建筑参数化设计与生态节能目标有机整合，推进两者的共同发展。另一方面，针对建筑绿色节能等可持续化功能的研究又主要是以设计者的经验和定性分析展开。因此，对方案设计阶段结合参数化设计及建筑环境性能评价方法和工具的深入研究显得迫在眉睫，为实现建筑参数化设计的方案优化寻求新的发展方向。

2.3 绿色建筑性能分析与方法

2.3.1 建筑性能分析再认识

随着计算机模拟技术的不断成熟，建筑性能环境模拟已经成为绿色建筑设计中一个有效的媒介工具。传统建筑设计一般流程多为在建筑体形、交通流线、空间利用、功能划分、结构构造，材料使用上进行反复推敲，然而由于计算机软件模拟技术的参与，在建筑设计中多了计算机软件模拟这个客观评价标准。

建筑中声、光、热在建筑中的运动规律是建筑物理环境的主要方面，一个建筑是否符合人们使用舒适标准，关键在于建筑中声、光、热的设计。在建筑设计中，研究和考虑建筑中声、光、热，旨在为建筑的使用者创造宜人舒适的室内环境。建筑物理环境的创造，能够增强建筑功能，并且若通过合适的技术措施，调整建筑设计存在的缺陷，能够使建筑达到更好的或者特定的使用效果。

模拟技术自 20 世纪 60 年代开始被应用于建筑领域，经历了 20 世纪 70 年代全球石油危机之后，建筑模拟越来越受到重视，计算机技术的飞速发展更使得复杂的计算机模拟成为可能。目前，由于建筑行业建造过程全生命周期控制要求的普及化，建筑物理环境作为建筑评价重要标准之一，自然成为建筑全周期控制中的重要环节。图 2-2 显示了建筑能耗在建筑全寿命周期中的影响，也进一步说明了建筑性能在建筑全过程中的重要性。尽管模拟技术已经发展有些年，然而由于经济条件和实际情况的限制，在实际的建筑设计中仍然得不到推广。国际太阳能建筑设计竞赛在很大程度上关注着建筑物理环境的模拟以及其在实际建筑中的真实应用。这对于研究建筑模拟软件在实际项目中所发挥的作用和软件模拟的真实可靠性也是一个强有力的印证。

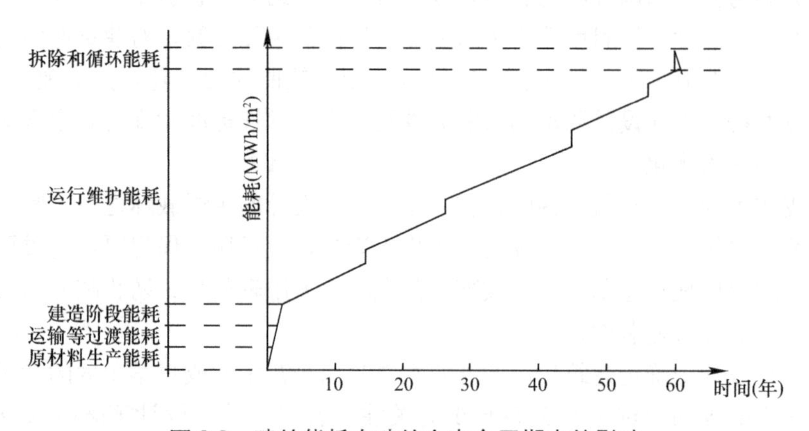

图 2-2　建筑能耗在建筑全寿命周期中的影响

建筑物理环境模拟分为计算机模拟和实验模拟，实验模拟由于受到各个方面的限制，需要建筑建成实际模型，方案一动而动全身，不具有经济性和节能性，且更改建筑方案会给实验模拟带来巨大的工作量，不便于方案重复修改和方案比较，难以在建筑物理环境模拟中扮演重要角色；计算机模拟与实验模拟最大的区别在于建筑模型修改的便捷性和模拟过程的实时控制性，以及模拟结果的可视化，更契合于现代建筑的建造过程和建筑建造的全生命周期控制，具有传统实验模拟不可替代的优越性。

由于传统设计观念的深入人心，计算机模拟在现代设计中的分量显然过于轻薄，如何对待计算机模拟对建筑设计师的态度提出了要求。建筑师对计算机模拟技术应该持有一个科学客观的态度。目前在建筑设计中，对计算机模拟计算有两种不大完整的认识，一种是认为建筑项目设计普遍周期较短，除计算机模拟计算外，建筑师在空间功能造型上要考虑的因素已经很多，计算机模拟无疑增加了工作量；另一种观点是认为可以完全通过计算机模拟计算结果得出建筑造型，而忽略了建筑的艺术成分。这两种观点都是十分极端的，建筑是艺术与技术的共同产物，在设计中必须明确，不仅要关注建筑的艺术身份，建筑的技术身份也不容忽视，毕竟建筑是为满足人们生产生活需要的使用空间。计算机模拟有其一定的优点，但计算机模拟技术只能作为建筑设计的一种辅助工具，而不能在地位上主导建筑设计，它作为一种辅助工具，有利于建筑师建造出在形体和空间造型上赏心悦目同时又是可持续和绿色的建筑，作为一名建筑师，应该以辩证的观点看待计算机模拟技术。

2.3.2 绿色建筑性能分析软件发展

从20世纪欧美等发达国家发展建筑节能以来，国外的绿色建筑已经从建筑单体、技术层面拓展到了提高能源利用效率，强调建筑的环境评估与区域规划多个领域，形成了整体性、综合性和多学科交叉的特点。

自20世纪80年代以来，各国学者逐渐开始开展建筑热环境及控制系统模拟技术的研究，如CFD模拟、采光模拟、自然通风模拟等，并于2000年后开始逐渐在工程界逐渐得到了应用。这些软件包括：建筑能耗模拟软件，如美国的DOE-2、Energy Plus、EQuest，中国清华大学开发的DeST，日本的HASP，英国的IES〈VE〉、ESP-r等；CFD软件，如Fluent、Phoenics、STARCD、Stach-3（清华大学开发）等；遮阳与日照模拟软件，如清华大学开发的Sunshine、BSAT，中国建筑科学研究院开发的Sunlight，天正软件公司开发的日照软件等；自然采光模拟软件，如Radiance，Daysim；自然通风模拟软件，如COMIST、CONTAMW系列、BREEZE、Nat Vent。

近年来，结合各地兴起的规模化绿色建筑规划建设，在绿色建筑的尺度与规模不断拓展、区域建筑与单体建筑相互关联的需求下，绿色建筑规划设计技术取得了一定突破。新的设计软件开始涌现，多专业软件协同用于规划设计的技术体系需求增长，跨专业的技术集成与融合初步显现。基于绿色建筑精细化设计和全过程管控的理念和需求，涌现出可综合通风、采光、能耗、设备系统等进行辅助优化设计的国外软件工具，如IES〈VE〉、Design Builder、Ecotect等。二维协同设计工具全面推广，重点先行地区如北京、上海、深圳等地的大型甲级设计单位开始尝试使用基于建筑信息模型（BIM）理念的三维设计，以被动技术优先、主动技术为辅的基本技术策略思路得到共识。

2.3.3 绿色建筑性能分析标准与方法

目前，我国建设设计行业正在经历从计算机辅助设计到BIM的信息数字化设计转变。计算机辅助设计已经被普及应用，但在设计过程中，建筑、结构、空调、供暖、通风、照明等彼此间的分析、计算、优化手段脱节情况同样非常普遍，也给绿色建筑全过程设计与优化带来了一定的挑战。

我国《绿色建筑评价标准》（GB/T 50378—2019）等相关标准，围绕节能、节地、节水、节材、室内环境质量等，设定了多项直接涉及的绿色性能指标。有些指标结合设计图纸、工程现状、数据统计，就可直接判断是否达标，如人均用地指标、人均公共绿地等；有些指标则需要经过详细的计算或模拟才能判断是否达标，如建筑室内外风环境、建筑能耗指标与节能率、建筑自然采光与室内照度、通风换气次数、热岛效应、可再生能源利用等等。这些绿色指标计算分析结果的可靠性直接影响着绿色建筑的最终质量和评价效果。

根据《绿色建筑评价标准》（GB/T 50378—2019）进行整理，从中将需要计算与模拟的绿色性能指标进行梳理，并结合相关的方法和技术手段进行简单描述，见表2-5。

绿色建筑评价与性能分析关键指标解决思路 表 2-5

性能指标		绿色建筑标准要求（GB/T 50378—2019）	国家现行相关技术标准	评判目的及方法	方案解决思路
围护结构热工性能	住宅	围护结构热工性能指标优于国家现行相关建筑节能设计标准的规定。一星提高 5%，二星提高 10%，三星提高 20%	不同气候区的居住建筑节能设计标准	设计评价查阅相关设计文件、计算分析报告。现有标准均未规定围护结构热工性能的计算模型和边界条件；即便是围护结构热工性能的权衡计算，所涉及的内容非常之多，没有细化	需要规范整合不同类型建筑节能标准中的关于围护结构对供暖、空调负荷贡献率的规定，规范各地气象参数的选择，不同类型不同作息的规范化，各种功能房间供暖空调作息的设定，复杂围护结构热桥的影响，常见模拟软件的模拟要求和结果处理规定的标准化等
	公建		《公共建筑节能设计标准》（GB 50189—2015）		
建筑节能效率	住宅	合理选择和优化供暖、通风与空调系统	不同气候区居住建筑节能设计标准	设计评价查阅相关设计文件、计算分析报告。节能率的计算不仅仅包括围护结构，还包括供暖空调系统的能效，冷热源 COP，部分负荷能效系数，输配系统效率的影响，以及照明系统节能计算方法的标准化等，这些均缺乏细化规定	需要规范不同类型建筑、不同围护结构、供暖空调系统以及照明系统的节能率计算方法，包括参考建筑（或基准建筑）的设定，气象参数的选取，基准供暖空调系统的设定，基准照明系统的设定，基准系统控制调节方式的标准化和规范化
	公建		《公共建筑节能设计标准》（GB 50189—2015）		
室外风环境	住宅	在冬季典型风速和风向条件下，建筑物周围人行区距地高 1.5m 处风速小于 5m/s，户外休息区、儿童娱乐区风速小于 2m/s，且室外风速放大系数小于 2；除迎风第一排建筑外，建筑迎风面与背风面表面风压差不大于 5Pa；过渡季、夏季典型风速和风向条件下，场地内人活动区不出现旋涡或无风区；50%以上可开启外窗室内外表面的风压差大于 0.5Pa	《民用建筑绿色性能计算标准》（JGJ/T 449—2018）	设计评价查阅相关设计文件、风环境模拟分析计算报告。一方面，没有对不同地区的典型季节典型风向进行约定，另一方面，对于边界条件、湍流模型选择、网格划分等没有规范。同时市场上可用的计算流体动力学（CFD）软件众多，如 fluent（美国）、Phoenics（英国）、STAR CD（英国）、ANSYS CFX（美国）等，如果没有规范，模拟结果的误差可能在 30%～100%	在对室外风环境模拟时，需要规范各方面的标准化规定，如边界条件设定、当地典型季节典型风向、风速的设定，湍流模型选择、网格划分、计算域、计算模型、参数设定、数据后处理等
	公建				

续表

性能指标		绿色建筑标准要求（GB/T 50378—2019）	国家现行相关技术标准	评判目的及方法	方案解决思路
建筑通风性能	住宅	通风开口面积与房间地板面积的比例在夏热冬暖地区达到10%，在夏热冬冷地区达到8%，在其他地区达到5%；气流组织合理	《民用建筑绿色性能计算标准》（JGJ/T 449—2018）	设计评价查阅相关设计文件、计算书、自然通风模拟分析报告，气流组织模拟分析报告。标准中明确了自然通风换气次数（对于公共建筑需要不小于2次/h），但是自然通风如何进行模拟计算没有标准化的规定。此外，对于高大空间、餐饮、地下车库等空间气流组织的计算也缺乏规定	需要针对建筑自然通风以及高大空间、典型空间的气流组织模拟的各个方面进行标准化规定，如自然通风气象参数的选择（具体季节、时段的气象参数等），边界条件设定、自然通风计算方法的选择（CFD方法或多区域网格法）、高大空间气流组织模拟计算域、模型、参数设定等进行规定和标准化
	公建	在过渡季典型工况下主要功能房间平均自然通风换气次数不小于2次/h的面积比例不低于70%			
建筑采光性能	住宅	建筑室内主要功能空间至少60%面积比例区域，其采光照度值不低于300lx的小时数平均不少于8h/d	《建筑采光设计标准》（GB 50033—2013）	设计评价查阅相关设计文件、计算分析报告。《建筑采光设计标准》（GB 50033—2013）规定：对于采光形式复杂的建筑，应采用计算机模拟软件进行计算，还可以做节能分析和计算光污染，但是该标准中并没有进一步对于采光模拟进行标准化的规定。该标准适用于比较简单的单独隔断的办公空间，对于大开间办公空间，其他类型功能空间，以及复杂建筑室内空间，如何进行计算缺乏约束	需要对各种类型建筑、不同功能空间的自然采光系数、节能量的方法进行标准化规定，使之可以适用各种类型功能房间，以及复杂空间。如需模拟计算，需规定自然采光模拟计算数学模型的要求，最小网格的设定，不同光气候区的天空背景照度的设定，室内各表面材料反射系数的标准化等
	公建	公共建筑内区彩光系数满足采光要求的面积比例达到60%；地下空间平均采光系数不小于0.5%的面积与地下室首层面积的比例达到10%以上；室内主要功能空间至少60%面积比例区域的采光照度值不低于采光要求的小时数，平均不少于4h/d			

续表

性能指标		绿色建筑标准要求（GB/T 50378—2019）	国家现行相关技术标准	评判目的及方法	方案解决思路
建筑日照	住宅	建筑规划布局应满足日照标准，且不得降低周边建筑的日照标准	《建筑日照计算参数标准》（GB/T 50947—2014）	计算软件需经建设部门认证和认可	《建筑日照计算参数标准》（GB/T 50947—2014）的规定已经较为完善，可以在《民用建筑绿色性能计算标准》（JGJ/T 449—2018）引用，或者不包括这一项性能指标
	公建				
热岛效应	住宅	规划设计时，应充分考虑场地内热环境的舒适度，采取有效措施改善场地通风不良、遮阳不足、绿量不够、渗透不强的一系列问题，降低热岛强度，提高环境舒适度	《城市居住区热环境设计标准》（JGJ 286—2013）	设计评价查阅相关设计文件，通过计算遮阴面积比例指标来评价。控制路面太阳辐射反射系数等措施	更注重采取的具体措施，不能用热岛模拟报告来替代。需要查阅规划总平面图、乔木种植平面图、乔木表等设计文件，日照分析报告，户外活动场地阴影面积计算书；查阅项目场地内道路交通组织、路面构造做法等设计文件，道路用热反射涂料性能检测报告（如有），机动车道遮阴及高反射面积比例计算书；查阅屋面施工图、屋面做法大样等设计文件，屋面涂料性能检测报告（如有），屋面阴影及高反射面积比例计算书
	公建				
场地环境噪声	住宅	场地内环境噪声符合现行国家标准《声环境质量标准》（GB 3096—2008）的有关规定	《声环境质量标准》（GB 3096—2008）	设计评价查阅环评报告、噪声预测分析报告。在如何模拟计算预测交通噪声和其他噪声时缺乏细则	需要规范环境噪声的计算方法，包括现有环境噪声的监测和对未来环境噪声的预测及计算方法，明确相关噪声计算的统一数学模型、相关参数约定，统一计算输入条件或边界条件，实现环境噪声计算、预测的标准化
	公建				

第3章 IES〈VE〉概述

3.1 IES〈VE〉简介

3.1.1 IES〈VE〉综述

它是由英国IES公司开发的集成化绿色建筑性能模拟分析软件，目前在绿色建筑设计与评价中被广泛应用。IES〈VE〉带给设计方的不仅仅是漂亮的三维模型，更多的是对建筑性能的理性思考，真正做到了设计感性和分析理性的高度统一。

IES〈VE〉的功能主要包括三维建模、建筑能耗分析、建筑负荷分析、日照分析、建筑采光分析、人员疏散分析、经济性分析和气流组织分析等。尤其是IES〈VE〉所具有的一些功能，如自然通风模拟、空调系统模拟、光环境模拟等，这些必将有力地提高绿色建筑性能。

3.1.2 IES〈VE〉主要特点

1. 信息化模型

IES〈VE〉的核心是建立三维信息化模型（IDM），围绕该模型进行各种性能分析和模拟。这种信息化模型代表了建筑领域CAD的未来发展方向，并且和目前市场上常用的建筑设计相关软件有比较好的衔接，便于快速建模和使用。

2. 集成化分析

由于IES〈VE〉提供了各种各样的性能分析模块，建筑模型数据可以在这些模块之间相互传递，这样就保证了模拟分析的快速性和准确性，大大提高了效率。如果分析软件功能比较单一，而且各个软件所使用的分析模型不能通用，就需要反复建模，浪费大量时间和人力，效率低下。

IES〈VE〉可以直接建立三维信息化建筑模型，或者导入其他建模工具建立的模型，如使用DXF文件拉伸成三维模型，或利用IES〈VE〉在SketchUp或Revit中的插件将模型转换至IES〈VE〉等。完成模型的建立后，使用IES〈VE〉中的一系列分析模块可完成如下主要项目的分析：

（1）根据ASHRAE（美国采暖、制冷与空调工程师协会），或CIBSE（英国皇家注册设备工程师协会）标准进行冷热负荷的计算。

（2）计算建筑物全年能耗、CO_2排放量、室内空气品质等，计算空调系统全年能耗。

（3）计算建筑内外的自然采光、人工照明，可以将计算结果以直观的效果表现出来。

（4）计算建筑的日光遮挡系数，并可以将遮挡系数用于热模拟计算，可以动态地显示全天的日照变化情况。

（5）以动态模拟的方式计算建筑物内所有人员离开建筑所需要的时间。

（6）通过有限容积法，计算建筑物内外 3D 风环境，模拟室内温度场、流场等；通过后处理，输出速度、温度云图、热舒适性等计算结果。

（7）通过导航快速生成美国 LEED 认证、英国 BREEAM 认证、新加坡 GREEN-MARK 等标准的报告，并进行认证。

3. 应用广泛

IES〈VE〉是行业领先的集成化建筑性能模拟分析软件，被世界上各知名的设计单位和工程咨询单位所使用，如 Arup（奥雅纳）、WSP（科进）、Atkins（阿特金斯）、PB（柏诚）等。这些知名的设计公司或工程公司广泛使用 IES〈VE〉作为他们在国内参与项目竞争的工具，取得了非常好的效果，知名的项目有国家游泳中心（水立方）、国家体育场（鸟巢）、浦东国际机场、首都国际机场、诺基亚大厦等。

4. 标准化的设计流程

IES〈VE〉可以应用于建筑设计的各个阶段，使得设计师在设计阶段就能够对所设计的建筑有更深入的了解。通过与设计师的互动，可以帮助设计师不断地改进自己的设计，真正实现建筑师的生态环保理念，而不是将这种概念仅仅停留在纸面上（图 3-1）。

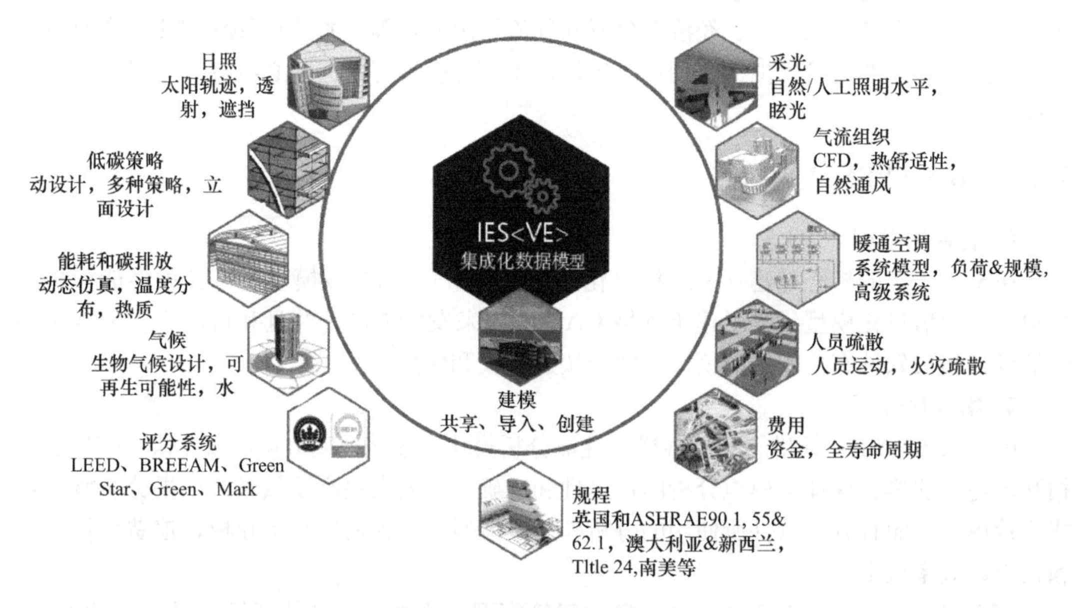

图 3-1　设计、模拟和创新

3.2　IES〈VE〉基本模块应用介绍

3.2.1　IES〈VE〉界面

IES〈VE〉同大多数的性能分析软件相似，主要有显示列表、菜单列表、操作视图等组成。与此同时，在主界面增加了导航区、房间列表、快捷键栏、显示模式和层高选择等区域和选项，如图 3-2 所示。

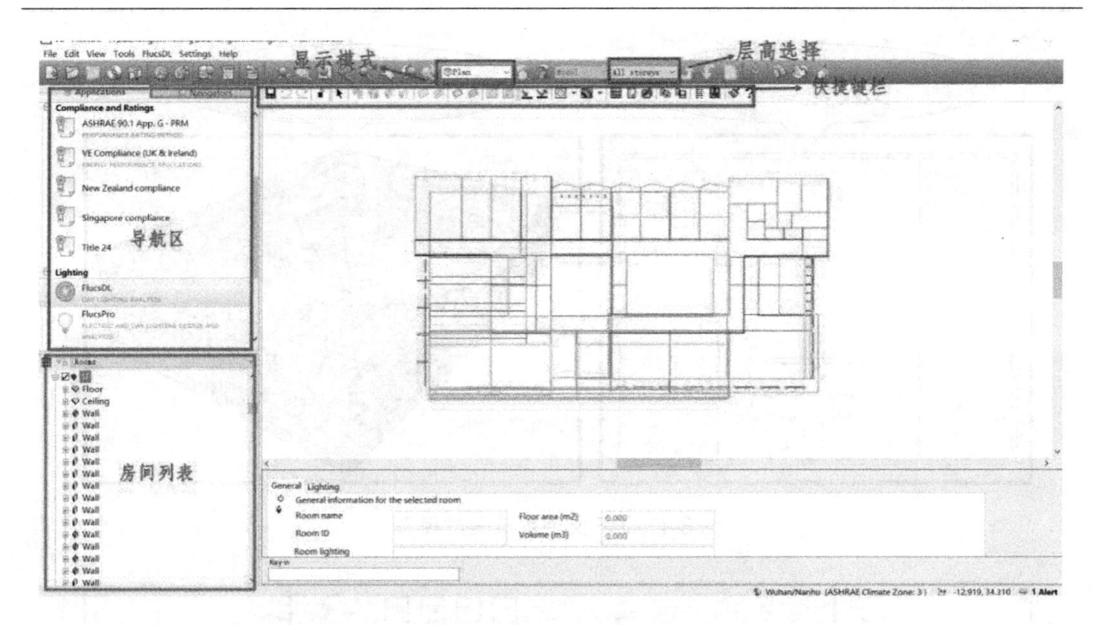

图 3-2 IES〈VE〉界面

3.2.2 构筑 IDM 的平台

1. 集成化数据模型 IDM

IES〈VE〉的核心思想是创建一个统一的集成化数据模型（IDM），然后使用这个模型来进行多个方面的建筑性能分析。这样就突破了以往使用多个分析软件需要建立多个物理模型的弊病，节省了大量的时间，从而加速了整个设计分析过程。

2. ModelIT 建立三维模型

ModelIT 可建立一个三维模型，然后在这些模型上开窗、开门或者是开任意形状的洞口，并且可以根据设定产生所需的屋顶（图 3-3）。IES〈VE〉提供免费的 Autodesk Revit 和 SketchUp 插件，可以通过插件将 BIM 模型转换至 ModelIT 中。ModelIT 还可以读入二维 DXF 的平面图，以及 IFC、GBXML 三维模型文件，这样就在广泛使用的建模工具和 IES〈VE〉之间建立一座桥梁（图 3-4～图 3-6）。

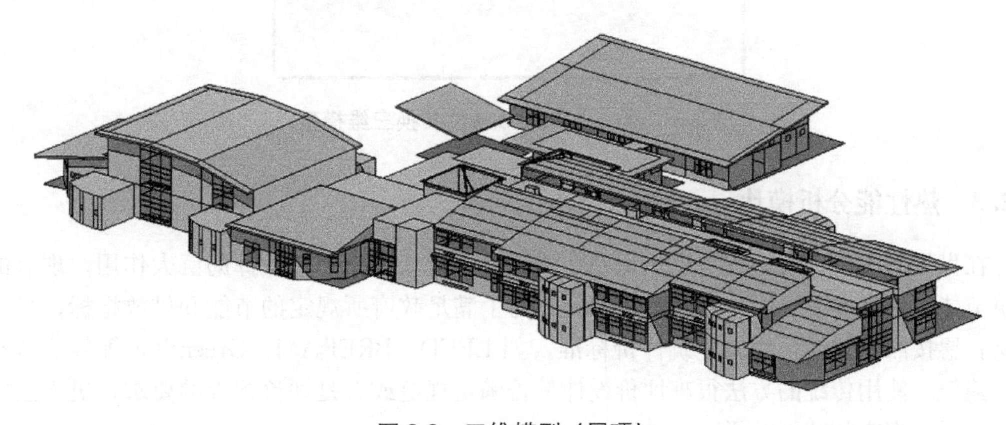

图 3-3 三维模型（屋顶）

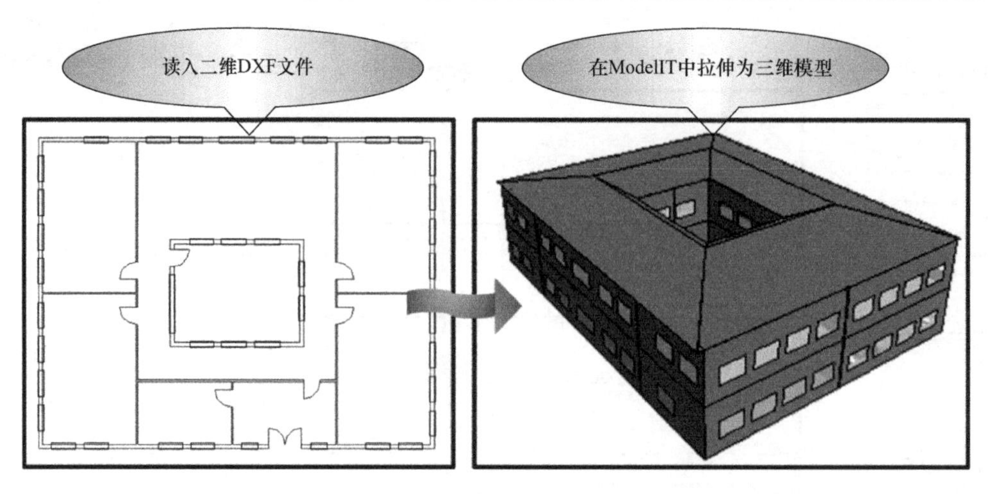

图 3-4 DXF 文件生成三维模型

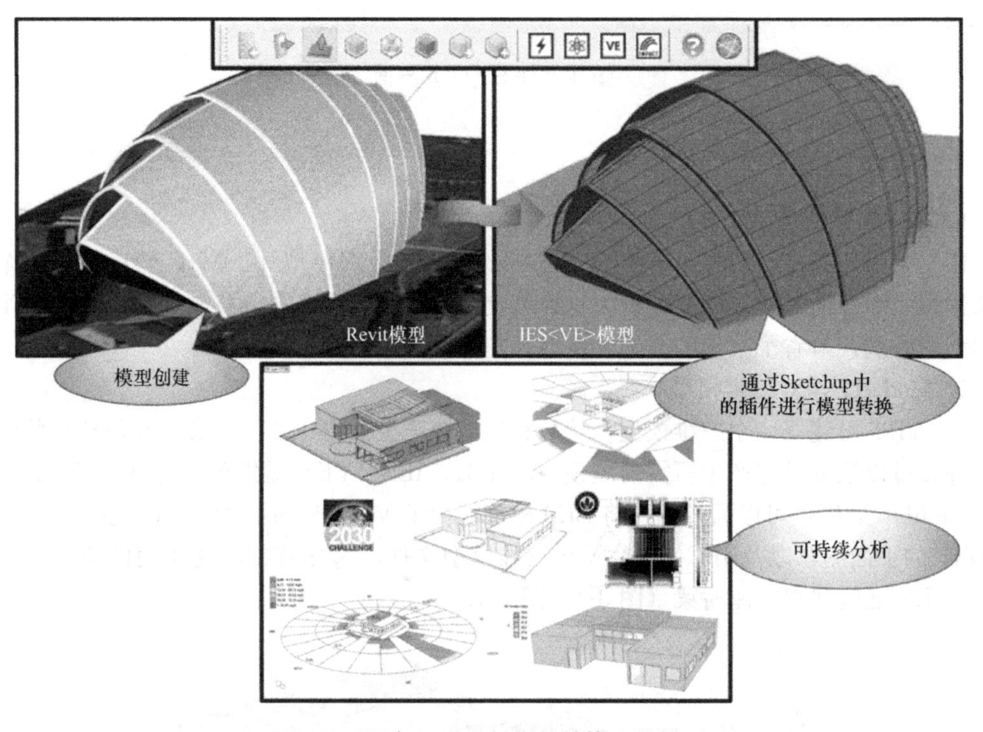

图 3-5 通过 SketchUp 插件转换三维模型

3.2.3 热性能分析模块

在世界范围内，人们越来越认识到建筑设计在节能工作中所发挥的巨大作用。现有的建筑节能设计基本上可以分为两类：一类是为了满足政府所规定的节能和排放指标；另一类是自愿按照一些绿色生态建筑评价标准，如 LEED、BREEAM、GreenStar 等的要求来设计建筑。使用传统的方法很难评价设计是否满足规范或者是评价标准的要求，更无法完成主动设计带来的节能效果。

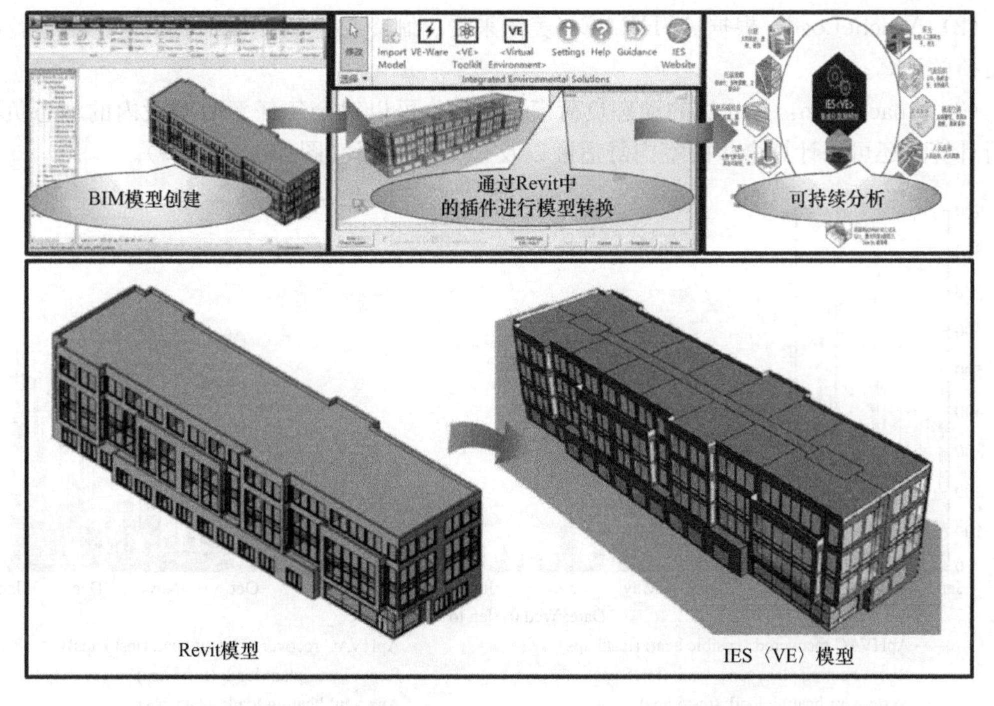

图 3-6 通过 Autodesk Revit 插件建立三维模型

IES〈VE〉可以对建筑物热性能随时进行模拟，找到节能优化的突破点，从而进一步优化设计。此外，还可以从初期投资及运行费的角度来考虑自然采光、人员舒适度以及环境效果等给节能带来的影响，体验集成化分析的优点。IES〈VE〉结合 IDM 模型，在完成气象参数选择、围护结构设定和设计条件等设定后，可进行动态逐时负荷、设计负荷等计算分析，通过多样的后处理方法对计算结果进行展示，为寻找节能的突破点提供理论依据（图 3-7）。

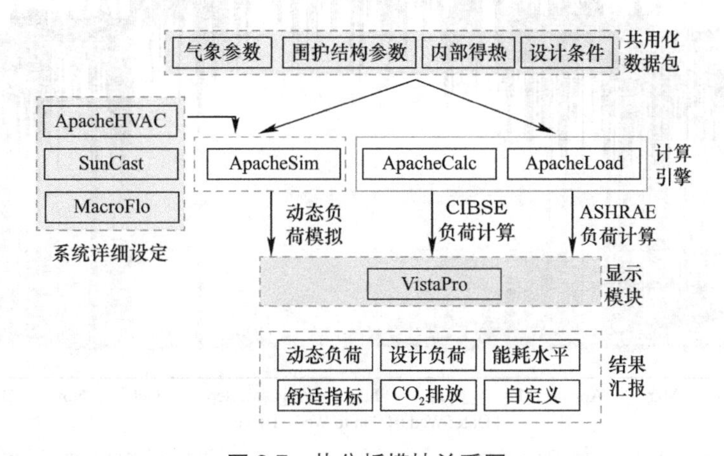

图 3-7 热分析模块关系图

分析模块相关依据：

（1）ApacheCalc：根据 CIBSE（英国皇家注册设备工程师协会）的标准进行冷热负荷的计算。

（2）ApacheLoad：根据 ASHRAE（美国采暖、制冷与空调工程师协会）标准进行冷热负荷的计算。

（3）ApacheSim：是先进的动态负荷模拟软件，可以对全年任意时间段内的动态负荷进行计算，还可以计算全年的室内舒适度以及 CO_2 排放量（图 3-8、图 3-9）。

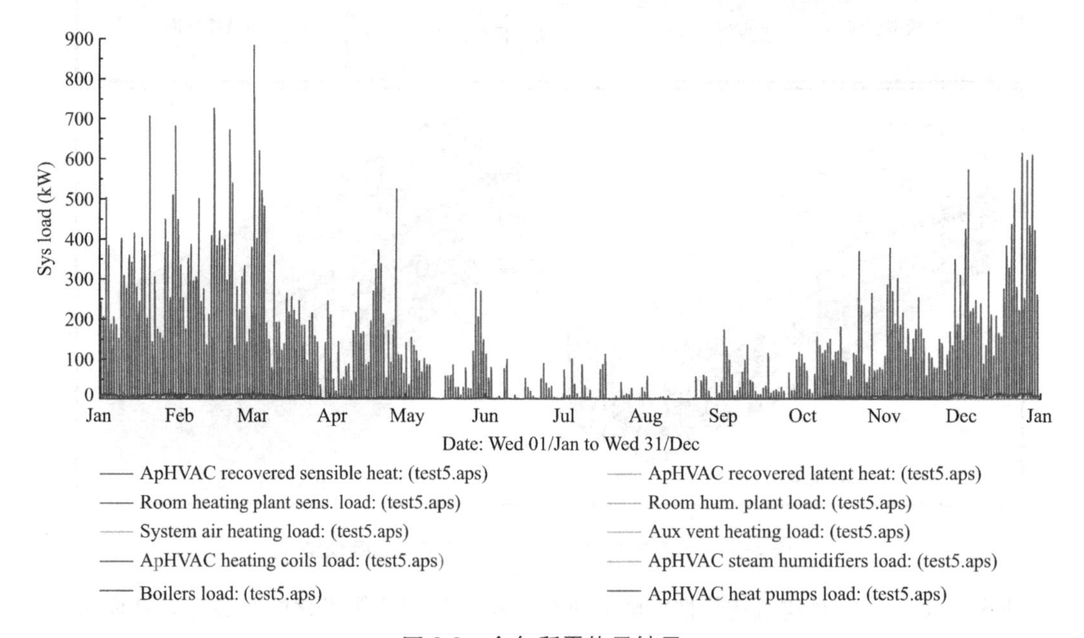

图 3-8 全年所需热量结果

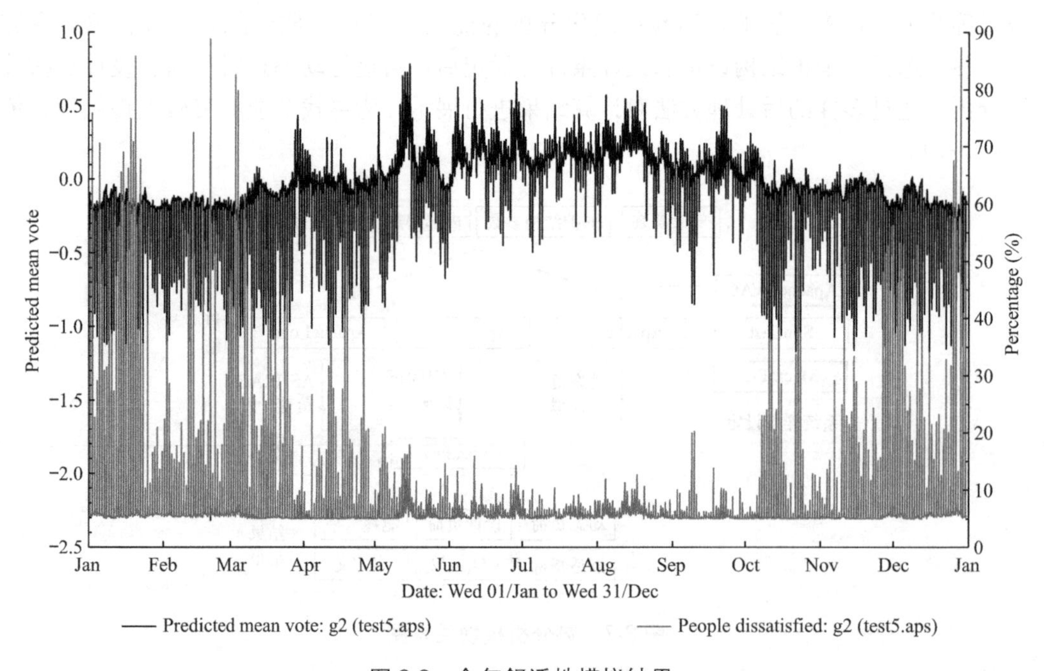

图 3-9 全年舒适性模拟结果

（4）ApacheHVAC：提供了空调系统建模的界面，在这里可以设计所需的任意空调系统，并可以将控制系统包含在内，然后在 ApacheSim 中对空调系统的全年能耗进行模拟，从而优化空调系统的设计（图 3-10）。

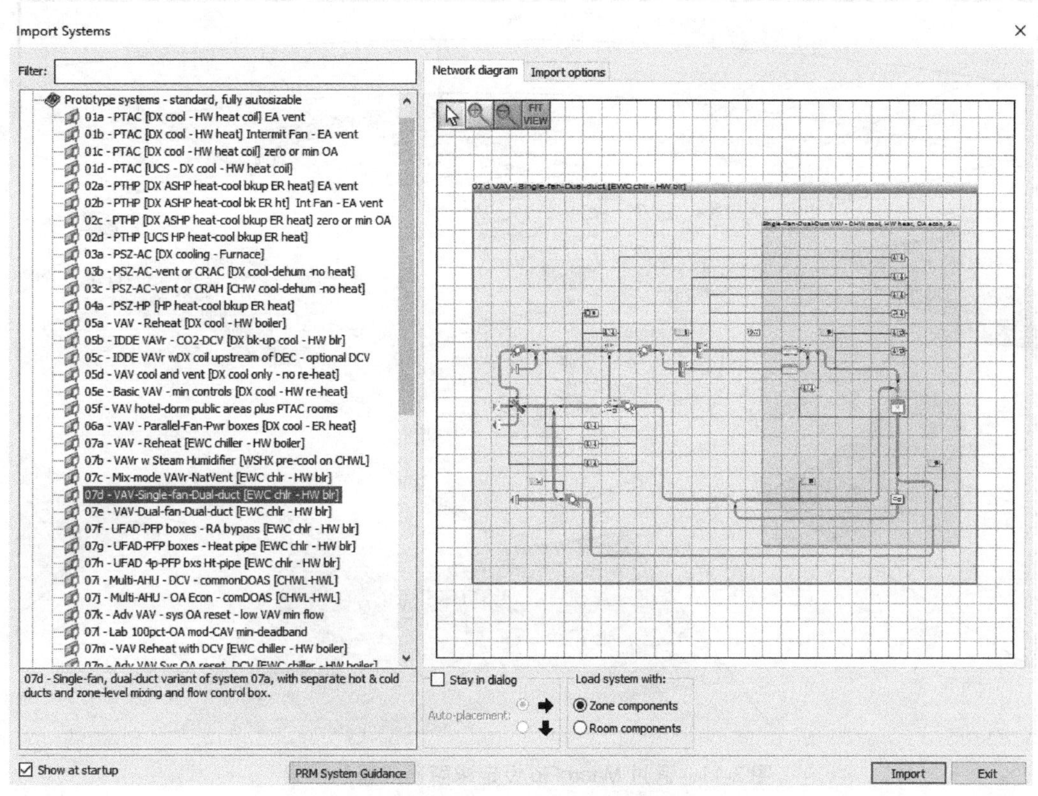

图 3-10 ApacheHVAC 空调末端详细设定

（5）MacroFlo：提供了对自然通风、渗透风、热压与风压通风进行设置的界面，在这里可以对任意壁面或开口的通风属性进行设置，还可以设置通风的时间，然后在 ApacheSim 中对全年的通风以及室内舒适度等进行模拟，从而确定设计方案中的自然通风或者渗透风是否可行（图 3-11）。

3.2.4 日照分析模块

SunCast 是 IES〈VE〉中分析日照的专用软件。它可以对建筑内部的日照情况进行分析，也可以对建筑之间的相互遮挡进行模拟。SunCast 可以输出某个时刻的日照状况图片，也可以针对某个时间段输出连续的日照状况图片，还可以生成动画，让用户更加直观地了解建筑内外的日照状况（图 3-12）。客户如果想了解建筑内部的日照状况时，还可以将某些墙面定义成不显示，这样就可以直接观察建筑内部的日照变化（图 3-13）。另外，SunCast 计算建筑日照的自遮挡和互遮挡系数，其计算原理是阳光追踪的算法，即对阳光射线进行跟踪，当遇到透明材料时，射线可以穿过，直到遇到非透明材料时，该条射线的跟踪结束。这种方法可以计算建筑内外表面的遮挡系数，并且可以精确计算某墙面的太阳辐射热量，这些数据可以输入 ApacheSim 进行能耗模拟，了解太阳能在建筑节能设计中所起的作用。此外，在 SunCast 中也可以通过模拟计算输出建筑外围护结构的太阳辐射得热量及日照时间等结果（图 3-14）。

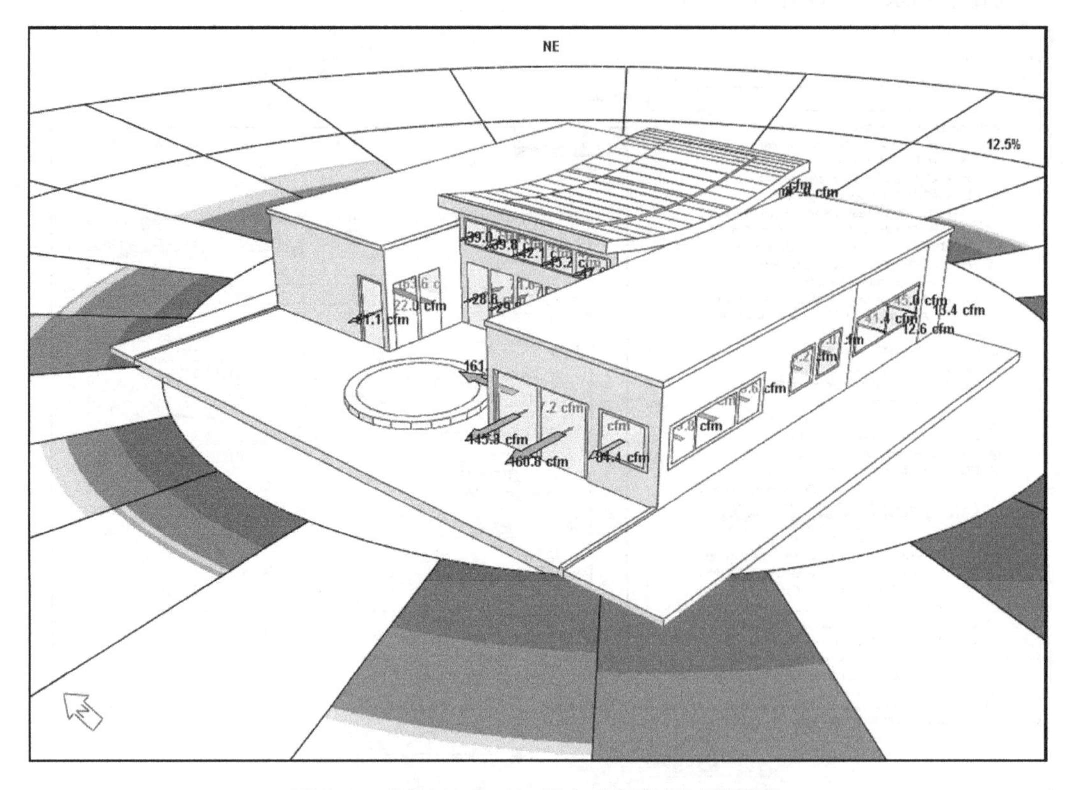

图 3-11　通过 MacroFlo 设定求解通风量的结果

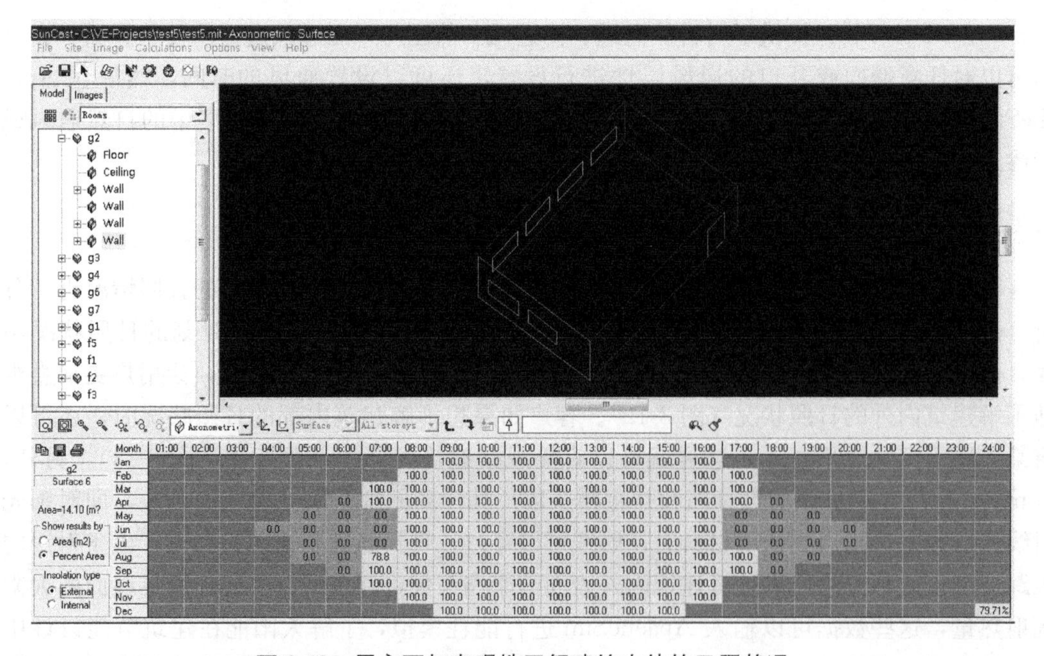

图 3-12　用户更加直观地了解建筑内外的日照状况

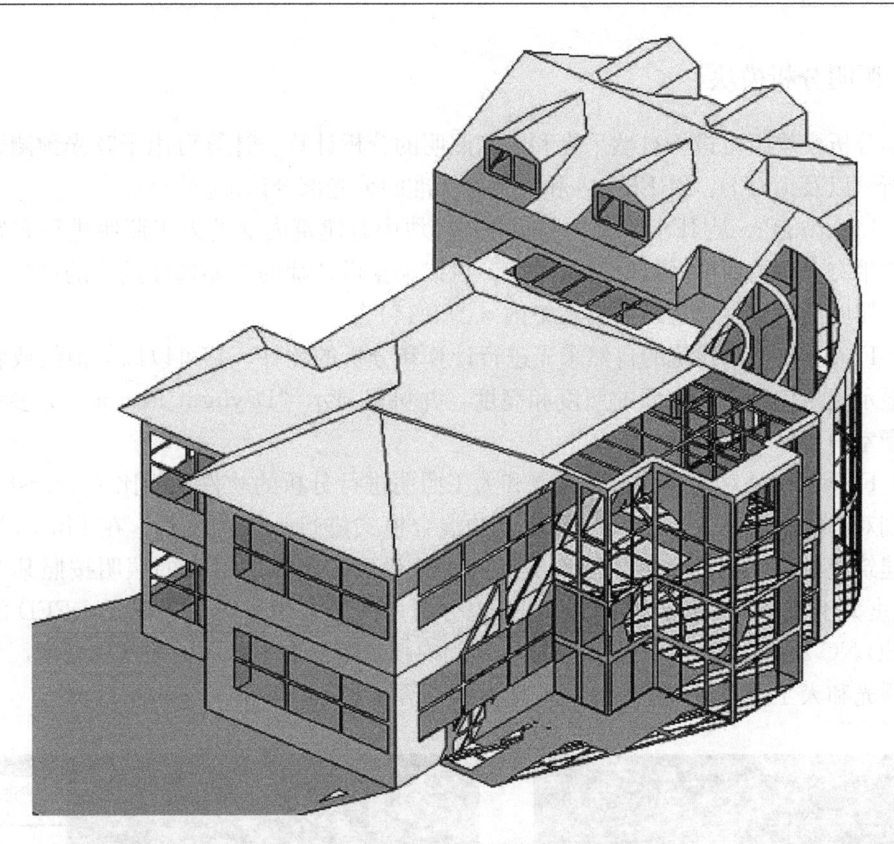

图 3-13 观察建筑内部的日照变化

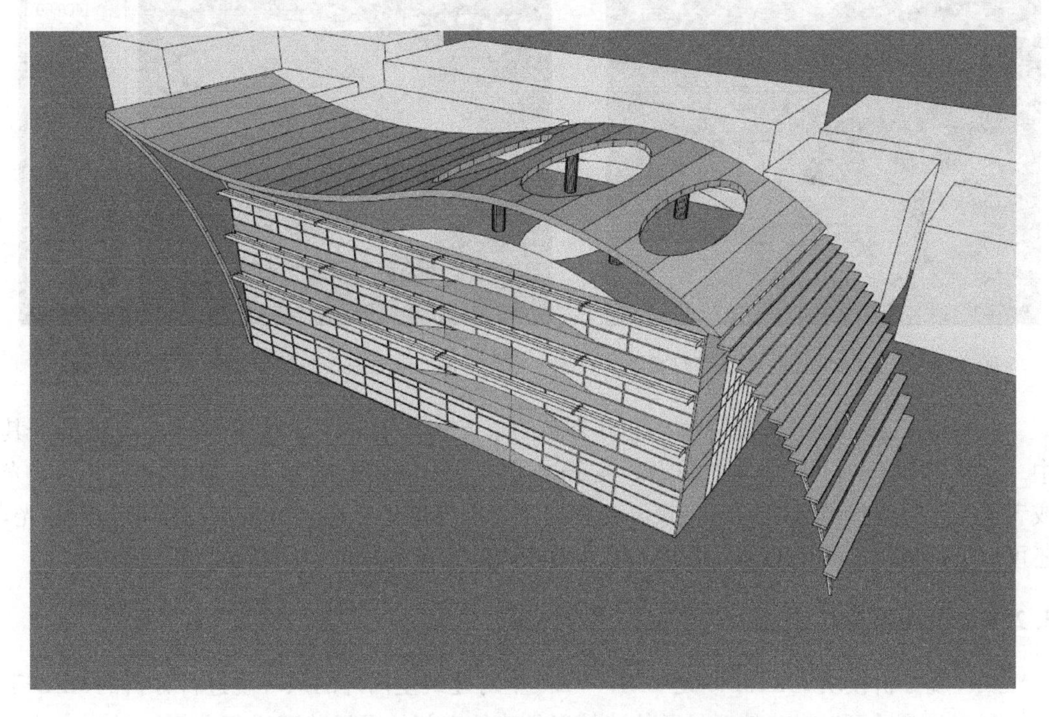

图 3-14 外围护结构表面太阳辐射得热量结果

3.2.5　照明分析模块

照明分析模块组可进行自然采光和人工照明的分析计算。计算可用于眩光预测，灯具布置分析，以及 LEED、BREEAM 和三星等标准的采光部分认证。

（1）LightingPro 是 IES〈VE〉照明分析模块中对建筑内部的人工照明进行布置的软件，它自带有大量的照明及灯管的数据库，可以根据设计师的需要选择适当的型号，设定其相应的照明属性，并合理地布置在室内（图 3-15）。

（2）FlucsDL 是对建筑的自然采光进行计算和分析的软件，它可以以等值线或者云图的方式显示建筑内部各个壁面的照度和亮度，并可以显示“Daylight Factor”等参数，以此来判断室内自然采光的优劣。

（3）FlucsPro 是对建筑的自然采光和人工照明进行分析的软件，相比于 FlucsDL，它可以分别对自然采光、人工照明以及两者的混合模式进行计算和分析。在 FlucesPro 里，可以对建筑壁面和玻璃的反射、透射等属性进行设置，可以对室内的照明按照某个标准（比如照度大于 300lx）进行设计计算，可以分析房间的自然采光是否满足 LEED 的要求（如 LEED NC 2.2 Credit 8.1），可以显示房间内任意壁面和工作面的照度和亮度，为室内的自然采光和人工照明提供了一个很好的分析计算工具（图 3-16）。

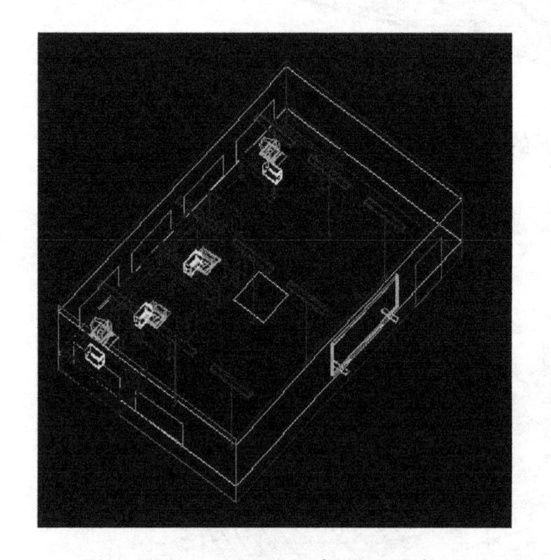

图 3-15　LightingPro 布置照明灯具

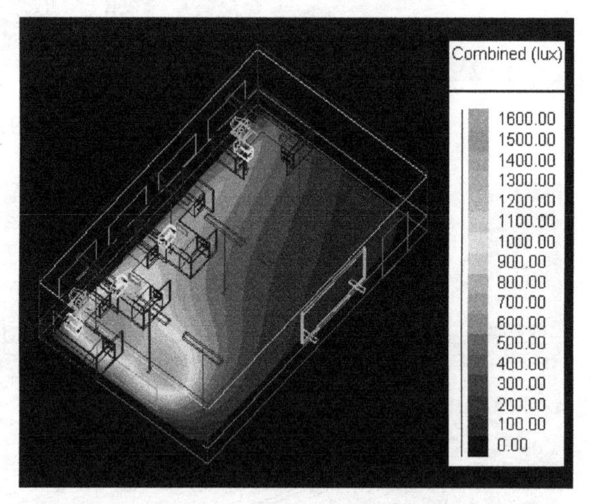

图 3-16　FlucsPro 自然采光和人工照明分析

（4）在 Lighting 分析模块中，世界著名的采光和照明表现软件 Radiance 也被纳入其中。它使用 ModelIT 所建立的模型，在 FlucsPro 或 FlucsDL 计算后，对室内的自然采光或者人工照明进行逼真地表现。除可以表现照度和亮度外，还可以根据亮度来分析眩光，还可以进行全年空间照明分析，是一款非常杰出的光环境分析软件（图 3-17）。

3.2.6　风环境分析模块

风环境分析模块 MicroFlo 是 IES〈VE〉里对建筑室内外的风环境进行分析的 CFD 工具，利用此工具可以对建筑群、单体建筑以及建筑内部的通风状况进行分析；对室内的气流组织进行模拟，并可以计算各种舒适性指标，结合气候参数和能耗模拟结果可以快速获取边界条件设定，提高分析效率；用于建筑设计优化气流组织和热舒适性分析，进一步提高建筑室内外的舒适度（图 3-18、图 3-19）。

图 3-17 Radiance 眩光分析（圈内为眩光区）

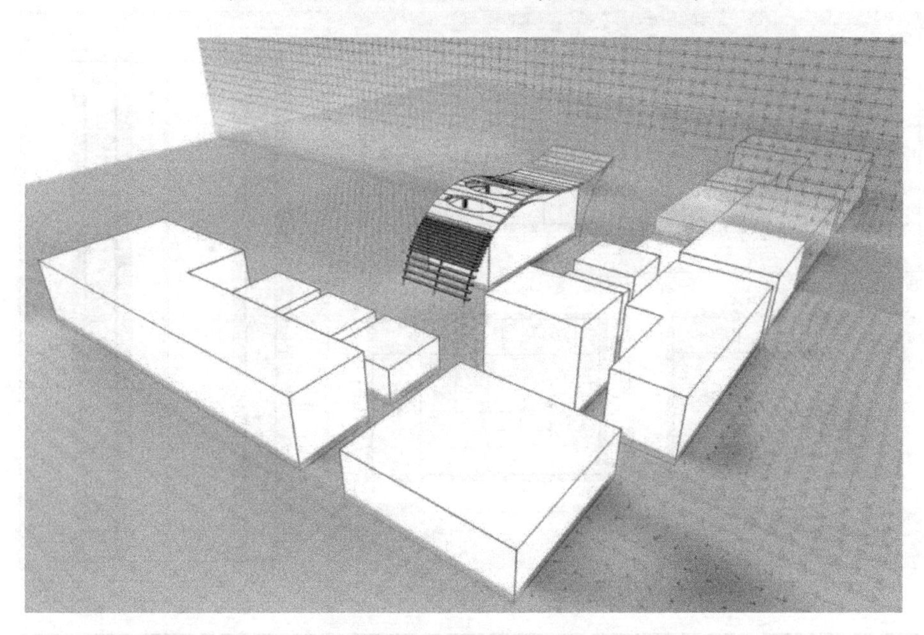

图 3-18 室外风环境模拟

3.2.7 疏散分析模块

疏散分析模块 Simulex 是对建筑内部的人员在遇到紧急情况时的疏散进行模拟分析的软件。在这个软件里，通过读入 DXF 的平面图确定各个楼层的布局，然后在各个楼层之间通过楼梯连接。除对建筑出口及楼梯的出入口可以进行设置外，还可以对建筑内的人员情况进行设定，从而更加逼近真实的状况。Simulex 可以计算建筑内各个地方距离出口的远近，并且以动画的形式模拟建筑内人员疏散的全过程，最后得到疏散所需的总时间，并可通过后处理输出二维和三维人员疏散动画（图 3-20、图 3-21）。

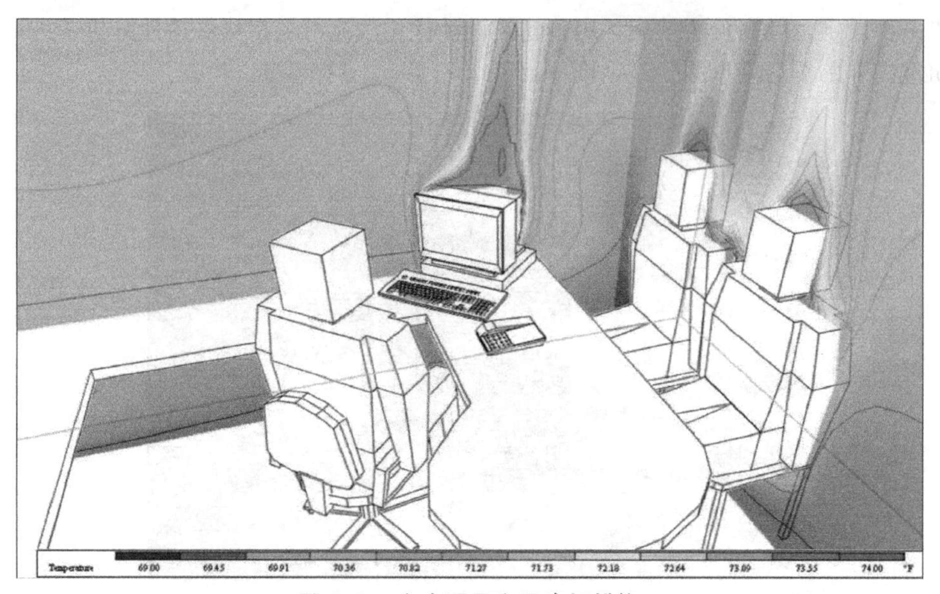

图 3-19　室内通风和温度场模拟

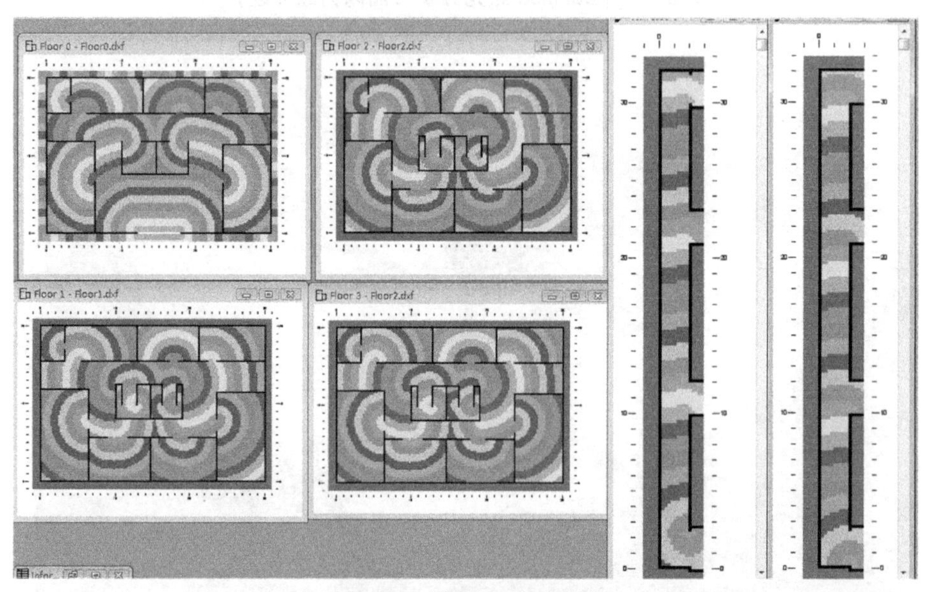

图 3-20　建筑出口距离分析

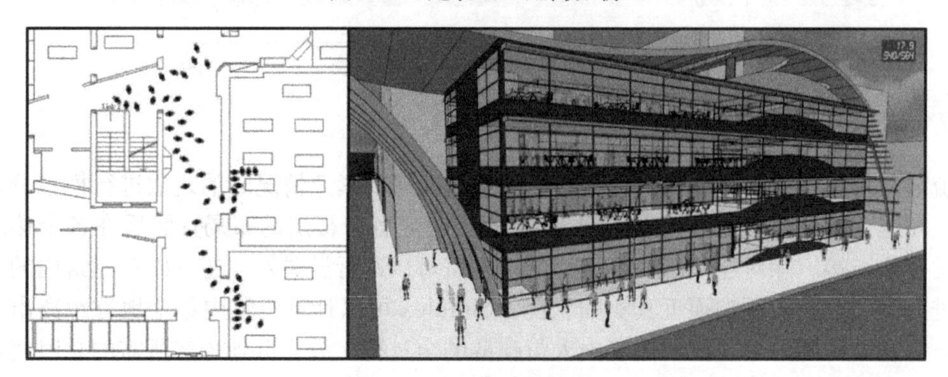

图 3-21　人员动态疏散

3.2.8 费用分析模块

（1）CostPlan是对建筑的初投资进行计算的软件，它可以接收来自于ModelIT所建立的模型信息，然后根据各种建筑部件的单价计算建筑的总体造价（表3-1）。也可以自主增减各种费用目录，使得最终的计算结果更加准确。

（2）LifeCycle是对建筑在全寿命周期内的费用进行计算的软件。它可以将全寿命周期内的所有费用按照设定的贴现率折算成现在的价格，然后对全寿命周期的费用进行核算（表3-2）。

CostPlan初投资核算 **表3-1**

Template：Office

	Code	Rate	Weight	Cost（$）	Cost/Area（$）
1. SUBSTRUCTURE					
1A Substructure	11	71.51	1	59,480	71.51
				59,480	71.51
2. SUPERSTRUCTURE					
2A Frame	11	63.05	1	52,444	63.05
2B Upper Floors	11	39.52	1	32,872	39.52
2C Roof	11	60.43	1	50,264	60.43
2D Stairs	11	19.91	1	16,561	19.91

LifeCycle全寿命周期费用核算 **表3-2**

	Description	Expenditure（$）	Present Value（$）
Capital Cost	Capital Cost Data	908686	908686
	Total		908686
Energy Costs	Energy cost		
	-Electrical	56	1652
	-Fuel	632	18354
	Total		20006
Annual Costs	Annual cost	100	3000
	Total		3000
Repair Costs	1. Repair cost	30	30
	2. Repair cost	20	20
	3. Repair cost	25	25
	4. Repair cost	15	15
	Total		90
	Net Present Value		931782

第 4 章　IES〈VE〉模型创建

模型的合理建立是进行建筑环境性能分析的基础，因此对于模型准确和合理的把控是进行建筑环境性能分析重要的部分。在建立模型过程中，并非细节越多越好，需要对模拟的内容和目的进行合理把控，例如，在进行 CFD 风环境的分析时，如果只是为了得到建筑布局对风环境的影响，那么在进行建模时只需要将建筑的体块建立出即可，就没有必要将建筑进行详细的房间建立。合理地进行模型的建立一方面可以减少模拟的工作量，另一方面可以减少网格的划分从而节约计算分析时长和周期。

4.1　房间建立

根据建筑模型图，首先进行一层平面的绘制。若在设计模型中存在地下空间，则从地下空间开始建立模型。

（1）打开 IES〈VE〉软件，在导航区点击【ModelIT】，然后点击【Plan】进入平面视图进行建模，如图 4-1 所示。

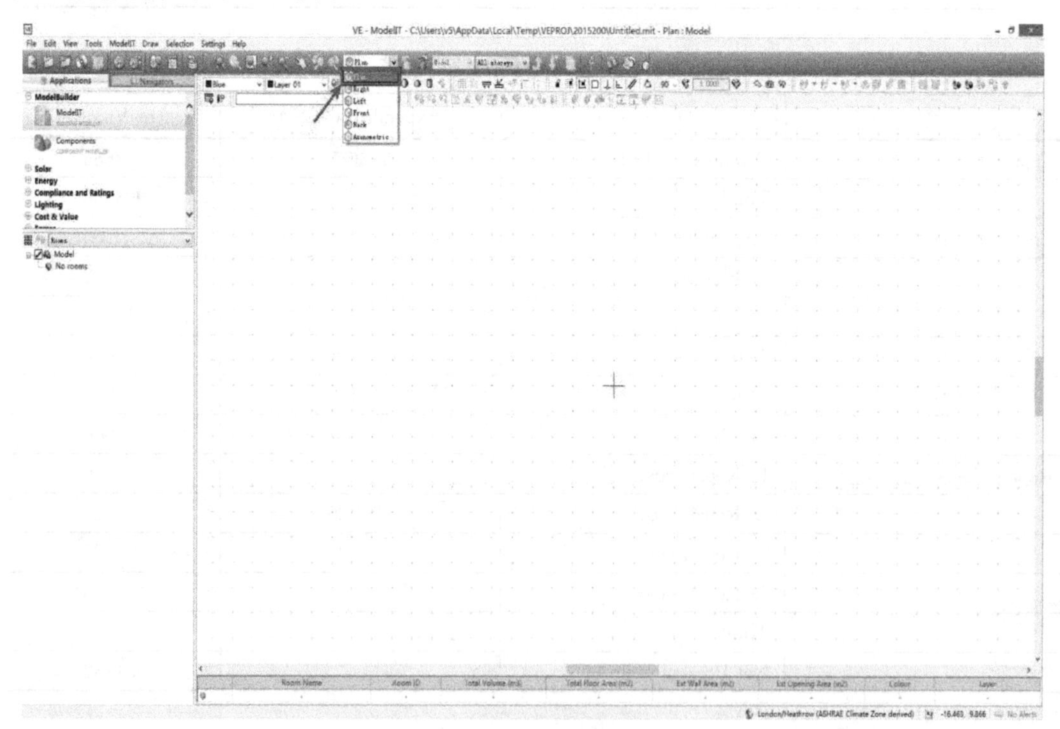

图 4-1　平面视图

（2）对南向最西边的房间进行绘制。点击快捷键栏中的图标进行矩形的绘制，在弹出来的设置栏中将各项数值改为该房间的参数，如图 4-2 所示。

➢ **小提示**：在进行设置时，如果之前已经将组合模板做好，可以在建模的时候直接将这个房间设置到相应的组内和赋予相应的模板。

(3) 在进行绘制之前点击图标对坐标点的距离进行设置，如图 4-3 所示。

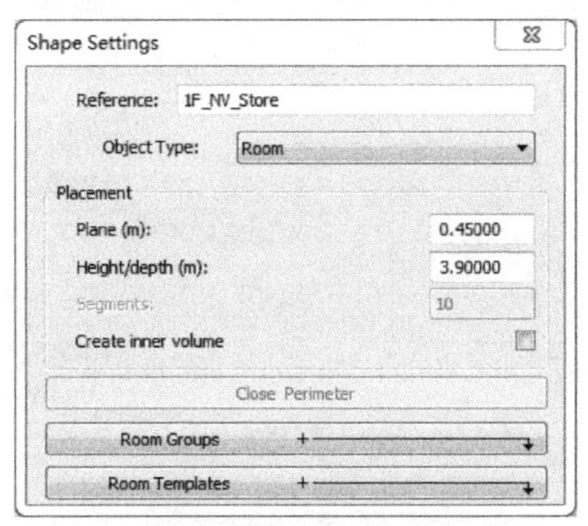

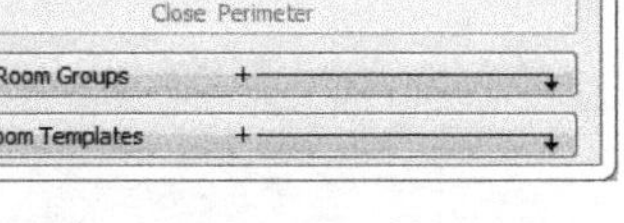

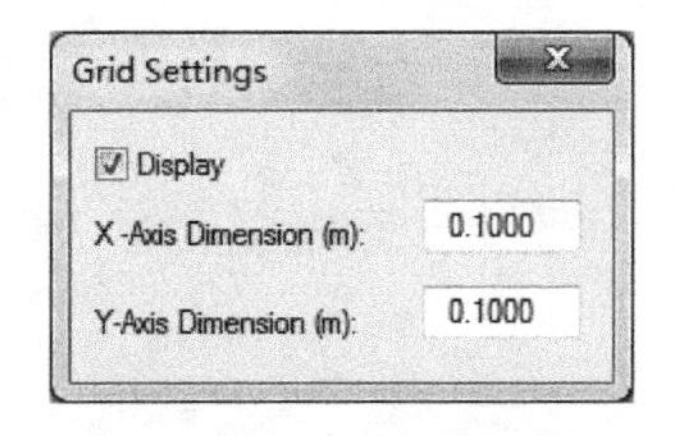

图 4-2 房间参数设置　　　　图 4-3 坐标点的距离设置

(4) 完成坐标点的距离设置，点击图标，在弹出的选项栏中进行捕捉设置，如图 4-4 所示。在实际的建模过程中，为保证建模的效率和精确度，可根据不同的建模情况进行捕捉设置调整。

(5) 完成参数设置后，在空白处进行房间的绘制，点击鼠标左键画下第一个点。在模型建立过程中，可根据模型图纸，结合平面图中的尺寸将房间绘制出，如图 4-5 所示，建立一个封闭房间。

➢ **小提示**：在使用"Draw extruded shape"进行模型的建立时，如果想要闭合房间，除了将最后一个点和起始点重合外还可以通过点击【Close Perimeter】进行闭合。

(6) 绘制相邻的房间，重复第二步，在"Reference"中对房间进行不同的命名，如图 4-6 所示。

➢ **小提示**：模型建立时，每一部分模型名称设置十分关键。可结合建筑实际情况进行不同类型编号，为后续建筑环境分析提供便利。

(7) 点击第一个房间的右上角开始绘制第二个房间，如图 4-7 所示。

➢ **小提示**：在 VE 中，进行模型的绘制时，会自动将两个房间的相交处默认为内墙。此时是按照邻近墙体之间的垂直距离识别内墙，有阈值控制，默认识别距离 0.1m。

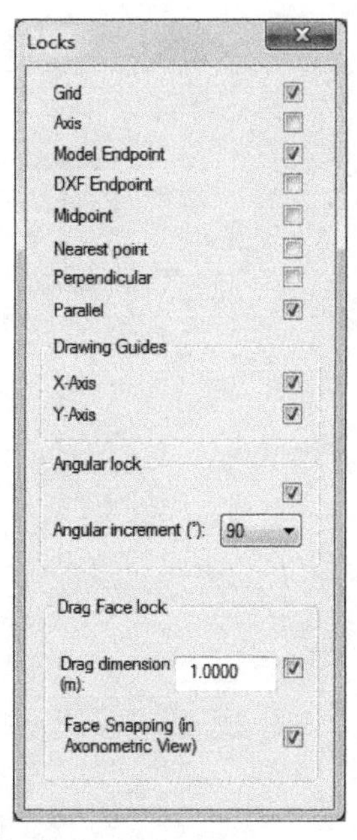

图 4-4 捕捉设置

(8) 其他房间的绘制参照之前的步骤，根据平面图绘制出的一层房间如图 4-8 所示，要根据所绘制的房间使用功能进行命名，方便在后面的操作中将相应的模板赋予房间。

(9) 其他层的绘制方法与此相似。注意在进行每一层的绘制时，标高和层高要根据图纸进行相应调整。

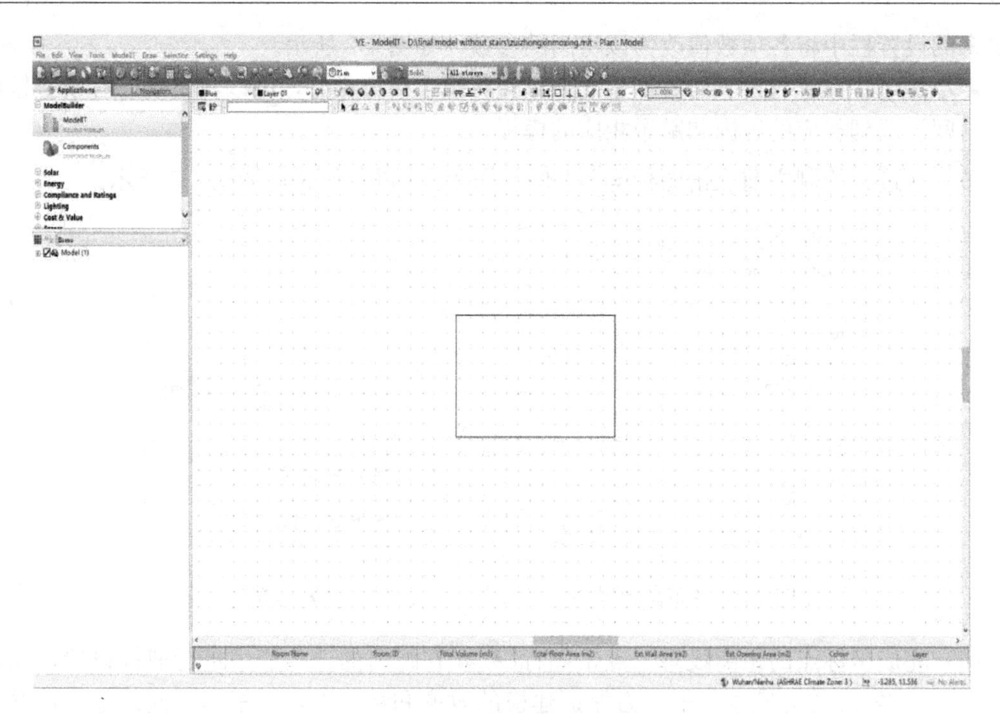

图 4-5　房间绘制

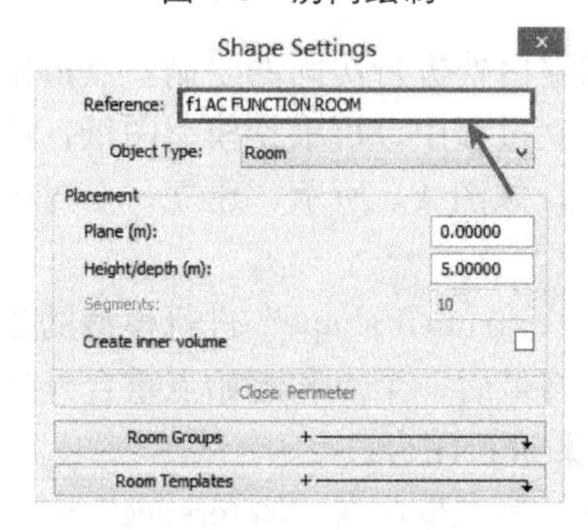

图 4-6　房间绘制参数设置

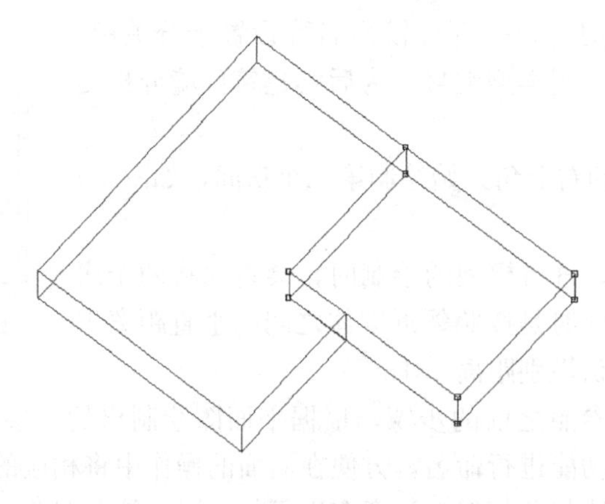

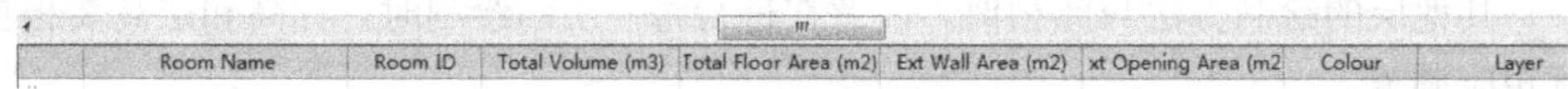

图 4-7　房间绘制（三维视图）

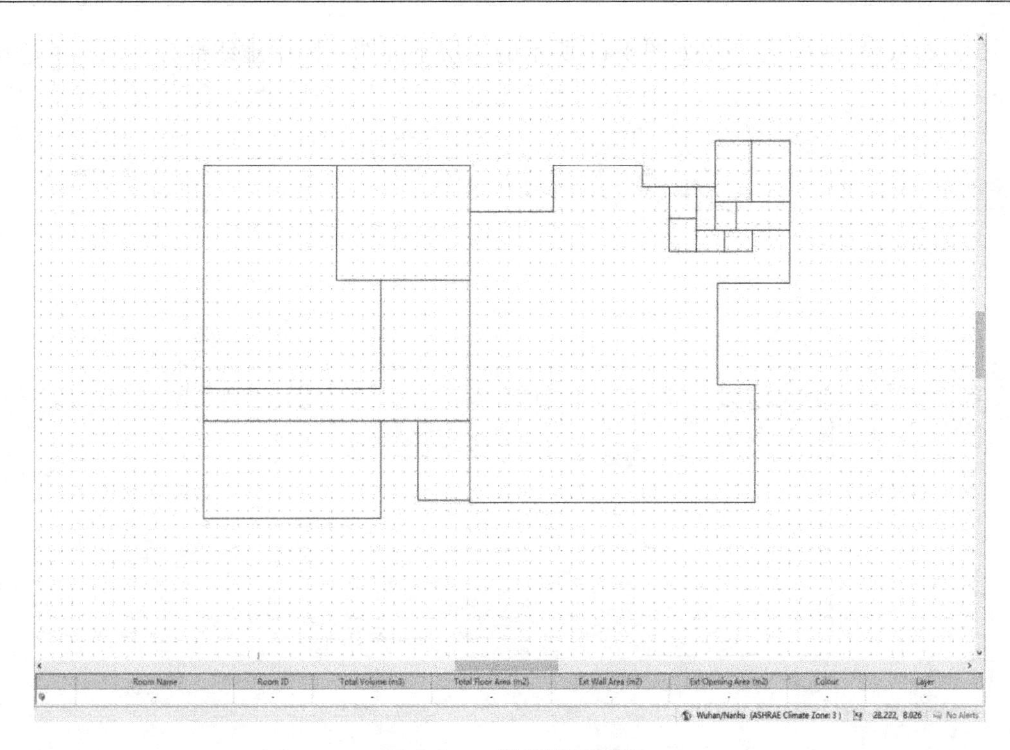

图 4-8　一层房间平面图

4.2　遮阳构件创建

在 VE 中，对于遮阳构件，例如遮阳板等，在建模时将所建体块的类型改为“Local Shade”。以空调机搁置板为例进行绘制。

(1) 点击浏览模式中如图 4-9 所示的图标进入某层平面视图。

➢ **小提示**：点击不同的标高可以单独显示不同高度的平面视图，方便进行操作和绘制。

(2) 点击图标 进行绘制，在弹出的界面中将各项参数分别改为如图 4-10 所示的参数。

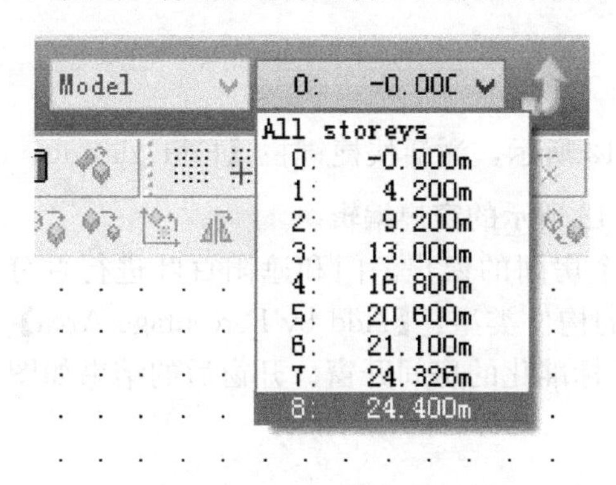

图 4-9　某层平面视图

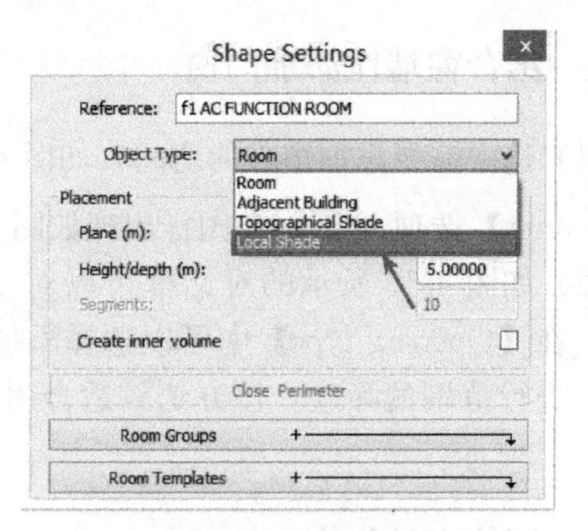

图 4-10　绘制体块类型设置

➢ **小提示**：在“Object Type”中可以设置所画体块的类型，这里所设置的“Local Shade”类型在进行能耗计算时不会考虑它的影响，但是会影响 CFD 或者采光的计算。

（3）参数设置后，绘制出如图4-11所示的二层平面图。图中虚线部分为增加的遮阳构件。

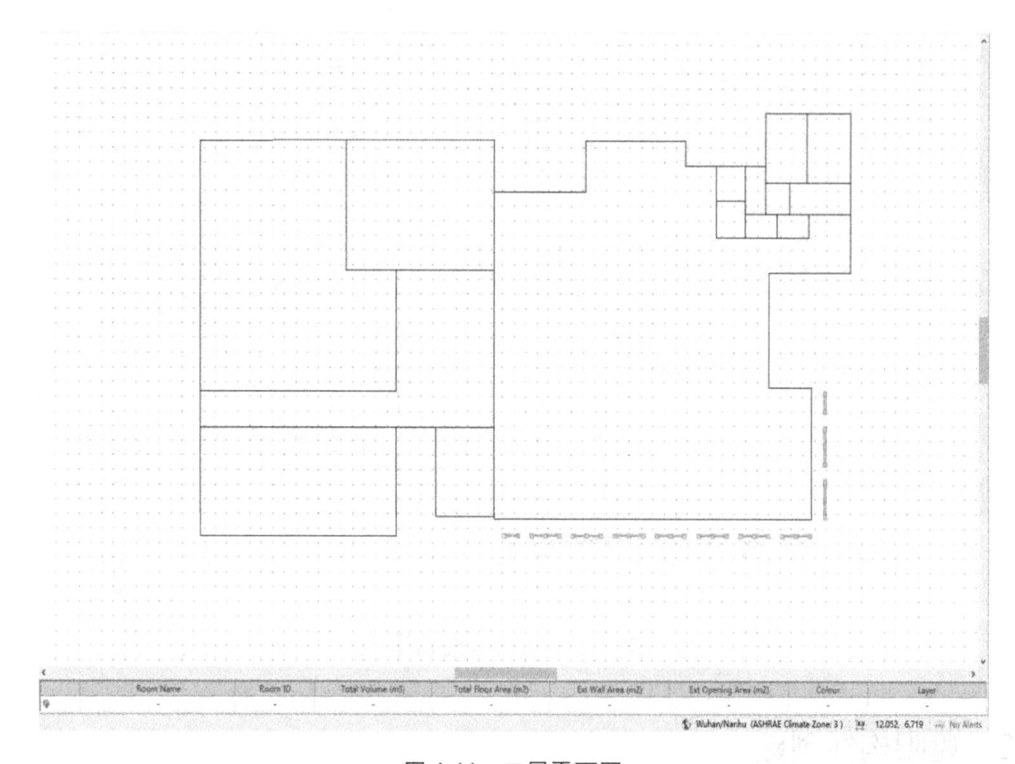

图4-11　二层平面图

4.3　门窗建立方法

所有的房间都绘制好之后，下一步是为每个房间加窗户和门，加窗户和门的方法很多，这里主要介绍三种常用的方法：

4.3.1　结合窗墙比添加门窗

（1）选中需要添加窗户的房间，如图4-12所示，激活快捷键栏【Edit glazing，doors and louvres】选项，点击图标出现如图4-13所示的窗户编辑。

（2）如图4-13所示的对话框可以对整个房间的窗户、门和遮阳百叶进行百分比式添加。在【Opening type】中可以选择添加的构件类型，【Add by Percentage Area】等选项可以进行范围的筛选。该方法较适合用于标准化的房间开窗。开窗后的结果如图4-14所示。

4.3.2　墙体直接加窗

（1）对墙体进行加窗是在模型的平面层次进行添加的，将模型调整为显示一层的方式，点击如图4-15所示图标进入相应的视图，在此以平面视角为例。

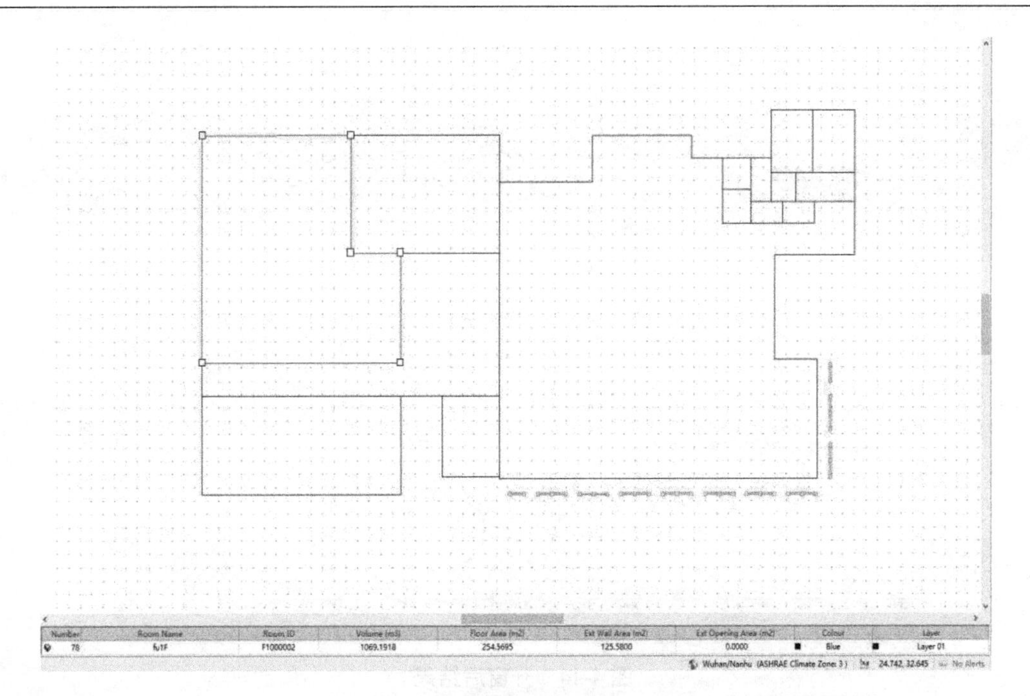

图 4-12 选中需要添加窗户的房间

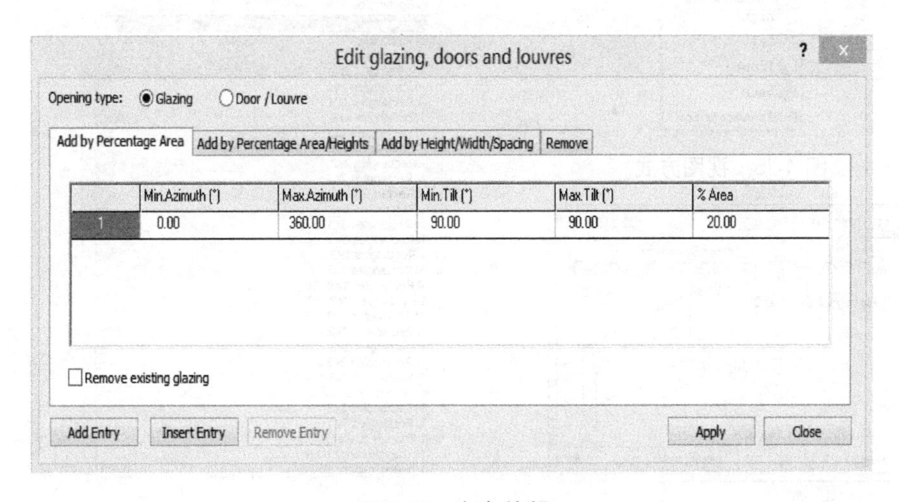

图 4-13 窗户编辑

（2）平面视角中点击快捷键栏的图标，在弹出的选项栏中（图 4-16）对添加的窗户进行参数设置。

（3）选项栏中的第一个下拉列表（图 4-17）中可以对所选窗户的类型进行选择，在这里选择“L Rectangle”。

（4）对窗台高、窗高和窗宽进行设置，如图 4-18 所示。

（5）设置好窗户的各项参数后将鼠标移动到所要加窗墙的位置，点击鼠标左键，将窗添加到墙中，结果如图 4-19 所示。

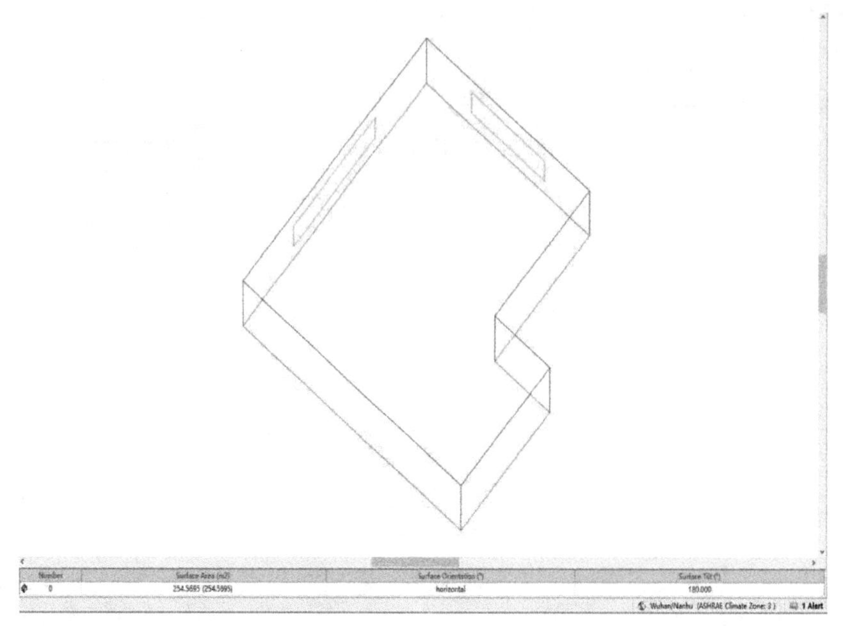

图 4-14　开窗后结果

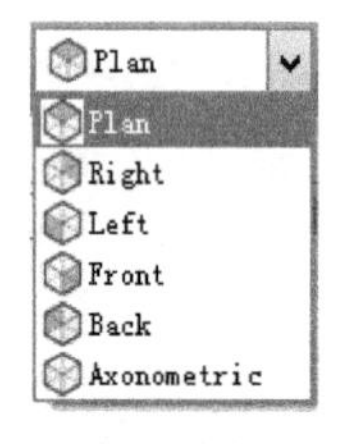

图 4-15　视图方式

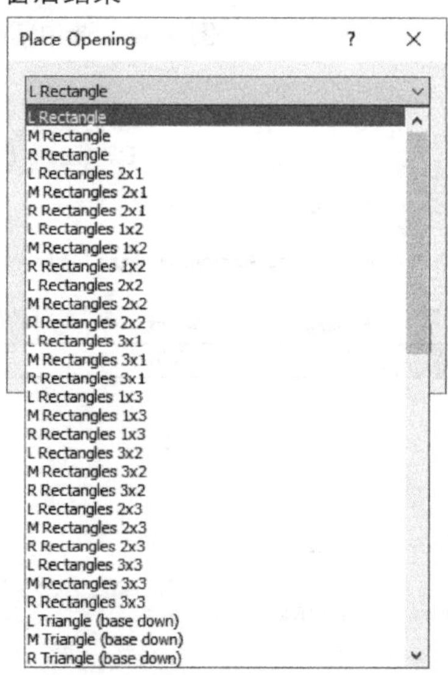

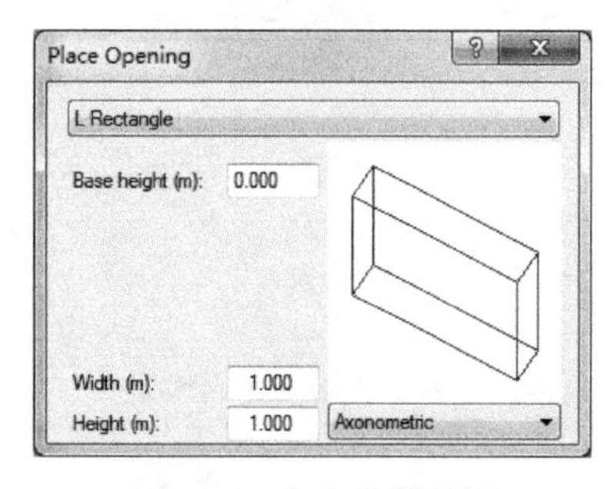

图 4-16　窗户参数设置

图 4-17　窗户类型设置

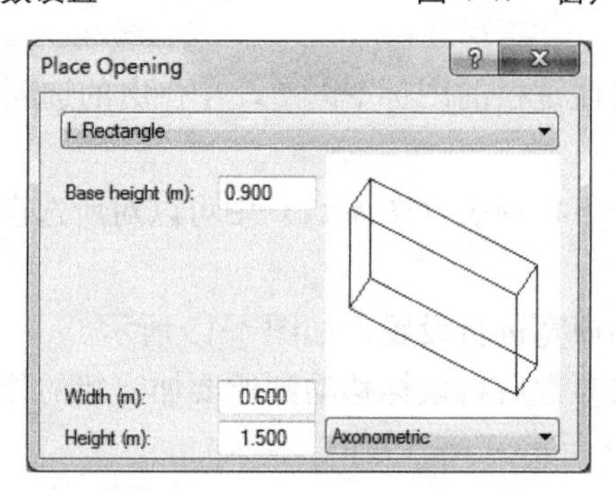

图 4-18　窗户参数

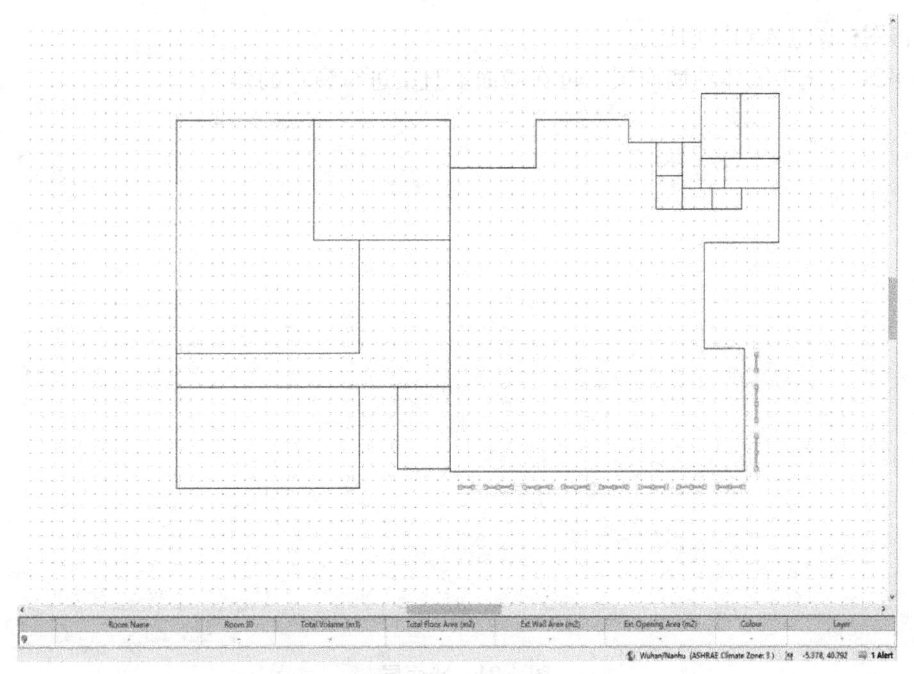

图 4-19　添加窗户

4.3.3 墙体表面绘制窗

除了上述两种方法添加窗之外，还可以进入到墙面层添加窗户，此种方法对于窗户形态的编辑更加灵活，适用于不规则窗的创建。

（1）选定房间，点击图标，进入到房间层，选中需要加窗的墙体，如图 4-20 所示，

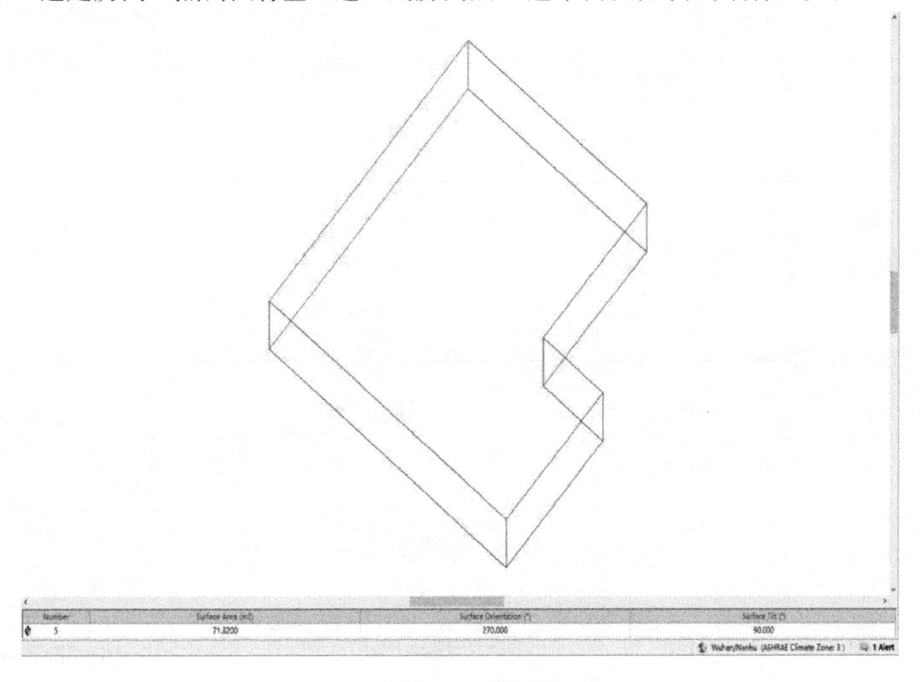

图 4-20　选中墙体

再次点击图标进入到墙面层。

图 4-21 为选中墙体的墙面层，可在墙面上直接进行窗户的建立。

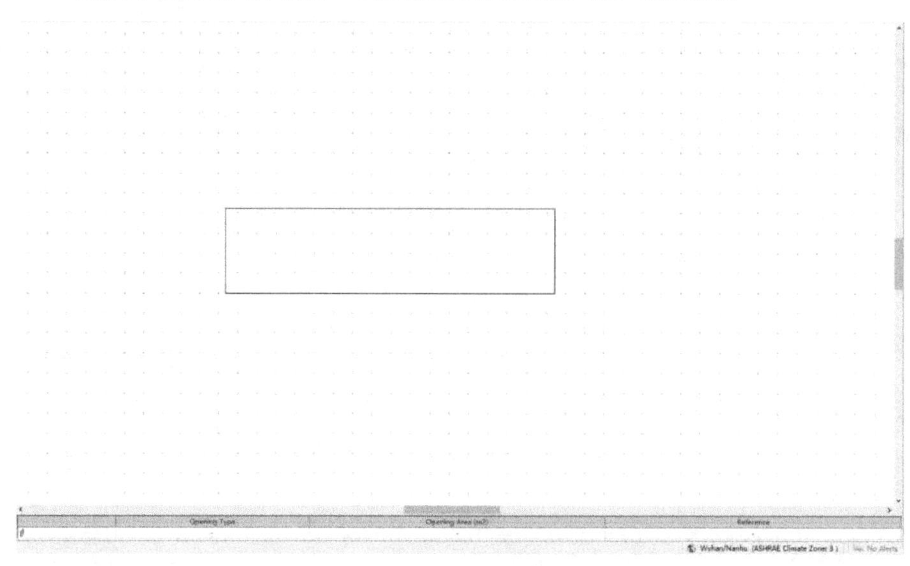

图 4-21　墙面层

（2）窗户的类型分为【Rectangular】（四边形）、【Polygonal】（多边形）和【100%】（百分百添加）。选择“多边形”添加，如图 4-22 所示。

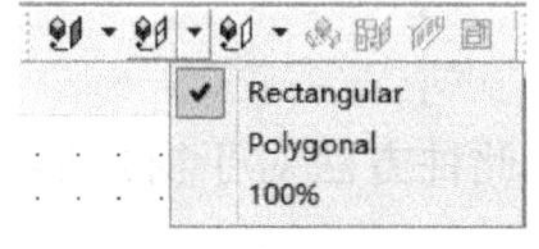

图 4-22　窗户的类型

（3）根据本项目中给出的尺寸绘制出相应的窗，在墙上相应的位置点击鼠标左键为起始点绘制窗户的形状，绘制后的结果如图 4-23 所示。

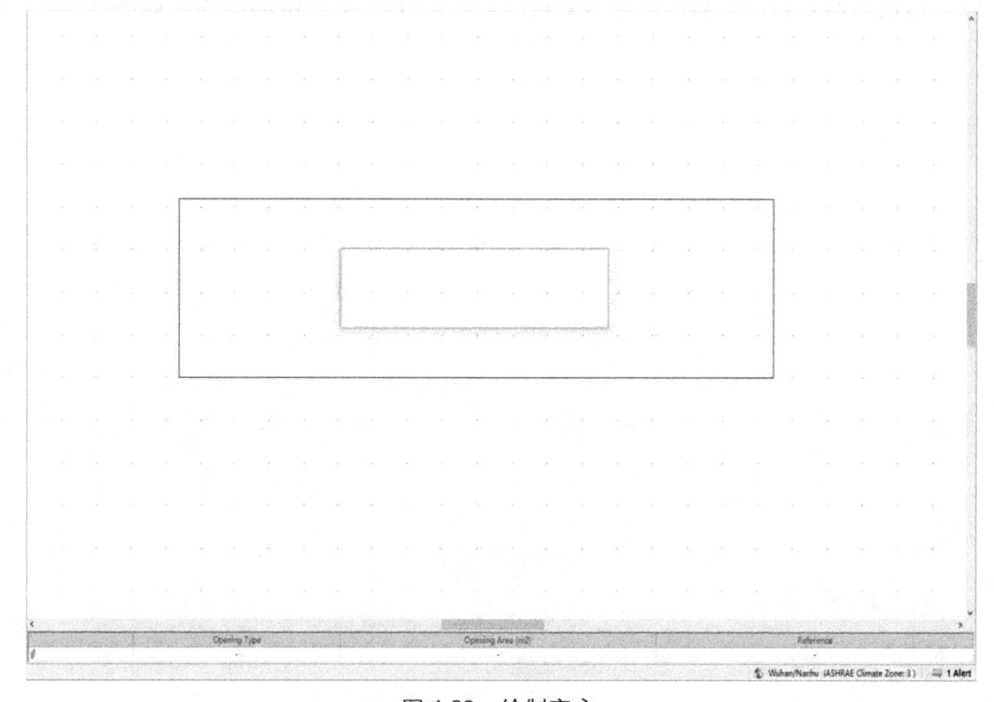

图 4-23　绘制窗户

4.3.4 绘制任意宽度窗户

除了上述三种常用的方法外，还可以通过编辑设置窗宽和窗高方式进行添加。点击图标出现如图 4-24 所示的图框，图框中的【Plane】和【Height】分别可以设置窗台高和窗高，设置好后，在平面视图下可以直接在墙上绘制出任意宽度的窗户。

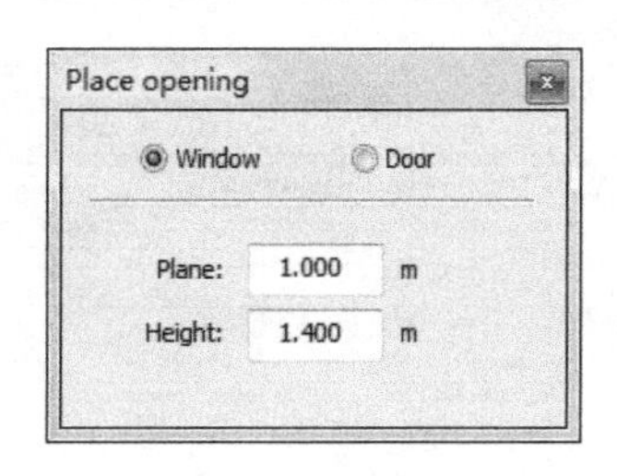

图 4-24 窗户设置

4.4 屋顶模型建立

4.4.1 平屋顶模型

在 VE 中，会将最上层房间的顶棚默认为屋顶，所有建立模型的屋顶都会自动形成平屋顶，如图 4-25 所示，不需做任何额外的修改。

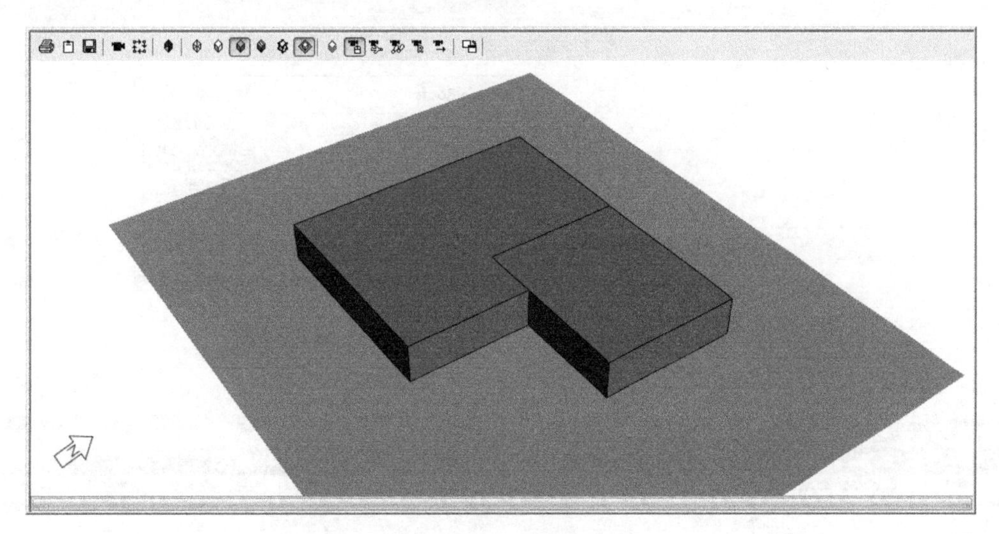

图 4-25 平屋顶

➢ **小提示**：因女儿墙在分析中不会对采光及日照分析结果产生任何影响，因此建立屋顶模型时可忽略。

4.4.2 坡屋顶模型

坡屋顶的建立可根据设置自动生成为相应的屋顶，而在进行其他不规则屋顶的建立时，则需要运用其他的方法进行屋顶的建立。

(1) 首先打开空白的 IES〈VE〉界面，随意建立一个房间，如图 4-26 所示。

(2) 选中该房间后，点击如图 4-27 所示的图标。

(3) 在生成屋顶的选项中分别设置所生成"屋顶的坡度"、"屋檐的长度"和"屋顶的形式"，根据要求生成所需要的屋顶，如图 4-28 所示。

(4) 生成的屋顶如图 4-29 所示，同时在左边的房间列表中生成一个对应项。

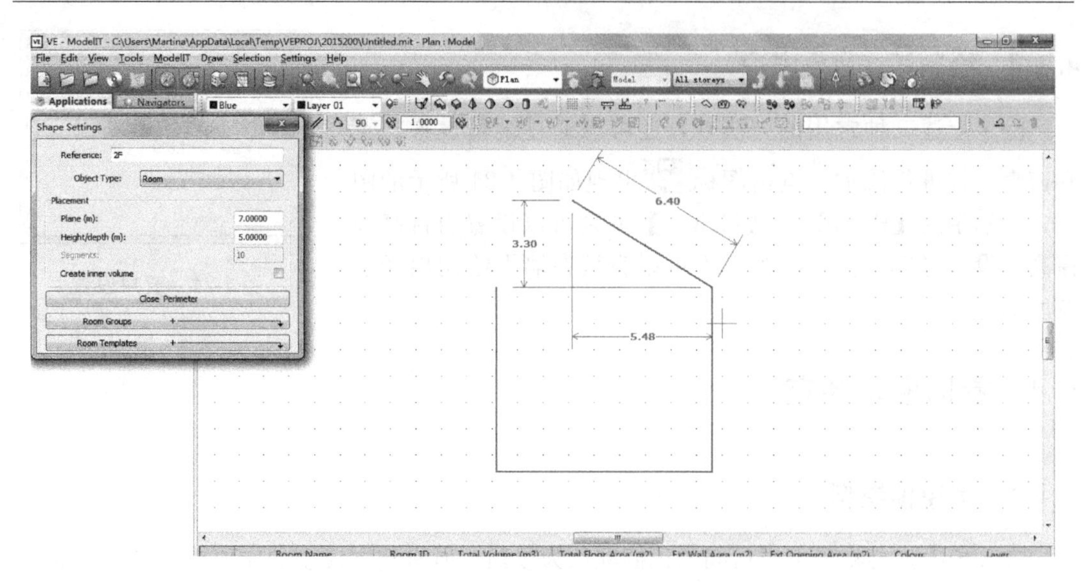

图 4-26　房间的建立

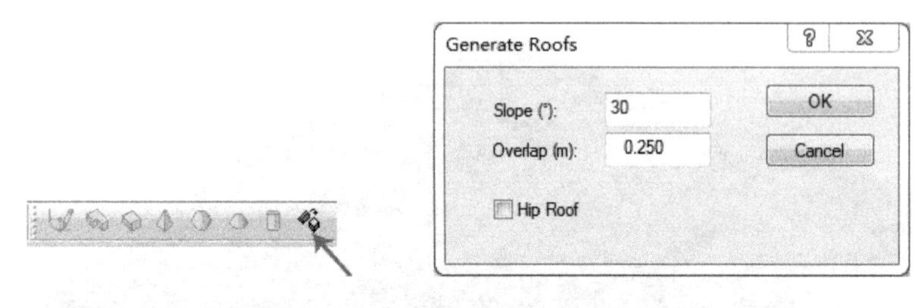

图 4-27　生成屋顶　　　　图 4-28　屋顶设置

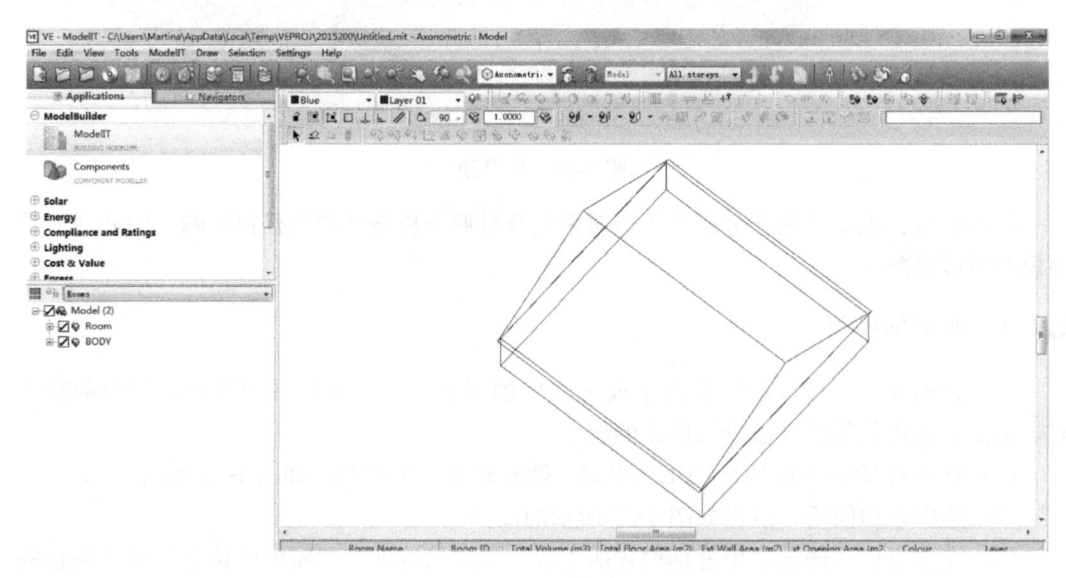

图 4-29　生成屋顶

4.4.3 组合屋顶模型

如果屋顶比较复杂，可以分块绘制，如图 4-30 所示屋顶。可绘制规则的长方体功能用房，如图 4-31 所示；然后绘制中庭坡屋顶（先绘制一个长方体，然后切割成所需形状），如图 4-32 所示；最后绘制折线形的房间屋顶（均由长方体切割得到），如图 4-33 所示。组合屋顶模型效果如图 4-34 所示。

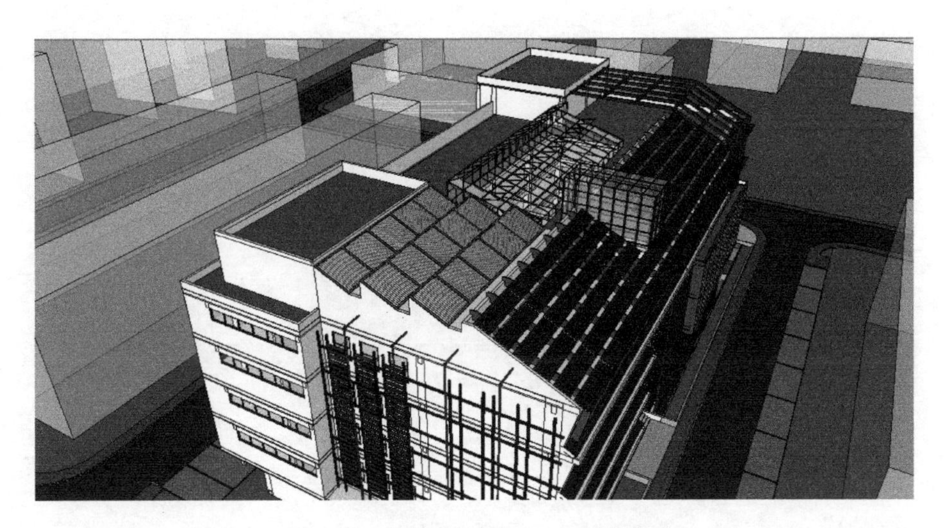

图 4-30 组合屋顶 SketchUp 模型图

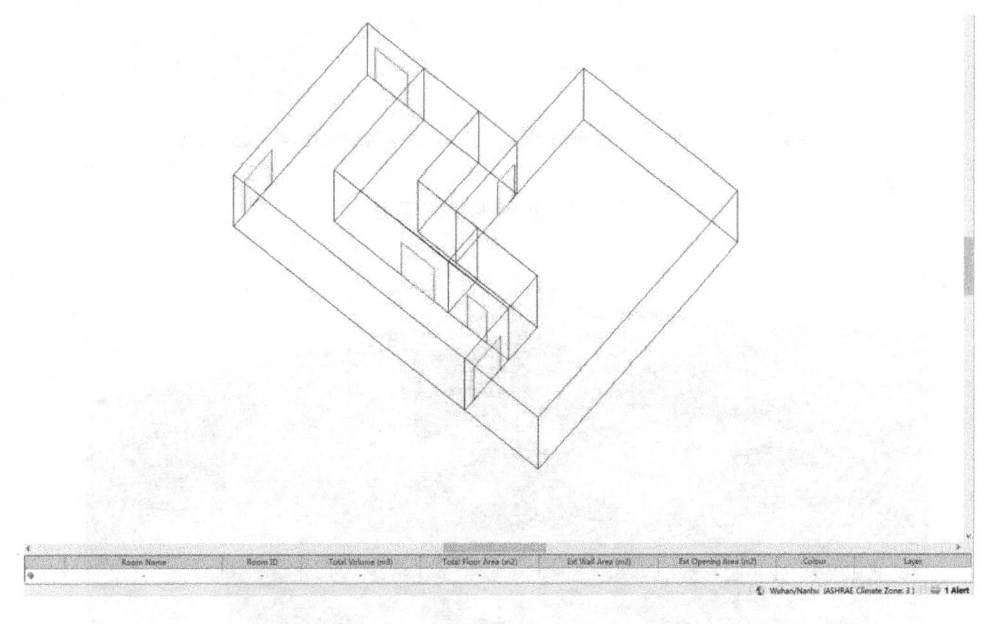

图 4-31 绘制规则的长方体功能用房

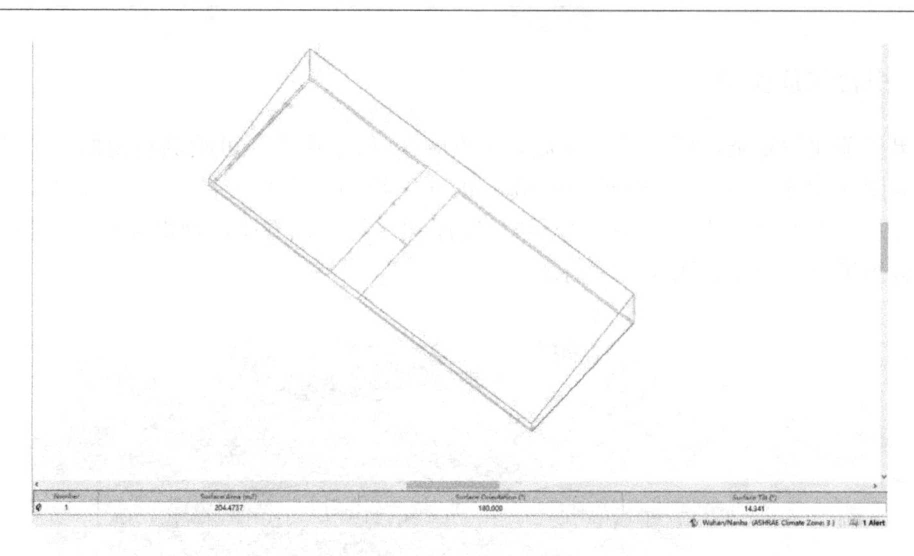

图4-32 中庭坡屋顶

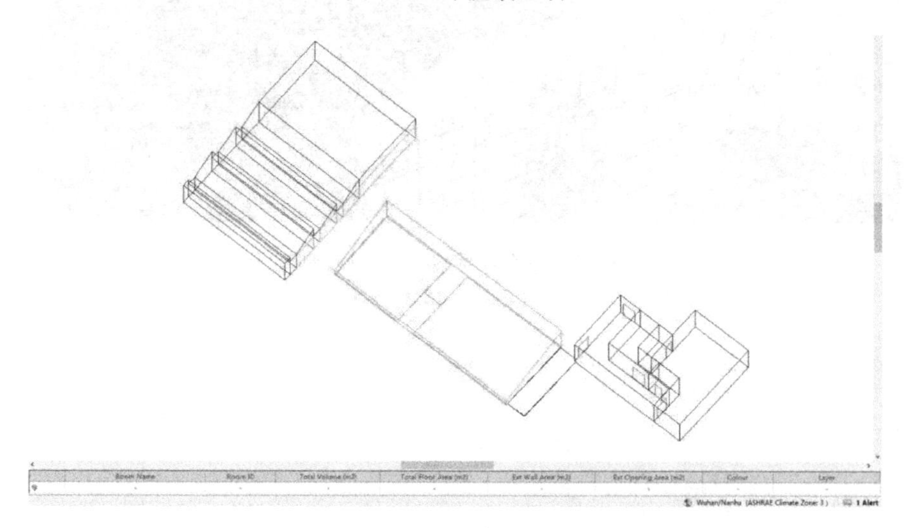

图4-33 折线形房间屋顶

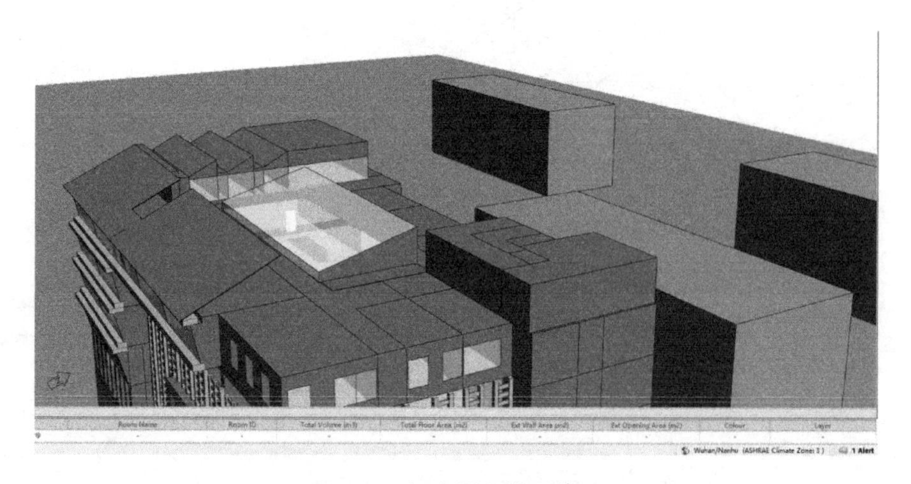

图4-34 组合屋顶模型效果

4.5 模型组件库

模型组件库中有很多自带的构件模型，可以根据实际情况在房间中布置，进一步提升模拟精度。例如，进行室内采光和通风模拟时，房间里的组件（人、桌椅、电脑等）会对光线和流场产生影响。

在构件编辑选项下可进行不同构件的编辑，桌子、椅子等对模拟会有影响。构件的编辑和【ModelIT】的编辑工具和方法类似。

（1）打开 VE 的空白界面后会进入【ModelIT】的初始界面，如图 4-35 所示，点击【Component】后进入构件的编辑界面，以创建一个窗户为例。

（2）进入【Component】后，在构件浏览器的上方有几个选项，如图 4-36 所示，分别为【Create new component】、【Copy Component】、【Remove component】和【Add component from library】，可以进行新建构件、复制构件、移除构件和从构建库提取构件等操作。

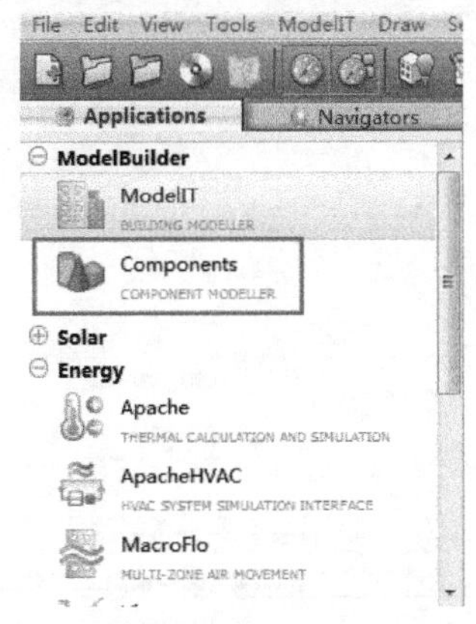

图 4-35 进入构件初始界面

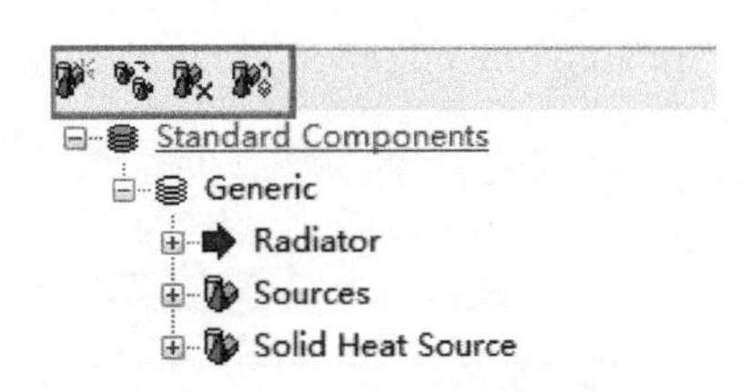

图 4-36 构件制作栏

（3）点击【Create new component】创建一个新构件，如图 4-37 所示，在界面中可使用类似于【ModelIT】的方法进行构件的建立。

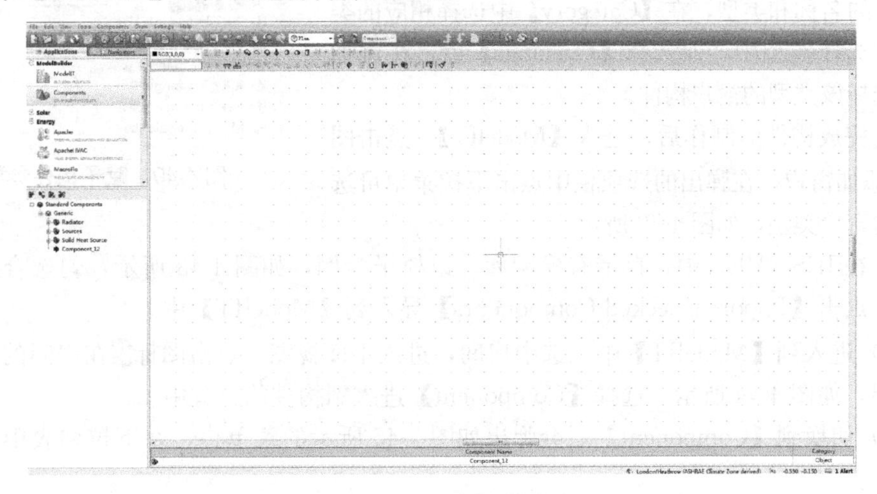

图 4-37 创建新构件

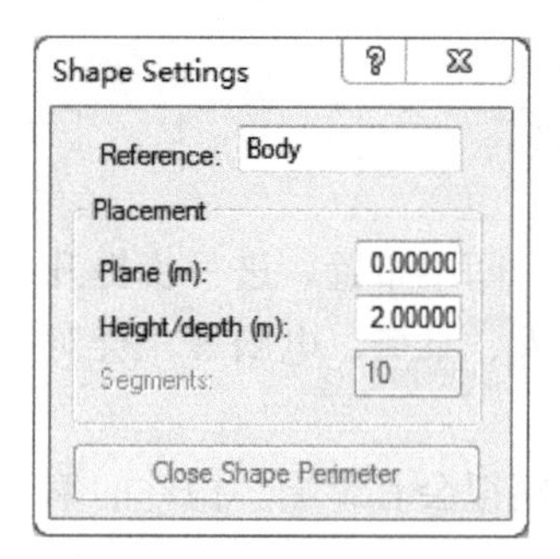

图4-38　绘制构件参数设置

（4）点击 中的 开始绘制构件，在弹出的如图4-38所示的弹窗中设置构件相应的参数。

（5）完成参数的设置后进行构建的绘制，绘制的方法类似于【ModelIT】中房间的建立，如图4-39所示。

（6）绘制完成后给构件赋予相应的参数才能够应用到项目中，右键点击构件浏览器中的新建构件，在下拉列表中选择【Properties】，如图4-40所示。

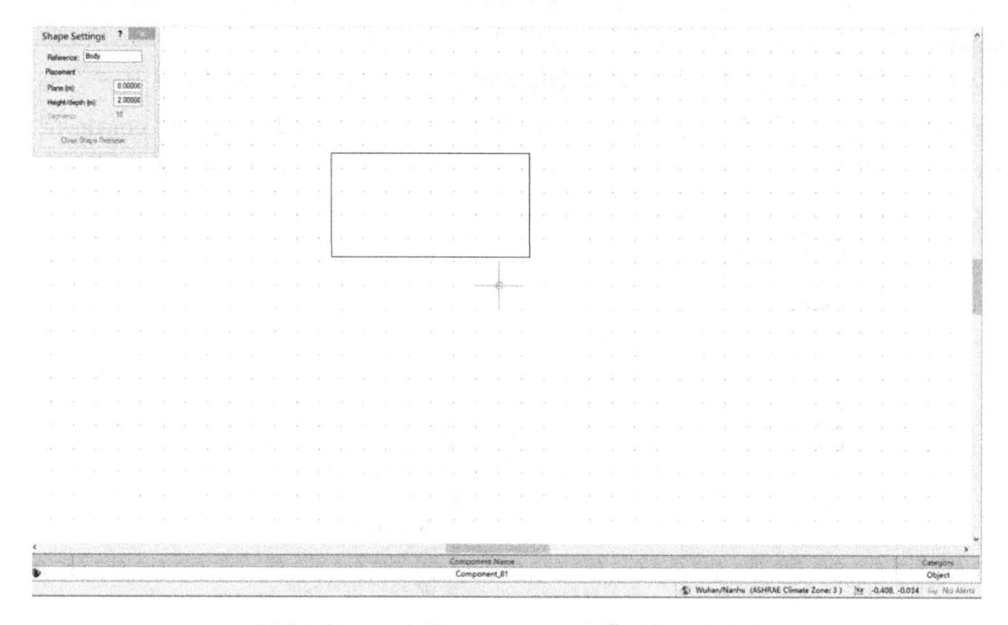

图4-39　构件绘制

（7）选择【Properties】后在如图4-41所示的菜单中修改构件的名称和类型，在【Category】中选择相应的类型应用到选择类型中，如选择【Openings】后，在添加窗户时选择该类型的窗户构件。

（8）完成构件的制作后，进入【ModelIT】，点击图标 添加窗户，在弹出的选项栏中点击下拉菜单可选择制作的窗户类型，如图4-42所示。

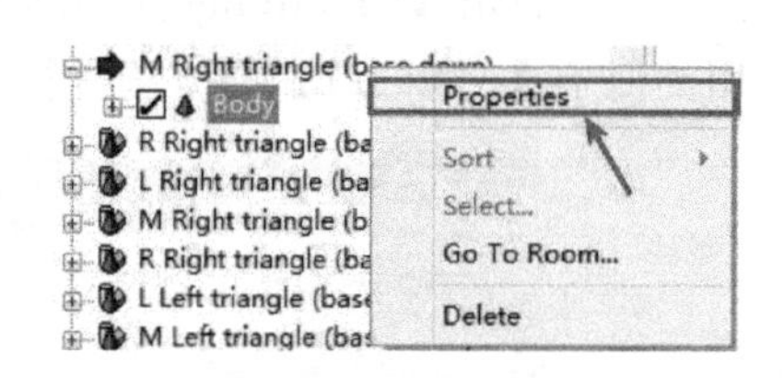

图4-40　赋予构件参数

（9）在IES〈VE〉中，自带有模型库，以椅子为例，如图4-43所示，勾选合适的椅子构件，点击【Import Checked Components】导入到【ModelIT】中。

（10）进入到【ModelIT】中，选中房间，进入平面视图，点击图标 在房间的基础上下降一层，如图4-44所示，选择【Component】进入到构件的放置中。

（11）切换到【Component】后会弹出如图4-45所示的菜单栏，在下拉列表中找到之前的构件。

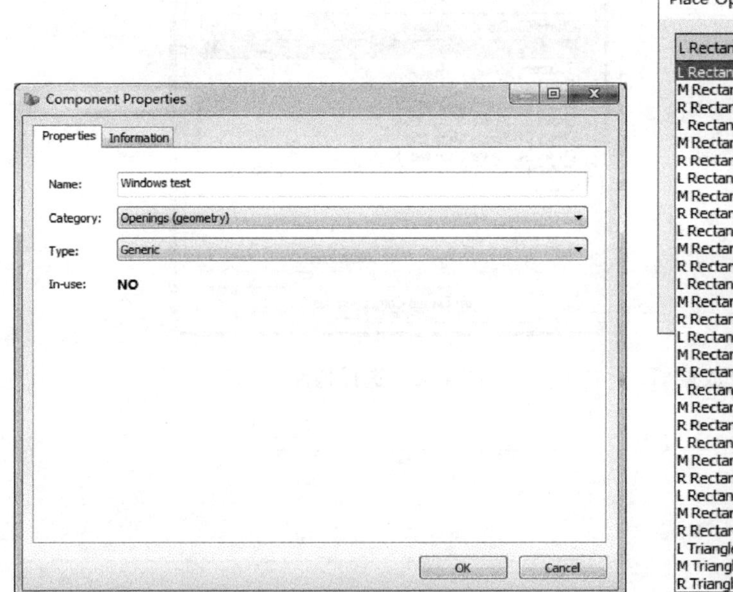

图 4-41 构件参数修改

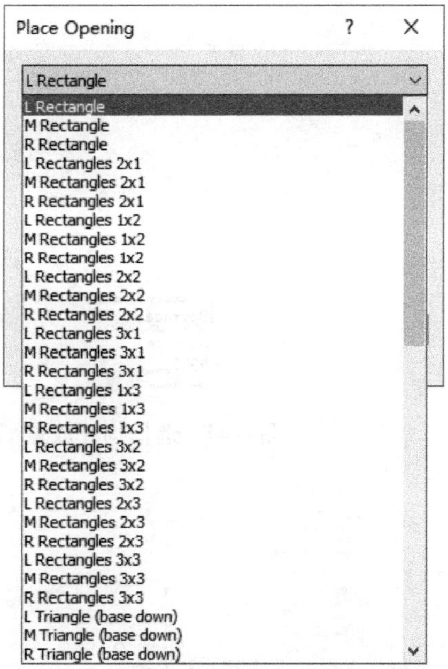

图 4-42 窗户类型

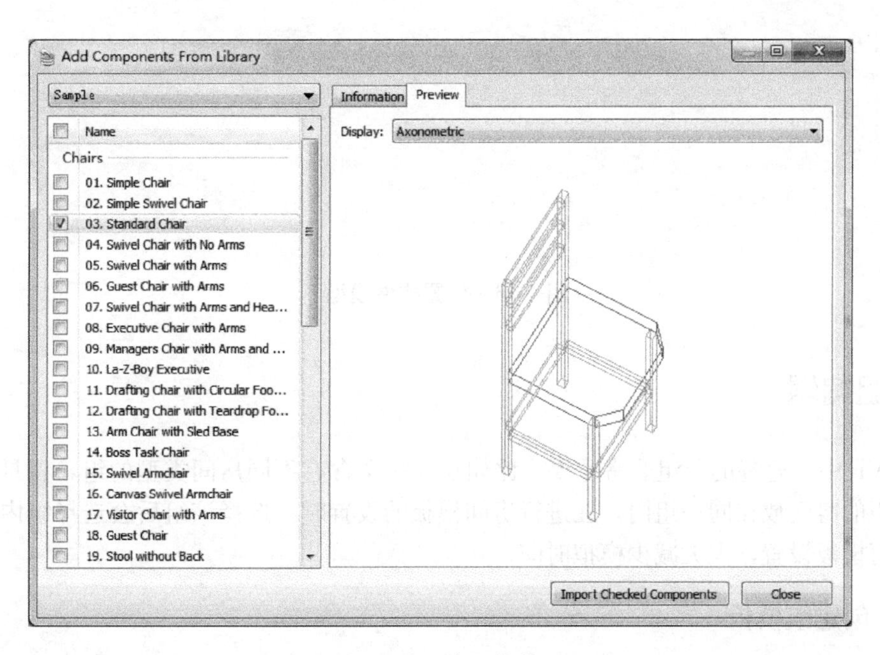

图 4-43 椅子构件

（12）选择构件后，在平面视图中，移动到合适的位置后点击鼠标左键放置构件，如图 4-46 所示。

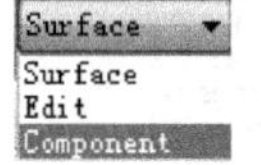

图 4-44　选择构件放置

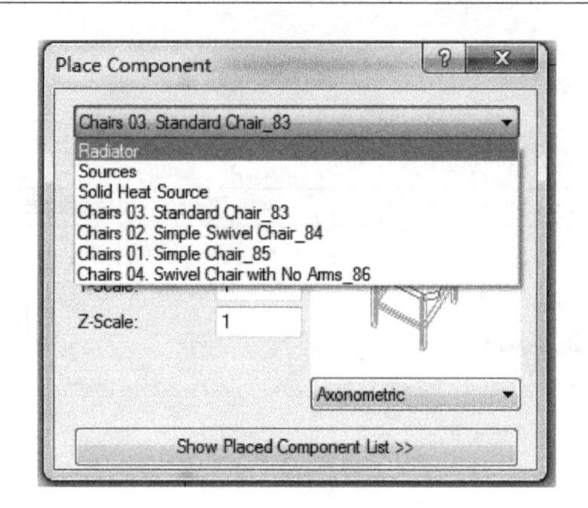

图 4-45　选择构件

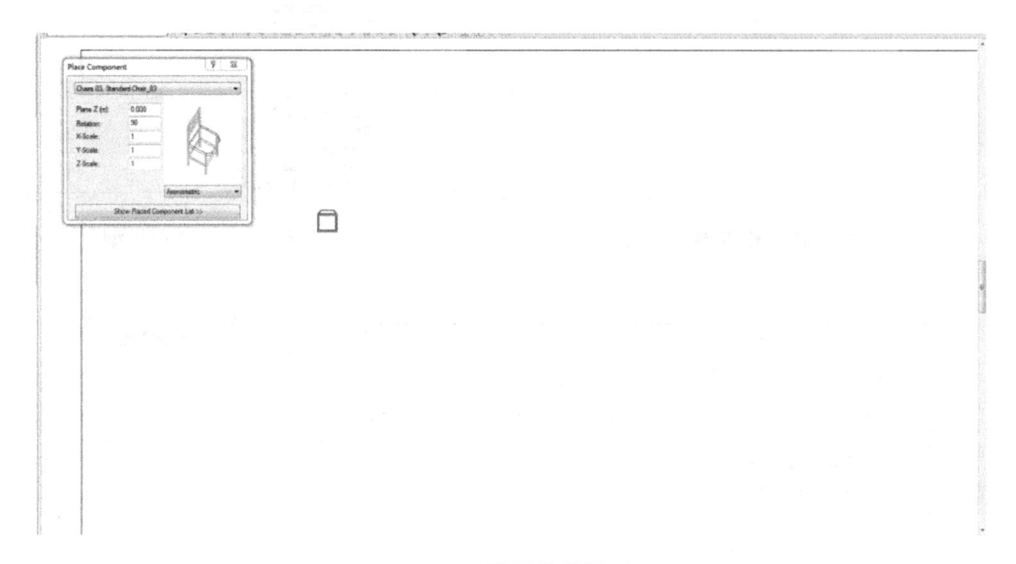

图 4-46　放置构件模型

4.6　组编辑

在 VE 中，合理的分组非常重要。比如建立一个含有不同房间类型的组，将具有相同房间模板的房间放在同一组内，在进行房间模板的设置时，选择该组后会选择组内所有的房间进行模板设置，大大减少模拟时间。

4.6.1　创建组模板

(1) 如图 4-47 所示，在房间列表内点击左上角的【Edit Room Groups】进入到组的编辑界面。

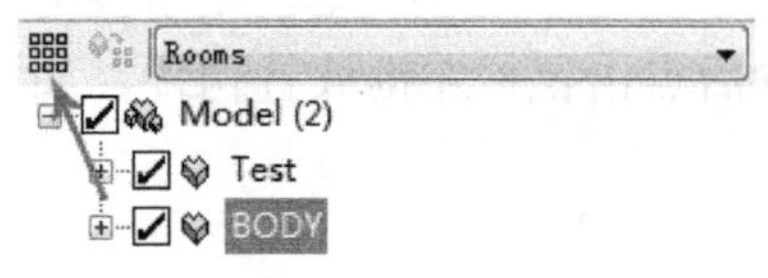

图 4-47　点击【Edit Room Groups】

(2) 点击【Grouping Schemes】右边的“+”创建新组，双击名称可以修改新建组的名称，在本项目中新建三个组，分别命名为【Floors】、【Room Usage】和【HVAC】。如图 4-48 所示。

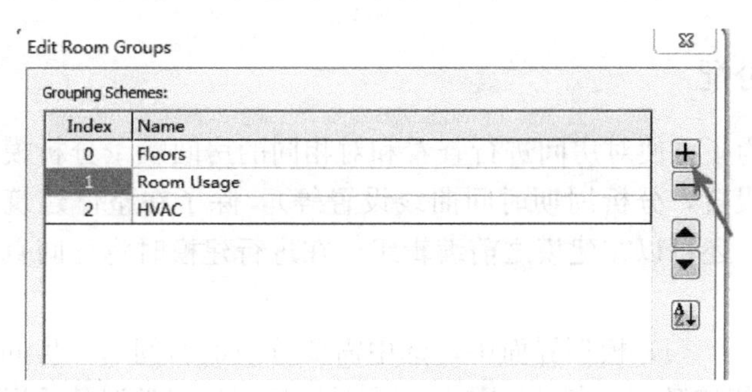

图 4-48　新建组

（3）选中【Grouping Schemes】中的【Room Usage】，在【Room Groups】中点击 创建分类，分别命名为【Void】、【Toilet】、【Corridor】、【Meeting Room】、【Lecture Room】和【Classroom】。如图 4-49 所示。

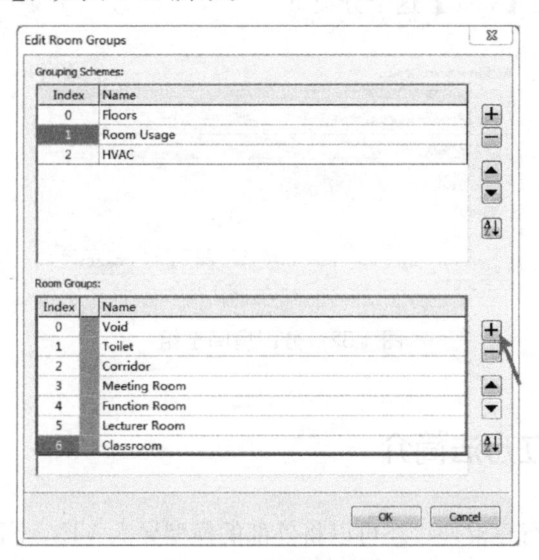

图 4-49　新建组设置

（4）分别选中【HVAC】和【Floors】以相同的方法创建分类，如图 4-50 所示。

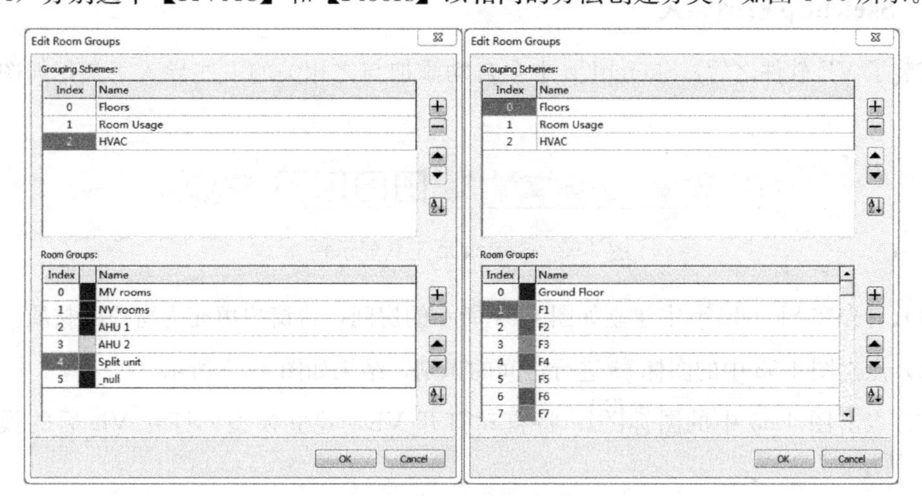

图 4-50　创建分类

4.6.2　房间中组分配

分组的目的是为了方便对房间进行查看和对相同的房间赋予分析模板（如能耗分析中的围护结构参数设置，分析周期时间曲线设置等），除了在整体建筑都做好的情况下对房间进行分组外，还可以在建模之前编辑组，在进行建模时将房间直接分入到相应的组内。

图 4-51　将房间类型赋予相应的房间

（1）模型界面中，选中需要分组的房间后，房间列表左上方的按钮被激活，点击如图 4-51 所示图标将房间类型赋予相应的房间。

（2）如图 4-52 所示，在弹出的【Assign Room Group】对话框中将【Select Room Grouping Scheme】设置为【Room Usage】，将下方的选项设置为【Void】，点击【OK】，将该房间分配到【Room Usage】中的【Void】这个分类下。

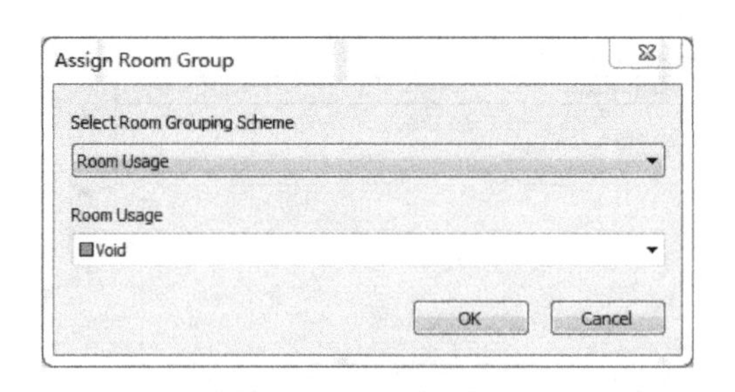

图 4-52　分配房间至组

4.7　相关模型建立方法简介

除了在 VE 内部进行建模外，还可以将外部的模型导入 VE，下面分别介绍从 SketchUp、Revit 和 CAD 中将模型导入 VE 的方法。

4.7.1　SketchUp 模型导入

安装了 VE 软件之后，SketchUp 中会自动添加与之相关的一些导入工具，如图 4-53 所示。

图 4-53　SketchUp 工具显示栏

（1）首先在 SketchUp 中建立如图 4-54 所示的房间，将窗户填充为窗户的材质。

（2）点击图 4-53 中的图标进行房间的识别，结果如图 4-55 所示。

（3）点击图 4-53 中的图标 VE，将自动打开 VE，建立模型，打开 VE 后的模型如图 4-56 所示。

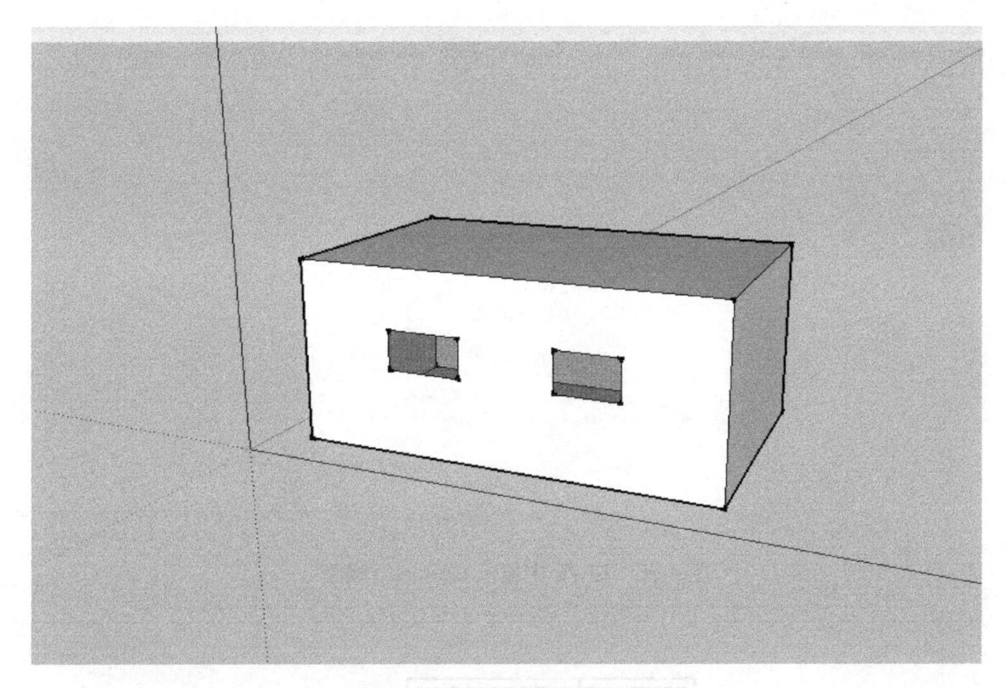

图 4-54 房间模型建立

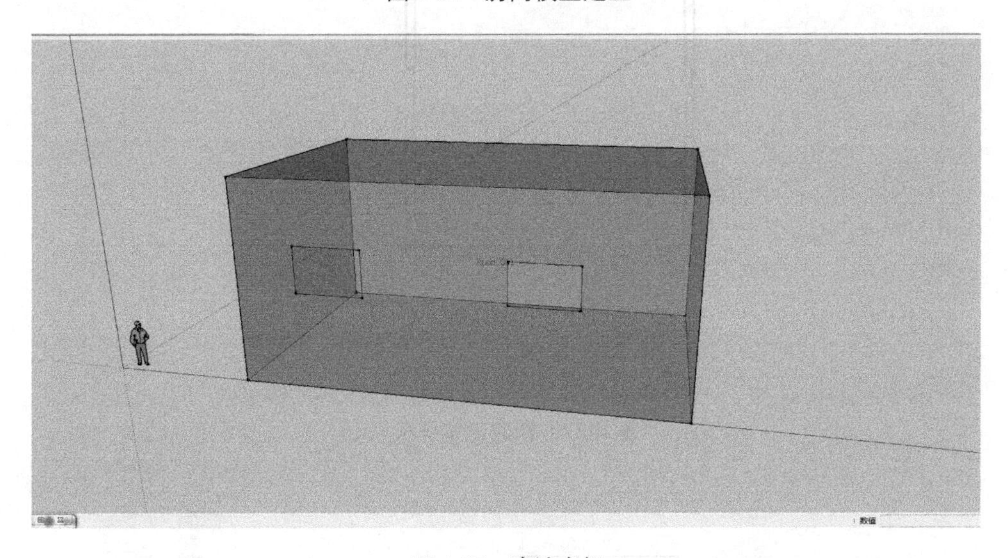

图 4-55 确认房间

4.7.2 Revit 模型导入

（1）在 Revit 中新建一个建筑样板，建立高为 3m 的房间，如图 4-57 所示。

（2）在 Revit 中将房间标记，并且将标记房间的高度也设置为 3m，如图 4-58 所示。

（3）房间设置好后点击附加模块，点击弹出的 VE 插件中的图标将模型导出，导出完成后出现如图 4-59 所示的报表，在报表中会显示房间的详细信息。

（4）关闭房间信息报表，将 Revit 文件存储在同一文件夹中，生成 VE 模型文件。进入该文件夹，打开创建的 VE 模型文件，如图 4-60 所示，完成 VE 模型的导入。

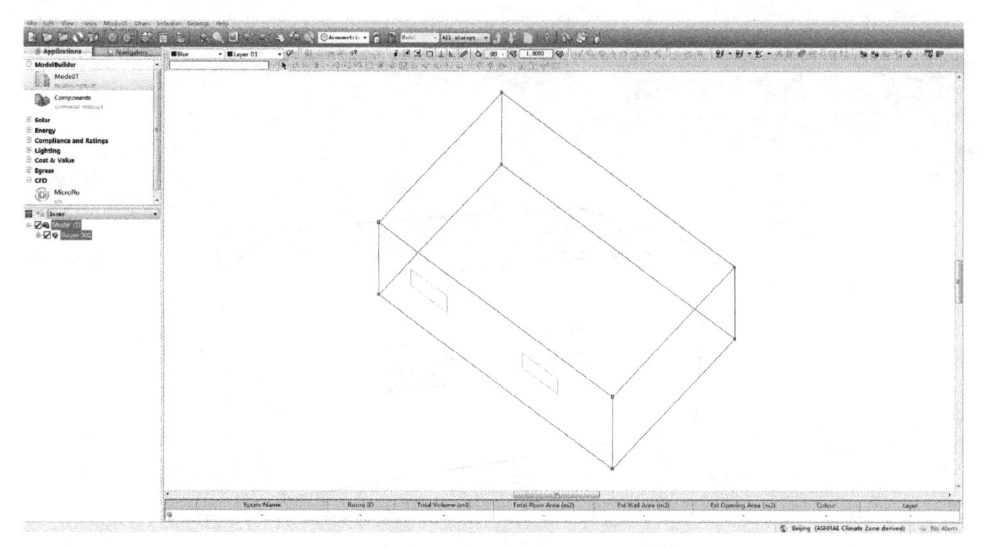

图 4-56　在 VE 中显示 SketchUp 模型

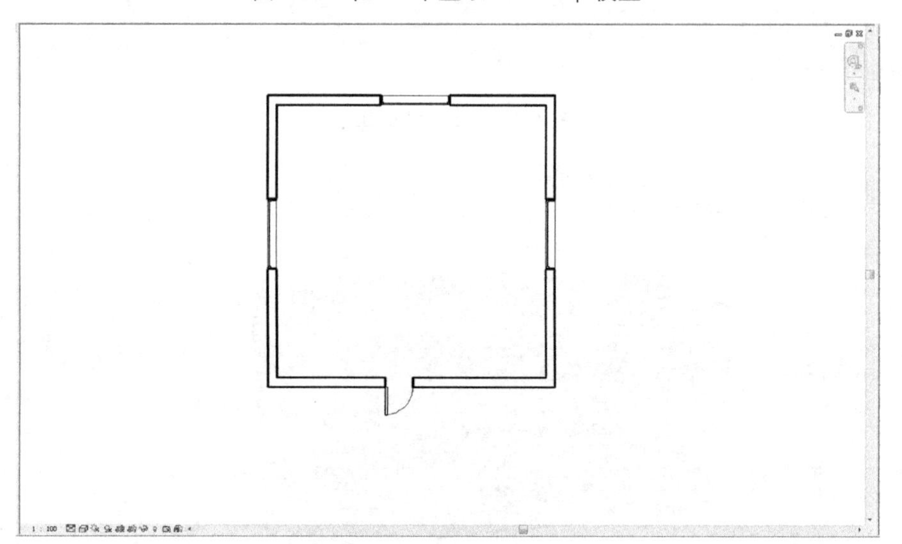

图 4-57　新建建筑样板

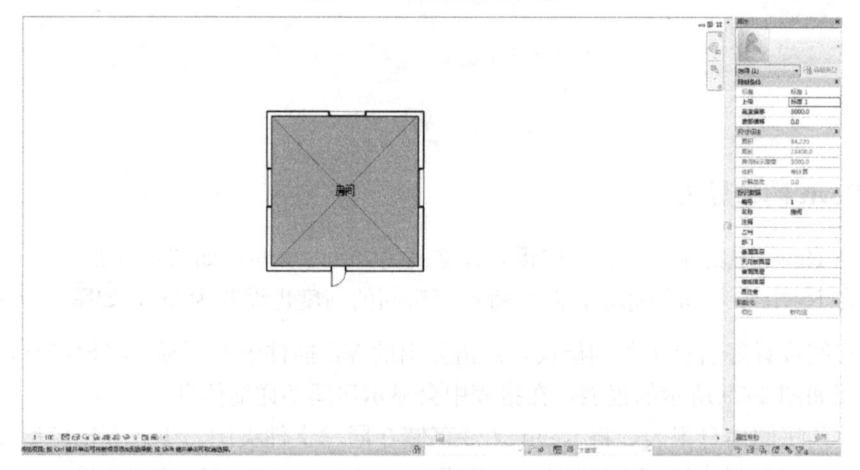

图 4-58　房间标记

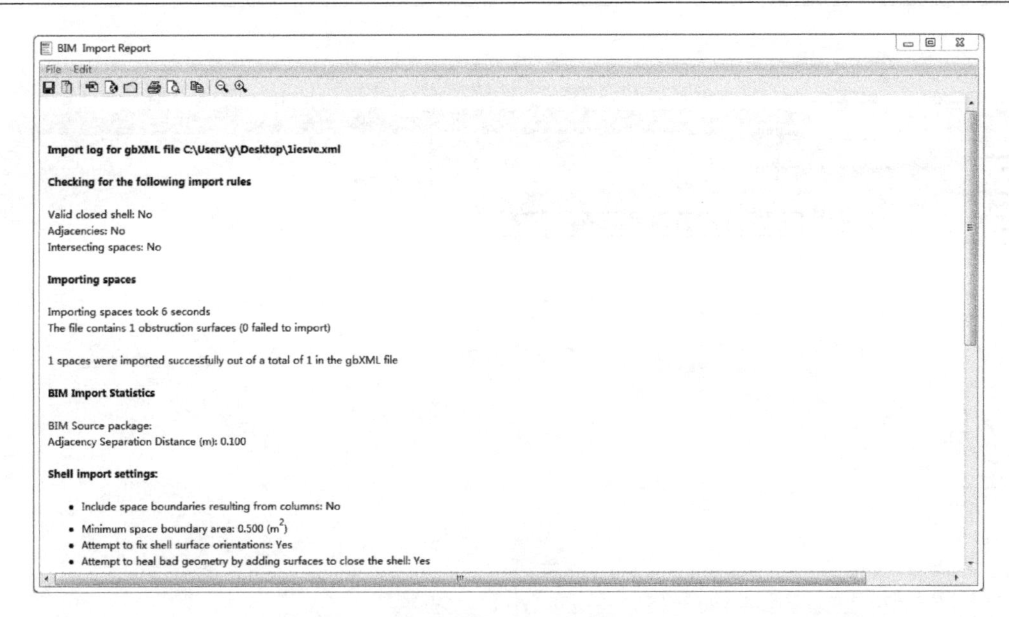

图 4-59 房间信息报表

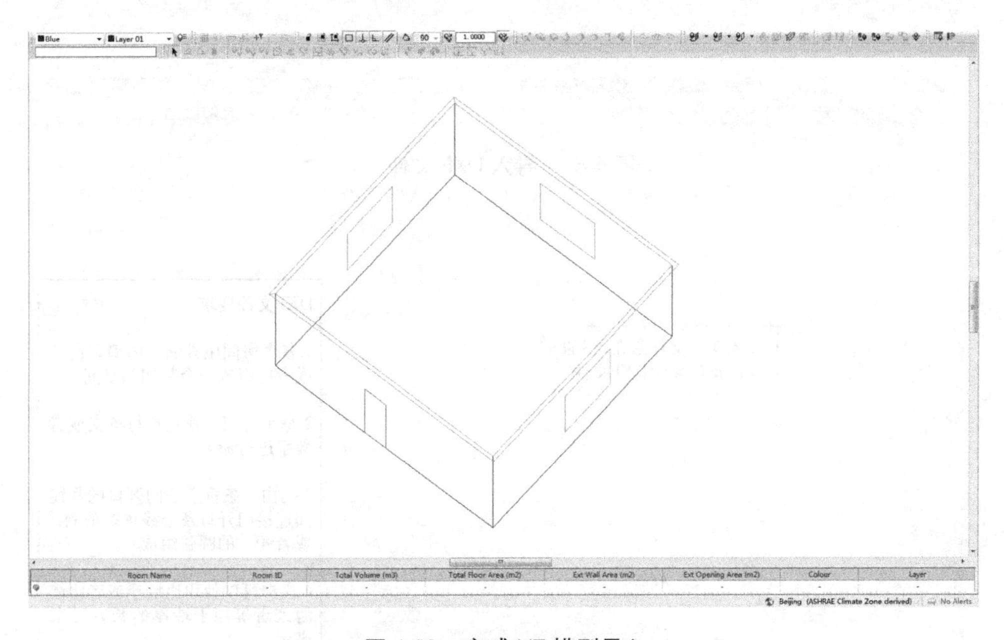

图 4-60 完成 VE 模型导入

4.7.3 DXF 文件创建模型

（1）导入 DXF 文件，如图 4-61 所示。

（2）导入 DXF 文件结果及要求如图 4-62 所示。

（3）读入 DXF 文件后，点击【Tools】中的【Construct DXF】命令，如图 4-63 所示。

（4）设置完相关参数后，结果如图 4-64 所示。

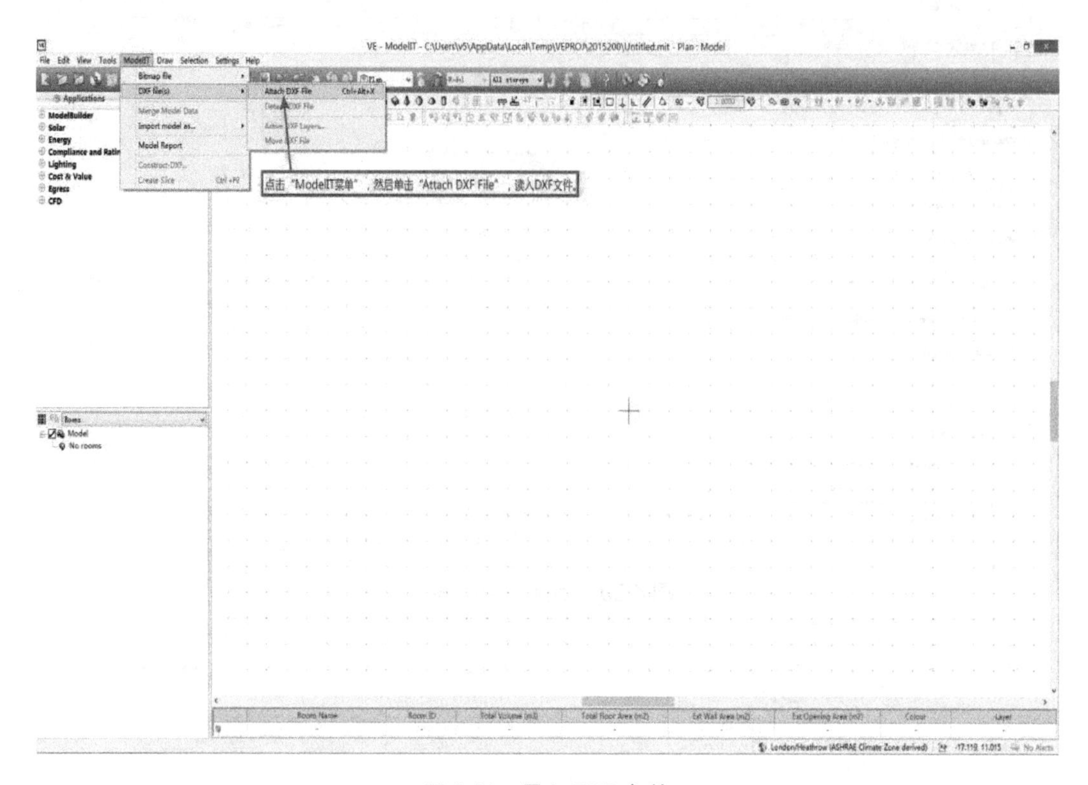

图 4-61　导入 DXF 文件

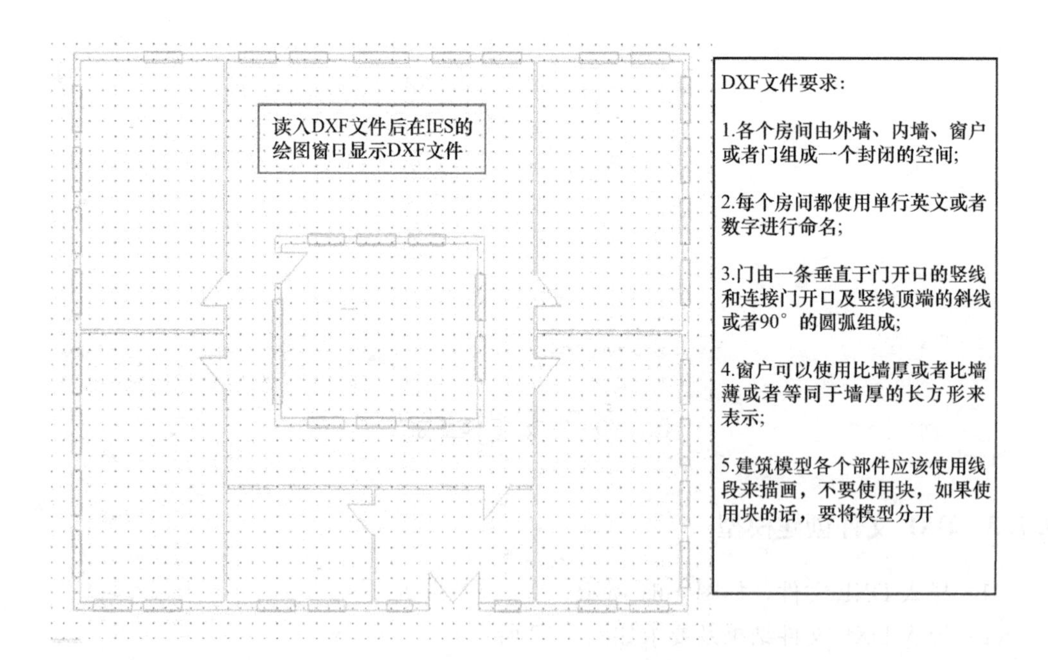

图 4-62　导入 DXF 文件结果及要求

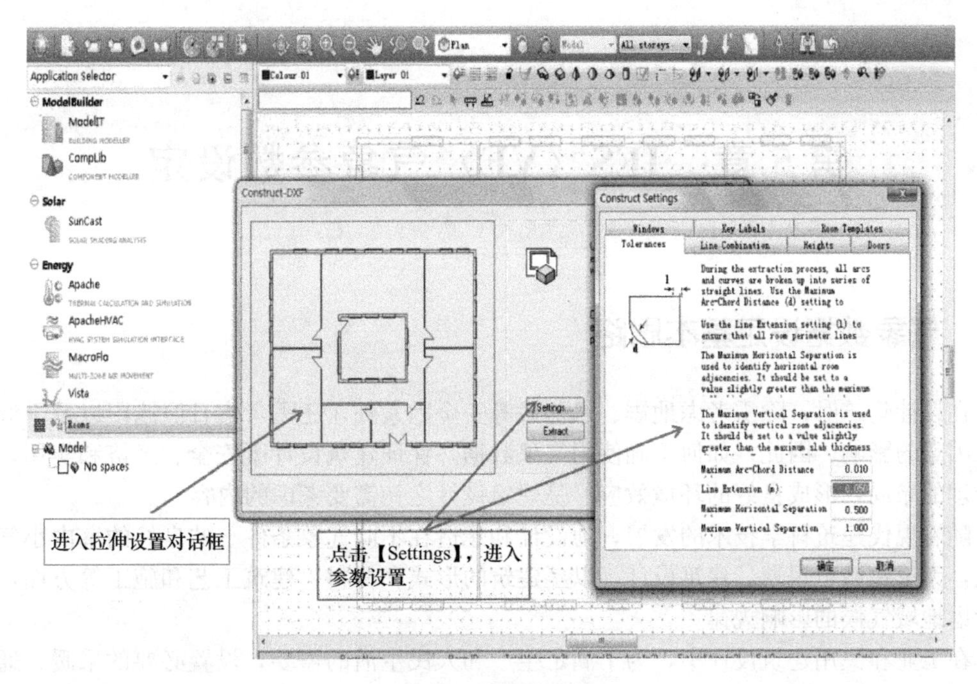

图 4-63 参数设置界面

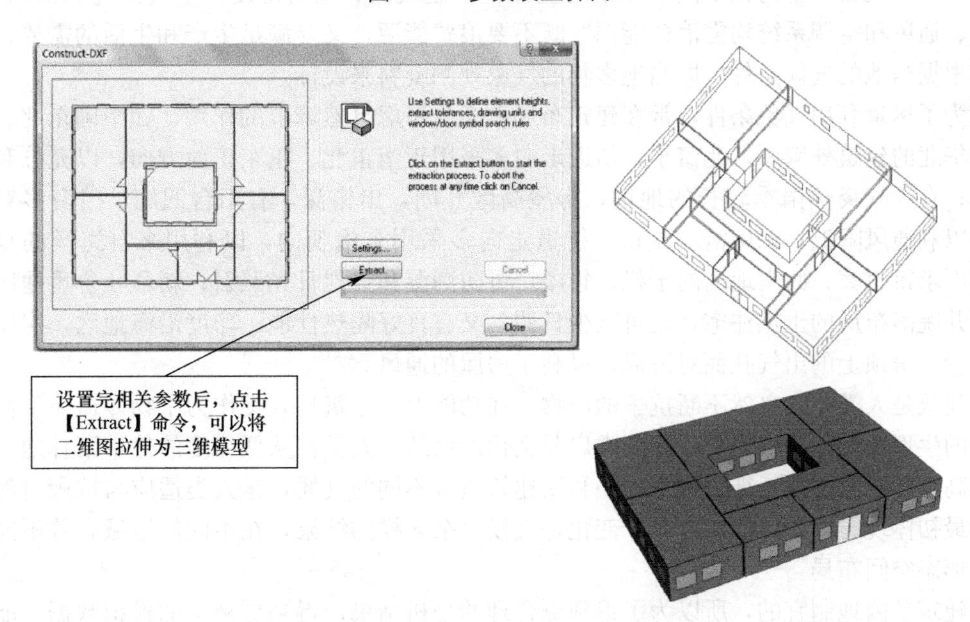

图 4-64 设置完成效果图

4.8 本章小结

本章介绍了 IES〈VE〉建模的过程，包括建筑形体的生成，窗门、屋顶、洞等构件的添加和创建组模板，以及从其他软件导入模型的方法。建模过程中，根据需要计算的项目类型，创建不同精细程度的模型，在保证计算结果精确的情况下可提高工作效率。

第5章　IES〈VE〉气象参数设定

5.1　气象数据设定基本思路

在设计建筑时，除需考虑地震、风荷载等安全因素外，还需考虑日照遮阳以及干湿等气象因素的影响。因此，如何正确使用气象数据，保证建筑设计既安全、经济和实用，又有合理的布局，形成良好的环境效应，是建筑设计之初需要考虑的内容。

随着现代建筑科学技术的发展，为设计和建造在不同气象条件下的良好的室内小气候环境，无论在城市规划、建筑设计，以至建筑的形式和材料、建筑工艺和施工等方面，都要考虑地域气候的影响规律。

在工业和民用建筑设计中，为了满足生产和人民生活的需要，设置必要的采暖、通风和空气调节设备，室内在不同的季节均能保持一定气温、相对湿度、空气流速和清洁度。采暖、通风和空调系统均需消耗能源，既不要浪费能源，又要满足生产和生活的需要，就需要根据当地的气候条件，即当地多年的气象观测资料来设计。

为了尽量利用气象条件，常在建筑布局上充分考虑自然调节的作用，如中国东北、西北和华北的建筑外墙厚，北窗小，街道走向多采用正南正北、正东正西方向，以充分利用阳光；在天气炎热雨季较长的地区，房屋高敞开朗，出檐深，有阳台凹廊，门窗多对着开，以利通风降温；东南沿海城市，街道走向多采用东南朝向，以利用来自海洋的夏季风，而求得凉爽；西南地区的干栏、竹楼，可防潮湿和强烈日光照射；新疆吐鲁番地区按小天井院落布局的土拱住宅，既可减少日照，又有良好隔热性能；印度沿海地区，房屋窗户很少，房顶上的出气孔面对海风，以利于房屋的通风。

建筑是人类与大自然不断抗争的产物，在功能上，建筑是人类作为生物体适应气候而生存的生理需要；在形式上，是人类启蒙文化的反映。人类在从低纬度的热带雨林地区向寒带高纬度地区逐渐迁徙的过程中，利用建筑适应不同的气候，是人类适应与抗衡自然环境的最初体现。因此，建筑的万千变化是气候复杂多样的结果，在不同的地域有着不同的建筑形态空间布局。

建筑是因地制宜的，所以为了得到更合理的分析结果，得到更精确的模拟数据，能够更加精确地对建筑环境及建筑本身进行模拟分析，需要对本地气候环境进行合理的模拟。在IES〈VE〉中需要设定合理的气象参数。

5.2　IES〈VE〉气象参数介绍

5.2.1　气象参数设定

首先启动IES〈VE〉，单击菜单栏中【Tools】，点选【APlocate】命令，进入气象参数设置面板，如图 5-1 所示。

气象参数面板包含：【Location & Site Data】、【Weather Data】、【Simulation Weather Data】和【Simulation Calendar】选项卡如图 5-2 所示。

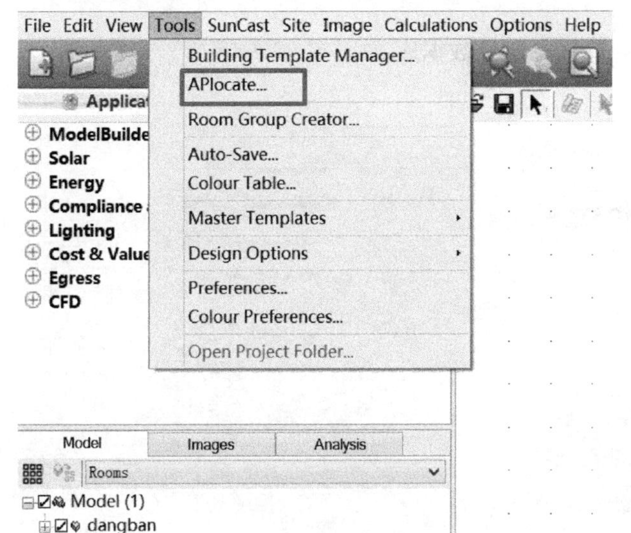

图 5-1　进入气象参数设定面板

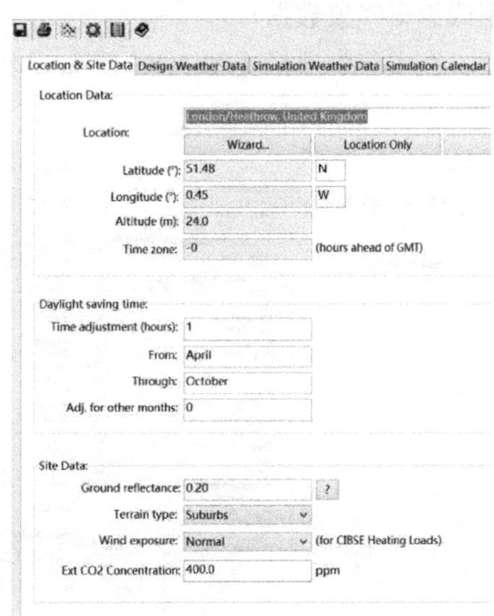

图 5-2　气象参数面板

进入【Location & Site Data】界面，对项目所在城市的气象参数设定。点击【Wizard】命令，选定项目所在城市的气象参数，如图 5-3 所示。

点击【Select】命令，选择项目所在城市的气象参数，如图 5-4 所示。

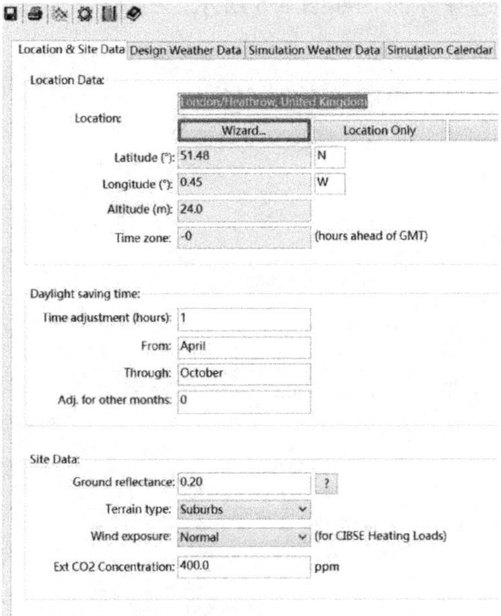

图 5-3　选择气象参数（一）

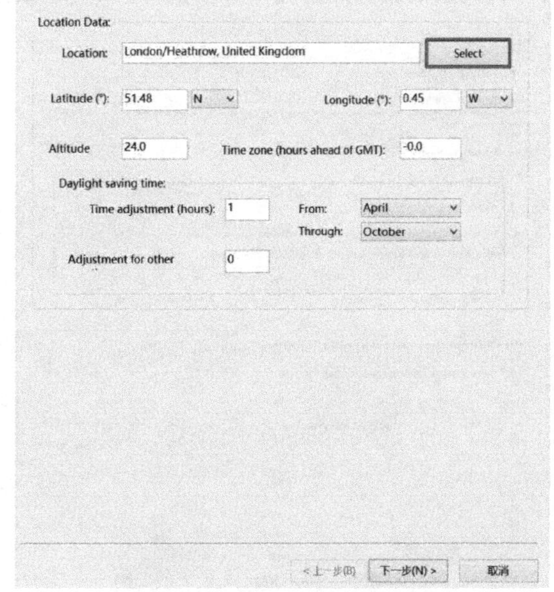

图 5-4　选择气象参数（二）

选定城市（以湖北武汉为例）后，点击【OK】进行下一界面，如图 5-5 所示。

如图 5-6 所示，选定城市后需要选择设计日（负荷计算）气象数据来源，包括【ASHRAE database】（ASHRAE 数据库）、【Custom database】（自定义数据库）、【Old format Apache. apl file】（Apache. apl 旧格式文件）、【Will use or edit data in dialog】（使用或编辑气象数据）。

在本节中选择【ASHRAE database】气象文件数据库。

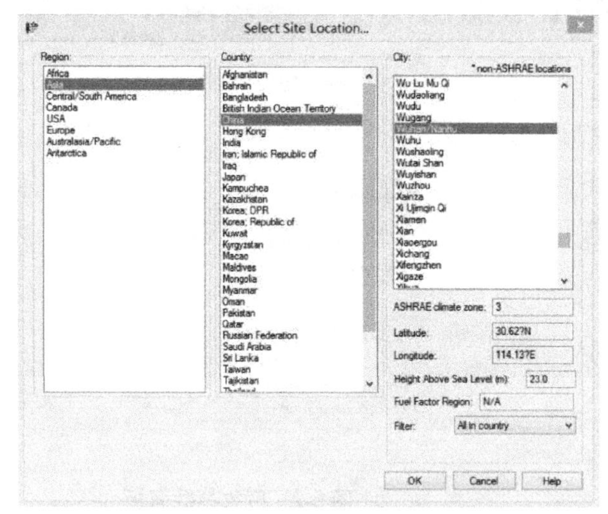

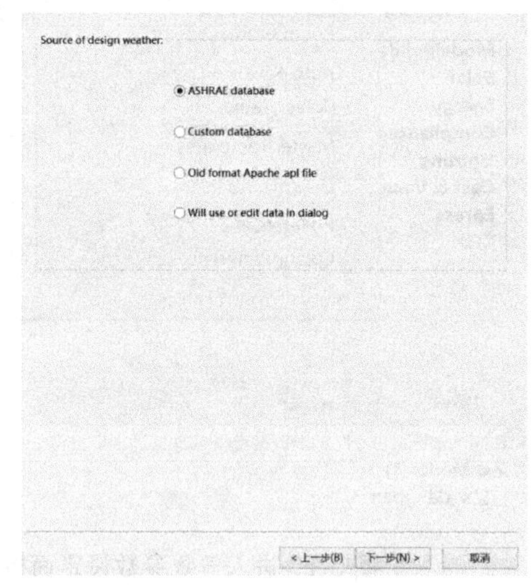

图 5-5 具体位置选择面板

图 5-6 气象数据来源面板

选定气象数据后，根据不同的需求，可以对“ASHRAE database”气象数据进行参数设置。一般选择默认选项，如图 5-7 所示，点击【Acquisition of design weather】，获取设计日气象数据，点击【下一步】，进入气象数据选择界面，如图 5-8 所示。

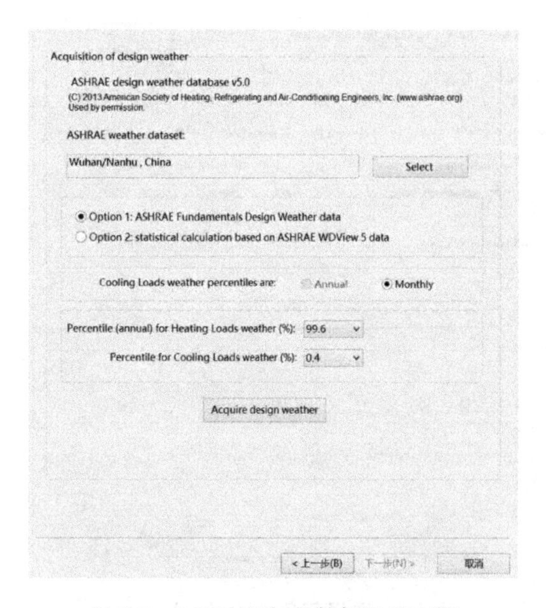

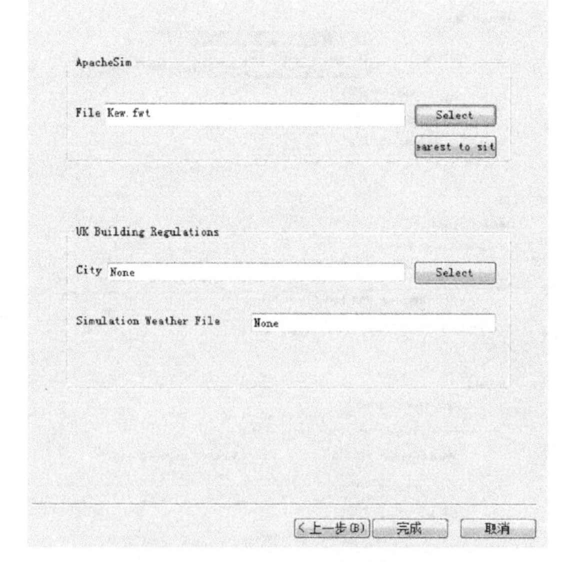

图 5-7 ASHRAE 气象数据设置面板

图 5-8 气象数据选择界面

点击【Select】，选择逐时计算气象参数，如图 5-9 所示，可以手动选择气象数据。或者点击【Nearest to site】，自动选择离项目地点最近的气象数据。若匹配不到合适的气象数据，可以在网上下载 fwt、ewp 格式的数据包导入。

点击【OK】，完成气象数据的设定。

5.2.2 气象数据查看

气象参数设定完成后，可查看详细的气象数据情况。点击图标，如图 5-10 所示。

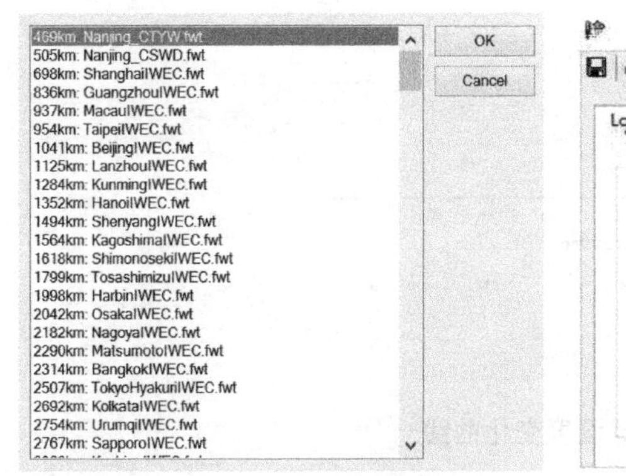

图 5-9 气象数据选择界面

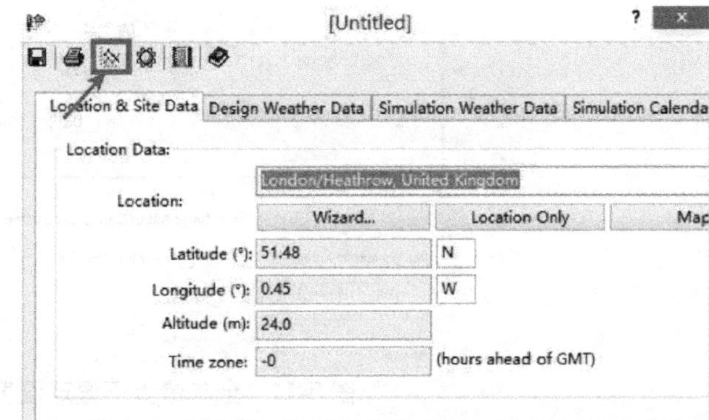

图 5-10 查看详细的气象数据

进入【Weather Data】（图表气象数据）模块，可查看“Max Dry-bulb Temperature (℃)”（最大干球温度）[①]、“Min Dry-bulb Temperature (℃)”（最小干球温度）、“Max Wet-bulb Temperature (℃)”（最大湿球温度）温度曲线图。点击下拉菜单，可以选定具体日期进行查看，图 5-11 为全年最大干球温度变化曲线。

双击图 5-11 的图表区间，拖动竖向线可显示该时刻具体数据，如图 5-12 所示。

点击【Switch to Solar radiation flux】（切换至太阳辐射通量[②]）命令，可切换模板至太阳辐射通量图，如图 5-13 所示。

5.2.3 设定模拟日期表

在设定模拟计算日期界面，设定所要分析的年份、节假日日期，提升建筑能耗计算精确度。

---

① 干球温度（Dry-bulb Temperature）是从暴露于空气中而又不受太阳直接照射的干球温度表上所读取的数值。

干球温度计温度是温度计自由地被暴露在空气中所测量的温度，同时它应避免辐射和湿气的干扰。干球温度计温度通常被视作所测量空气的实际温度，它是真实的热力学温度。它是一个普通温度计被暴露在气流中所测量的温度。不同于湿球温度计，干球温度计的温度与当前空气中的湿度值无关。在建筑学中，当设计某一气候时，一座大厦要重点考虑它。诺尔称它为“人的舒适和大厦节能的最重要的气候可变物”之一。

干球温度是接触球体表面空气的实际温度，湿球温度是球体表面附着有水时，水分蒸发带走热量后球体的温度，水的蒸发量跟空气的湿度有关，空气湿度越大蒸发量越小，带走的热量越少，干湿球温差越小；空气湿度越小水分蒸发量越大，带走的热量也越大，干湿球温差也就越大，所以可以通过干湿球温差的变化规律来反映当前空气湿度状况。

② 表示太阳辐射强弱的物理量，称为太阳辐射强度，单位是 W/sr，即点辐射源在给定方向上发射的在单位立体角内的辐射通量。因为同一束光线，直射时，照射面积最小，单位面积所获得的太阳辐射多；反之，斜射时，照射面积大，单位面积上获得的太阳辐射少。太阳辐射强度与日照时间成正比。日照时间的长短，随纬度和季节而变化。

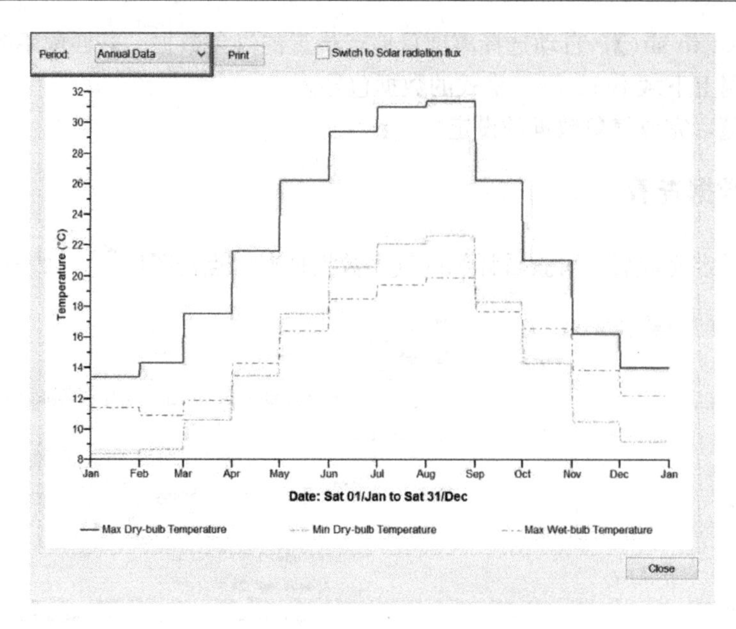

图 5-11　全年最大干湿球温度变化曲线

Chart Date/Time:　Mon, 06/Jun 06:06.01

Variable Name	Line Colour	File Name	Location	Type	Value	Lock
Max Dry-bulb Temperature (°C)			Model	Temperature (°C)	29.40	
Min Dry-bulb Temperature (°C)			Model	Temperature (°C)	20.60	
Max Wet-bulb Temperature (°C)			Model	Temperature (°C)	18.50	

图 5-12　某时刻具体数据

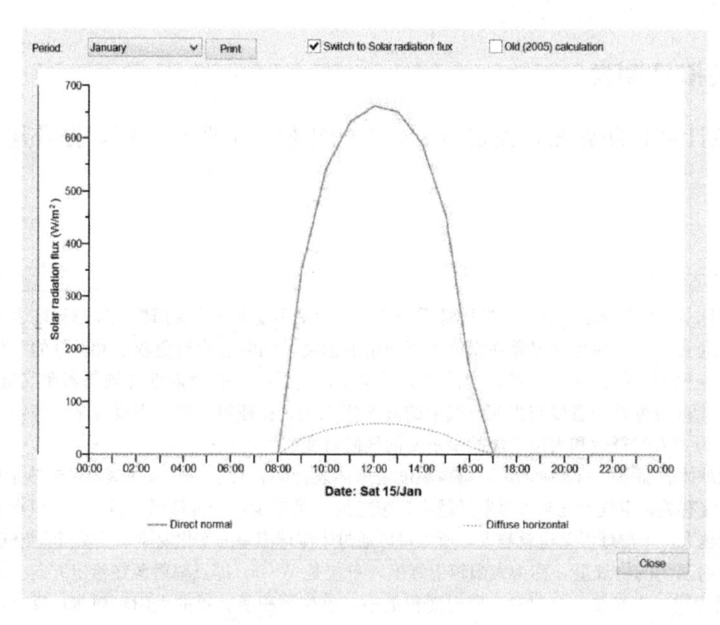

图 5-13　太阳辐射通量图

进入【Simulation Calendar】选项卡，通过修改年份，底部的日期表也会随之更新，如图 5-14 所示。

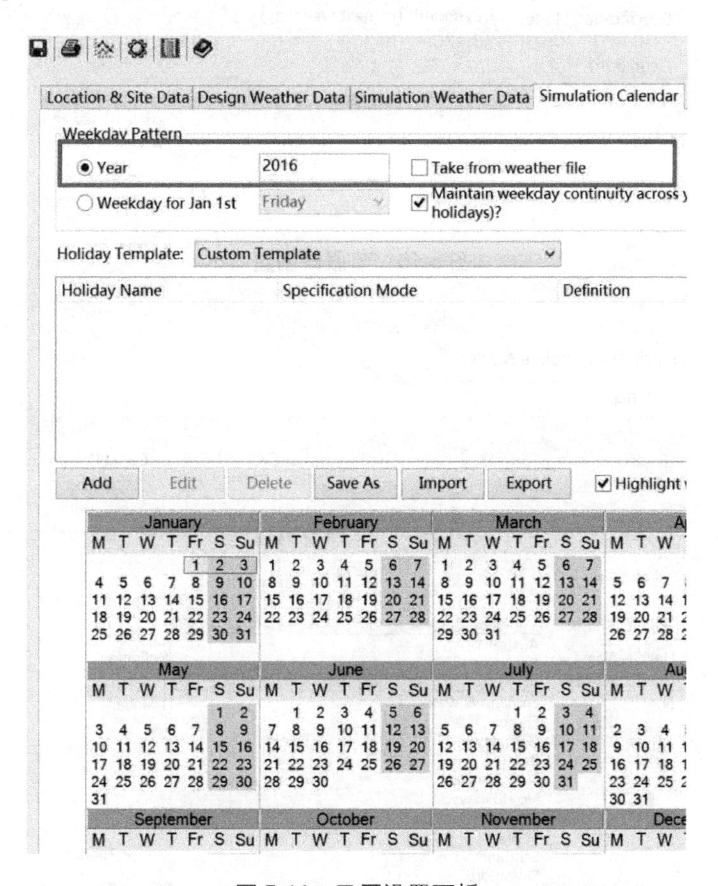

图 5-14 日历设置面板

在【Holiday Template】下拉菜单中可以选择预设的不同国家的节假日模板，如图 5-15 所示。

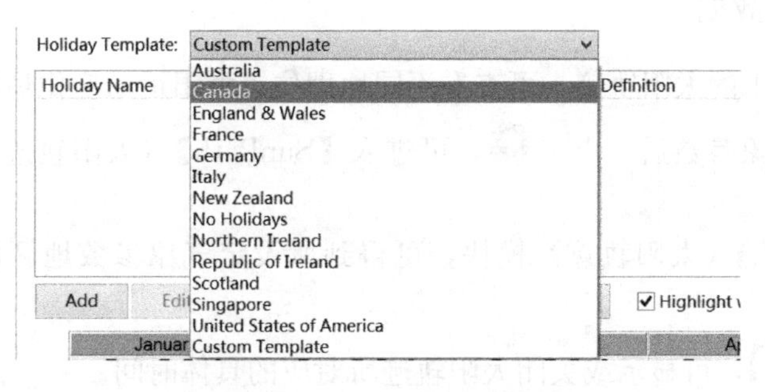

图 5-15 节假日预设选择

点击【Add】命令，可以自定义节假日创建，如图 5-16 所示。

自定义完所有的节假日后，点击【Save As】命令保存节假日，如图 5-17 所示。

保存后即可在【Holiday Template】下拉菜单中选择自定义的节假日，如图 5-18 所示。

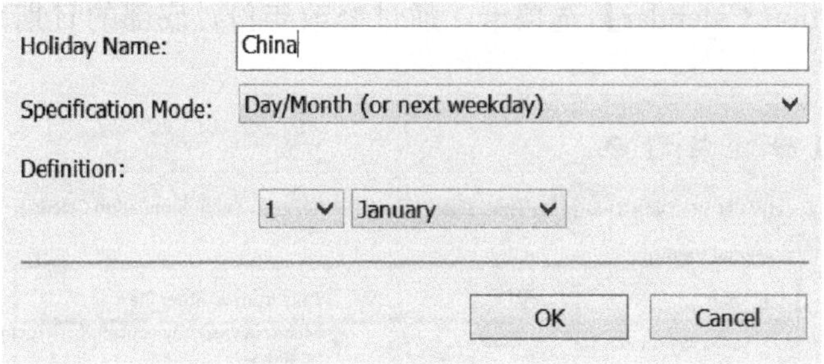

Holiday Name:
China
Specification Mode:
Day/Month (or next weekday)
Definition:
1
January
OK
Cancel

图 5-16　节假日创建

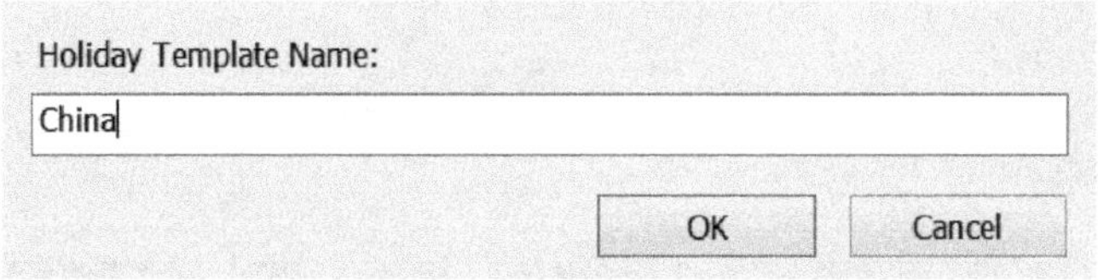

Holiday Template Name:
China
OK
Cancel

图 5-17　保存节假日

Holiday Template:
China
Holiday Name
Untitled Holiday
66
Australia
Canada
China
England & Wales
France
Germany
Italy
New Zealand
No Holidays
Northern Ireland
Republic of Ireland
Scotland
Singapore
United States of America
Definition
1 March
1 January
Add
Highlight

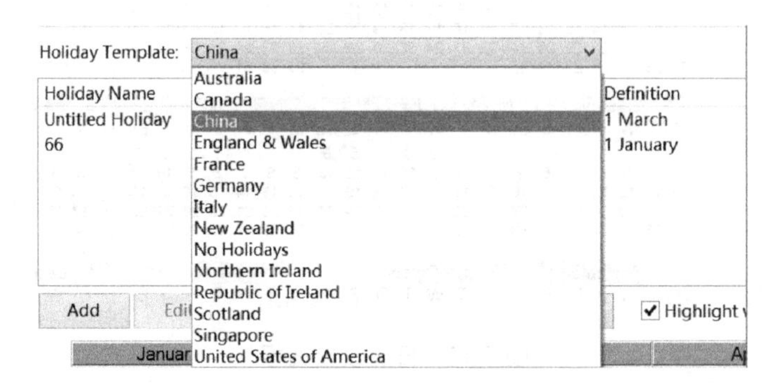

图 5-18　自定义的节假日

5.2.4　太阳轨迹数据

通过气象数据中的太阳轨迹，可查看不同地理位置太阳运动变化规律。

在成功设定气象参数后，点击，可进入【SunPath】（太阳轨迹）模块，如图 5-19 所示。

进入【SunPath】（太阳轨迹）模块，可得到所设定气象参数地区的太阳轨迹图，如图 5-20 所示。

- 点击图标，可显示或关闭太阳轨迹所对应的具体时间。
- 点击图标，可开启或关闭角度标注。
- 点击图标，可对界面颜色进行编辑，如图 5-21 所示。
- 点击图标，可对太阳轨迹图所分析的日期进行编辑，如图 5-22 所示。

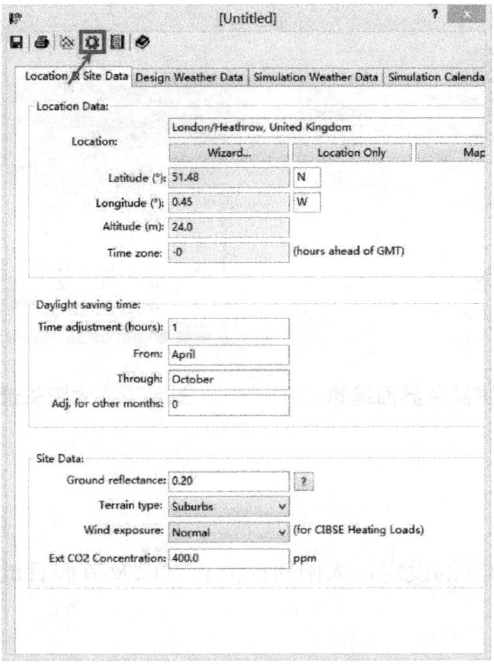

[Untitled]

Location & Site Data | Design Weather Data | Simulation Weather Data | Simulation Calenda

Location Data:

Location: London/Heathrow, United Kingdom

Wizard... Location Only Map

Latitude (°): 51.48 N

Longitude (°): 0.45 W

Altitude (m): 24.0

Time zone: -0 (hours ahead of GMT)

Daylight saving time:

Time adjustment (hours): 1

From: April

Through: October

Adj. for other months: 0

Site Data:

Ground reflectance: 0.20 ?

Terrain type: Suburbs

Wind exposure: Normal (for CIBSE Heating Loads)

Ext CO2 Concentration: 400.0 ppm

图 5-19　太阳轨迹模块

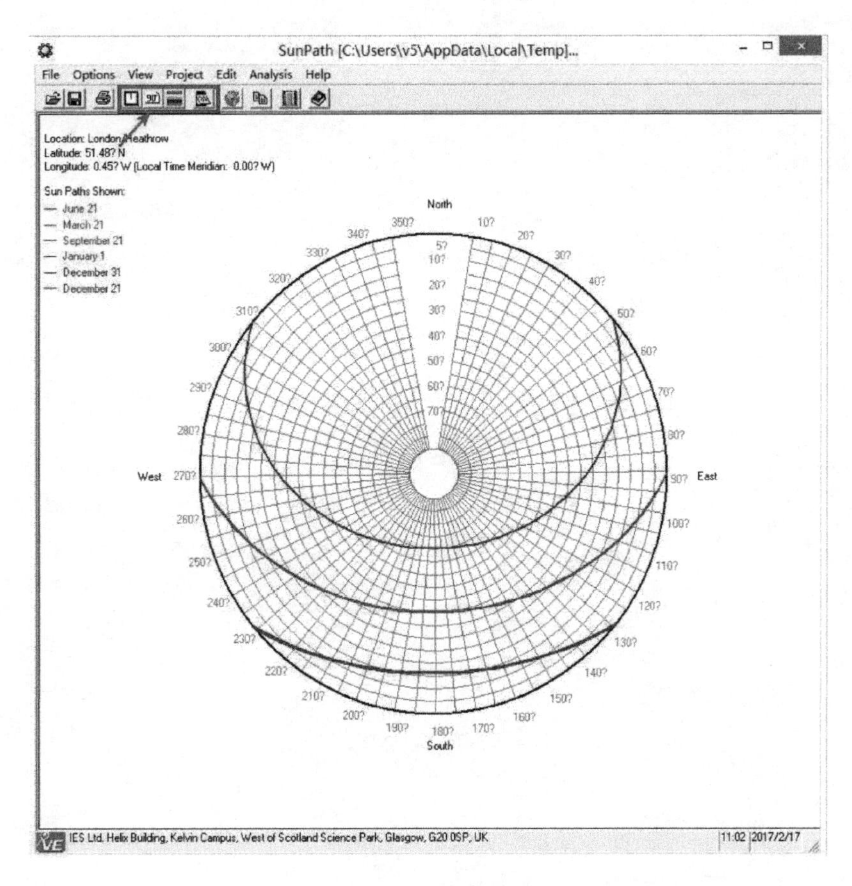

图 5-20　太阳轨迹图

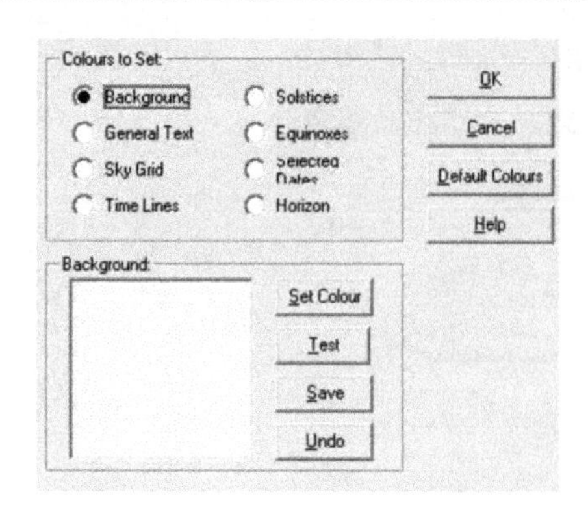

图 5-21　太阳轨迹颜色界面编辑

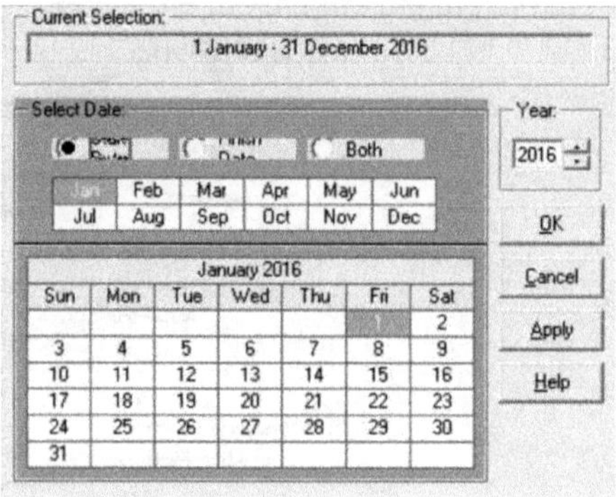

图 5-22　太阳轨迹分析日期编辑

5.3　本章小节

本章着重讲解气象数据的设定，太阳轨迹的查看以及节假日的编辑，以便得到更加合理和精确的模拟数据。

第 6 章　建筑能耗模拟分析

6.1　基础知识

6.1.1　建筑能耗模拟应用

在狭义定义中，建筑能耗是指维持建筑正常功能所消耗的能量，包括采暖、制冷、照明、热水供应、电梯、炊事、家电以及办公设备等的能耗。其中，采暖和空调能耗占比最大。因此，建筑能耗模拟所涉及的内容主要包括采暖和空调能耗的模拟，除此之外还包括常规建筑中其他用能系统（比如照明、生活热水、电梯等）的能耗模拟。

对于采暖和空调能耗模拟，其涉及的主要应用领域可以从以下两个方面概括：一方面为建筑能耗预测与设计优化。采取改善外墙保温，改进外窗性能和窗墙面积比，选取不同热惯性③的围护结构等措施，都将改变建筑物室内热环境和能源消耗。这些措施与建筑环境及建筑物全年能耗之间的关系很难进行直接、准确的判断，只有通过逐时的动态模拟才能得到准确的结果。因此在分析评价一个建筑设计方案对环境状况和能耗造成的影响时，一般都采用模拟计算的方法。通过模拟计算，可以在实际建成之前对建筑物能耗进行较为准确的预测，对建筑设计再优化，降低建筑物实际使用能耗。另一方面为空调系统性能预测。实际的空调系统用人为的方法处理室内空气的温度、湿度、洁净度和气流速度，从而使某些场所获得具有一定温度、湿度和质量的空气，满足使用者及生产过程的要求，改善劳动卫生和室内气候条件。但是在极端冷和极端热的设计工况下，空调系统大部分时间都是处于非正常运行状态，只有在介于两个极端气候条件之间的部分负荷工况下它才正常运行。然而这些可能出现的部分负荷工况情况多样，特点各不相同，时常导致空调系统在实际运行中出现一系列问题：或难以满足环境控制要求，或出现不合理的冷热抵消，导致能耗增加。通过对全年的空调系统能耗逐时动态模拟，能预测实际运行中可能出现的各种工况和各种问题，从而在系统、结构及控制方案中采取有效措施进行优化设计。此外，通过这样的动态模拟，还可以预测不同系统设计导致的全年空调能耗，对系统方案和设备配置整体进行优化。

6.1.2　能耗模拟分析流程

对于不同的用能系统，能耗模拟分析流程基本一致，下面以计算过程较为复杂的空调系统能耗模拟为例，简单介绍能耗模拟分析流程的基本内容。空调系统能耗模拟分析工作

③　热惯性：热电偶作为一种测温传感元件，其热接点的温度变化，在时间上总是滞后于被测介质的温度变化。热电偶的这种现象称为热惯性。

的基本步骤如图 6-1 所示。

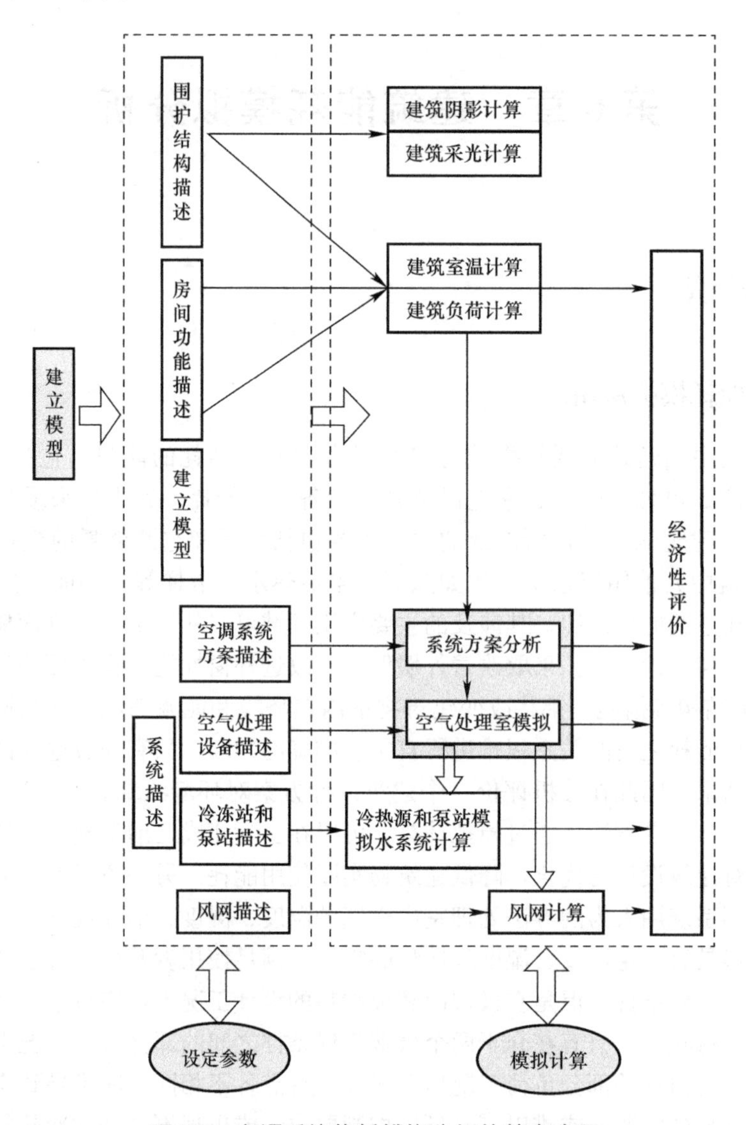

图 6-1　空调系统能耗模拟分析的基本步骤

从图 6-1 可以看出，为了获得可供分析的模拟结果，要经历建立模型、设定参数及模拟计算三个工作步骤。

建立模型。根据建筑物的图纸在模拟软件当中建立描述建筑物信息的模型，其中包括建筑物的空间尺寸、围护结构系数及构造层次等，通过这些信息能够反映建筑物的朝向、平面布局、房间划分、窗墙屋顶等围护结构的面积和位置。目前常用的建立模型的方法有两种：一种是直接将一定格式的建筑图纸或者建筑模型读入模拟软件，再由模拟软件生成可供修改的建筑物模型；另一种是以建筑图纸或者建筑模型为参考，由模拟人员在软件中构建建筑物模型。如果建筑物图纸能够很好地满足能耗模拟对建筑物模型的要求，那么前一种建模方式将大大节约模拟分析的工作量。

设定参数涉及的内容除表 6-1 所示基本气象参数外，还包括室外气象参数、室内外自然通风量、室内扰量参数、围护结构的特性参数、暖通空调系统模型参数、建筑物热湿控制要求、暖通空调系统设备开关状态、暖通空调系统的控制策略和控制参数等。如前文所述，设定参数是能耗模拟计算过程中非常重要的一个步骤，若参数设定不准确，模拟计算的结果就不准确，不同参数的描述准确性是不同的。针对具体的模拟分析对象，需要分析模拟目的和建筑物的特点，确定不同的输入参数对能耗的相关要求之后，才能根据特定参数的描述准确地进行参数设定。由于计算模型的差异，不同模拟软件对输入的参数设定要求也不相同，但参数设定应遵循的基本原则是一致的。参数设定的重要前提工作就是对参数描述准确性进行分析。

基本气象参数　　表 6-1

参数	说明
干球温度（℃）	指暴露于空气中而又不受太阳直接照射的干球温度表上所读取的数值。用于围护结构传热计算、室内外通风计算等与室外空气温度有关的计算
含湿量（g/kg 干空气）	湿空气中与 1kg 干空气同时并存的水蒸气的质量。用于室内空气湿度计算、空气处理过程计算等与室外空气湿度相关的计算
水平面总辐射（W/m^2）	地球表面某一观测点水平面接收太阳的直射辐射与太阳散射辐射的总和。主要用于建筑物围护结构内外表面的太阳辐射得热计算
水平面散射辐射（W/m^2）	太阳辐射遇到大气中的气体分子、尘埃等产生散射，以漫反射到达地球表面的辐射能。主要用于建筑物的围护结构内外表面的太阳辐射得热计算，间接用于（根据总辐射值和散射辐射值确定直射辐射大小）建筑物围护结构的内外表面的阴影计算（遮阳和日照分析等）
地表温度（℃）	太阳的热能被辐射到达地面后，一部分被反射，一部分被地面吸收，使地面增热，对地面的温度进行测量后得到的温度就是地表温度。用于地下建筑物等涉及土壤传热的相关计算
天空有效温度（K）	天空有效温度是大气水汽含量、云量（或日照百分率）、气温及地表温度的函数，用于计算建筑物围护结构表面与天空的长波辐射换热
风速（m/s）	用于建筑物的室外风环境和自然通风计算
风向	同上
大气压力（Pa）	用于不同气象要素之间的换算

模拟计算所提供的计算功能由于计算模型的差异影响也不完全相同，因此所能输出的计算结果包含的内容也不完全相同。模拟计算结束后，还需要进行计算结果的整理分析。通常模拟分析的过程也不是一次计算完成，模拟计算可能需要进行反复对比，比如修改建筑物模型，或修改参数设定，模拟分析人员通过对模拟结果的深入分析，加深对模拟分析对象的认识，从而不断完善模拟计算，以便更好地应用于建筑物的性能评估。

6.1.3 能耗模拟基础知识

1. 能耗模拟的常用参数介绍

建筑环境是由室外气候条件、室内各种热源的发热状态以及室内外通风状况所决定。建筑环境控制系统的运行状况也必须随着建筑环境状况的变化而不断进行相应的调节，以实现满足舒适性及其他要求的建筑环境。由于建筑环境变化是由众多因素所决定的一个复杂的过程，因此只有通过计算机模拟计算的方法才能有效地预测建筑环境在各种控制条件下可能出现的状况，例如室内温湿度随时间的变化、采暖空调系统的逐时能耗以及建筑物全年环境控制所需要的能耗等。

暖通空调系统的能耗模拟涉及多种输入参数和输出参数，下面分别介绍与这些参数相关的常用概念。

1）描述气象参数的基本概念

不同气象要素在能耗模拟中的作用是不同的。从模拟软件所采用的气象要素详细信息，可以判断该软件的能耗模型大致考虑了哪些因素对建筑能耗的影响。

2）能耗模拟计算中的室内得热描述

模拟软件会把室内的各个部分得热相应地分为几种类型。人员的产热和散湿都将成为建筑物的空调负荷，不同软件对人员产热、散湿的描述方式基本一致，通常通过定义单个人员的散热量、散湿量以及建筑空间中的人员数量来确定总的人员产热和产湿量。描述参数以及说明见表 6-2。

室内得热描述参数及说明　　**表 6-2**

参数	说明
人员密度（m^2/人）	指房间的面积与房间人数之比，用于室内人员得热量和散湿量的计算
人员散热量（W）	单位人员在单位时间内的产热量，用于室内人员得热量计算
人员散湿量（g/h）	单位人员在单位时间内的产热量，用于室内人员散湿量计算
照明功率密度（W/m^2）	指房间的照明功率与房间面积之比，用于室内照明得热的计算和建筑照明能耗的计算
电热转换效率（%）	照明功率转换热量的比例，用于室内照明得热的计算
设备功率密度（W/m^2）	指设备的总耗电功率与房间面积之比，用于室内设备得热量计算和建筑设备能耗的计算
设备散湿量（g/h）	通常采用单位面积下的设备在单位时间内的散湿量进行描述，用于室内设备散湿量的计算

3）描述围护结构特性的基本概念

按照围护结构特性分为不透明围护结构和透明围护结构。

（1）不透明围护结构

建筑能耗模拟需要对外墙、内墙、屋顶、楼地和楼板等不透明围护结构进行动态热过程模拟，不同软件对不透明围护结构的模拟方法略有不同，因此在描述其传热、换热特性时所采用的参数也不完全相同，其特性参数见表 6-3。

不透明围护结构特性参数　　**表 6-3**

参数	说明
导热系数［W/(m·K)］	稳态条件下，1m 厚物体，两侧表面温度差为 1K，1h 内通过 $1m^2$ 传递的热量。它是表征物质热传导性质的物理量，该系数与材料的厚度无关，用于建筑围护结构的传热计算

续表

参数	说明
密度（kg/m^3）	物质的质量与其体积的比值，用于建筑围护结构的传热计算
定压比热 [J/(kg·K)]	在压强不变的情况下，单位质量的某物质温度升高 1K 所需吸收的热量，用于建筑围护结构的传热计算
蓄热系数 [$W/(m^2 \cdot K)$]	用表面的热流波幅与表面波幅之比表示材料蓄热能力的大小，用于建筑围护结构的传热计算
蒸汽渗透系数 (g/(m·h·mmHg))	单位时间内通过单位面积渗透的水蒸气量，用于围护结构吸（放）湿计算
对流换热系数	空气与不透明围护结构壁面之间的温差为 1℃时，单位时间内通过对流传热交换的热量，用于计算不透明围护结构表面与室内外空气的对流换热
表面黑度	即物体的发射率，物体表面的黑度与物体的性质、表面状况和温度等因素有关，是物体本身的固有特性，与外界环境情况无关。用于不透明围护结构获得的通过透明围护结构的太阳辐射热的计算，以及不透明围护结构表面之间、与其他环境表面之间的长波辐射换热的计算
表面吸收率	投射到围护结构表面上而被吸收的太阳辐射与投射到围护结构上的总太阳辐射之比值，用于计算围护结构吸收的太阳辐射热量

（2）透明围护结构

透明围护结构除了需要描述其传热特性，还需要描述透光特性。不同模拟软件可以支持不同的描述方式，而不同的描述方式往往对应不同的特性模型。通常透明围护结构的特性模型大致可分为两类：简化模型、详细模型。其参数见表 6-4。

透明围护结构的特性模型参数 **表 6-4**

描述对象	简化模型参数	详细模型参数
传热计算	传热系数	导热系数 密度 定压比热 蓄热系数
透光计算	光吸收量 太阳能透过率 太阳能反射率 可见光透过率 可见光反射率	消光系数 折射指数 发射率 厚度

4）描述空调设备特性的基本概念

设备的性能模型用于描述设备在不同工作状态下的消耗和产出。空调设备的特性一方面影响空调供暖效果，一方面影响设备的最终能耗。不同的能耗模拟软件对空调设备特性的描述方式与其内置的设备模型密切相关。对于设备能耗计算来说，设备的额定性能参数是对设备特性描述的基本要求，如模拟软件的设备模型考虑了设备在不同工作条件下的性能变化，对设备特性的描述不仅包括额定性能参数，通常还会采用设备性能曲线的散点数据进行性能函数的拟合，以适应实际计算中对不同工作条件下设备性能的需求，见表6-5、表6-6。

设备模拟设定参数及含义说明　　**表6-5**

设备性能模拟和能耗模拟的各组成部分	含义	举例
输入外界影响参数	主要指影响设备工作条件的各种影响参数	冷机：冷冻水进水温度和流量、冷却水进水温度和流量，冷冻水出水温度要求（或冷机的制冷量要求）。 冷却塔：冷却水进水温度和流量，冷却塔风机的风量、空气湿球温度。 水泵：转速或工作频率、水量、扬程。 空调箱表冷器：冷水进水温度和流量，进口风温、含湿量和风量
输入设备的控制调节方式和参数要求	指各种设备的可调节特性的调节方式，以及调节参数的要求，用于确定设备的调节状态	冷机：冷冻水出水温度设定值，开关状态。 冷却塔：冷却水出水温度设定值，水阀开关状态，风机开关状态。 水泵：压差控制设定值，水泵开关状态。 空调箱表冷器：出口风温设定值，水阀开关状态，风机开关状态
设备性能模型及其模型参数	指描述设备在不同工作条件下运行状态，模型中反映设备本身特性的参数	冷机：不同工作条件下的COP性能曲线或基于散点数据拟合的COP性能函数及其中拟合参数，或基于冷机物理模型辅以经验参数修正的模型。 冷却塔：不同工作条件下的冷却塔换热性能曲线或基于散点数据拟合的换热函数及其中拟合参数，或基于冷却塔物理模型辅以经验参数修正的模型。 水泵：不同工作频率下的流量压头曲线、流量效率曲线或基于散点数据拟合的流量压头、流量效率函数及其中拟合参数。 空调箱表冷器：不同风、进水口状态下的表冷器换热性能曲线或基于散点数据拟合的换热性能函数及其中拟合参数，或基于表冷器物理模型服役经验参数的模型（如表冷器传热系数计算公式及其系数、换热面积、迎风面积、通水断面面积等）
输出设备状态参数和能耗	指通过设备模型计算出的设备运行状态、能耗	冷机：计算条件下的COP、冷机耗能。 冷却塔：计算条件下的冷却冷却塔换热量、冷却水出水温度、风机能耗。 水泵：计算条件下的水泵流量、扬程、效率，水泵能耗。 空调箱表冷器：计算条件下的出风温度、出水温度、换热量

常见的暖通空调设备额定参数概念　　**表6-6**

额定参数	说明
额定制冷量（kW）	额定工况下，制冷机组的制冷量
额定制冷系数	额定工况下，制冷机组单位功耗产出的制冷量
额定制热量（kW）	额定工况下，制热机组的制热量
额定制热系数	额定工况下，制热机组单位功耗产出的制热量
额定流量（m^3/h）	额定工况下，单位时间内通过设备的水流量

续表

额定参数	说明
额定扬程（mH_2O）	额定工况下，单位重量流体经水泵所获得的能量
额定效率	额定工况下，设备输出功率与输入功率的比值
额定功率（kW）	额定工况下，动力设备（水泵、风机等）的输出功率或消耗能量的设备（冷机、热泵等）的输入功率
额定换热量	额定工况下，换热设备（如冷却塔、表冷器、散热器等）的换热量
额定风量（m^3/h）	额定工况下，单位时间内通过设备的空气流量

5）能耗模拟计算中的空气温湿度参数

在模拟计算过程中，常常需要定义房间空调温度的设定值，即热环境控制目标。在有的软件中，还可以定义房间空气温湿度的设定值或范围，这些室内空气温湿度的设定值往往作为空调负荷（包括室内负荷和新风负荷）的计算依据，但它们并不等同于实际空调供热状态下的房间空气温湿度。

理论上，在求解建筑物的动态热过程时，已知房间空气温湿度的设定值，可以计算对应控制状态的空调负荷和供热负荷，而已知投入房间的空调供热量，则可计算实际空调供热状态下的房间空气温湿度。

6）能量相关变量的含义

在能耗模拟过程中，涉及许多与能量相关的变量，用于界定不同的能耗分析对象。下面对冷热量相关变量、能耗相关变量、能效指标等参数进行介绍（表6-7～表6-9）。

常见的暖通空调系统冷热量变量含义　　表6-7

参数	说明
建筑空调负荷	为使建筑达到预期的温湿度状态，需要向建筑空间提供的冷量
建筑供热负荷	为使建筑达到预期的温湿度状态，需要向建筑空间提供的热量
室内得热量	由室内热源散入房间的热量总和
太阳得热量	来源于直射太阳辐射和散射太阳辐射的得热量
建筑室内负荷	不考虑新风需求时的建筑空调负荷或建筑供热负荷
建筑新风负荷	为满足建筑物空间使用对新风的需求，将相应流量的新风从室外状态改变到空调/供热空间的空气状态所需消耗的冷热量
空调耗冷量	为了满足建筑空调负荷，使建筑物达到预期的温湿度状态，空调系统实际消耗的冷量
空调耗热量	为了满足建筑供热负荷，使建筑物达到预期的温湿度状态，空调系统实际消耗的热量
空调再热量	包括两种情况下的再热量：①室内空调设备的再热量，这种再热量既可能是满足建筑供热负荷的合理消耗，也可能是在系统调节有限时，为兼顾不同末端的负荷需求差异而产生的冷热抵消；②空气处理设备的再热量，这种再热量可能是为了达到空气处理要求的温湿度状态而消耗的合理再热负荷，也可能是与空气处理过程的组织及相关控制参数设定有关的再热（通常是不合理的冷热抵消）

常见的暖通空调系统能耗变量含义　　表 6-8

参数	说明
制冷机组能耗	制冷机组的设备能耗
冷源能耗	所有冷源设备的能耗总和，比如水冷系统中通常包括冷机、冷却水泵，冷却塔补水泵和冷却塔风机的能耗
制热机组能耗	制热机组的设备能耗
热源能耗	所有热源设备的能耗总和，比如土壤源热泵系统中包括热泵机组、土壤侧循环水泵的能耗
空调箱风机能耗	空调箱的风机能耗，包括相应的送风机、排风机
风机盘管风机能耗	风机盘管的风机能耗
水泵能耗	包括冷冻水泵、冷却水泵、热水循环泵、冷却塔补水泵等水泵设备的能耗
冷却塔风机能耗	冷却塔的风机能耗

常见的暖通空调系统能效指标含义　　表 6-9

常见能效指标参数	说明
冷机能效系数 COP	单位冷机能耗的产冷量
制冷系统能效系数 EERr	单位冷源能耗的产冷量
综合能效系数 IPLV	不同负荷率下达到 COP 值（或 EERr 值）的加权平均值
冷却水输送系数 WTFchw	冷却水泵单位功耗输送的冷量
冷却水输送系数 WTFcw	冷却水泵单位功耗输送的冷却水换热量
空调末端能效系数 EERt	所有空调末端耗能设备（包括空调箱风机、风机盘管风机等）在单位功耗下输送的冷量或热量

2. 建筑方案相关的能耗模拟因素

建筑朝向、围护结构（外墙、屋面、非采暖地下室顶板、地下室外墙热阻等）的性能参数、体形系数、窗墙面积比、遮阳系数等都和建筑能耗息息相关。

1）体形系数和窗墙面积比影响

从定义可以看出，体形系数是单位建筑体积占用的外表面积。体形系数反映的是一栋建筑体形的复杂程度和围护结构散热面积的多少，体形系数越大、体形越复杂，围护结构散热面积就越大，建筑物围护结构传热耗热量就越大，因此建筑体型系数是影响建筑物耗热量指标的重要因素之一，是建筑节能设计的一个重要指标。

外墙是建筑必不可少的组成部分，对建筑能耗有重要的影响。由于墙体等围护结构的热性能越来越好，通过窗户的传热和辐射对建筑热环境的影响越来越大，因此对窗墙面积比进行优化变得越来越重要。

2）计算模式对建筑方案模拟结果的影响

当采用模拟分析方法对不同建筑方案进行分析时，模拟的计算模式（比如建筑的空调方式是连续还是间歇、建筑物的自然通风状况等）将会对模拟结果产生非常直接的影响，不同计算模式得到的关于建筑方案优化的结论有可能完全相反。

6.1.4 能耗模拟边界条件及要求

能耗模拟计算主要应用于建筑物能耗分析与优化。一般按照国家或当地的相关设计规范取值。建筑能耗模拟输入条件（以湖北省为例）应按照表 6-10 进行。

建筑能耗模拟输入条件（以湖北省为例）　　表 6-10

设计内容		设计建筑	参照依据
围护结构热工参数		实际设计方案	湖北省《低能耗居住建筑节能设计标准》（DB 42/T 559—2013）或《公共建筑节能设计标准》（GB 50189—2015）规定取值
使用条件设定	空调采暖温湿度设定参数		同上
	新风量		同上
	内部发热量（灯光、室内人员、设备）	取实际设计方案	同上
	室外气象计算参数		典型气象年气象数据
暖通空调系统设定	冷源系统（对应不同的实际设计方案）	实际设计方案（设计采用水冷冷水机组系统，或水源或地源热泵系统，或蓄能系统）	采用电制冷的离心机或螺杆机，其 EER 值和 SCOP 值参考《公共建筑节能设计标准》（GB 50189—2015）规定取值
		实际设计方案（设计采用水冷冷水机组系统）	采用风冷或蒸发冷却螺杆机，其 EER 值和 SCOP 值参考《公共建筑节能设计标准》（GB 50189—2015）规定取值
		实际设计方案（设计采用直接膨胀式系统）	系统与实际设计系统相同，其效率满足《公共建筑节能设计标准》（GB 50189—2015）、北京市《公共建筑节能设计标准》（DB 11/687—2015）、湖北省《低能耗居住建筑节能设计标准》（DB 42/T 559—2013）要求的单元式空调机组、多联式空调（热泵）机组或风管送风式空调（热泵）机组的空调系统的要求
	热源系统	实际设计方案	热源采用燃气锅炉，锅炉效率满足湖北省《低能耗居住建筑节能设计标准》（DB 42/T 559—2013）的要求
	输配系统	实际设计方案	输配系统能效系数满足湖北省《低能耗居住建筑节能设计标准》（DB 42/T 559—2013）的要求
	末端	实际设计方案	末端与实际设计方案相同

首先，计算参照建筑在规定使用条件下的全年能耗；然后，计算设计建筑在采用节能系统形式的条件下的全年能耗。当设计建筑的全年能耗不大于参照建筑全年能耗时，则满足要求。建筑全年能耗需借助逐时能耗模拟软件完成，如 VE。建筑蓄能系统能耗计算、

热泵类可再生能源系统贡献率计算，以及其他形式的暖通空调系统的建筑节能率计算都可参照上述标准执行。

需注意的是，在能耗模拟过程中，参照建筑与所设计建筑的空调和供暖能耗必须用同一个动态计算软件计算，计算参照建筑与设计建筑的空调和供暖能耗必须采用典型气象年数据。

6.2　能耗模拟计算分析

6.2.1　设定模板

在进行模拟能耗计算前，需要设定相应的构造模板来赋予相应的房间，模板可以在创建模型前进行设置，也可以在建模完成后进行设定将其应用到相应的房间。下面简单概括模板设定的目的和使用方法。

围护结构构造层模板能将实际项目中各个围护结构的基本性能参数显示在模型中，比如窗户和内外墙的传热系数。在能耗计算时主要能实时预测所选定的构造模板传热系数对能耗的影响。

控制曲线模板能将调整室内热环境舒适性的各个设备的能耗实时反映在模型中，主要预测空调系统在控制曲线模板所控制的时间内运行所消耗的冷热能量。此外，室内人员得热量、设备产热量等对室内热环境产生干扰的因素也能通过此模板反映出来。在实际项目中，尤其对医院、商场等大型公建的节能有重大意义。

房间模板的设定是与上述两个模板相结合使用，也可说是上述模板的载体。调整好相应房间内部房间的温度、设备、内部得热量和通风换气等参数，将不同围护结构模板分别赋予采暖与不采暖房间，然后将曲线模板赋予不同的房间，至此房间的各项参数基本设置完毕。

最后是窗户和门等的相关详细设置，包括开启方式的设定、窗或门所在墙壁的设定和缝隙的设定等，以计算房间通风效果。

全部设置完成后，可以进行能耗模拟计算。

1. 围护结构构造层设置

（1）在选项栏点击如图6-2所示图标 进入当前项目使用的围护结构，列表中会显示当前项目模型的围护结构构造层的相关信息，方便查看和修改。

图6-2　选择模板管理器

（2）进入指定围护结构属性列表，若要对某个围护结构进行修改可以双击材料前的ID进入编辑构造层界面，如图6-3所示。若对当前案例项目的外墙的构造层材料进行修改，单击【External Wall】，进入当前项目外墙模板界面。

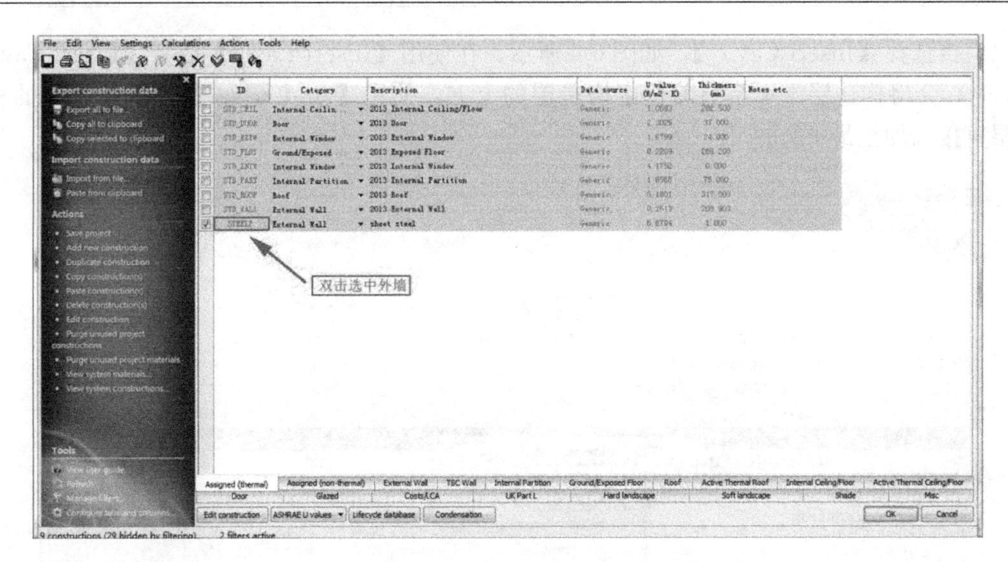

图 6-3　编辑构造层界面

(3) 进入编辑界面后进行构造层的编辑，界面中构造层的顺序从上到下分别对应墙体的从外到内。如果需要创建一个新的构造层，点击【System Materials】进入材料选择列表界面，如图 6-4 所示。

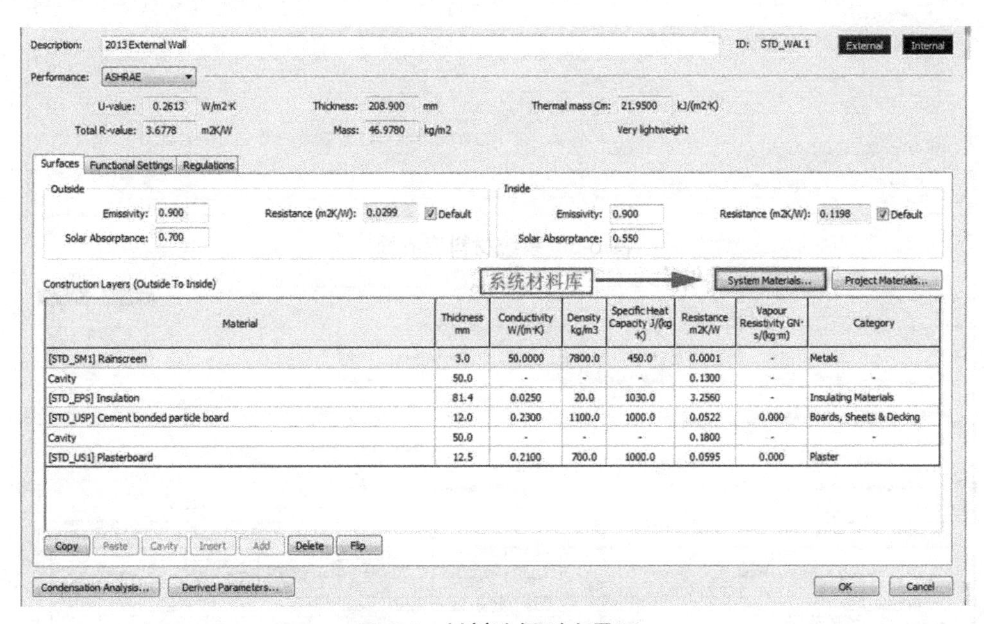

图 6-4　材料选择列表界面

(4) 在【Material Category】中可以选择不同类型的材料，在材料属性栏可以查看材料的各个性能参数。在列表中选取合适的材料，选择【Concretes】中的【Concrete Block (Medium)】，左键点击该材料，右键点击【Copy materials】，即可复制该材料，如图 6-5 所示。

(5) 选择材料后，退出界面，回到【Project construction】，选择要替换的构造层，右键点击【Paste layer】，替换现有的构造层，除了使用【Paste】替换构造层外，也可以使用【Delete Layer】将该材质删除后使用【Add Layer】添加材质，如果需要添加空气层，可以直接选择【Insert Cavity】，如图 6-6 所示。在使用【Insert Layer】或者【Insert Cavity】时，会将构造层添加至当前选定构造层的上方，使用【Add Layer】时会将新建的构造层直接添加至最下方。

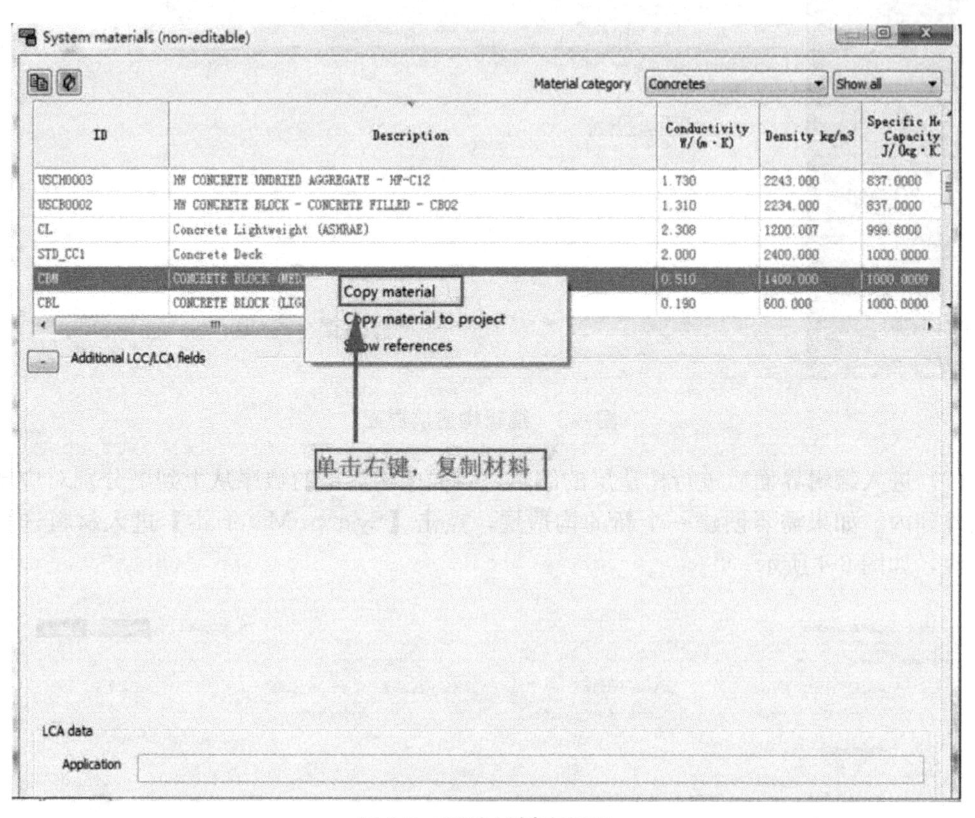

图 6-5　系统材料库界面

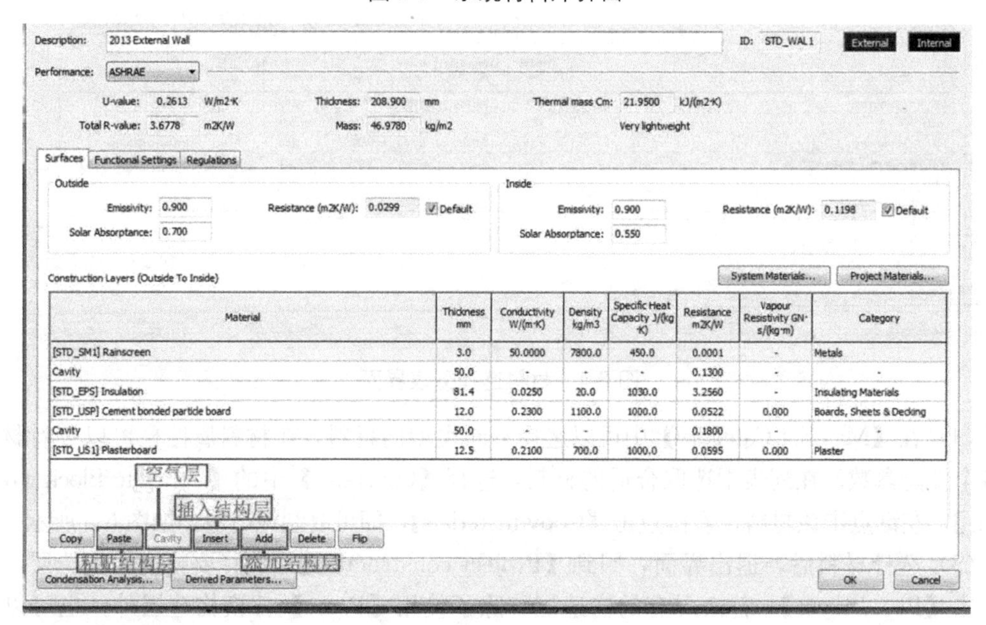

图 6-6　编辑构造层界面

(6) 使用上述的方法将构造层设置完成后，可以对围护结构的其他属性进行调整，如【Surfaces】、【Functional Settings】、【Regulations】。在构造层的编辑界面，点击界面下方的【Condensation Analysis】，可对构造层的结露情况进行查看，如图 6-7 所示。

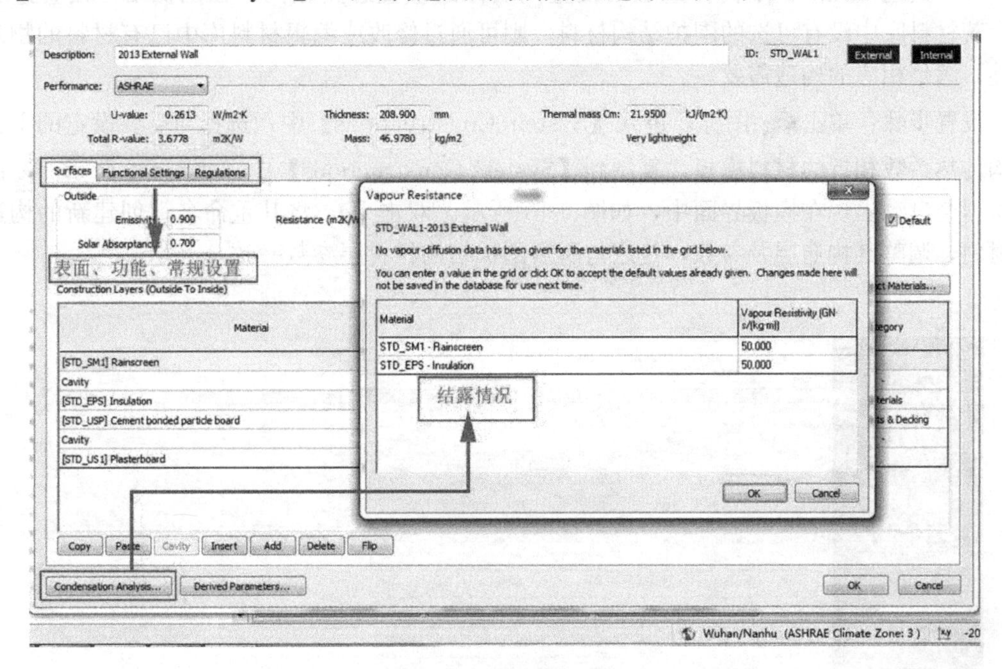

图 6-7 构造层结露情况

(7) 点击【Condensation Analysis】后 VE 会自动生成如图 6-8 所示的图表，可以查看在材料层中的结露点、在构造层的位置和结露时的气象参数。抗结露是建筑物防潮工程中的重大举措，能有效地降低建筑成本和能耗。结露点主要是材料受热不均匀引起的，时

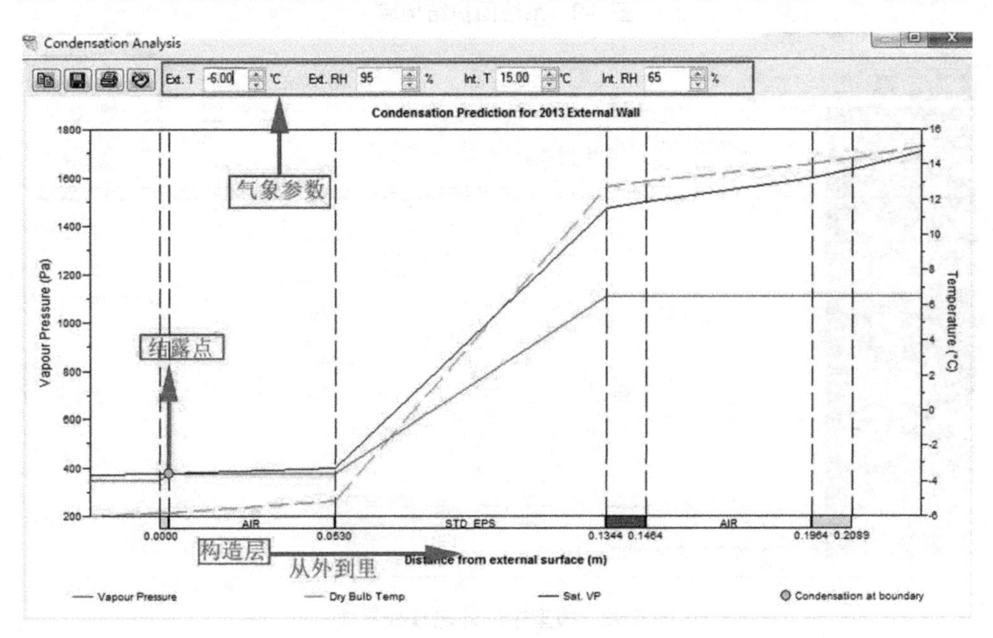

图 6-8 结露示意图

常发生在热桥部位。若能准确预测发生结露的构造层位置，可以选用与周边材料物理性质相近的材料降低结露可能，从而减少防潮的成本，降低室内除湿等能耗。

（8）其他部位围护结构构造层的设置同墙体的设置思路相同。在围护结构设置过程中，若材料库中没有可选的围护结构材料，则可通过修改或编辑材料库中已有材料的物理属性，满足相应的构造需要。

设置步骤：单击 图标，进入【System Constructions】中，选择与需要设定的围护结构传热系数相近的材料模板，复制到【System Constructions】中，如图 6-9 所示。复制后材料会自动出现在模板界面中，如图 6-10 所示。双击 ID，将其重命名，创建新的构造层材料，调整其构造层及参数，使之与所需围护结构材料层参数一致。

Actions
- View construction
- Copy selected construction(s) to project

ID	Category	Assigned	Description	Data source	U value (W/m2·K)	Thickness (mm)	Ground contact wall	Opaque metal cladding	Opaque curtain wall	Notes
STD_WAL2	External Wall	N	standard wall construction (2002 regs)	Generic	0.3520	273.500	N	N	N	
STD_WAL3	External Wall	N	standard wall construction (2002 regs Scotland)	Generic	0.3032	285.500	N	N	N	
STD_WALL	External Wall	N	standard wall construction (insulated to 1995...	Generic	0.3999	265.000	N	N	N	
BBW90-D	External Wall	N	brick/block wall	Generic	0.4435	323.000	N	N	N	
TFW90-D	External Wall	N	timber-frame wall	Generic	0.4535	323.000	N	N	N	
CURTWALL	External Wall		[illegible] (insulated to 1995 r...	Generic	0.4564	62.000	N	N	N	
MCLADW	External Wall		[illegible] to 1995 regs)	Generic	0.4588	76.000	N	N	N	
BBWALL90	External Wall	N	brick/block wall (insulated to 1995 regs)	Generic	0.3999	265.000	N	N	N	
BBW85-D	External Wall	N	brick/block wall	Generic	0.5476	323.000	N	N	N	
TFW85-D	External Wall	N	timber-frame wall	Generic	0.5848	323.000	N	N	N	
BBWALL85	External Wall	N	brick/block wall (insulated to 1985 regs)	Generic	0.5184	265.000	N	N	N	
CLADWALL	External Wall	N	lightweight concrete-clad wall (insulated to ...	Generic	0.5505	125.000	N	N	N	
WALLSLCD	External Wall	N	brickwork single-leaf construction dense plaster	Generic	2.2852	233.000	N	N	N	
WALLSLCL	External Wall	N	brickwork single-leaf construction light plaster	Generic	2.0290	233.000	N	N	N	
WALLSLCI	External Wall	N	brickwork single-leaf construction with insul...	Generic	0.6816	255.000	N	N	N	
WSLCIR	External Wall	N	brickwork single-leaf construction fibre insu...	Generic	0.7473	277.000	N	N	N	
WSLCIR2	External Wall	N	brickwork single-leaf construction eps insula...	Generic	0.5660	292.000	N	N	N	
WALLCAPB	External Wall	N	lightweight concrete block air gap & plasterb...	Generic	0.6921	235.100	N	N	N	
WCIPB1	External Wall	N	lightweight concrete block grp insulation & p...	Generic	0.5666	230.000	N	N	N	
WCIPB2	External Wall	N	lightweight concrete block polyinsulation & p...	Generic	0.4415	235.000	N	N	N	
WALLBAKD	External Wall	N	brick cavity with dense plaster	Generic	1.5383	273.000	N	N	N	
WBAIBL	External Wall	N	brick cavity with mineral insulation & lightw...	Generic	0.7044	273.000	N	N	N	
WBMIBL	External Wall	N	brick cavity full mineral insulation & lightw...	Generic	0.5118	273.000	N	N	N	
WBFIBL	External Wall	N	brick cavity with UF foam insulation & lightw...	Generic	0.8683	248.000	N	N	N	
WBAIMCL	External Wall	N	brick-air b/w concrete block & phenolic foam ...	Generic	0.6181	288.000	N	N	N	

选择材料，右键复制

Assigned (thermal) | Assigned (non-thermal) | External Wall | TSC Wall | Internal Partition | Ground/Exposed Floor | Roof | Active Thermal Roof | Internal Ceiling/Floor | Active Thermal Ceiling/Floor | Door
Glazed | Costs/LCA | UK Part L | Hard landscape | Soft landscape | Shade | Misc
Edit construction | ASHRAE U values | Lifecycle database | Condensation | OK | Cancel
134 constructions (295 hidden by filtering)　1 filter active

图 6-9　系统围护结构库

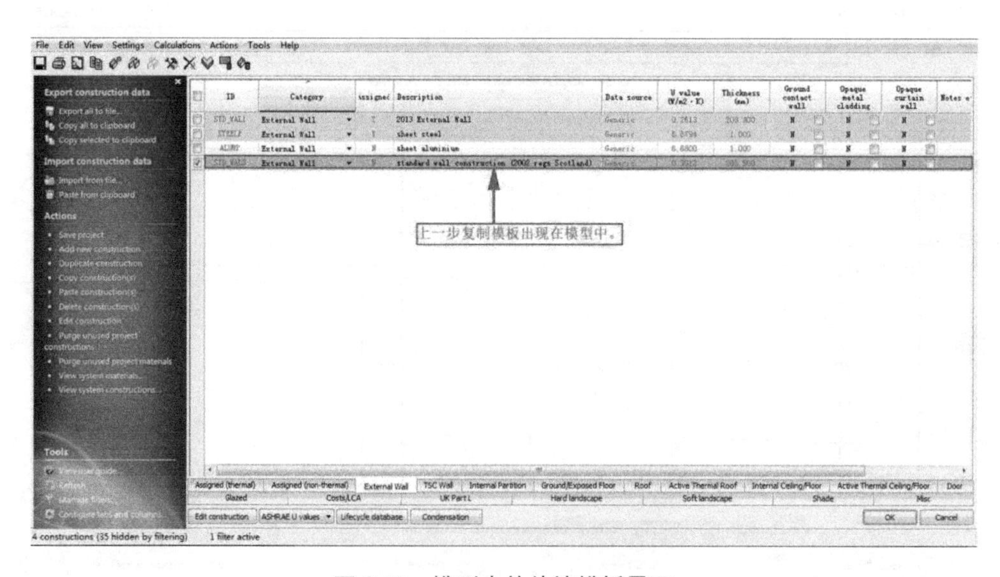

图 6-10　模型中的外墙模板界面

2. 控制曲线设置

在 VE 中单击控制曲线的图标进入控制曲线设置界面。设置控制曲线的目的是对真实情况进行模拟，保证计算的准确性，例如对房间的空调进行曲线控制，控制空调开关的时间和空调温度。曲线设置的精细程度和多少直接反映了计算结果的准确性，控制曲线的设定分为两部分：【Modulating】设置；【Absolute】绝对值设置。【Modulating】采用“0”“1”控制关闭与开启，“0”为关闭，“1”为打开。不同使用情况下，也可以用百分比控制。【Absolute】为“绝对值控制”，通过曲线对目标参数的数值进行设置。

1）【Modulating】曲线的设定

控制曲线设定是将控制因素进行时间上的设置。无论是“Modulating”开关控制/百分比控制，还是【Absolute】绝对值控制，都是从日曲线、周曲线、年曲线三阶段的时间着手进行设定。

（1）日曲线的设定

以案例项目为例，根据不同房间的一天作息时间设定日曲线。教室的作息时间在一日内设定为 9：00—21：30 为工作时间，其余为休息时间。

以某教室为例，创建一个控制教室内部空调开启的日曲线。

第一步，单击【Tools】，选择【Building Template Manager】，如图 6-11 所示，进入建筑模板管理器，选择【Thermal】，进入参数设置界面，单击，如图 6-12 所示。选择【Daily Profiles】，点击【New】，如图 6-13 所示，新建一个日曲线。根据要求修改曲线参数，先设置开关曲线“Modulating”，再设置相应的数值曲线“Absolute”。

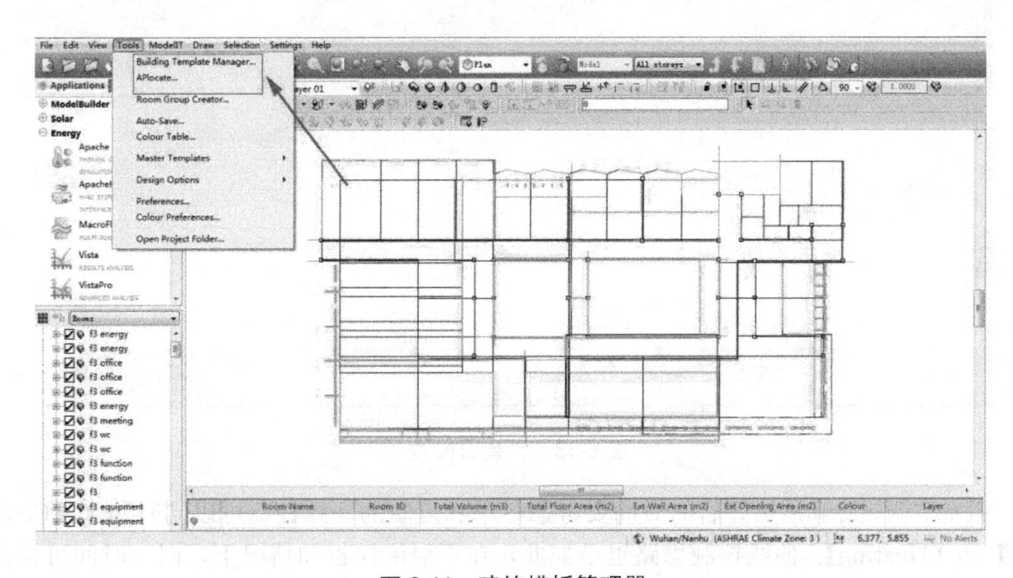

图 6-11 建筑模板管理器

第二步，选择右侧【Modulating】，然后修改曲线名称，如“Classroom AC-weekday”（命名在设定曲线时是很重要的步骤，完成控制曲线的设定，可以将曲线用于控制空调开关、人员流动情况、房间温度等）。此外还要选择所设定的曲线类型，在【Categories】下拉列表可以选择相应的曲线类型。

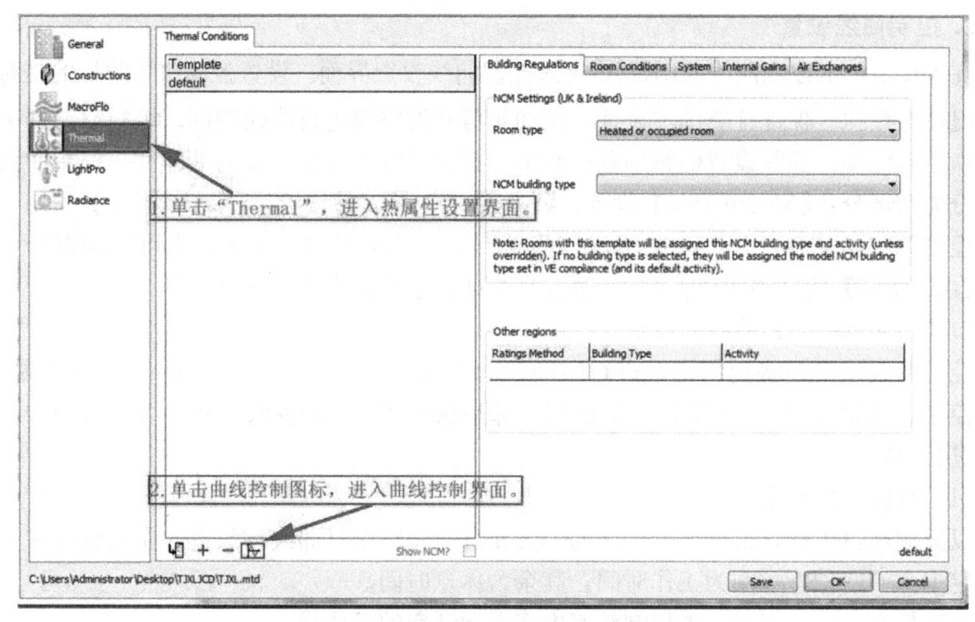

图 6-12 建筑模板管理器参数设置界面

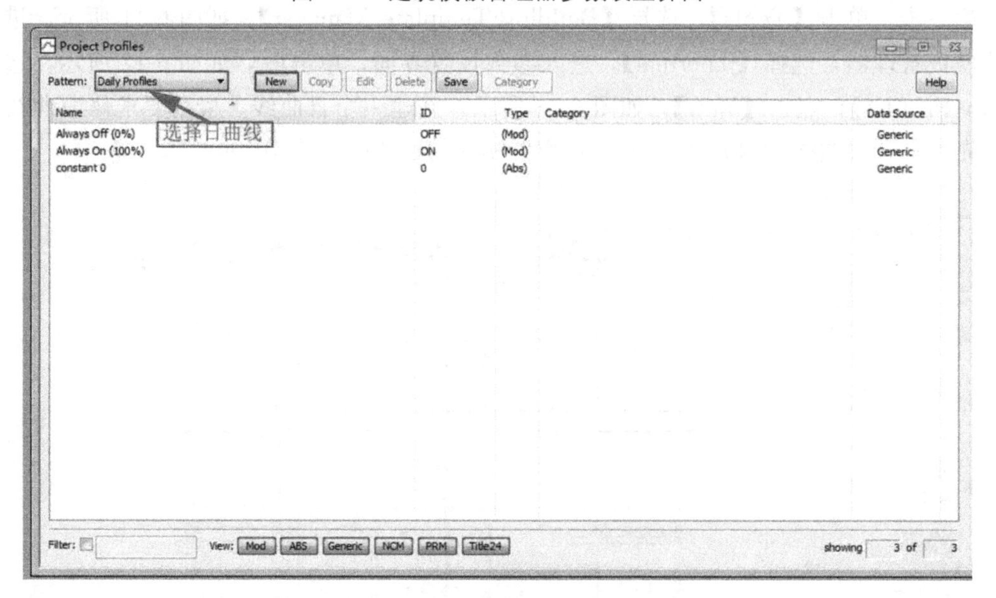

图 6-13 创建日曲线

教室空调制冷和制热开启的时间要考虑冬季和夏季的一致性，可以同时勾选【Cooling】和【Heating】。曲线控制思路也是如此，在不混淆模板的情况下，同一时间可以共用同一开关曲线。设置完成后点击图标进入曲线的设定界面进行开关控制，如图 6-14 所示。也可以直接在"Time"下方对不同的时间点直接填写"0"或"1"进行开关控制。

（2）设置控制曲线的方法

进入编辑曲线界面后，在开始绘制曲线前勾选【Enter Numbers】，即可在设定曲线过程中使用数字修改曲线数值。

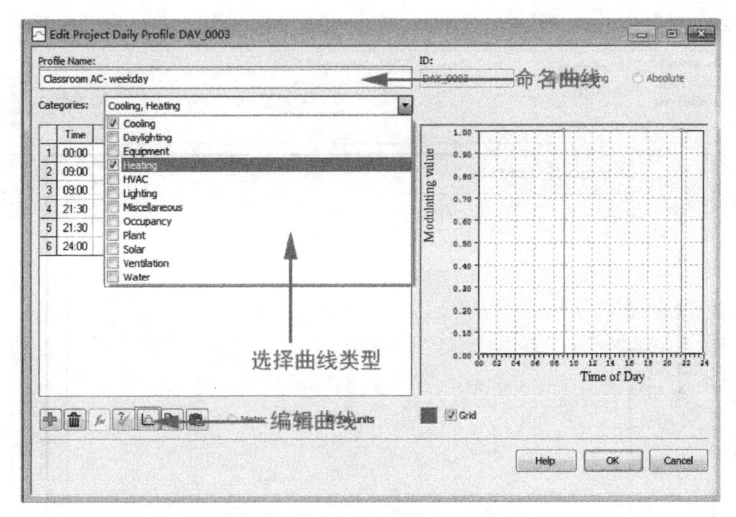

图 6-14 日曲线编辑界面

指定“9：00—21：30”为控制时间，用“0”和“1”开关控制：

设置“0：00—9：00”为“0”，关闭状态；

设置“9：00—21：30”为“1”，开启状态；

设置“21：30—24：00”为“0”，关闭状态。

在坐标系横轴“09：00”和纵轴“0.00”的交点处点击鼠标左键，弹出的对话框内显示的数值若不是“09：00”和“0.00”，可以在对话框内进行修改。其他点的确定可参照此方法进行，结果如图 6-15 所示。

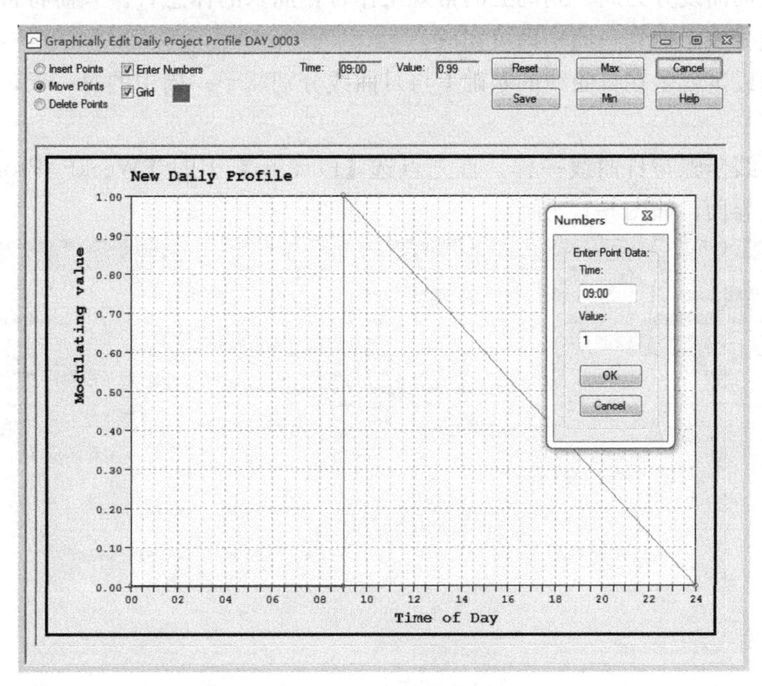

图 6-15 日曲线设置

按照上面的步骤将曲线设置为“9：00—21：30”为“1”，“21：30—9：00”为“0”，则在“1”区间时空调运行，在“0”区间时关闭，结果如图 6-16 所示。

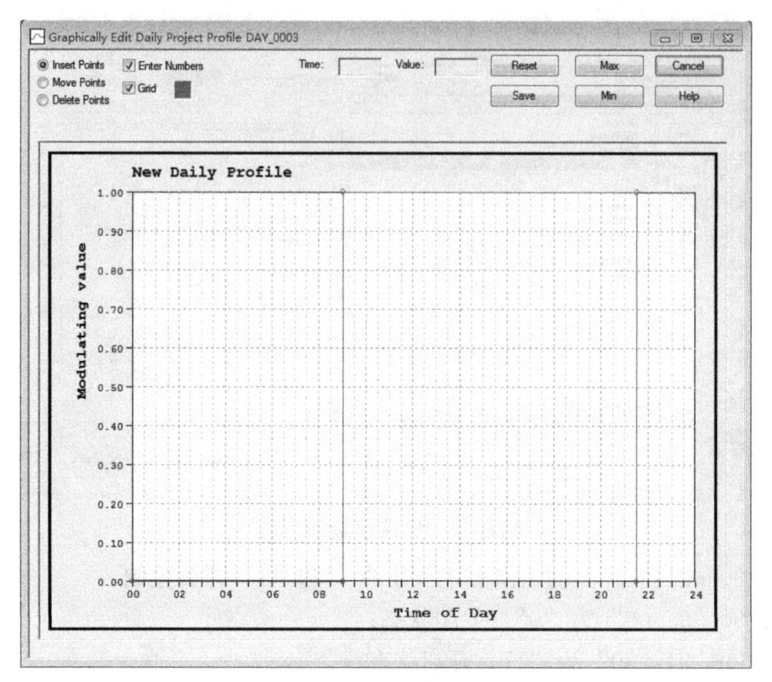

图 6-16　日曲线结果图

（3）周曲线的设定

日曲线设置完成后，进行周曲线的设定。以本项目为例，日曲线是周曲线的最小构成单位，教室的周曲线分为周一到周五的常规工作日，周末的休息日。只需将常规工作日和休息日的曲线分别添加到一周中即可完成。

周曲线的设定就是在日曲线的基础上将日曲线分别赋予一周中的每一天，从而设定成一周的曲线。

新建周曲线步骤与日曲线一样。首先点选【Pattern】中的【Weekly Profiles】，进入周曲线的设置界面，如图 6-17 所示。

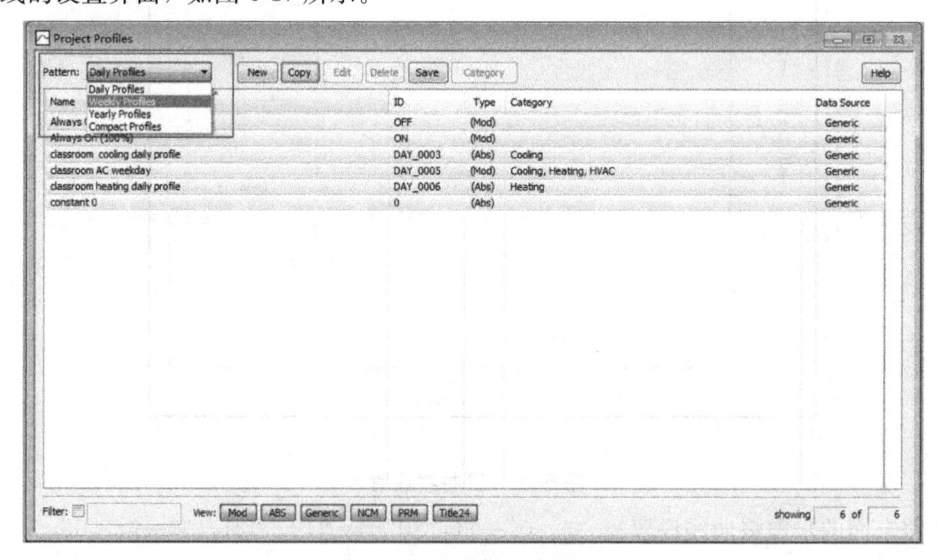

图 6-17　周曲线设置界面

点击【New】创建新的周曲线，进入到周曲线的设定界面中，如图 6-18 所示。

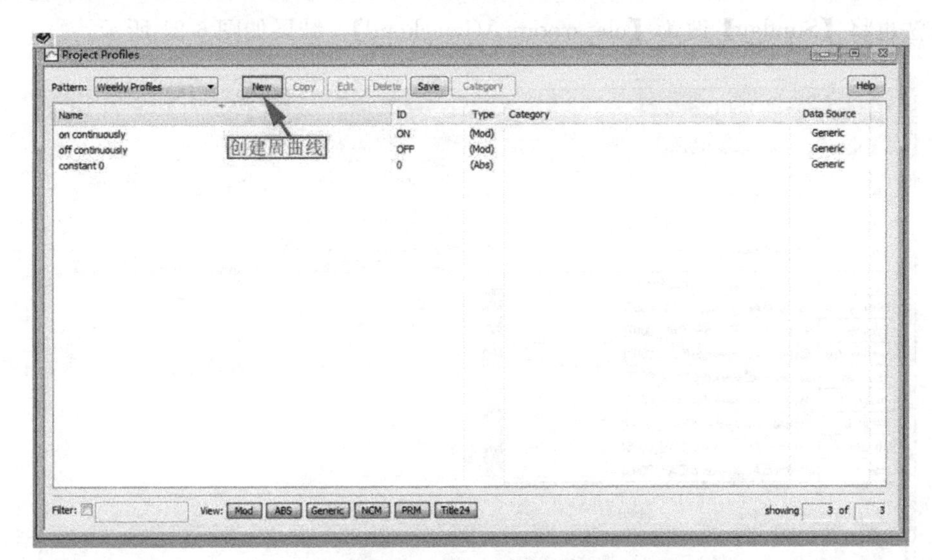

图 6-18 创建新的周曲线

与日曲线设定过程类似，先设置开关控制曲线，再设置数值控制曲线。首先将曲线的名称和类型改为如图 6-19 所示的类型。在【Categories】选择房间共用开关曲线的类型，图 6-19 右侧会显示已经设置的日曲线。

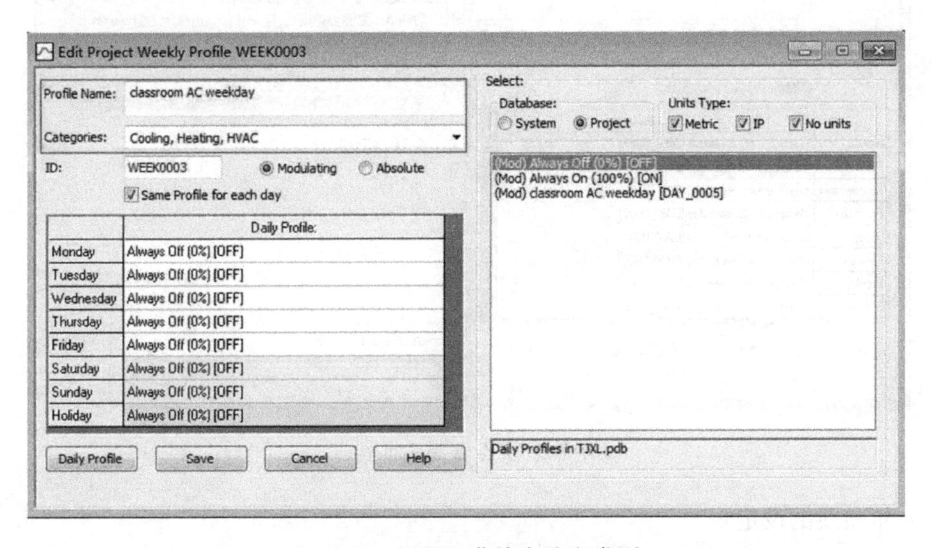

图 6-19 设置周曲线名称和类型

本项目中设置的为教室设备的曲线，在设定时要运用之前生成的日曲线，按照教学作息时间将周曲线改为周一到周五为【classroom ACweekday】，周六到周日为【classroom ACweekend】，在右边的选项栏中选中日曲线，选中后双击可将周一到周日的日曲线都设置为选中的日曲线，如图 6-20 所示。

修改周六和周日的日曲线为【classroom ACweekend】，取消勾选左边选项栏上方的【Same Profile for each day】，即可单独选择每一天的曲线。选取【Saturday】，在右边的选项栏中双击【classroom ACweekend】，单独将这一天改为【classroom ACweekend】，以同样的方法也将【Sunday】改为【classroom ACweekend】，结果如图 6-21 所示。

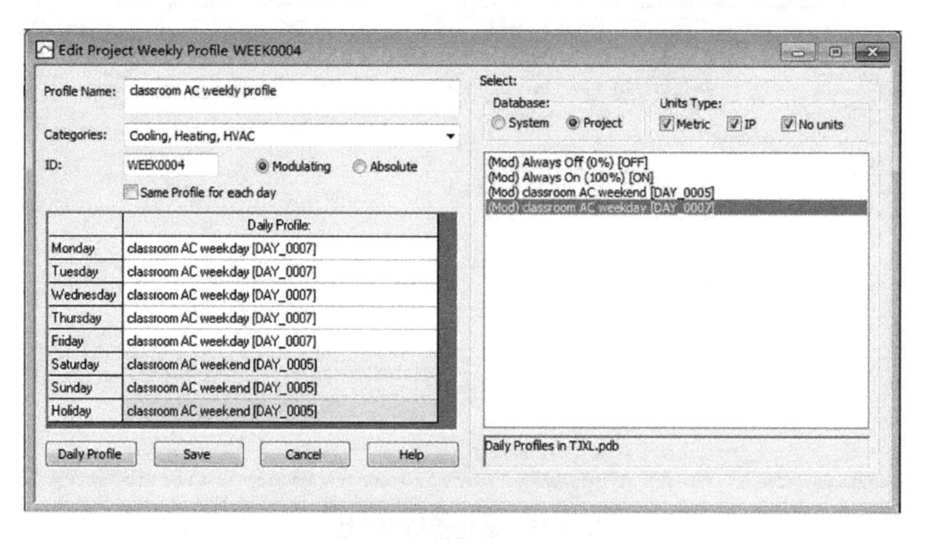

图 6-20　将日曲线添加到周曲线

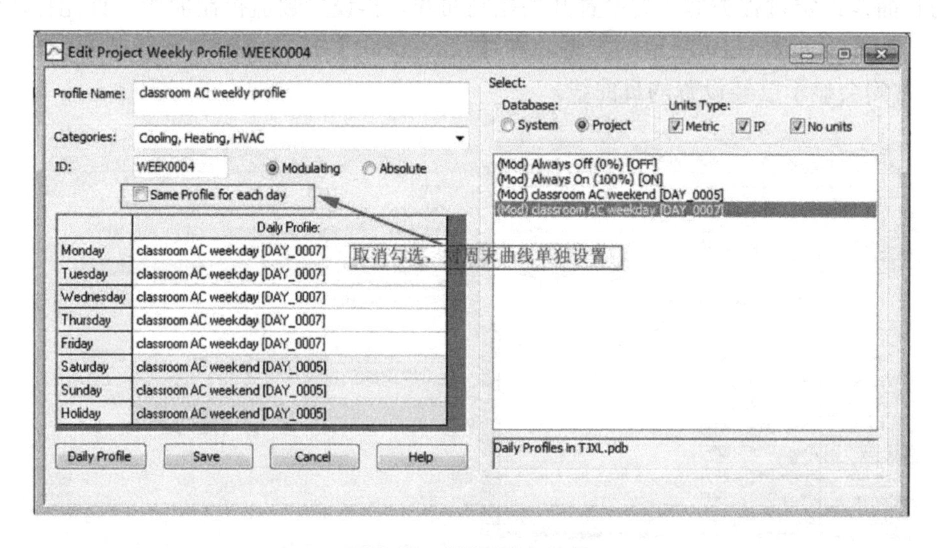

图 6-21　设置周末曲线

(4) 年曲线的设定

年曲线的设定是将一年的 12 个月划分为不同的时间段，分别赋予周曲线。例如在夏热冬冷地区，考虑节能因素，不需要一年 12 个月开启空调，只需要在夏季炎热时期 6 月至 9 月开启制冷降温，冬季寒冷时期 11 月至第二年 3 月开启供暖。

新建年曲线。点击【Pattern】下拉列表中的【Yearly Profiles】进入年曲线的设定，点击【New】，进入年曲线设定的界面，如图 6-22 所示。

修改年曲线的名称和类型，如图 6-23 所示。

制冷采暖在一年中时间段不同，故而需要分开设置制冷年曲线和采暖年曲线。

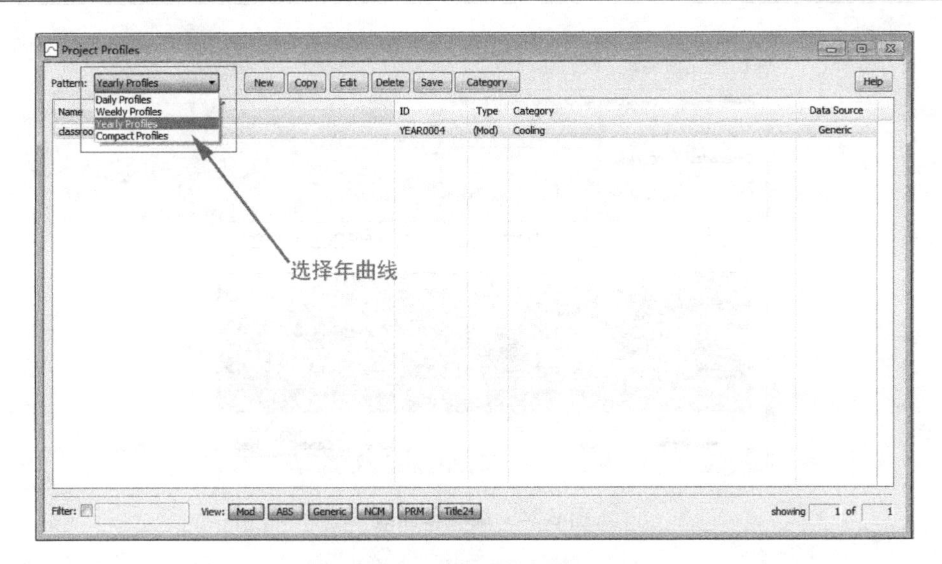

图 6-22 年曲线设定界面

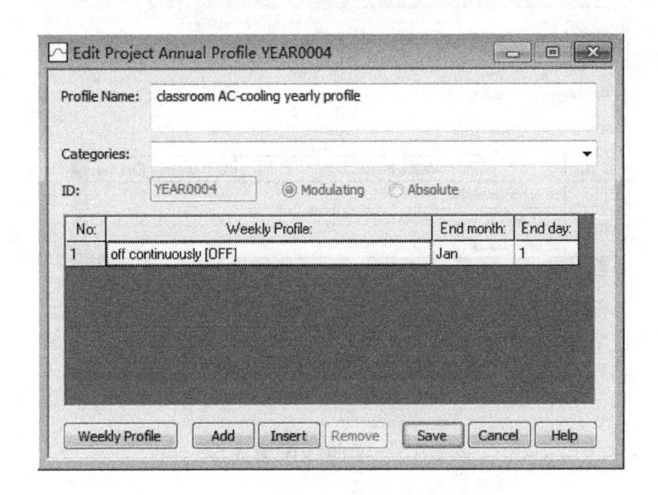

图 6-23 修改年曲线名称和类型

(5) 设置年曲线的区间

设置年曲线的区间为：去年 10 月 30 日到今年 5 月 31 日制冷关闭，今年 6 月 1 日到今年 10 月 31 日制冷开启。VE 中年曲线默认起始时间为 1 月 1 日，需设置 1 月 1 日到 6 月 1 日为关闭，6 月 1 日到 10 月 31 日为开启，10 月 31 日到 12 月 31 日为关闭。首先将【End month】设置为【Jun】，【End day】改为【1】，如图 6-24 所示。

点击下方的【Add】增加一个区间，即可增加一个时间分段。

将【Weekly Profile】改为【off continuously】，将【End month】设置为【Jun】，【End day】设置为【1】；

将【Weekly Profile】设置为之前设置好的周曲线【classroom AC weekly profile】，将【End month】设置为【Oct】，【End day】设置为【31】；

再点击【Add】增加一个区间，将【Weekly Profile】设置为【off continuously】，将【End month】设置为【Dec】，【End day】设置为【31】，结果如图 6-25 所示。

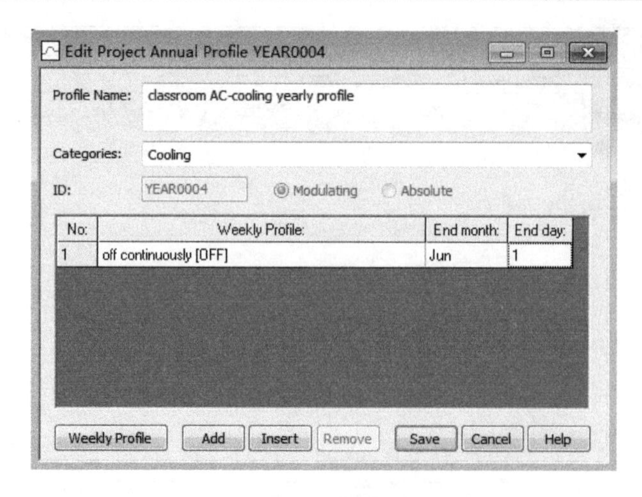

图 6-24　编辑年曲线

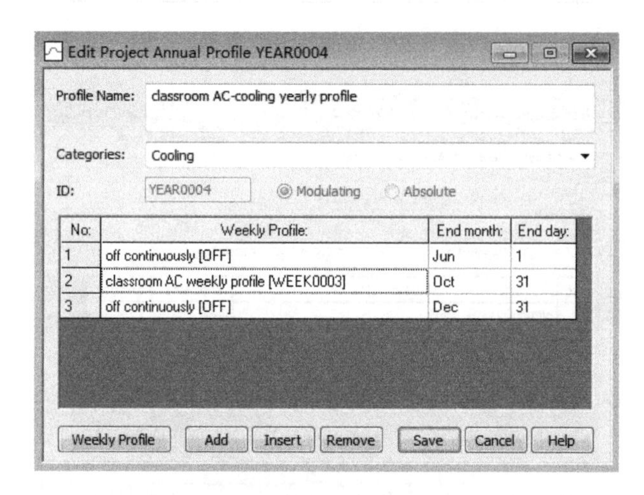

图 6-25　年曲线设置完成

2）“Absolute”曲线的设定

开关曲线设置完成后即可设置数值曲线。同开关曲线一样，从日到年设置数值曲线。下面以教室空调制冷和供暖温度的数值曲线为例进行讲解。

（1）日曲线

假设对空调制冷数值进行设置，夏季空调为26℃。以某教室空调制冷为例设置日曲线。将温度设置在9：00～21：30时为26℃，其余时间为31℃。

日曲线的设定。点击【New】创建新的日曲线，将曲线的名称和类型分别改为【Classroom AC-weekday cooling】和【Cooling】，将曲线的类别改为【Absolute】，如图6-26所示。点击图标进入曲线的编辑界面，如图6-27所示。在曲线设定界面只有0～1的数值，可以先绘制曲线轮廓再对数值进行修改。

日曲线的编辑。勾选【Enter Numbers】选项，以便直接输入数值进行修改，任意插入一个点，【Time】和【Value】分别改为【00：00】和【1.00】，如图6-27所示。

完成日曲线绘制。在“00：00，1.00”、“09：00，1.00”、“09：00，0.00”、“21：30，

0.00"、"21：30，1.00"和"24：00，1.00"处插入点，结果如图6-28所示，点击【Save】保存。

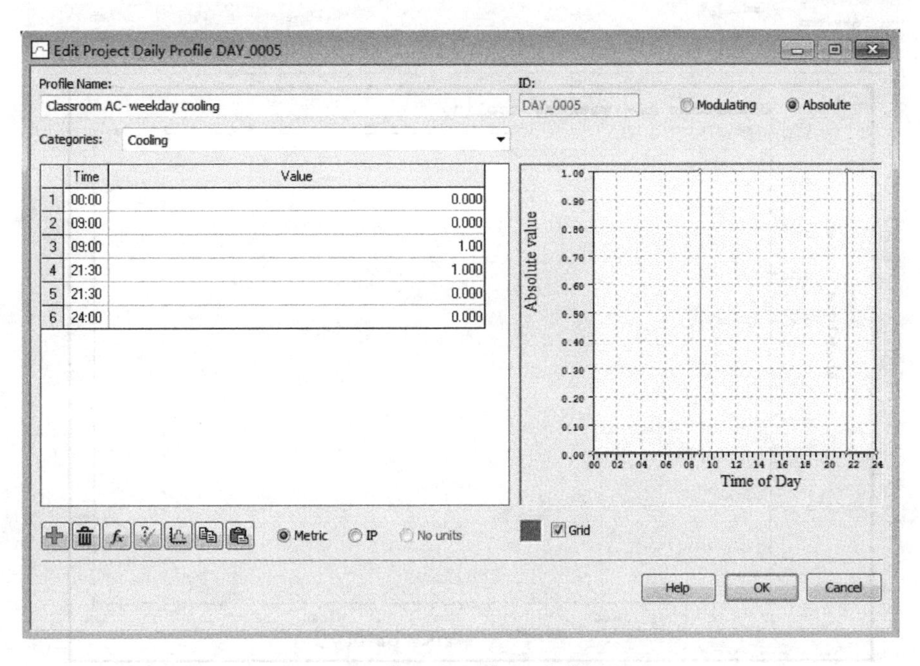

图6-26 【Absolute】日曲线设置

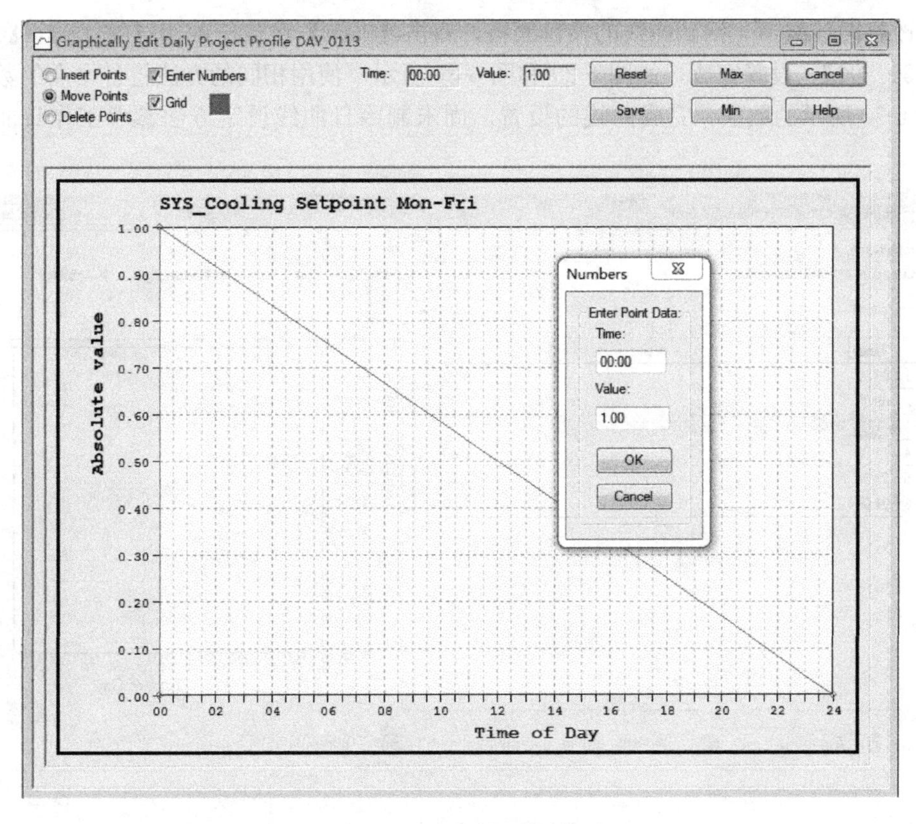

图6-27 编辑日曲线

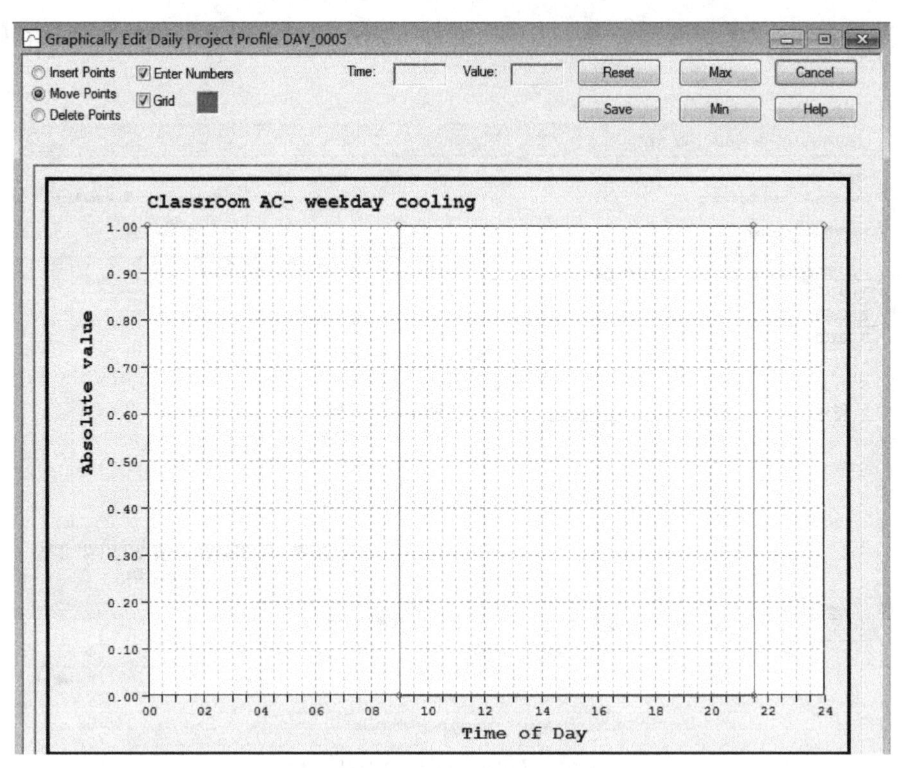

图 6-28　日曲线设置结果

修改日曲线数值。回到曲线的项目面板，双击【0.00】将数值改为【26.00】，【1.00】改为【31：00】，设置完成，如图 6-29 和图 6-30 所示。使用相同的方法将各个点的数值改为如图 6-30 所示的数值，完成曲线的设置。周末制冷日曲线设定方法参考工作日曲线的设置。

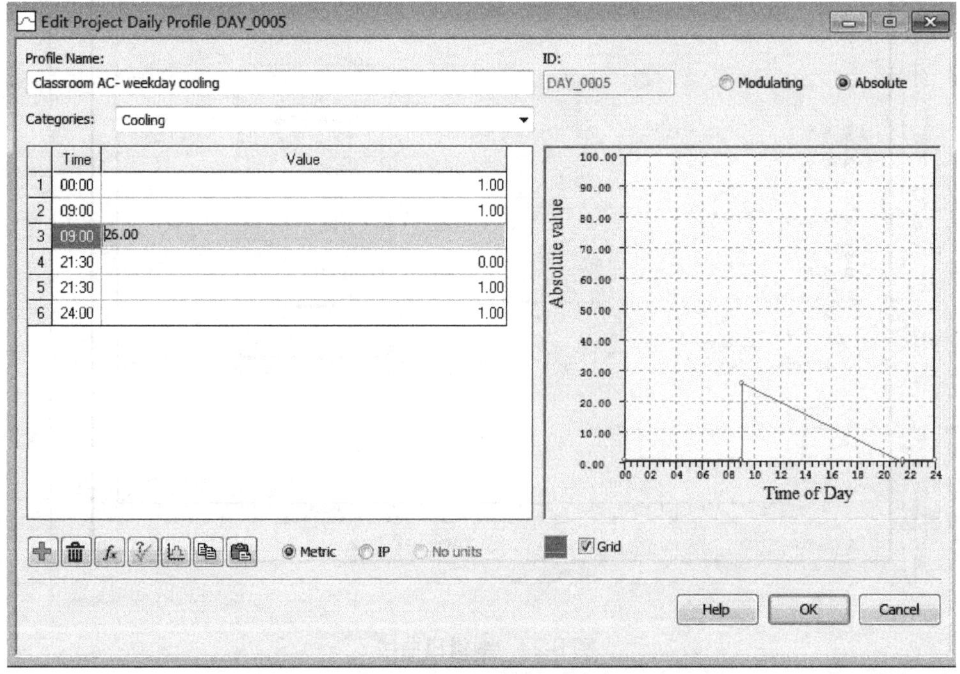

图 6-29　编辑数日曲线数值

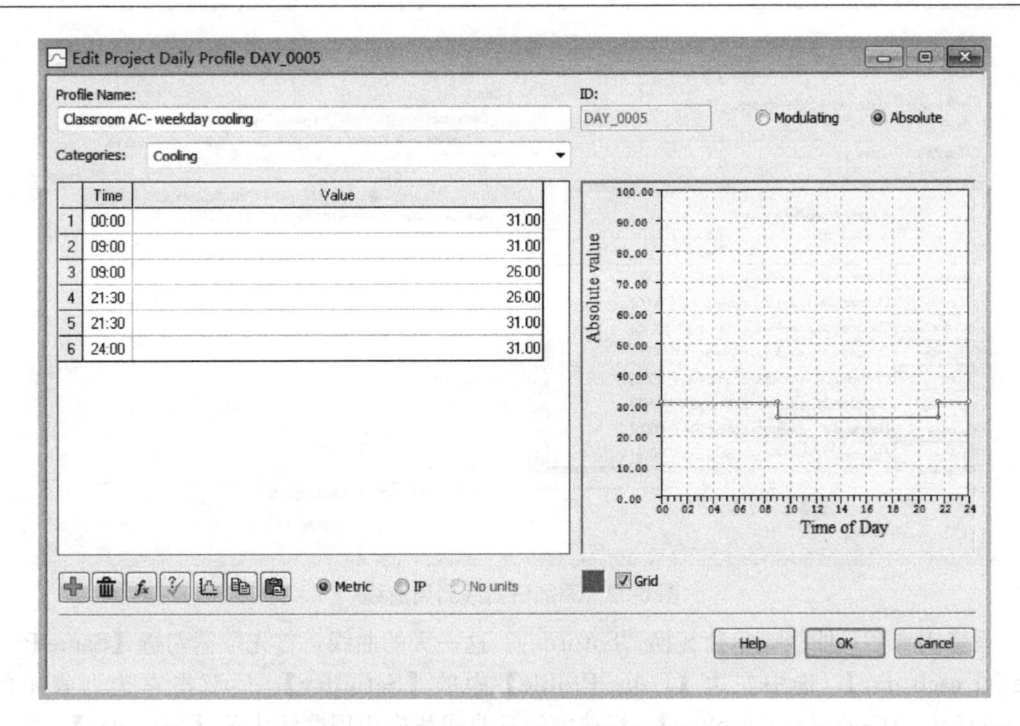

图 6-30 教室设备制冷数值控制日曲线

(2) 周曲线

进入周曲线的设定界面，新建周曲线并命名，将曲线的类别改为【Absolute】，如图 6-31 所示。

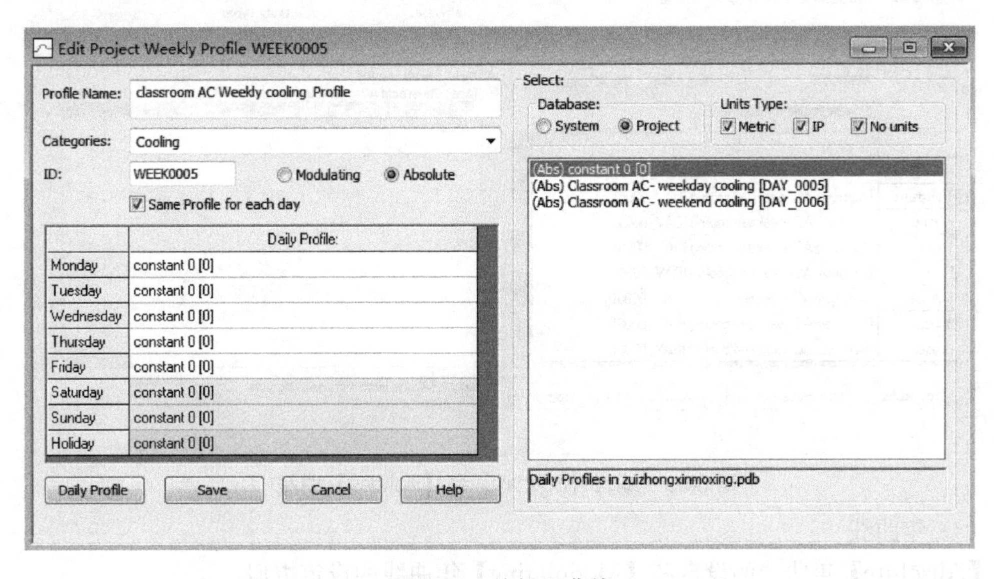

图 6-31 编辑周曲线

添加日曲线到周曲线。如图 6-32 所示，右侧列表会显示先前设定的日曲线，双击相应的日曲线可以将其应用到周曲线中。

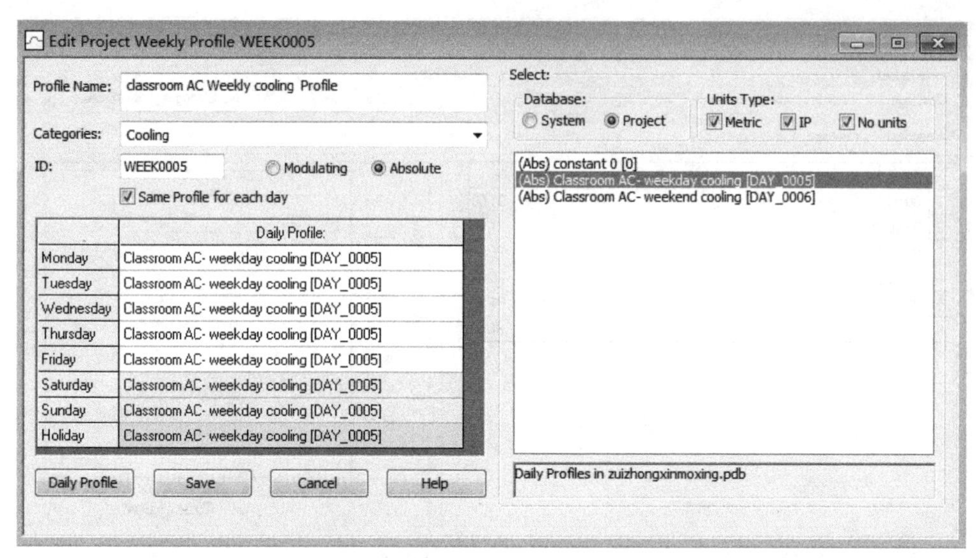

图 6-32 添加日曲线到周曲线

设置周末假日曲线。单独替换“Saturday”这一天的曲线，首先取消勾选【Same Profile for each day】，选中左边【Daily Profile】中的【Saturday】，后双击右边列表中的【Classroom AC-weekend cooling】，将选中的日曲线替换为周曲线中的【Saturday】。重复上一步的操作，将【Sunday】和【Holiday】改为【Classroom AC-weekend cooling】，结果如图 6-33 所示。

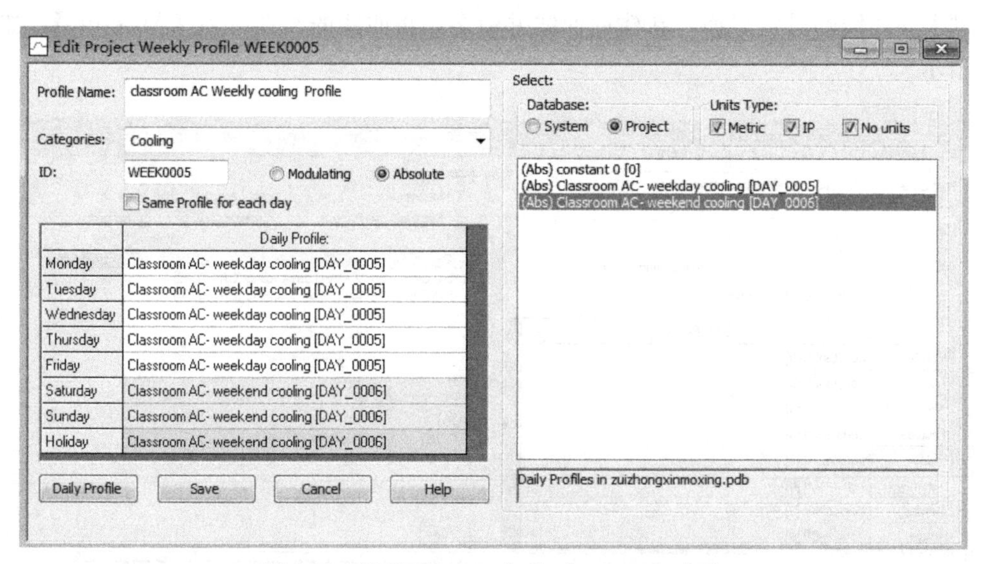

图 6-33 编辑【Sunday】和【Holiday】曲线

(3) 年曲线

【Absolute】年曲线的设定和【Modulating】年曲线的设定类似。

进入年曲线的设定界面，新建年曲线，将名称和类型改成如图 6-34 所示的数据，勾选【Absolute】。

设置年曲线区间：去年 10 月 31 日到今年 6 月 1 日制冷关闭，今年 6 月 1 日到今年 10 月 31 日制冷开启。

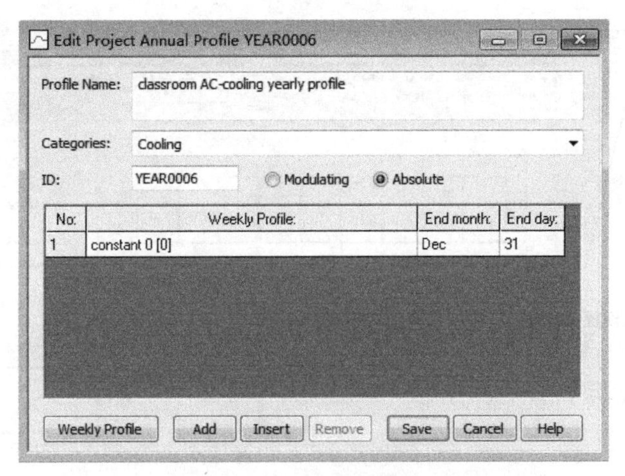

图 6-34　年曲线设置

首先将第一个日期【End month】和【End day】分别改为【Jun】和【1】。

点击【Add】增加一个区间，将【Weekly Profile】改为之前做好的周曲线，将【End month】改为【Oct】，【End day】改为【31】。

点击【Add】增加一个区间，将【Weekly Profile】改为关闭状态，将【End month】改为【Dec】，【End day】改为【31】，如图 6-35 所示，点击【Save】保存曲线。

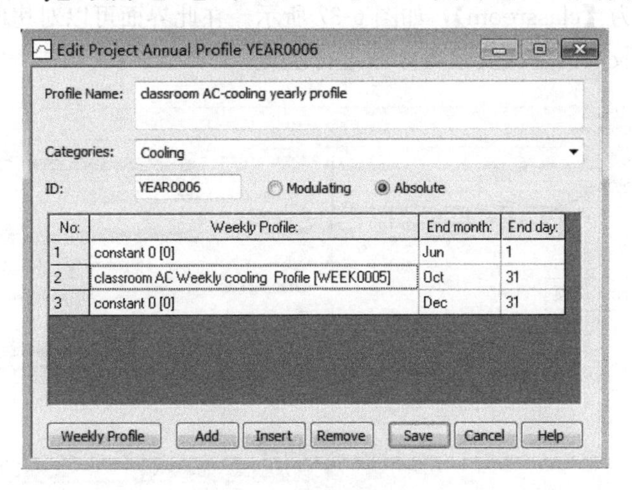

图 6-35　年曲线设置完成

3. 房间模板设定

在房间模板中，可以分别对房间的温度、设备、内部得热量和通风换气等参数进行设置，并将设定的曲线运用到房间模板中去。在建模完成后即可将模板赋予相对应的房间，然后进行能耗模拟，将能耗计算模拟结果反馈到实际工程中，可以降低并优化建筑能耗。下面以 classroom 这个房间的模板为例进行介绍。

1）新建一个房间模板

（1）进入模板管理器

点击菜单栏选项中的【Tools】，选中【Building Template Manager】，左键点击打开模板设定的界面，如图 6-36 所示。

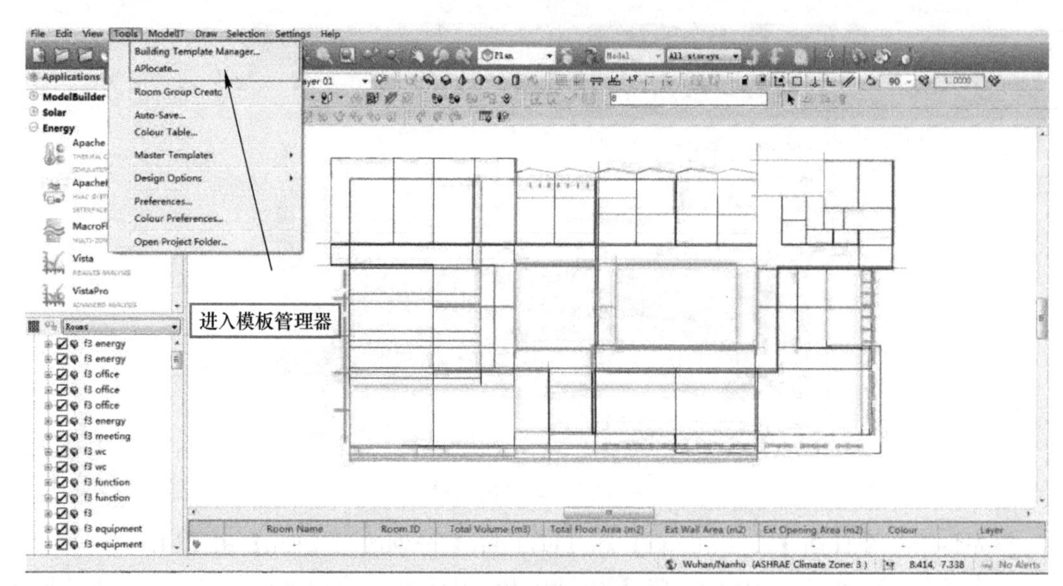

图6-36 打开模板设定界面

(2) 创建模板

在模板设定界面，点击左侧【Thermal】选项，点击界面下方的图标➕新建一个房间模板，并且重命名为【classroom】，如图6-37所示。在此界面可以对房间基本参数、系统设置、内部得热量及室内空气交换等参数进行设置。

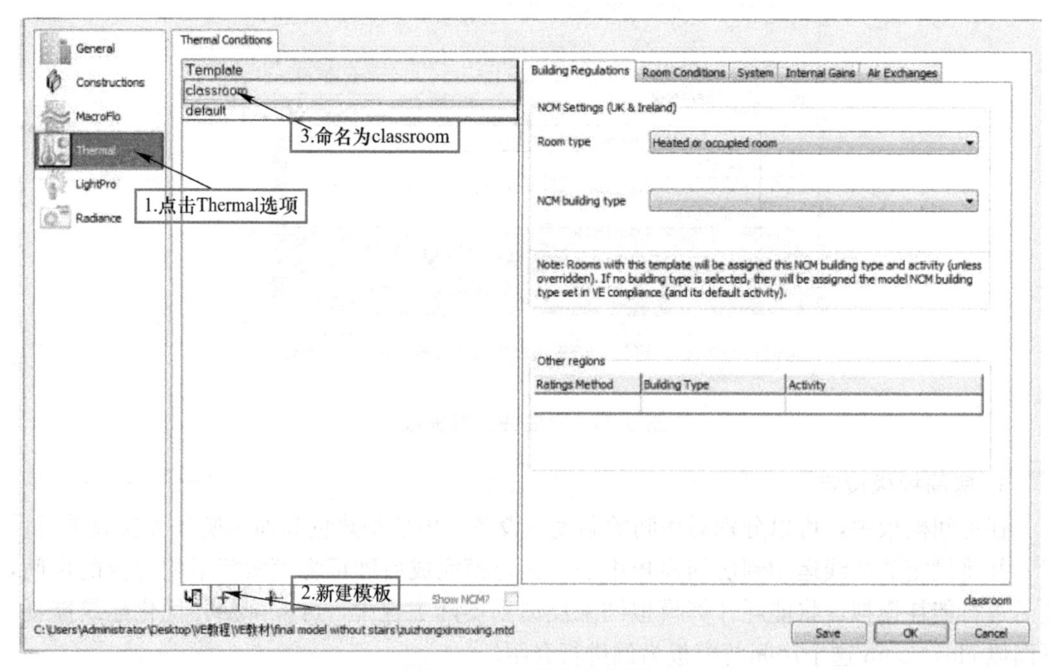

图6-37 新建房间模板

2)【Room Conditions】的设定

【Room Conditions】界面对房间供暖、制冷，以及设备和生活热水的使用特点进行设定，并对模型的太阳辐射系数、家具质量系数以及房间湿度范围进行限定。

(1)【Heating】的设定

设置控制曲线，将周曲线设定为【off continously】，如图 6-38 所示。

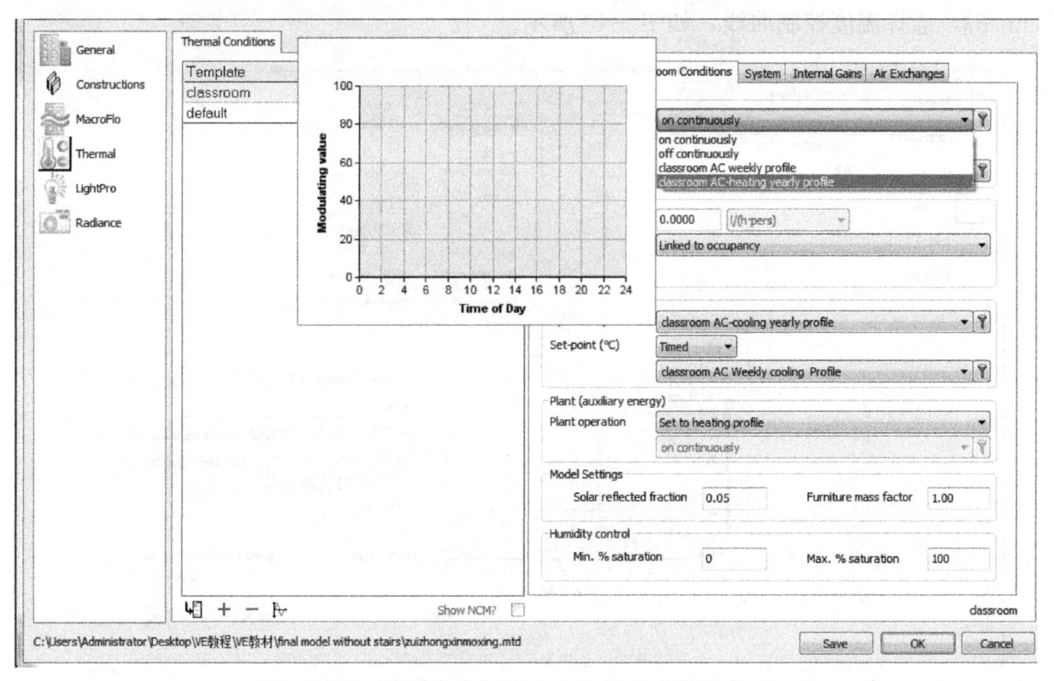

图 6-38 赋予房间【Heating】开关年曲线

(2)【DHW】设定

计算建筑生活热水负荷和能耗，应先设置平均每人每小时生活热水使用量（房间无热水使用时，数值为 0），再设定热水使用时间控制曲线，如图 6-39 所示。

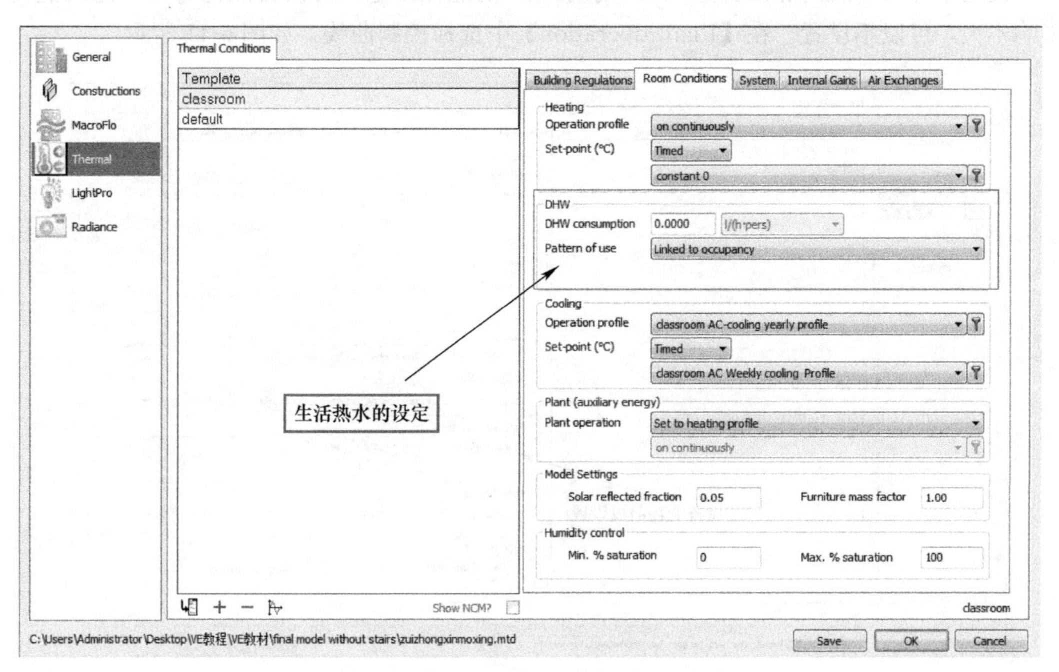

图 6-39 【DHW】设定

（3）【Cooling】的设定

在下拉菜单中找到相应的开关曲线，将曲线赋予房间，将【Set-point】改为【Timed】，选择温度控制曲线，如图 6-40 所示。

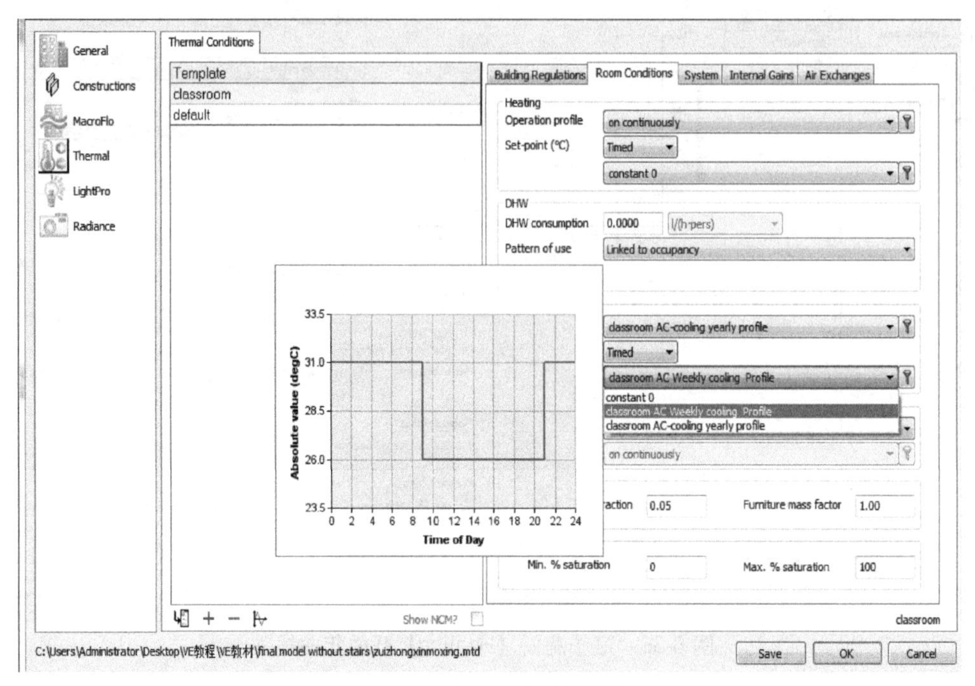

图 6-40　选择温度控制曲线

（4）【Plant（auxiliary energy)】设定

此处是针对建筑附加设备（风机、水泵等）的能耗设定，若设备能耗对整体建筑能耗影响不大，可以不设置。在【Plant operation】中选择控制曲线，如图 6-41 所示。

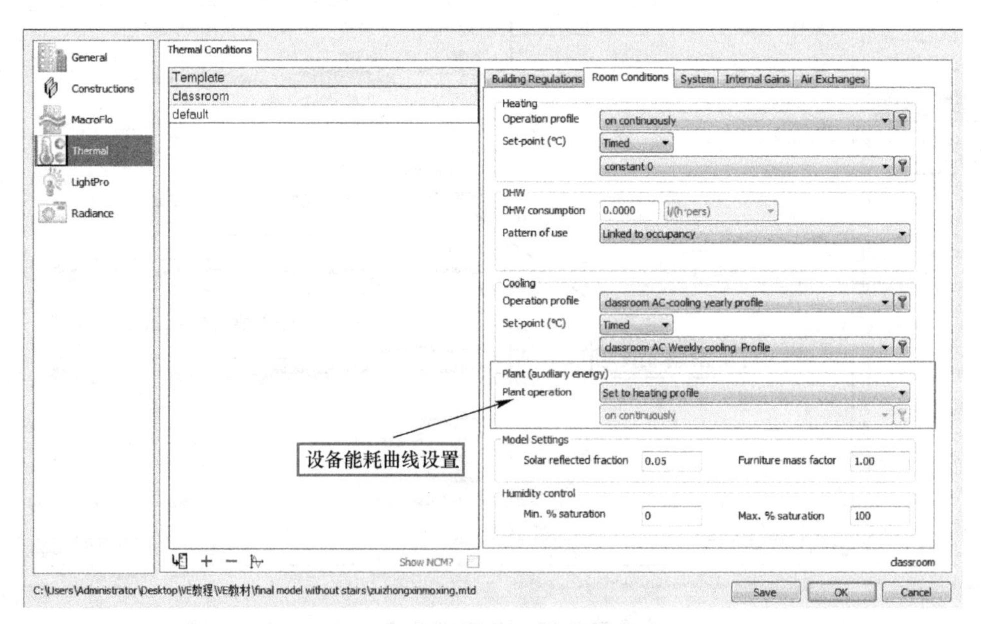

图 6-41　赋予房间设备能耗曲线

(5)【Humidity control】的设定

根据求解房间需求或者相关标准调整最小湿度和最大湿度的数值来控制房间湿度的范围，如图 6-42 所示。

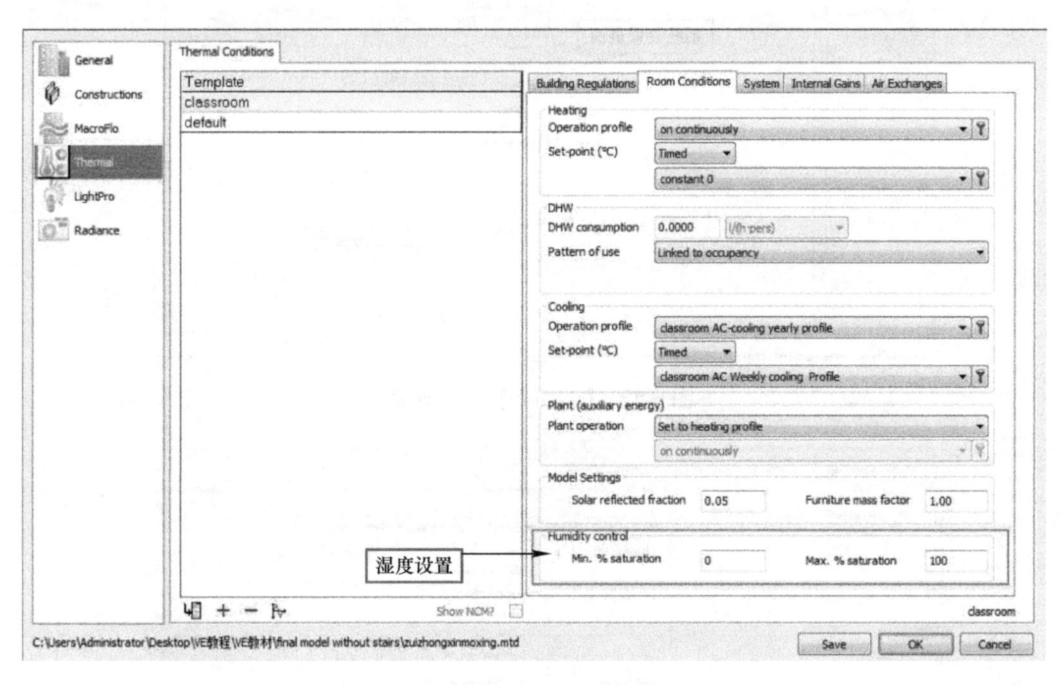

图 6-42 房间湿度设定

3)【System】的设定

【System】相对于模块 Apache HVAC 中系统的设定较为精简。这部分主要涉及空气调节系统的设置，供暖、制冷设备等参数的设置。(Apache HVAC 内容详见本书第 10 章)

(1) 系统设定

点击【System】进入系统设置的界面，如图 6-43 所示。

(2)【HVAC system】设定

对【HVAC system】进行设置时，首先需要进行模板的设定，点击图 6-43 中图标，进入设置界面。

【Heating】的参数设定。在【Heating】中可设置采暖设备的相关的参数，包括采暖使用的燃料、季节系数，热回收和热电联产等相关的参数，参考 Classroom 的设定如图 6-44 所示。

【Cooling】的参数设定。设置包括了制冷通风的类型、所使用的燃料和能效系数等内容，如图 6-45 所示。

【Hot water】的设定。【Hot water】主要是对生活热水的某些参数（如供回水温度、存储、二次循环等）进行设置，如图 6-46 所示。未设定 DHW 用水量，此处可不进行设定。

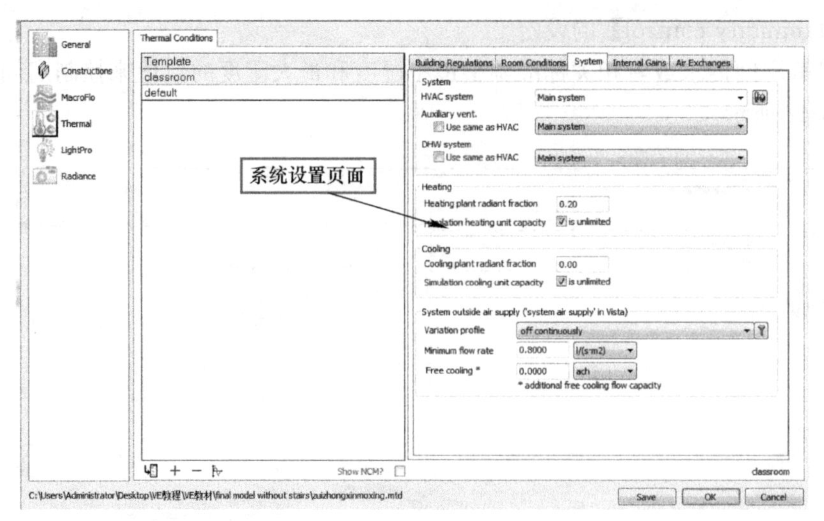

图 6-43　【System】设置界面

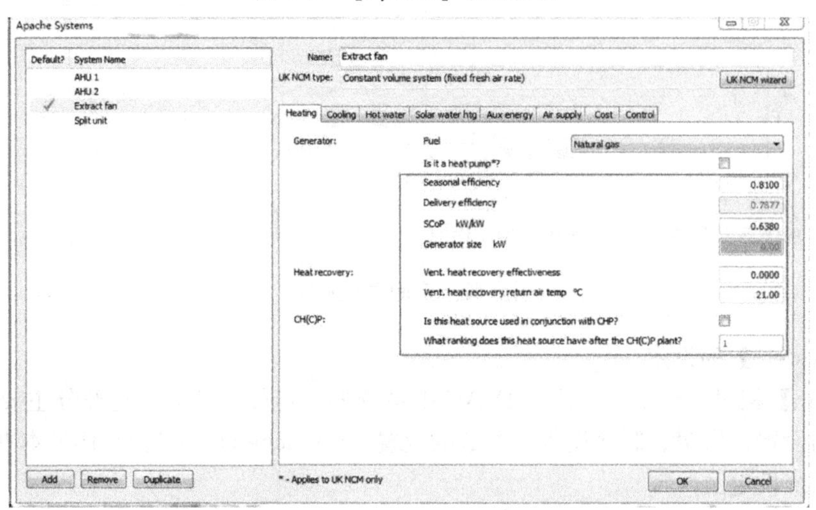

图 6-44　【Heating】参数设定

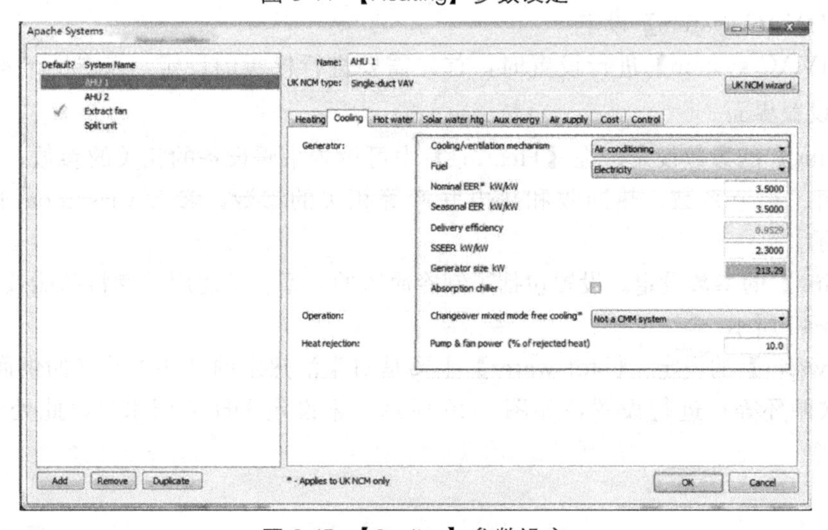

图 6-45　【Cooling】参数设定

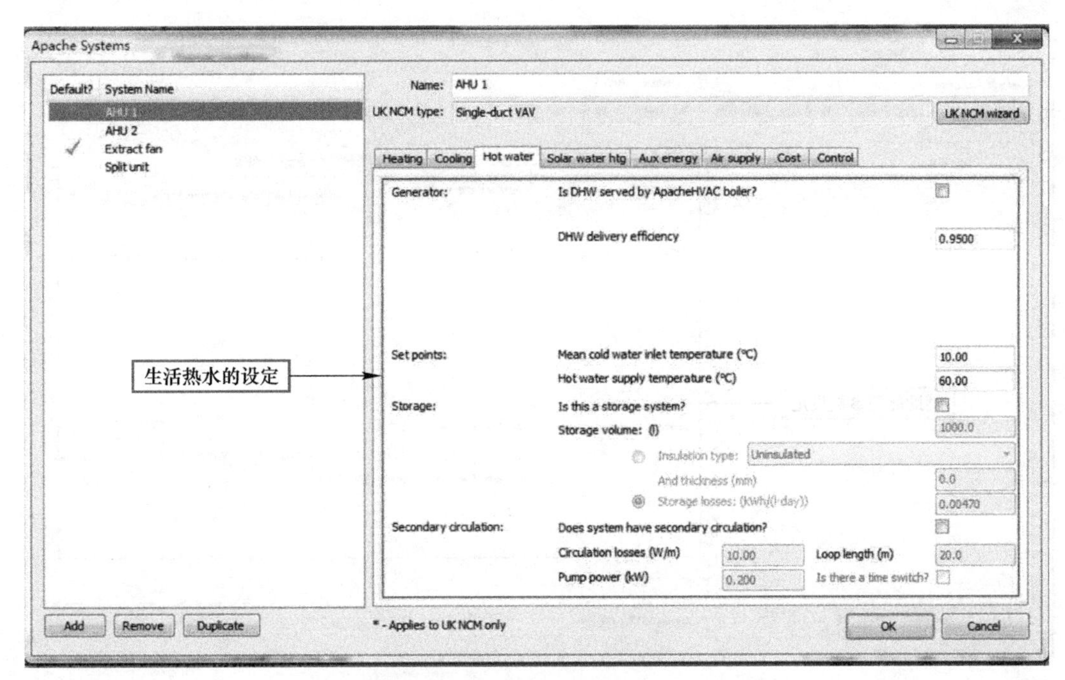

图 6-46 【Hot water】参数设定

【Solar water htg】的设定。【Solar water htg】是进行太阳能热水系统的设定，可以设定太阳能热水器的角度、水箱的容量以及散热损失等。可通过勾选【Is there a solar heating system?】设置是否采用太阳能热水系统，如图 6-47 所示。

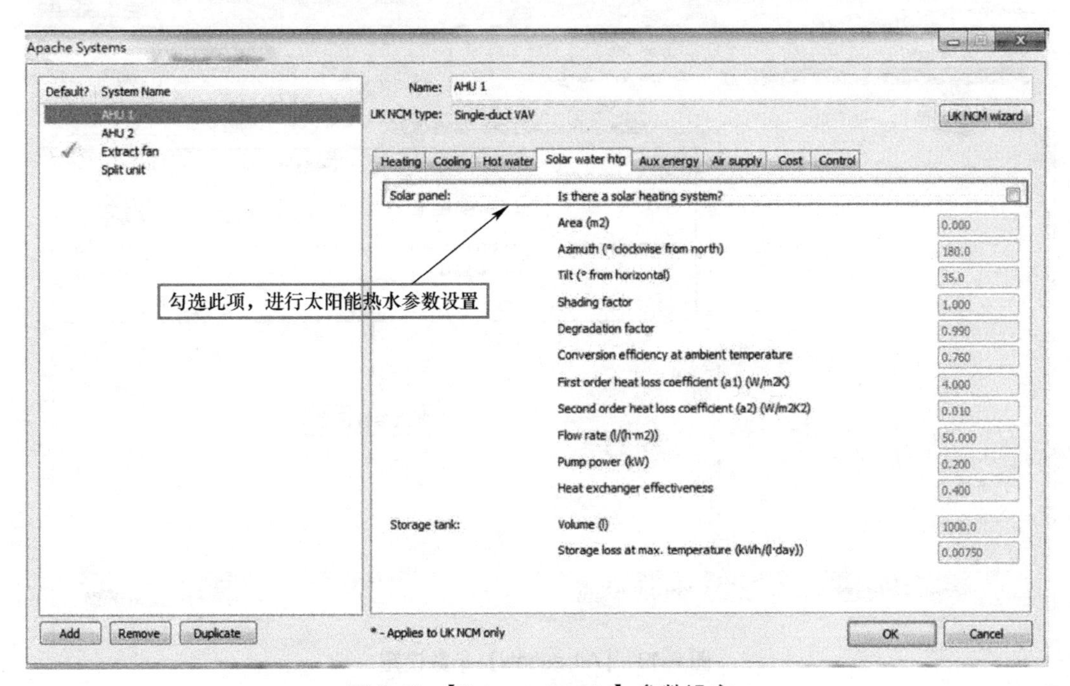

图 6-47 【Solar water htg】参数设定

【Aux energy】的设定。【Aux energy】是设置空调系统新风的进风方式、风扇的位置以及单位面积使用新风的能耗量等参数，如图 6-48 所示。

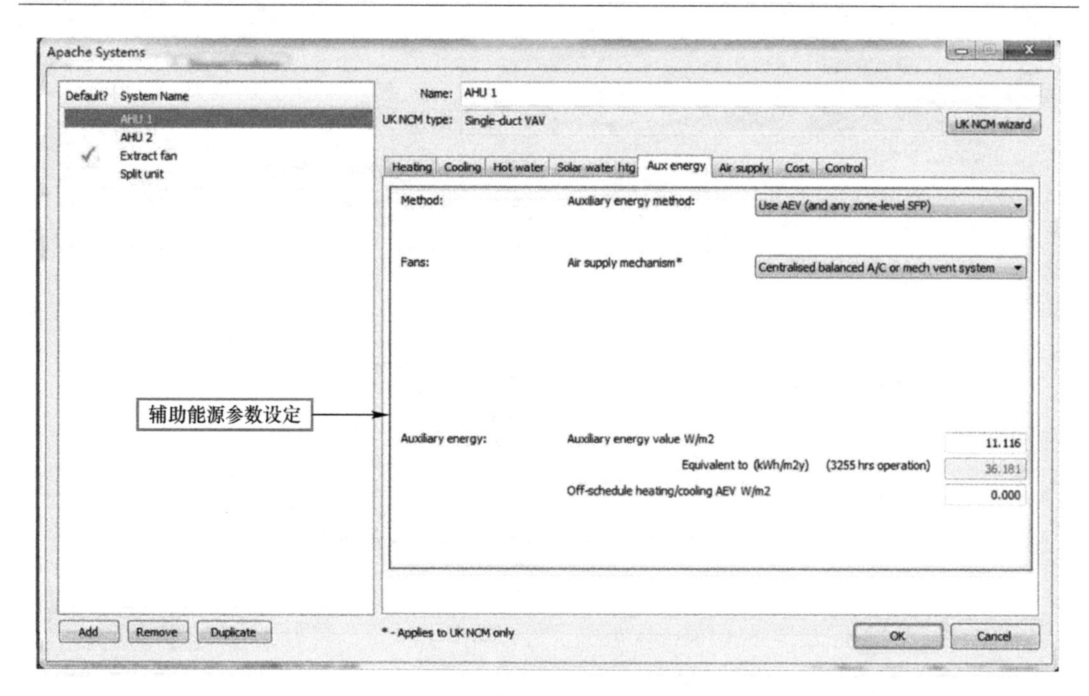

图 6-48　辅助能耗参数设定

【Air supply】的设定。【Air supply】设置系统送风的来源以及送风与室内温度的温度差，如图 6-49 所示。

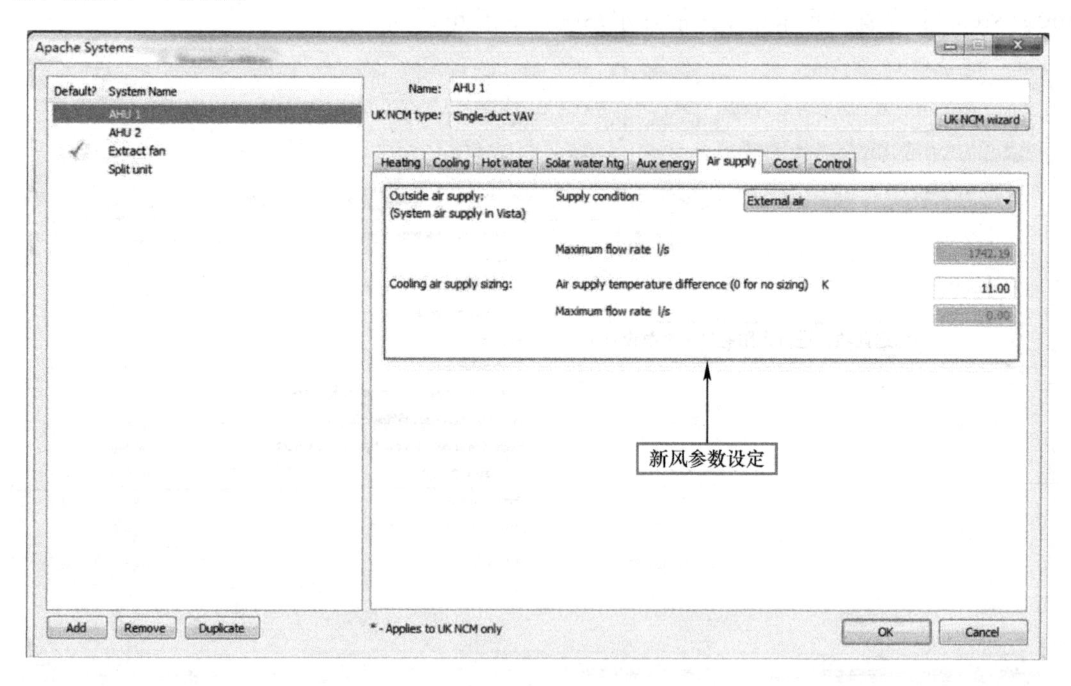

图 6-49　【Air supply】参数设定

（3）【System】的参数设定

设定完成后可以在【System】界面中分别选择空调系统、辅助通风和生活热水所使用的系统模板，如图 6-50 所示。

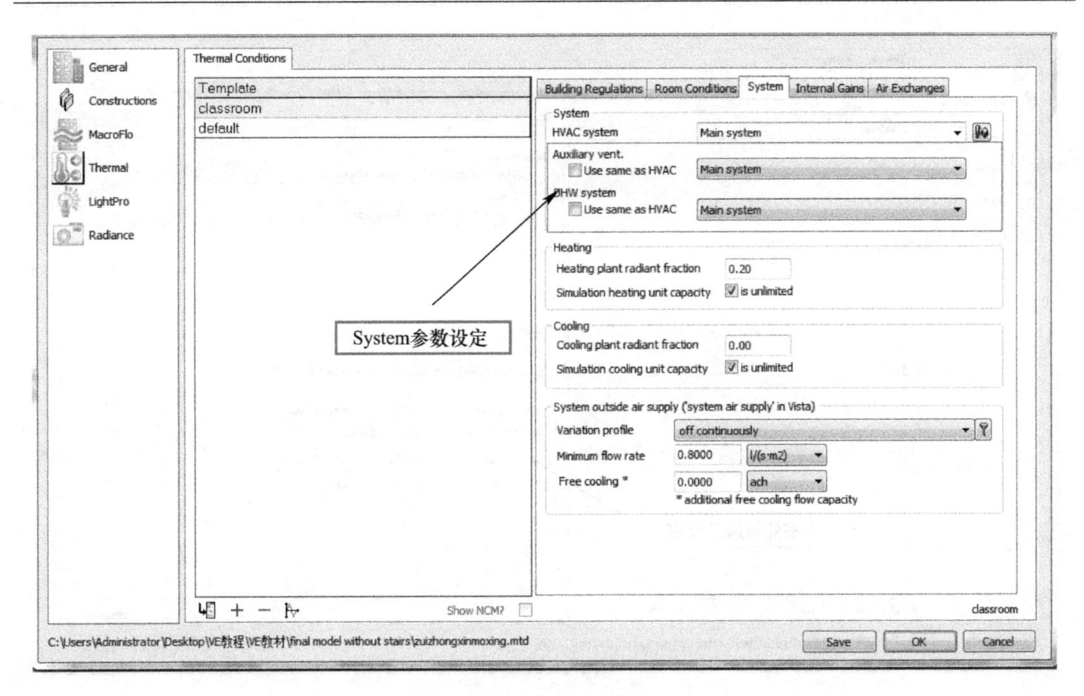

图 6-50 【System】参数设定

(4)【Heating】和【Cooling】的设定

此设定主要是设定冷热设备的辐射系数，根据项目的要求进行修改，如图 6-51 所示。

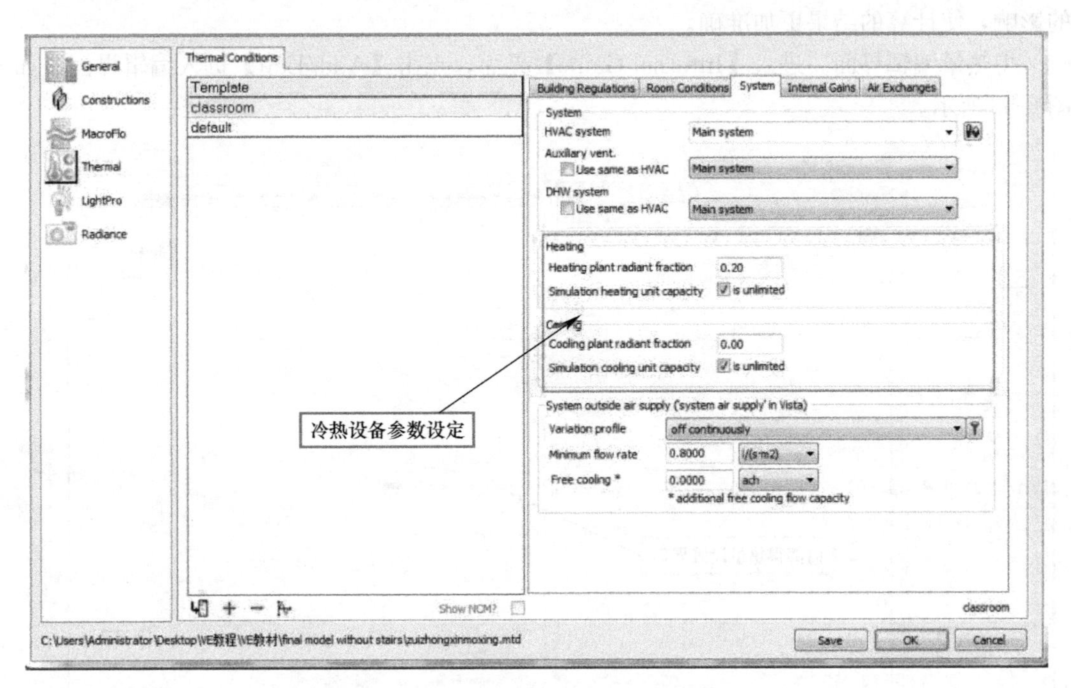

图 6-51 【Heating】和【Cooling】参数设定

(5)【System outside air supply】的参数设定

【System outside air supply】通过控制曲线、最小送风率等参数进行设置，如图 6-52 所示。

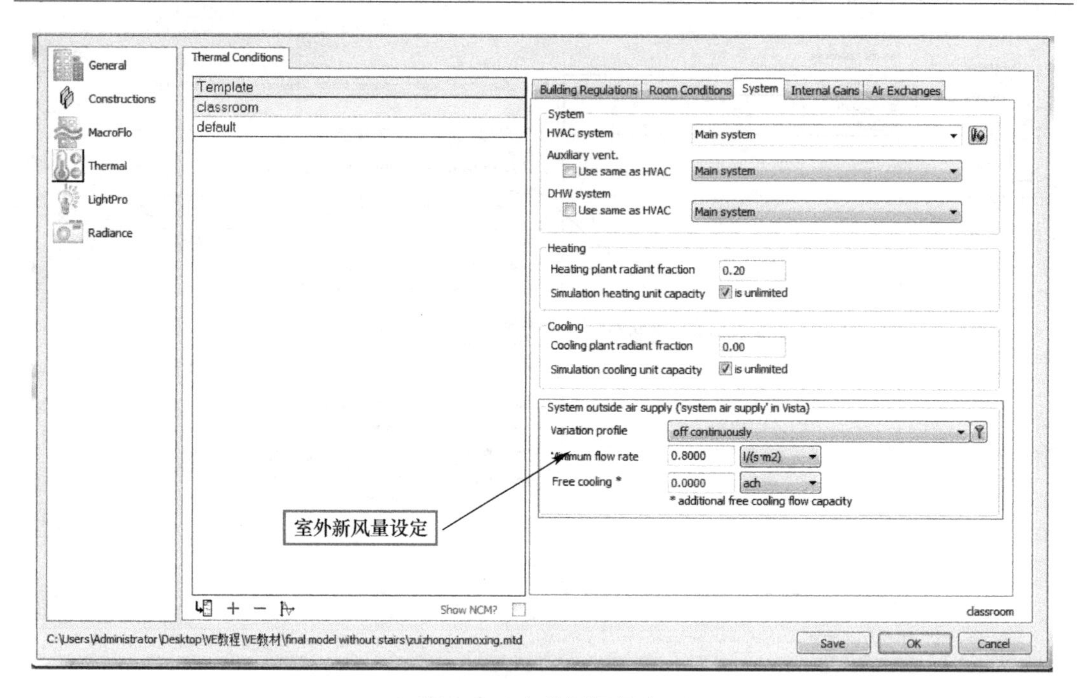

图 6-52　室外新风设定

（6）【Internal Gains】的设定

在【Internal Gains】中可以设定房间内部得热量，在计算时考虑这些因素对模拟结果的影响，使计算的结果更加准确。

得热量编辑界面。进入【Internal Gains】界面，点击【Add/Edit】进入编辑界面，如图 6-53 所示。

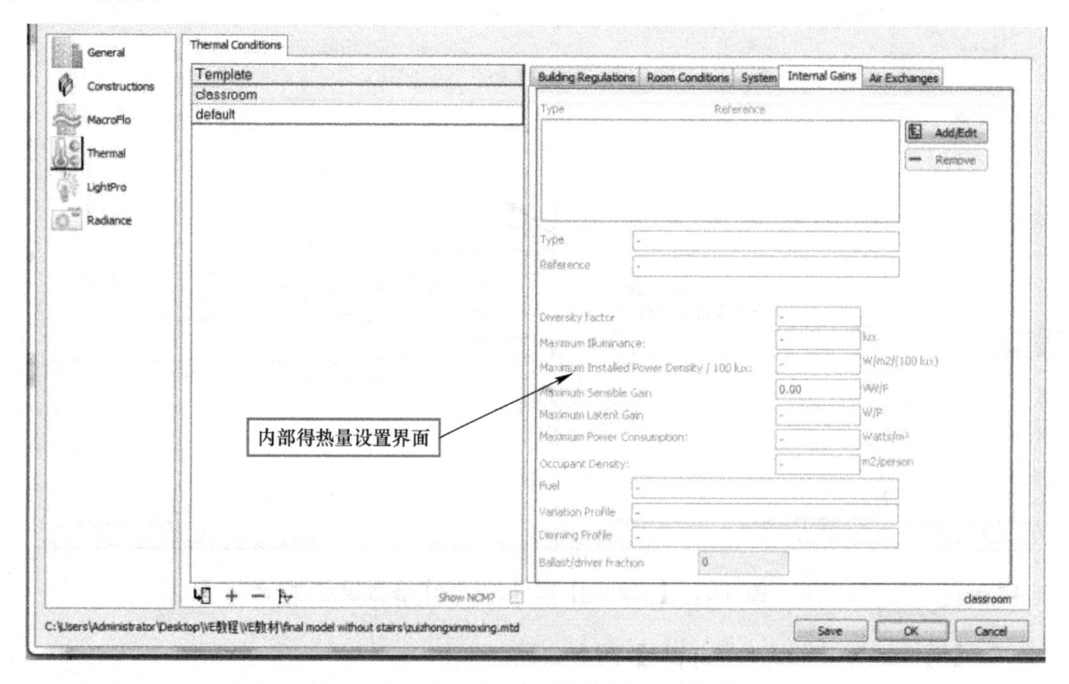

图 6-53　得热量编辑界面

得热量参数设置。进入【Internal Gains】界面后，使用【Add Internal Gain】和【Remove Internal Gain】可以根据需要新建或者删掉得热项。在【Type】的下拉列表中可以选择内部得热量的类型，设置为【People】，并将该项目的【Reference】改为【Classroom occupancy】，另外设置最大得热量、人员的密度以及人在房间内的时间等，如图 6-54 所示。

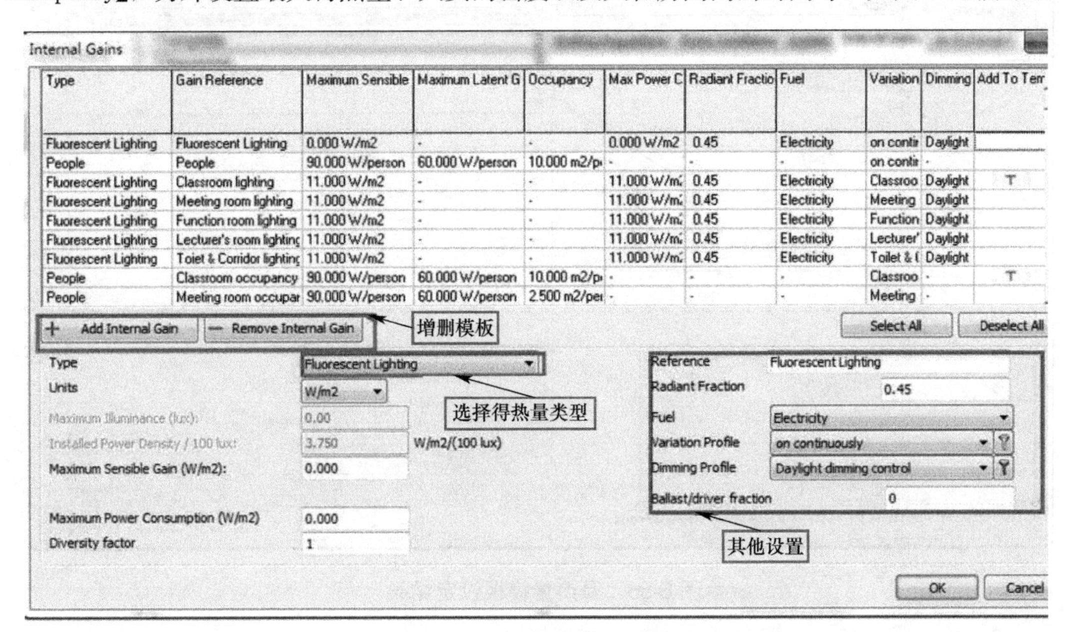

图 6-54 得热量参数设置界面

将模板赋予房间。在相关系数设置完成后，在【Add To Template】中勾选所需要的内部得热量项，将设置好的类型运用到模板当中，如图 6-55 所示。

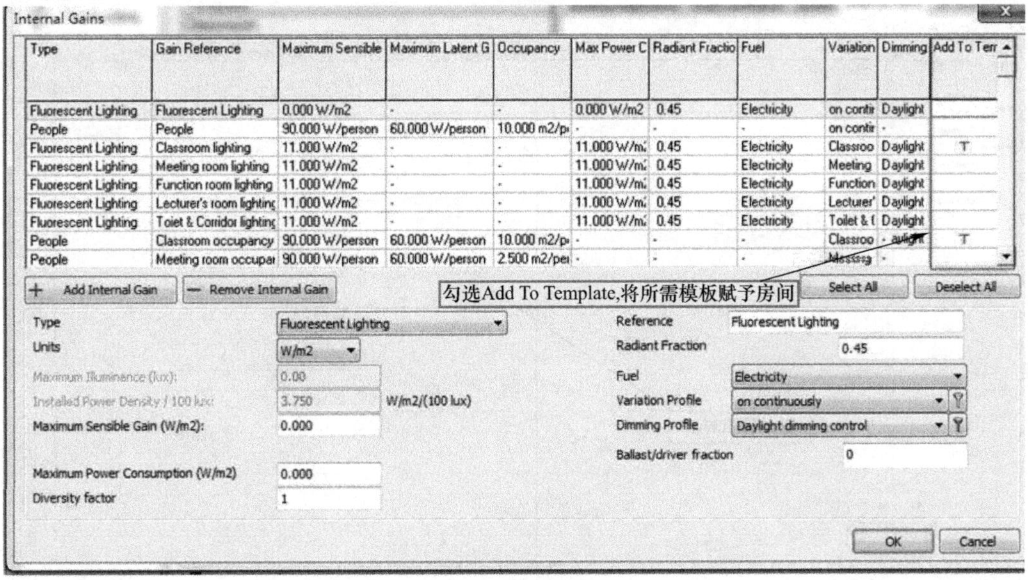

图 6-55 得热项模板

赋予模板。将内部热量模板添加至【classroom】房间热模板中，如图 6-56 所示。在其他类型的得热量参数设置中，设定的思路与步骤同上。若没有所需类型，则选择类似的类型进行设置。如需要电视参数，可采用【Computer】类型进行修改设置。

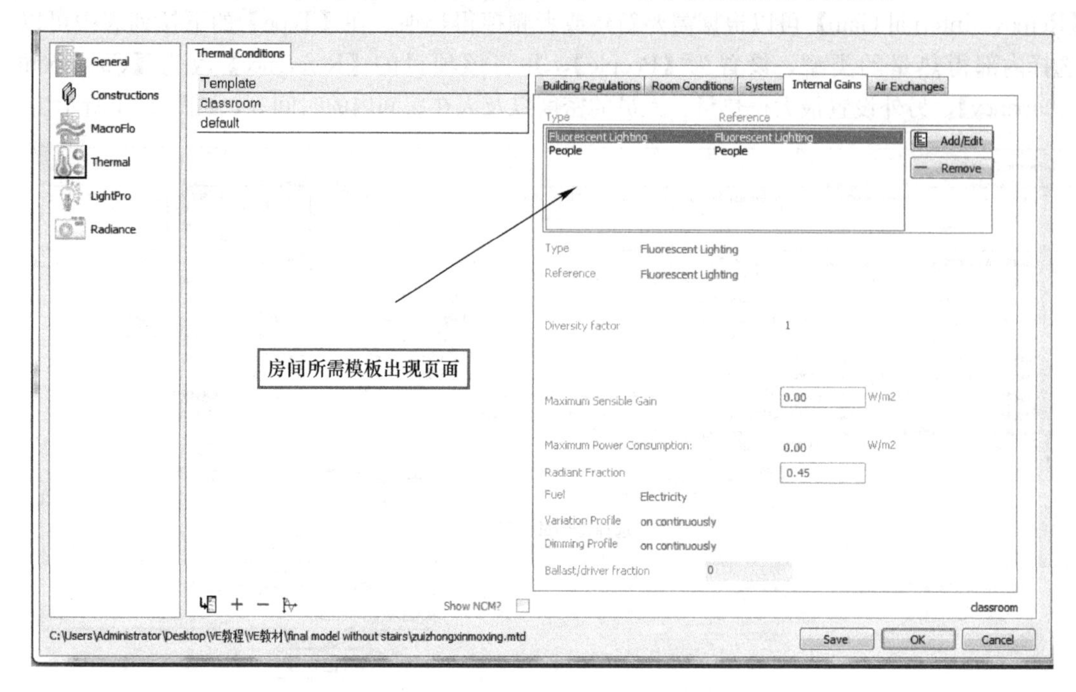

图 6-56　得热量模板设定结果

（7）【Air Exchanges】的设定

在【Air Exchanges】中主要设置的是房间内部换气情况。进入到【Air Exchanges】选项卡，点击【Add/Edit】进入编辑界面，如图 6-57 所示。

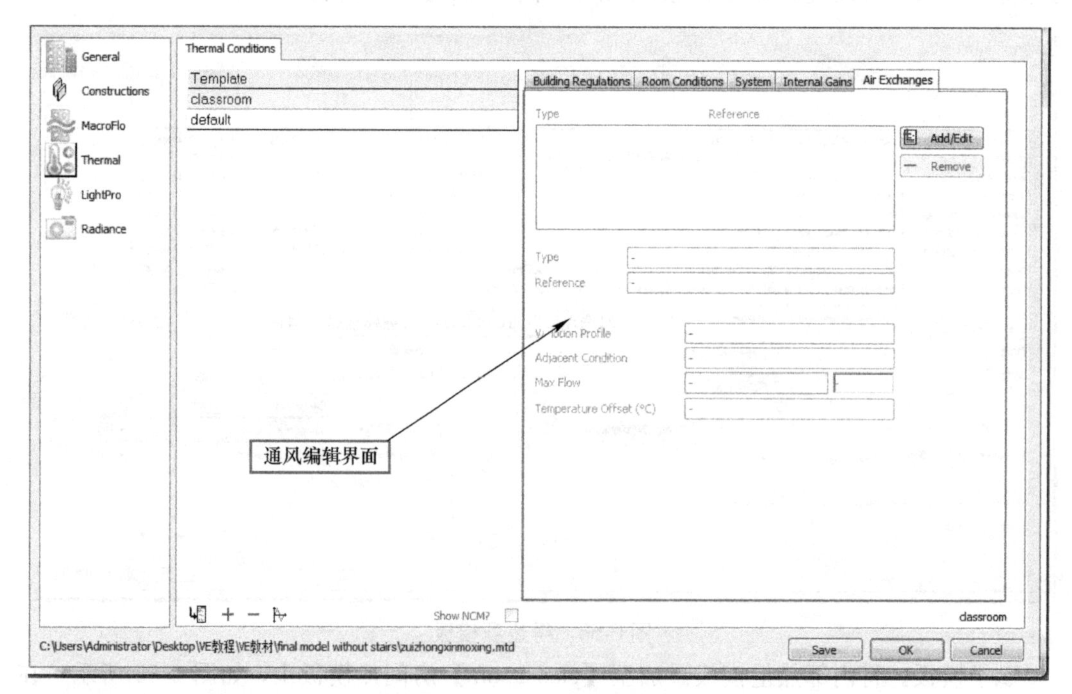

图 6-57　【Air Exchanges】界面

进入【Air Exchanges】界面，编辑默认的类型。点击选项【Add Air Exchange】和【Remove Air Exchange】可以根据需要添加或者删除通风换气类型。选中项目，可以修改通风换气的类型、名称和最大通风量，并可以对通风设置曲线进行控制，如图 6-58 所示。

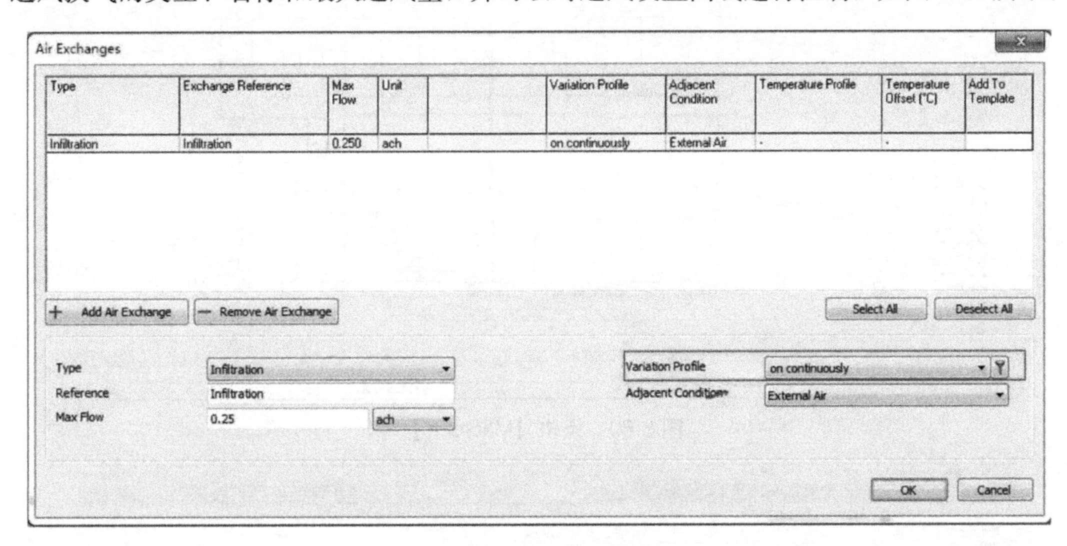

图 6-58　设置通风曲线

设置完成后，在【Add To Template】中勾选需要的通风换气模板，如图 6-59 所示。案例中其他的功能房间以教室为参照进行设置。本书会介绍如何将设置好的模板运用到分析模型中。

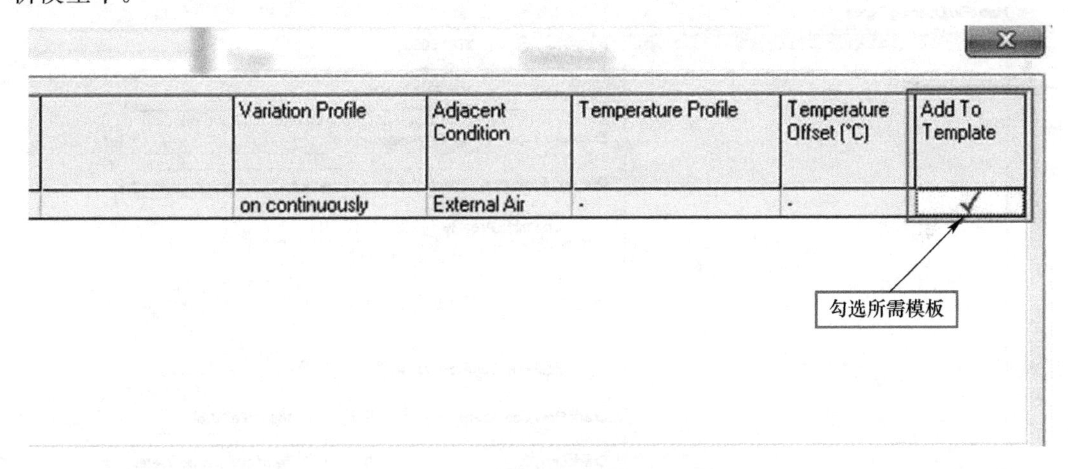

图 6-59　勾选需要的通风换气模板

4.【MacroFlo】设定

可对门窗的相关参数进行设置，考虑门窗开启和关闭引起的通风换气。同“Apach-sim”耦合求解可提升能耗负荷求解精度。

（1）在导航区点击【MacroFlo】，启动【MacroFlo】界面，如图 6-60 所示。

（2）点击图标对门窗通风设定，如图 6-61 所示。

（3）进入到设定界面后，将门窗通风的名称修改为【openable windows】，如图 6-62 所示。

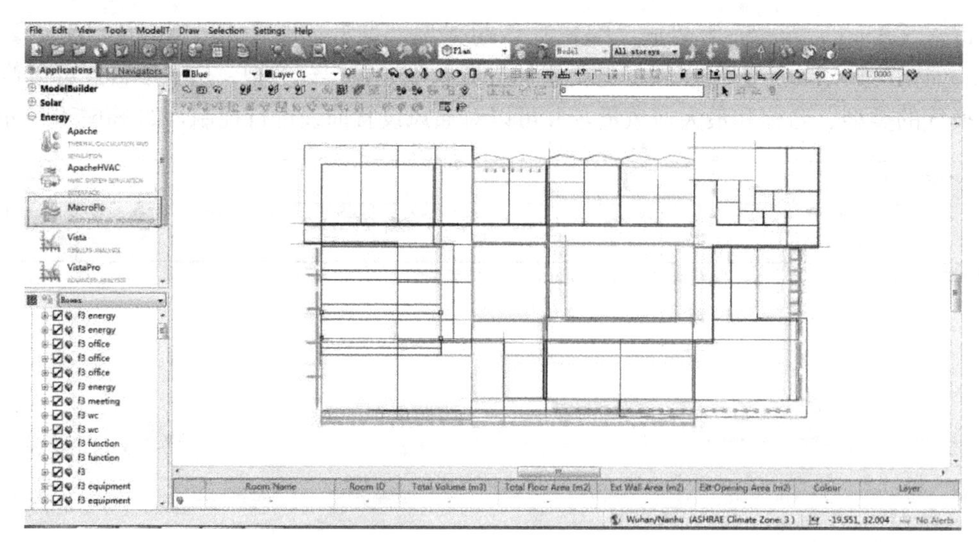

图 6-60　点击【MacroFlo】

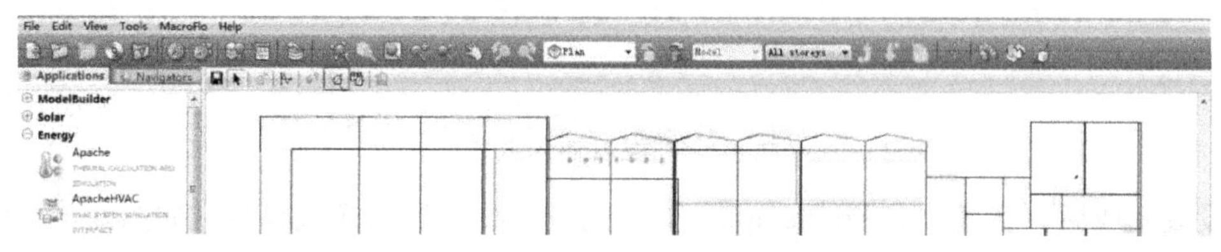

图 6-61　门窗通风设定

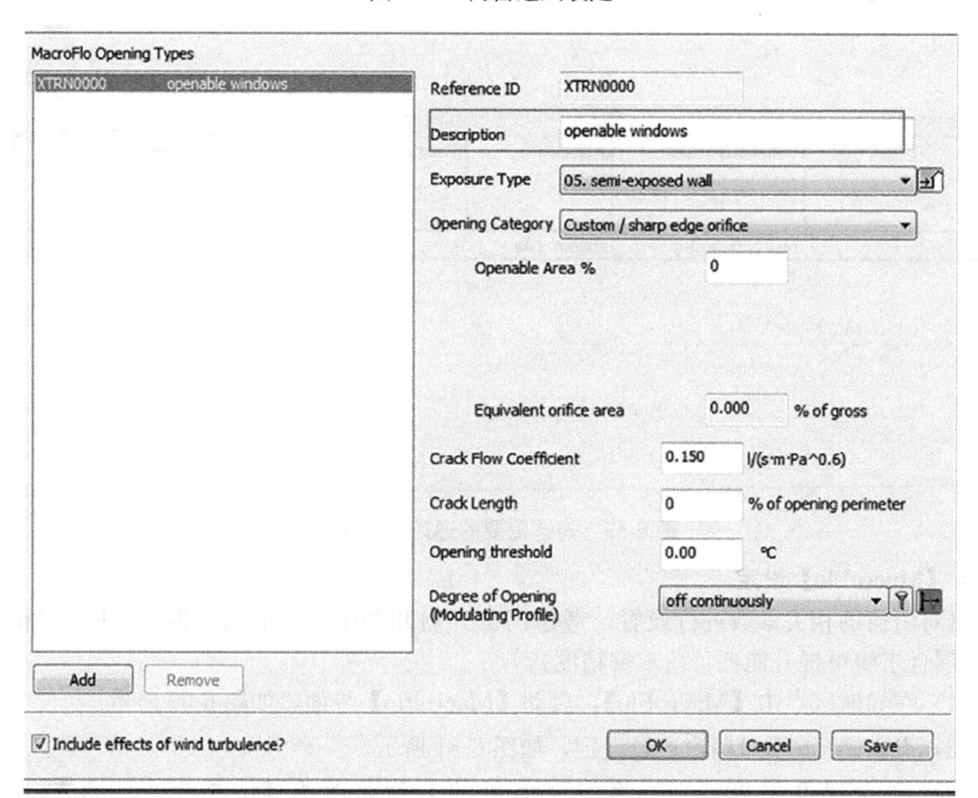

图 6-62　修改名称

（4）【Exposure Type】设定。根据安装门窗的墙体遮挡形式、角度等选择门窗的暴露类型，确定建筑的风压系数，如图 6-63 所示。

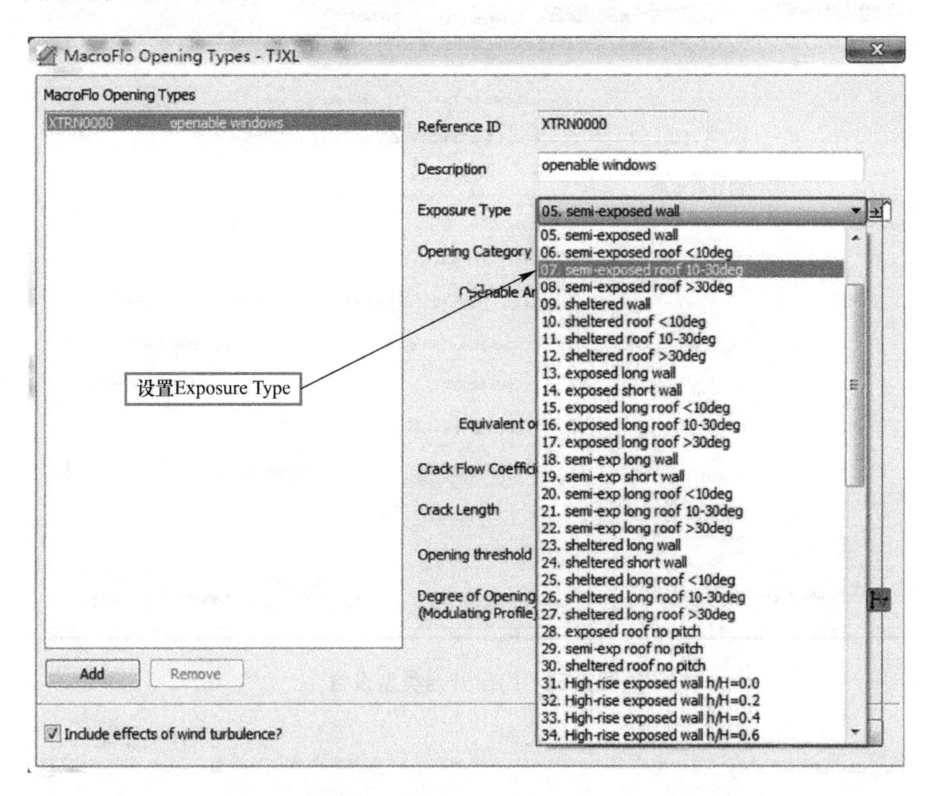

图 6-63 【Exposure type】设定

（5）在【Opening category】中可对门窗的开启类型进行设置。案例中选择窗户的类型中除了可以通过窗户可开启面积比进行设定外，还对窗户的最大开启角度、长高比等进行设定，如图 6-64 所示。在进行门窗设定时，选择不同的窗户类型，设定选项也不相同，可根据软件界面提示进行相应设定。

（6）【Crack Flow Coefficient】为缝隙流量系数，【Crack Length】为缝隙长度占周长的百分比，如图 6-65 所示。

（7）根据临近环境温度控制门窗的开启和关闭，并通过控制曲线控制门窗的开启时间和开启角度，如图 6-66 所示。

6.2.2 赋予模板

完成房间热模板、MacroFlo 模板等的设定后，将模板赋予相应的房间。若在建造模型初期时就将不同的房间进行分组，在进行模板的赋予时就会简化很多操作步骤，提高工作效率。

1. 构造层模板设定

（1）围护结构模板设置完成后，在【Apache】模块中，选中需要赋予围护结构模板的房间，如图 6-67 所示，点击【Assign constructions】图标，开启围护结构模板赋予界面。

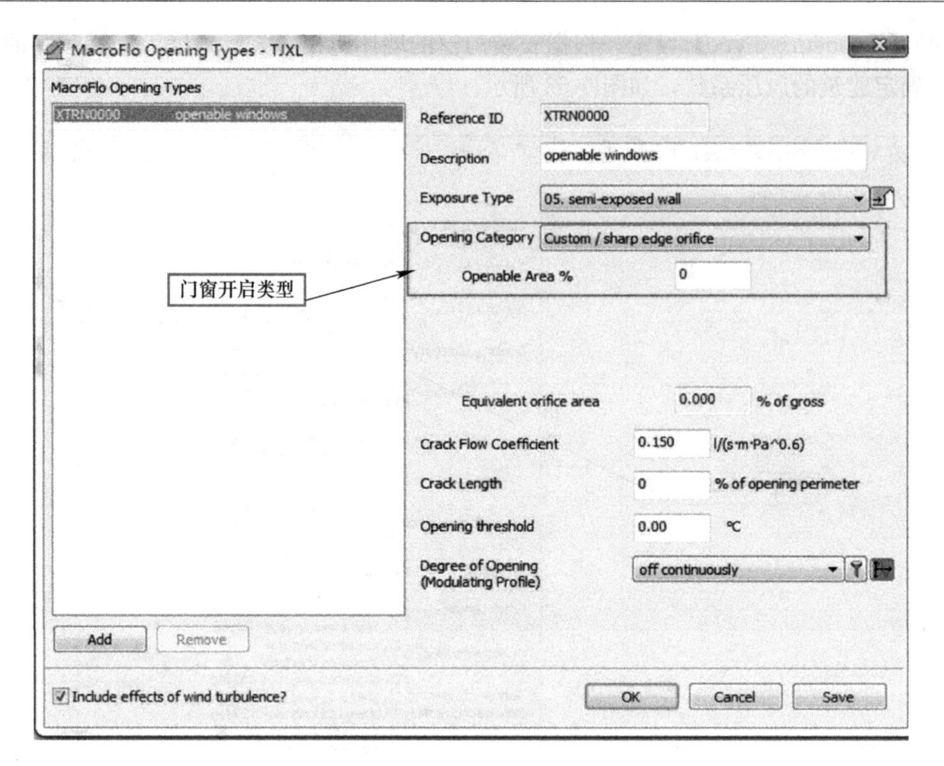

图 6-64　门窗开启类型设置

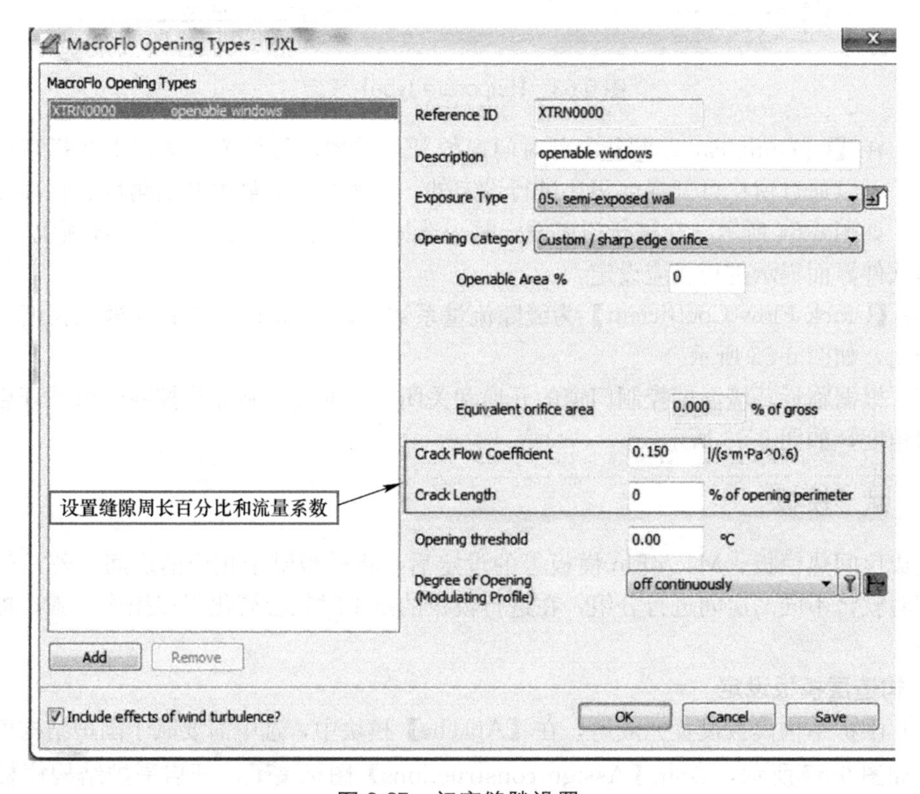

图 6-65　门窗缝隙设置

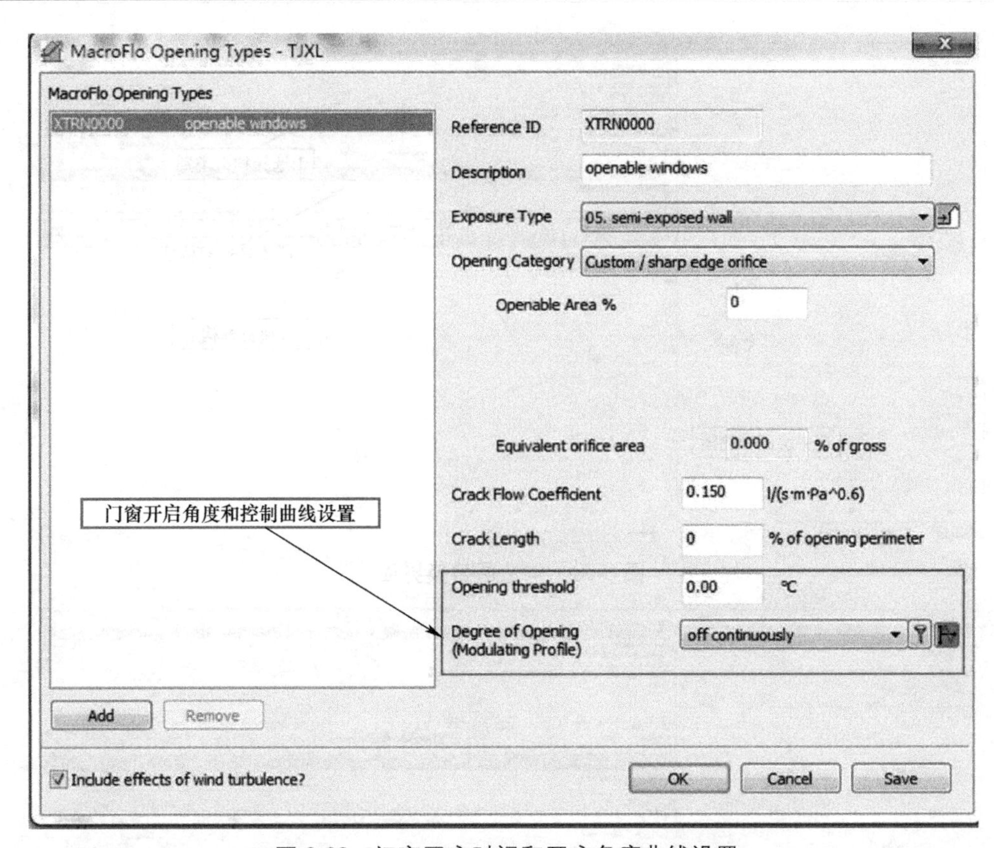

图 6-66 门窗开启时间和开启角度曲线设置

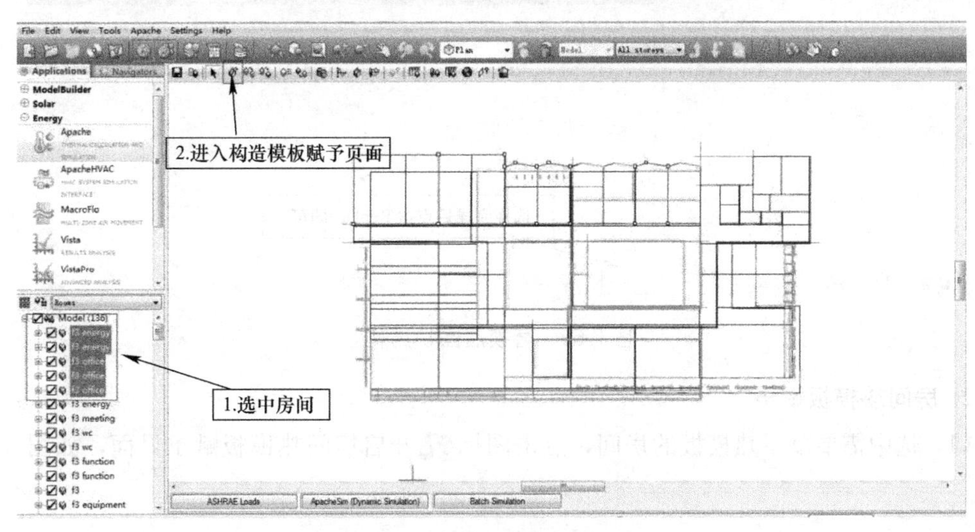

图 6-67 围护结构模板赋予界面

（2）进入围护结构模板赋予界面，选择构造类别、房间所需构造、替换目标构造，如图 6-68 所示。

（3）选中【External Wall】，在【Assigned Construction types】中选择所需替换的围护结构，在【Possible replacement consteuction types】中选择替换目标围护结构，点击【Replace】可将模板运用到围护结构中，如图 6-69 所示。

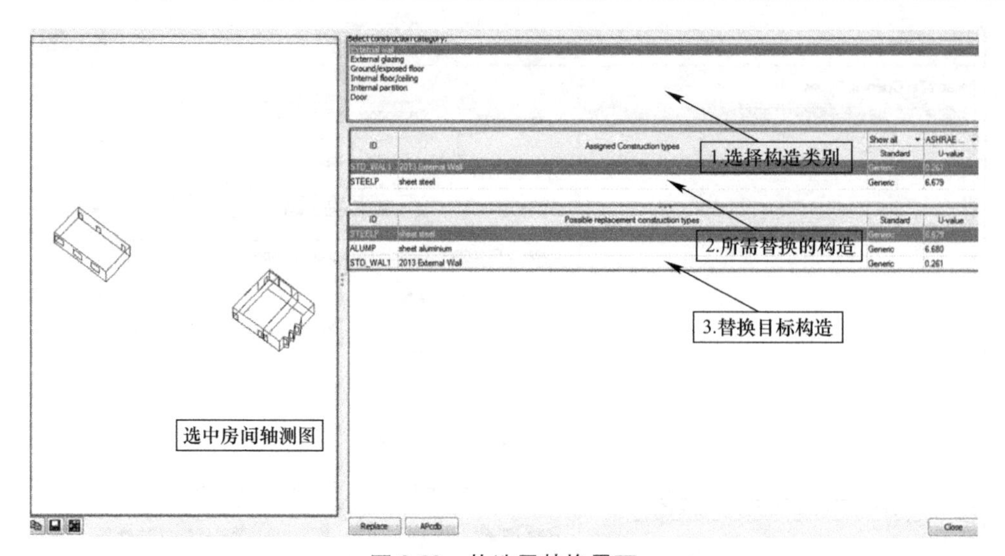

图 6-68　构造层替换界面

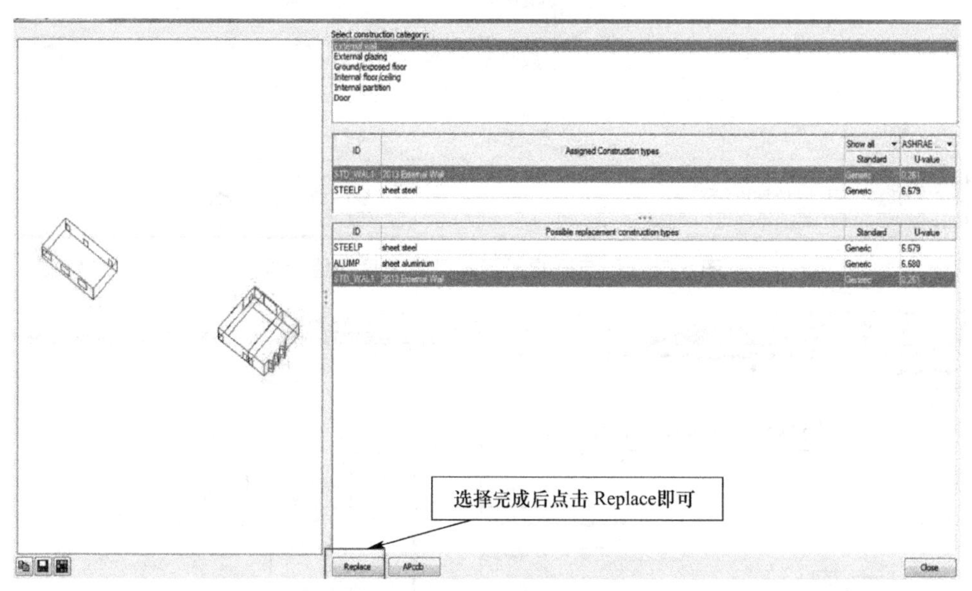

图 6-69　替换后围护结构

2. 房间热模板赋予

（1）选中需要赋予热模板的房间，点击图标开启房间热模板赋予界面，如图 6-70 所示。

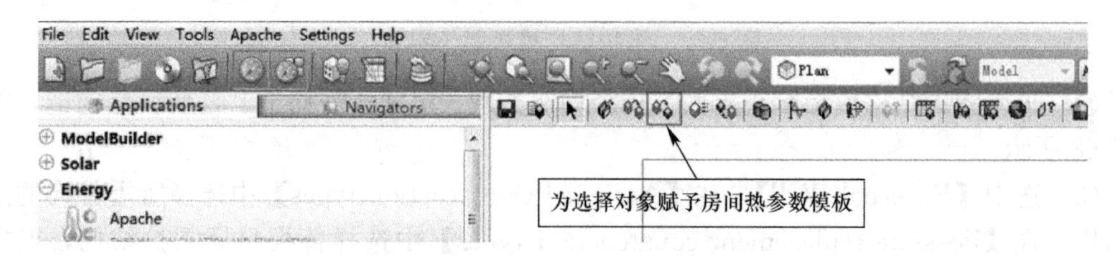

图 6-70　房间热模板赋予界面

（2）勾选【Thermal Template】，选择房间热模板，点击【OK】完成热模板赋予，如图 6-71 所示。

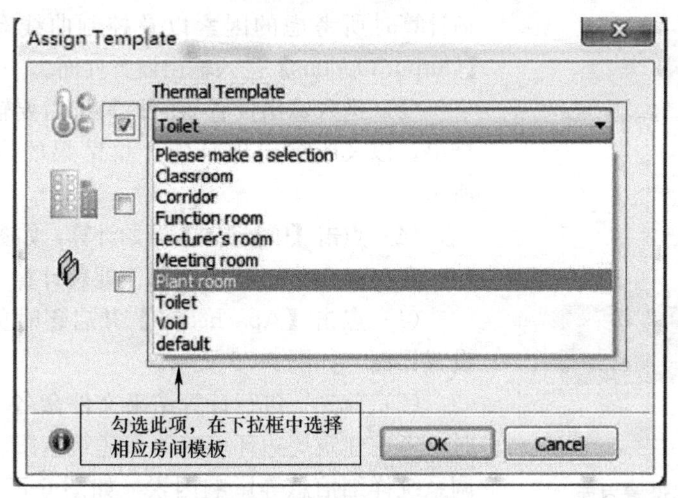

图 6-71　赋予房间热模板

6.2.3　负荷、能耗计算

1. ASHRAE Loads 负荷计算

（1）点击【ASHRAE Loads】开启负荷计算的设置界面，如图 6-72 所示。

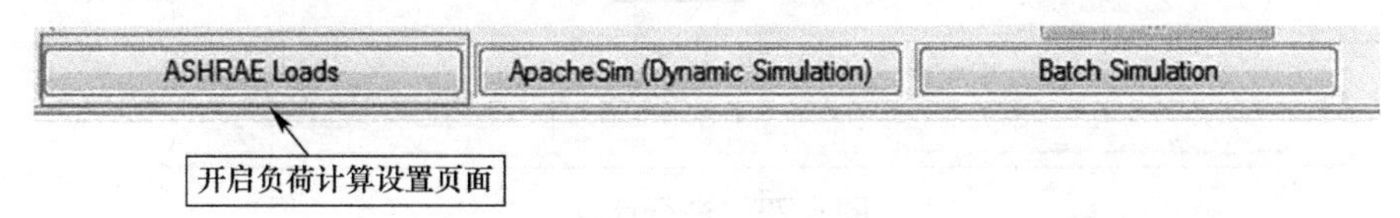

图 6-72　开启负荷计算设置界面

（2）首先，修改结果文件名称，方便管理计算结果文件。如图 6-73 所示，在【Heat-

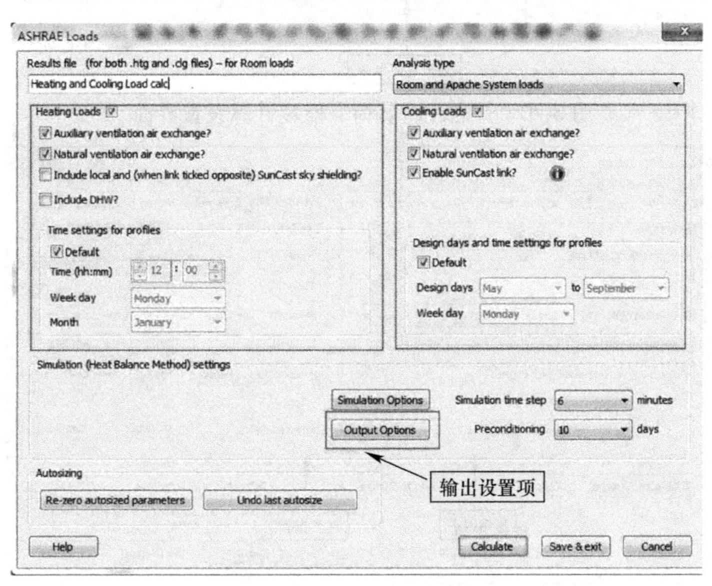

图 6-73　计算设置界面

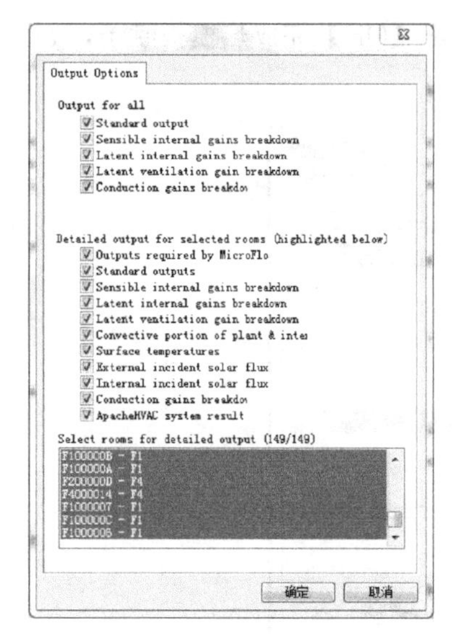

图 6-74　输出设置界面

ing Loads】区块设置热负荷进行计算时所考虑的因素以及控制曲线有效时间；在【Cooling Loads】区块设置冷负荷计算时所考虑的因素以及控制曲线有效时间；点击【Output Options】进入输出设置界面。

（3）进入输出设置界面，勾选需要输出的分项计量结果，以及所需输出分项计量结果的房间，如图 6-74 所示。

（4）点击【Calculate】开始计算，如图 6-75 所示。

2. ApacheSim 逐时负荷、能耗计算

（1）点击【ApacheSim】开启逐时负荷、能耗计算设置界面，如图 6-76 所示。

（2）首先，进行计算结果文件命名。能耗计算分析时，考虑建筑周边环境遮挡和建筑遮阳、门窗通风和空调系统详细信息等影响因素。如图 6-77 所示，【Model Links】区块中耦合 Suncast 和 MacroFlo 等模块，提升逐时负荷、能耗的求解精度。在【Simulation】区块中进行计算时间以及求解收敛性的相关设置，点击【Output Options】，进入输出设置界面。

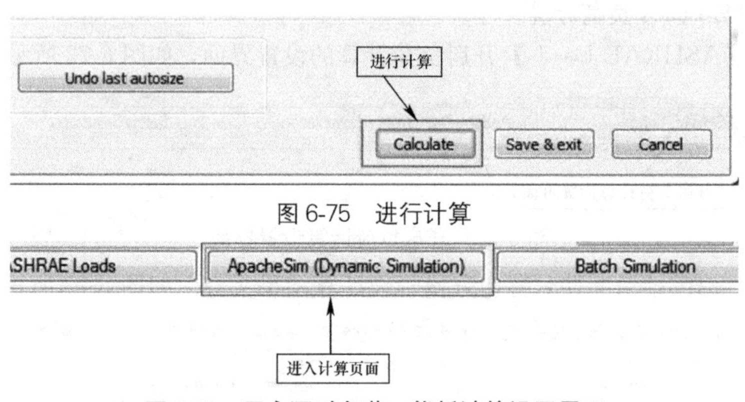

图 6-75　进行计算

图 6-76　开启逐时负荷、能耗计算设置界面

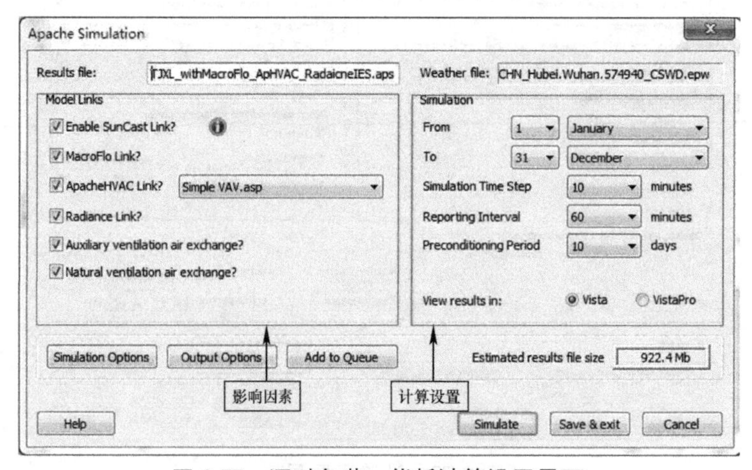

图 6-77　逐时负荷、能耗计算设置界面

（3）勾选需要输出的内容，以及所需输出分项计算结果的房间，如图 6-78 所示。点击【确定】回到计算设置选项卡。

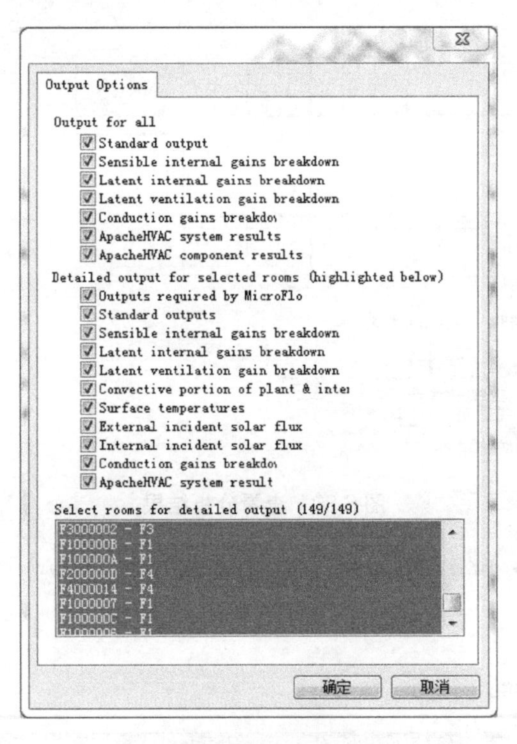

图 6-78　输出设置选项卡

（4）点击【Simulate】开始计算，如图 6-79 所示。

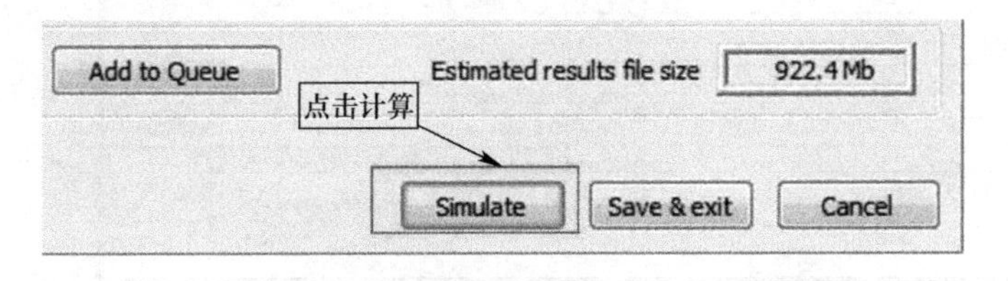

图 6-79　计算分析

6.2.4　计算结果分析

1. Vista 结果分析

（1）在 Vista 中查看分析结果。选中之前计算的结果，在右边的选项框中选定需要查看的结果，如图 6-80 所示。

（2）在界面的选项栏中有不同查看结果的方式，如图 6-81 所示，点击图标，可以输出结果报告。若选择 *.asp 文件类型，可输出包含【Building systems energy】和【Carbon Dioxide】等结果的报告；选择 *.htg 或者 *.clg 文件类型，可输出【ASHRAE system loads】和【ASHRAE room loads】等结果的报告。图 6-82 为【Building systems energy】报告结果。

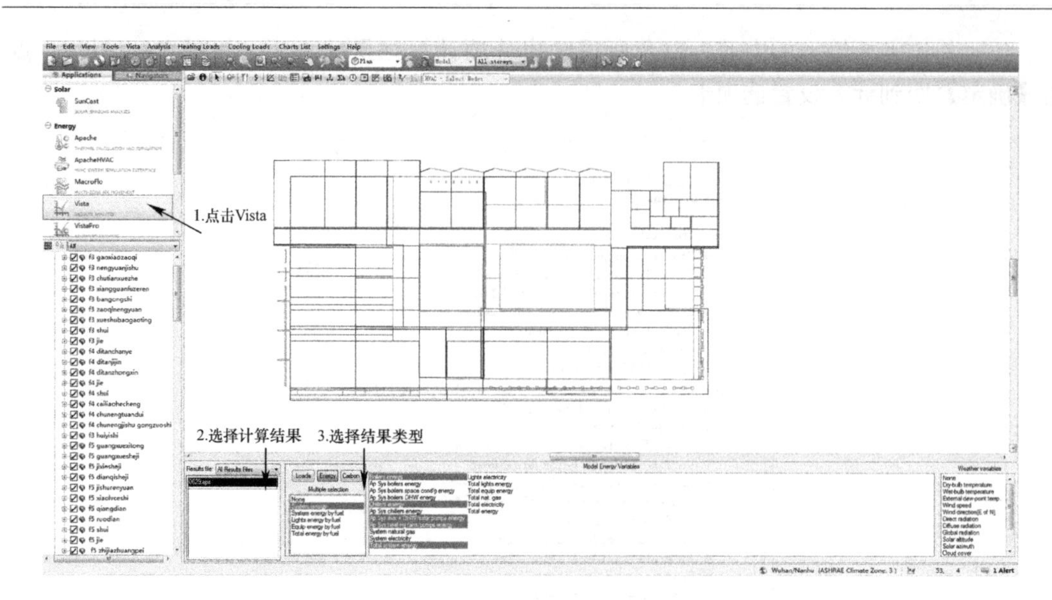

图 6-80　查看分析结果

图 6-81　不同查看结果的方式

Building systems energy

Month	Heating (boilers etc.)	Cooling (chillers etc.)	Fans, pumps and controls	Lights	Equip.
A-Z	Hi/Lo	Hi/Lo	Hi/Lo	Hi/Lo	Hi/Lo
Jan	3.5	0.0	27.9	71.4	0.0
Feb	3.0	0.0	24.2	64.6	0.0
Mar	1.9	0.0	24.2	71.4	0.0
Apr	0.0	0.0	0.0	69.1	0.0
May	0.0	0.0	0.0	71.4	0.0
Jun	0.0	19.6	8.8	69.1	0.0
Jul	0.0	19.1	8.6	71.4	0.0
Aug	0.0	19.6	8.8	71.4	0.0
Sep	0.0	13.4	6.0	69.1	0.0
Oct	0.0	0.0	0.0	71.4	0.0
Nov	1.3	0.0	24.2	69.1	0.0
Dec	3.9	0.0	27.9	71.4	0.0
Total	13.6	71.7	160.7	840.4	0.0

MWh

The maximum value in each column is highlighted in red. The minimum value in each column is highlighted in blue. More than one value may be highlighted.

Total Yearly Energy Consumption = 1,086.4MWh

Total Yearly Energy Consumption per Floor Area = 124.6kWh/m²

图 6-82　【Building systems energy】报告结果

（3）点击选项栏中图标，可以选择需要查看房间不同类型能耗的峰值结果，如图 6-83 所示。

2. VistaPro 结果分析

（1）进入【VistaPro】界面，如图 6-84 所示。

（2）在【File】中选择结果文件，【Categories】列表中点击需要查看的结果类型，然后在下方的【Variables】选项中选择需要查看的项目，如图 6-85 所示。

（3）在选项栏中有不同查看结果的方式，点击图 6-86 中的图标，可以显示以报表形式输出结果。选择 *. asp 文件类型，可输出包含【Building systems energy】和【CarbonDioxide】等结果的报告；选择 *. htg 或者 *. clg 文件类型，可输出【ASHRAE system loads】和【ASHRAE room loads】等结果的报告。

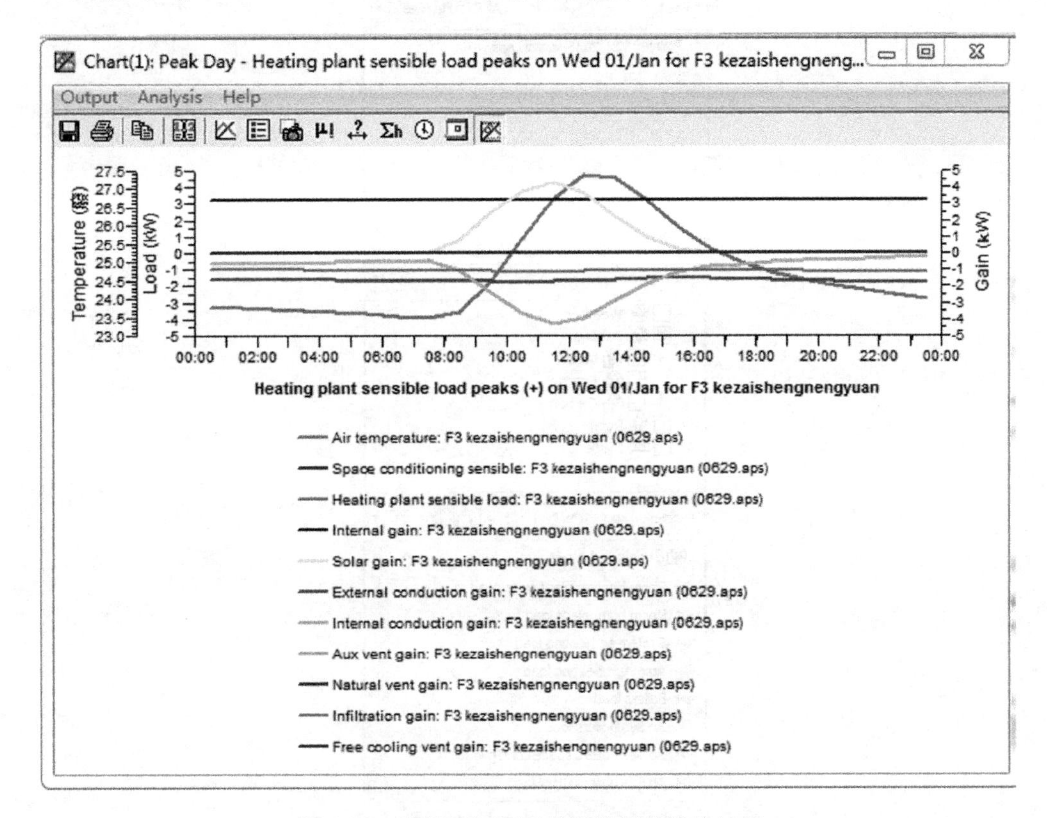

图 6-83 查看房间不同类型能耗的峰值结果

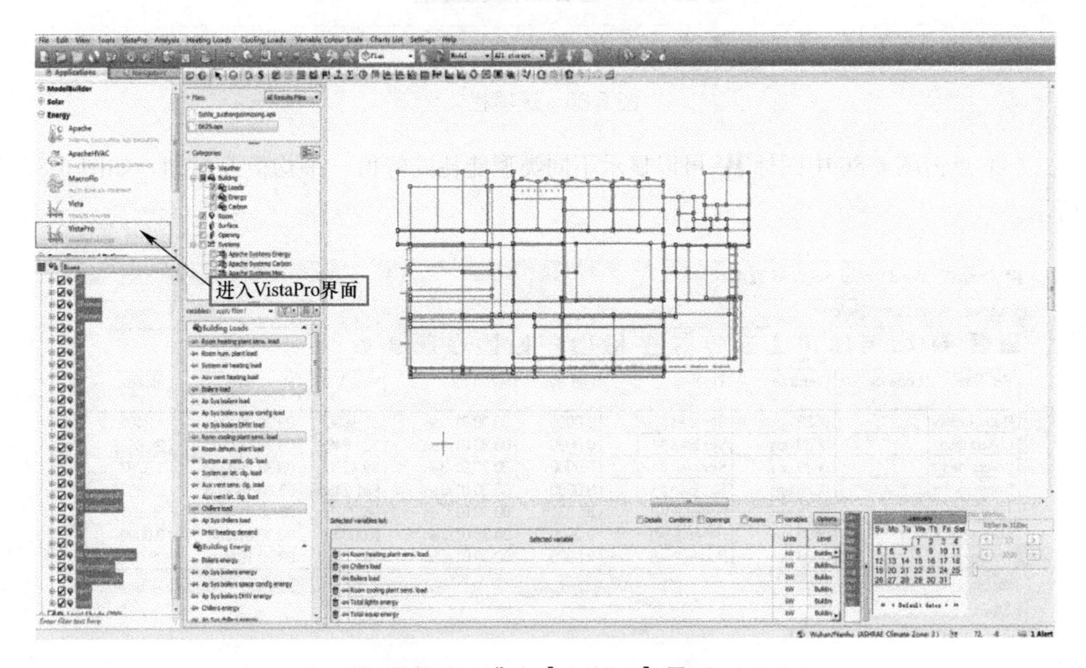

图 6-84 进入【Vistapro】界面

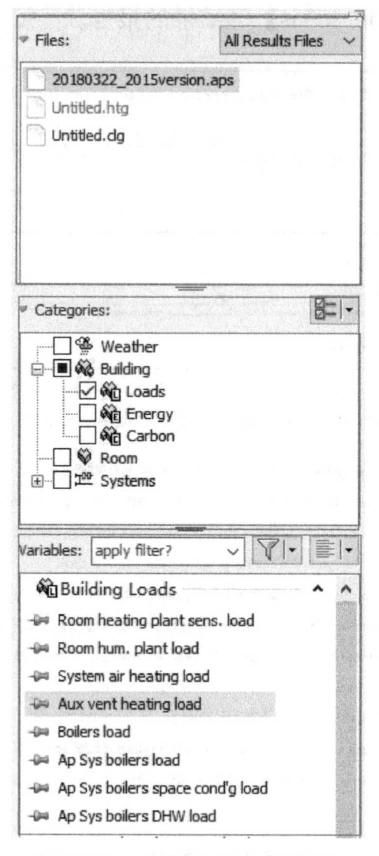

图 6-85　查看结果类型选择

图 6-86　选项栏

（4）点击图 6-86 中图标 μ! 可以显示不同类型能耗的峰值、平均值及日期，如图 6-87 所示。

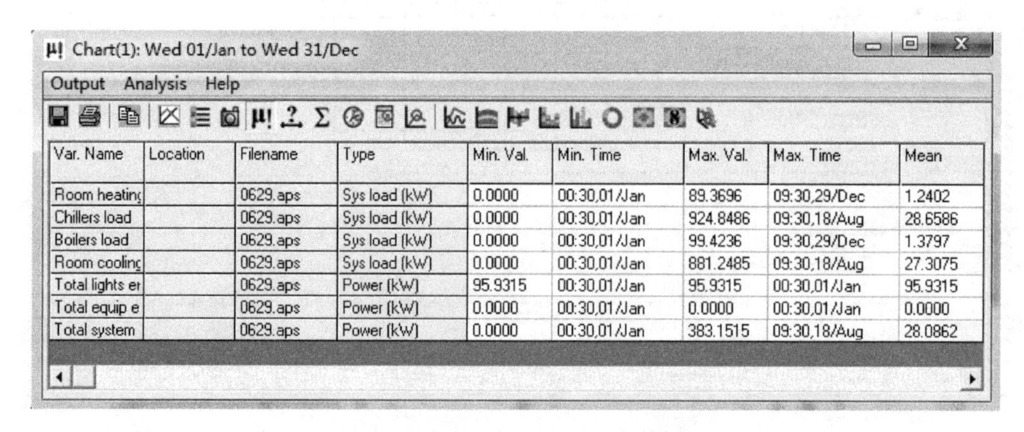

Var. Name	Location	Filename	Type	Min. Val.	Min. Time	Max. Val.	Max. Time	Mean
Room heatin(		0629.aps	Sys load (kW)	0.0000	00:30,01/Jan	89.3696	09:30,29/Dec	1.2402
Chillers load		0629.aps	Sys load (kW)	0.0000	00:30,01/Jan	924.8486	09:30,18/Aug	28.6586
Boilers load		0629.aps	Sys load (kW)	0.0000	00:30,01/Jan	99.4236	09:30,29/Dec	1.3797
Room cooling		0629.aps	Sys load (kW)	0.0000	00:30,01/Jan	881.2485	09:30,18/Aug	27.3075
Total lights er		0629.aps	Power (kW)	95.9315	00:30,01/Jan	95.9315	00:30,01/Jan	95.9315
Total equip e		0629.aps	Power (kW)	0.0000	00:30,01/Jan	0.0000	00:30,01/Jan	0.0000
Total system		0629.aps	Power (kW)	0.0000	00:30,01/Jan	383.1515	09:30,18/Aug	28.0862

图 6-87　不同能耗的峰值、平均值及日期

（5）点击图 6-86 中图标 Σ 可以查看逐月能耗分析结果，如图 6-88 所示。

Chart(1): Wed 01/Jan to Wed 31/Dec

Output Analysis Help

	Room heating plant sens. load (MWh)	Chillers load (MWh)	Boilers load (MWh)	Room cooling plant sens. load (MWh)	Total lights energy (MWh)	Total equip energy (MWh)	Total system energy (MWh)
Date	0629.aps	0629.aps	0629.aps	0629.aps	0629.aps	0629.aps	0629.aps
Jan 01-31	2.7808	0.0000	3.0936	0.0000	71.3724	0.0000	31.3469
Feb 01-28	2.3962	0.0000	2.6657	0.0000	64.4654	0.0000	27.2308
Mar 01-31	1.5316	0.0000	1.7039	0.0000	71.3724	0.0000	26.1501
Apr 01-30	0.0000	0.0000	0.0000	0.0000	69.0700	0.0000	0.0000
May 01-31	0.0000	0.0000	0.0000	0.0000	71.3724	0.0000	0.0000
Jun 01-30	0.0000	68.7479	0.0000	65.5070	69.0700	0.0000	28.4813
Jul 01-31	0.0000	66.7763	0.0000	63.6283	71.3724	0.0000	27.6645
Aug 01-31	0.0000	68.4828	0.0000	65.2543	71.3724	0.0000	28.3714
Sep 01-30	0.0000	47.0421	0.0000	44.8244	69.0700	0.0000	19.4889
Oct 01-31	0.0000	0.0000	0.0000	0.0000	71.3724	0.0000	0.0000
Nov 01-30	1.0737	0.0000	1.1945	0.0000	69.0700	0.0000	25.5777
Dec 01-31	3.0819	0.0000	3.4286	0.0000	71.3724	0.0000	31.7233
Summed total	10.8641	251.0491	12.0863	239.2140	840.3520	0.0000	246.0349

图 6-88 逐月能耗分析结果

（6）点击图 6-86 中图标可以查看逐时能耗结果，图表会以色阶图的形式显示，如图 6-89 所示。

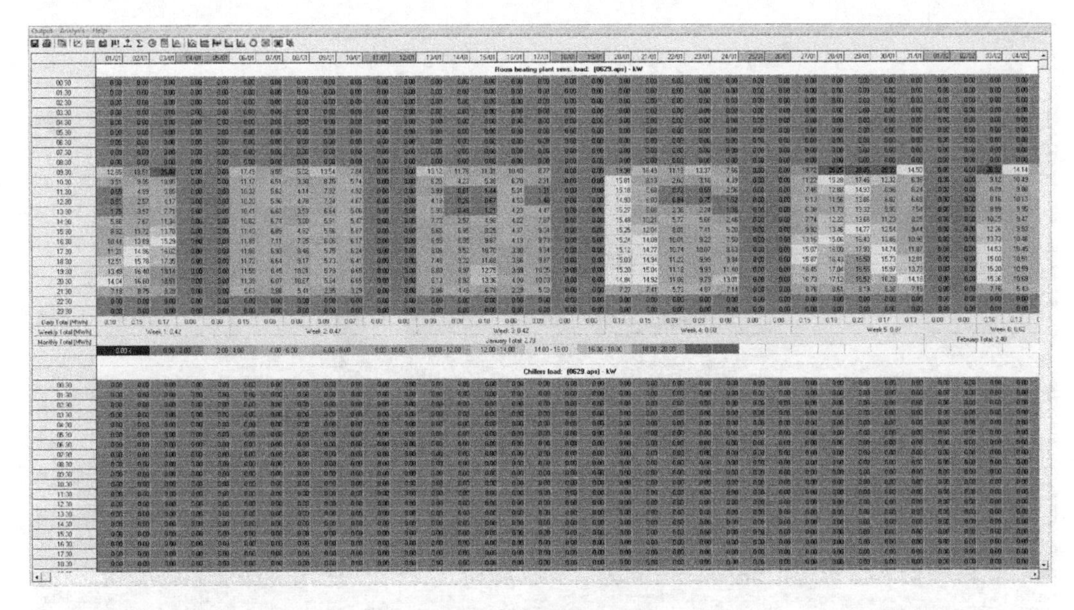

图 6-89 逐时能耗结果

（7）选中要查看的房间，如图 6-90 所示，勾选【Details】，可以调整结果标尺的范围。

（8）点击图 6-86 中的图标，打开【Model Viewer Ⅱ】查看计算结果，例如，如图 6-85 所示，在【Categories】中勾选【Room】，【Variables】中勾选【Solar gain】，并点击可查看色阶图，如图 6-91 所示。

（9）打开【Model Viewer Ⅱ】后，可通过选择时间来查看不同时间的结果，如图 6-92 所示。

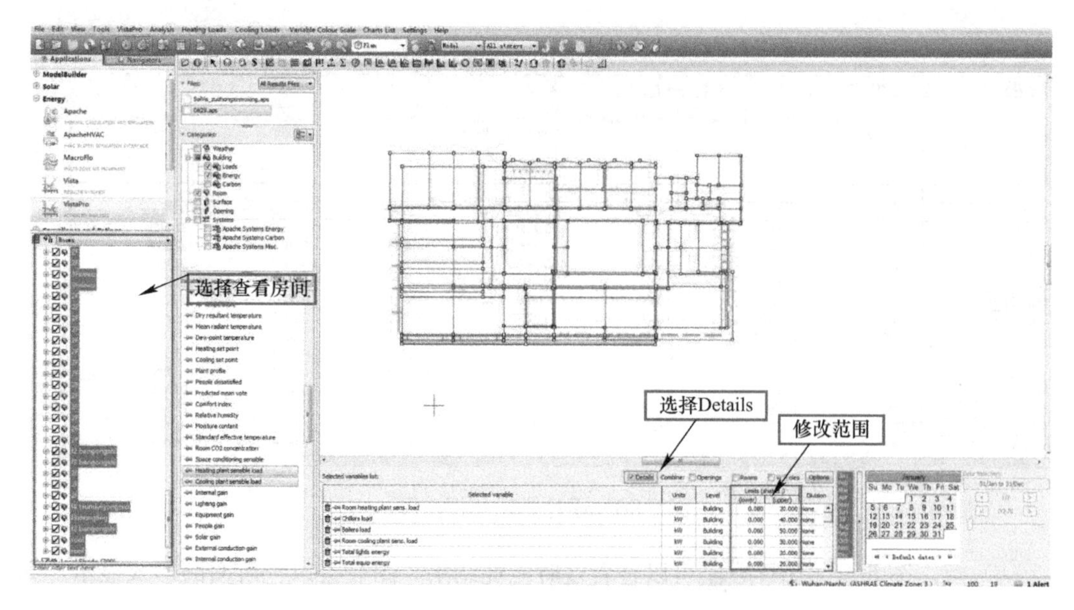

图 6-90　更改显示范围

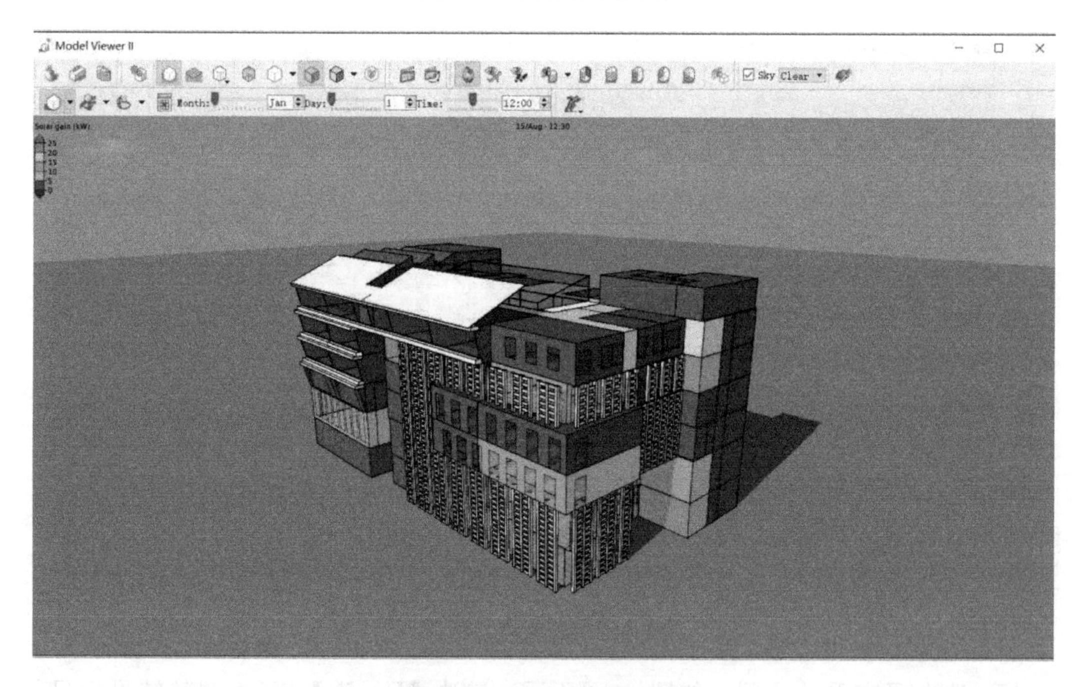

图 6-91　查看色阶图结果

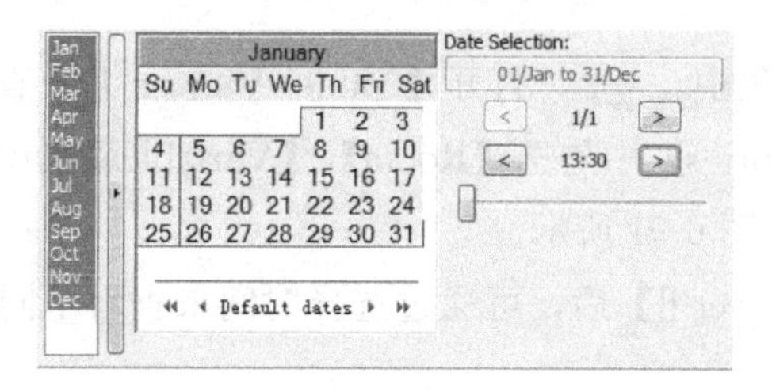

图 6-92　选择时间

6.3 本章小结

建筑物能耗分析内容较多，涉及范围广泛。本章节主要介绍了围护结构、房间曲线、房间模板、MacroFlo以及空调系统等能耗项目的设置方法和操作步骤。建筑物能耗分析主要应用于建筑负荷、能耗预测、设计优化和空调系统性能模拟等方面，可在建筑设计阶段中针对不同方案对建筑能耗的不同影响进行模拟对比，也可在后期评估建筑全生命周期的能耗情况，对建筑的节能水平进行评估。

第 7 章　建筑通风分析

在绿色建筑分析与设计中，建筑通风是调节建筑热舒适性，改善建筑室内外空气品质的重要方式。从建筑风环境所涉及的不同层次与应用阶段来讲，主要分为了三个层面：①规划设计阶段，涵盖了建筑室外风环境、室外热环境、室外污染物扩散等。②建筑单体或建筑群体设计阶段，涵盖了室内自然通风、室内温度分布、室内污染度浓度、建筑布局、构造的通风效果等。③建筑机电设备系统设计阶段，涵盖了送风管道流动分、大空间空调气流组织、火灾场景评估分析（消防应用）等。本章从绿色建筑通风需求角度出发，主要针对建筑室外风环境与建筑室内通风分析展开介绍。

7.1　建筑通风原理介绍

1. 建筑通风原理

建筑通风是指将新鲜空气导入人们停留的空间，以提供呼吸所需要的空气，除去过量的湿气、稀释室内污染物、提供燃烧所需的空气以及调节气温。

2. 通风降温

利用通风使室内气温及内表面温度下降，改善室内热环境以及通过增加人体周围空气流速，增强人体散热并防止因皮肤潮湿引起的不舒适感，改善人体舒适性。

3. 自然通风原理

建筑物的自然通风是开口处（门、窗、过道）存在着空气压力差而产生的空气流动而形成的。产生压力差的原因有：风压作用和热压作用。

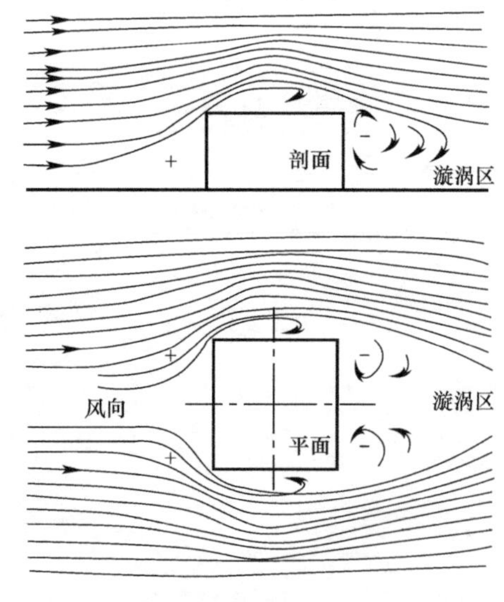

图 7-1　风间建筑物上形成的正、负压区

1）风压作用下的自然通风

风压作用是风作用于建筑物上产生的风压差。如图 7-1 所示，当风吹向建筑物时，因受到建筑物的阻挡，在迎风面上的压力大于大气压产生的正压区，气流绕过建筑物屋顶、侧面及背面，这些区域的压力小于大气压产生的负压区，压力差的存在导致了空气的流动。

建筑设计中在迎风面与背风面相应的位置开窗，室内外空气在此种压力差的作用下会由压力高的一侧向压力低的一侧流动。对于风压所引起的气流运动来说，正压面的开口进风，负压面的开口排气。当室内空间畅通时，形成穿越式通风，传统设计中的穿堂风即利用此原理，保障了室内的通风顺畅。

2）热压作用下的自然通风

当室外风速较小而室内外温差较大时，可以考虑通过热压作用（即烟囱效应）产生通风。室内温度高、密度低的空气向上运动，底部形成负压区；室外温度较低、密度略大的空气则源源不断地补充进来，形成自然通风（图 7-2）。热压作用的大小取决于室内外空气温差导致的空气密度差和进气口的高度差，它主要解决竖向通风的问题。

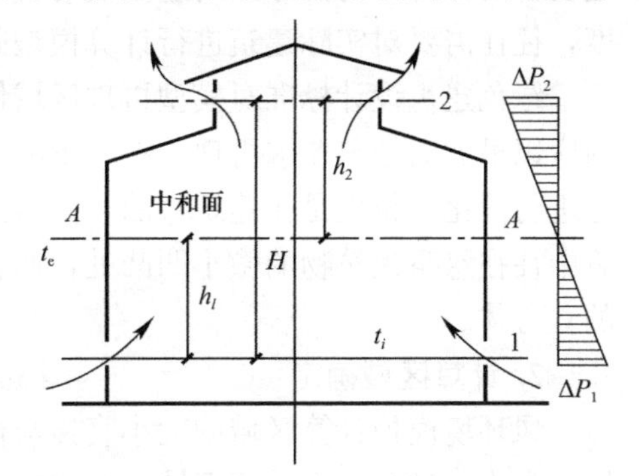

图 7-2 热压作用下的自然通风

实际建筑环境复杂，建筑中的自然通风往往是风压与热压共同作用的结果，且各自作用的强度不同，对整体自然通风的贡献也不同。

影响建筑周围风环境的因素很多。这些因素相互影响、错综复杂，通常只能对周边风环境进行定性分析，很难对实际风环境状况加以精确描述。如果要深入了解掌握建筑朝向、间距以及布局等因素对风环境的影响，需要借助于风洞模型试验或计算机模拟分析等方法。

7.2 建筑风环境技术要点

7.2.1 概述

目前，我国绿色建筑发展逐步从理论走向工程实践，无论是国家还是地方的绿色建筑评价标准，都对建筑周围风环境状况有了相应要求。比如，在《绿色建筑评价标准》(GB/T 50378—2019) 中明确要求建筑物周围人行区风速低于 5m/s，建筑总平面设计有利于夏季自然通风等。这是因为，建筑单体设计或建筑群体布局不当会产生行人的不适与不安全感，不利于开窗通风，局部通风不良致使污染物难以扩散，可见对建筑室外风环境进行预测评价来指导设计是十分必要的。

目前，建筑室外风环境评价方法主要有风洞试验法和数值计算方法。风洞试验法具有模型制作成本高、周期长、难以同时研究不同方案等缺点，而数值计算方法利用 CFD (Computational Fluid Dynamic) 理论进行模拟分析，具有快速简便、准确有效、成本较低等优点，被广泛认可并被大量应用到工程实践中。然而，在工程应用过程中，由于从事模拟工作的人员理论水平的差异，导致在风环境模拟的分析流程及处理方式上千差万别，如模拟工况、边界条件设置、计算结果判断等方面考虑和处理不规范，导致模拟结果产生较大的不确定性，进而影响方案设计和判断。为了合理地规划和设计建筑，有必要开展建筑风环境 CFD 模拟技术规范化研究。

7.2.2 风环境模拟技术要点

下面将建筑室外风环境模拟技术的相关成果分别从模型简化、计算区域确定、网格划分、边界条件设置、计算模型选择、离散格式选择、迭代收敛标准等方面进行汇总，并进行比较分析。

1. 模型简化

建筑室外风环境计算模型是依据建筑实际尺寸建立的三维几何模型，进行建筑单体或建筑群的分析，均需考虑周边建筑对气流分布的影响，为减少计算以及加快计算收敛的速度，往往需要对实际建筑进行计算模型的合理简化。

绿色建筑设计标准对模型再现区域做出了规定：目标建筑边界 H（建筑物高度）范围内应以最大的细节要求再现。在不影响建筑周边流场分布的前提下，尽量对建筑的凹凸部分进行简化，特别是在建筑弯曲、倾斜的建筑分布中，模型的简化尤为重要。比如，在计算中往往忽略建筑物的微小凹凸处，而将形状近似为立方体的建筑物简化为具有规则形状的立方体。

2. 计算区域确定

风环境模拟计算区域的大小直接与模拟结果的真实性密切相关，将会导致模拟区域流场会失真。过分增大计算区域，也将造成网格数过多，加大计算量和成本。因此，合理选择计算区域将有助于减少计算量。

近些年，随着计算机技术的发展和流体计算力学（CFD）的广泛应用，在建筑群体流畅分析中如何选择合理的计算区域计算求解描述，成为国内外相关组织和学者关注的问题。如欧洲科技研究领域合作组织（COST）规定计算域在高度、横向和流动（入流、出流）方向上的大小，取决于所描述的区域和所使用的边界条件。其中，针对高度方向的计算域尺寸规定为：对于单个建筑或建筑群，计算域顶部与目标建筑顶部之间距离至少为 $5H$，H 是单个建筑高度或建筑群中最高建筑物高度。德国工程师协会（VDI）提出采用阻塞率确定高度方向的计算域，阻塞率定义为流动方向的建筑投影面积与计算域的自由截面之比。在风洞试验建模时，建议最大阻塞率小于10%。根据巴尔克（Baetke）等人模拟风流经立方体壁面的结果得出：在CFD模拟时建议最大阻塞率小于3%。在较小的阻塞率下，建议的计算区域高度（计算域顶部与目标建筑顶部之间的距离）大于 $4H$；在较大的阻塞率下，建议值大于 $10H$，H 为建筑物高度。针对横向计算域尺寸，对于单个建筑或建筑群，横向距离至少为 $5H$，H 是单个建筑高度或建筑群中最高建筑物高度。针对流向上的计算域尺寸，考虑计算域在前面区域（入流）和后面区域（出流）的纵向延伸，建成区域必须能够辨别。对于单体建筑，如果已知迎面流分布，入流边界与建筑边界之间的距离推荐值为 $5H$。

德国工程师协会（VDI）提出了阻塞率与建筑形式的依赖距离。对于一个阻塞率较小的单体建筑，入流边界与建筑边界之间的距离推荐值为 $2H$；当阻塞率更大时（如10%），推荐距离是 $8H$。后面区域是从建筑边界到出流边界为止，对于单体建筑，气流流出边界至少应设置在距离建筑后面的 $15H$ 处，可以允许尾流区域后面的流动充分发展。对于建筑群，建筑到出流边界的距离可以更小，这个距离取决于在出流所使用的边界条件类型。

日本AIJ风工程研究小组认为：对于计算域的尺寸，根据风洞试验，阻塞率应小于3%。对于单体建筑，侧边界和顶部边界应设置在离建筑物边界大于 $5H$ 处，H 是指目标建筑物高度。入流边界与建筑物边界的距离设置应与风洞中迎风区域保持一致。出流边界应至少距离建筑物后面 $10H$。绿色建筑设计标准中规定：建筑覆盖区域小于整个计算域面积3%；以目标建筑为中心，半径 $5H$ 范围内为水平计算域。建筑上方计算区域要大于 $3H$，其中 H 为建筑主体高度。

此外，国内相关学者针对计算域尺寸选取进行了探讨，如温昕宇④在做小区规划建设的室外风环境 CFD 模拟中，沿来流方向取一矩形区域，根据经验选取以下尺寸来满足计算的精度要求：计算区域高度为 $3H$，宽度为 $6H$，入流方向距离为 $3H$，出流方向距离为 $4H$，其中 H 为目标建筑高度。杨洁等人⑤在对设有空中花园的高层住宅建筑进行风环境模拟时，选取计算区域高度为 $3H$，宽度为 $6H$，来流方向为 $3H$，出流方向为 $10H$，其中 H 为目标建筑高度。李魁山等人⑥利用计算机数值模拟方法改善了天津于家堡金融区的规划与设计，对该区域风环境进行模拟。计算区域入口距建筑边界距离最小满足 $5H$，侧边边界满足 $5H$，顶部满足 $5H$，出口侧满足 H，其中 H 为建筑群中最高建筑的高度。

3. 网格划分

在计算流体动力学中，网格生成至关重要，直接关系到 CFD 计算问题的成败。网格的划分是模型计算的关键，好的网格划分可以保证计算结果的精确，同时缩短计算时间，网格质量的好坏对模拟结果至关重要，直接影响模拟结果的精度、可靠性以及模拟过程的稳定性和收敛性。

根据欧洲 COST 要求，网格拉伸/压缩比在高梯度区域应很小，以使截断误差小，2 个连续网格之间的膨胀率应低于 1.3。在所关注的区域，每单位建筑体积以及每单位建筑间隔至少要有 10 个网格来模拟流域，通常作为一个初始的最小网格分辨率。日本 AIJ 规定网格在大速度梯度的地区，相邻网格最好设置为 1.3 或更小的拉伸比。网格最小分辨率应该设置为建筑规模的 1/10，区域内包括目标建筑周围的评估点。细网格的数量在每个维度应该至少为粗网格数量的 1.5 倍。

李魁山等人⑦认为在网格划分时要进行局部加密，并且相邻 2 个网格的尺寸比应尽量不大于 1.3，相邻网格中心线的连线应尽量保持平行。优先采用六面体网格系统，其次考虑棱柱与四面体混合网格系统，尽量不要采用单一四面体网格系统。网格在壁面处应满足壁面函数应用要求。绿色建筑设计标准对室外风场的网格划分规定：建筑的每一边人行区 1.5m 或 2m 高度应划分 10 个网格或以上；重点观测区域要在地面以上第 3 个网格和更高的网格以内。

4. 边界条件设置

建筑风环境模拟技术的边界条件设置，主要包括进口边界、出口边界、顶部边界、地面边界和侧面边界等几个部分。

1）进口边界

在不稳定的大气状态下，地表附近空气的流动由于受地形起伏、建筑物分布等摩擦作用影响，使平均风速形成一垂直分布之速度剖面，越近地表面则风速越小，一般称此种受地表粗糙度等因素影响的范围为大气边界层或混合层。大气稳定度对风场中的大气扩散、污染物的传输影响较大，一般而言，平均速度的垂直风向分布可以用较简单的指数或对数剖面表示。欧洲 COST 要求在入流处通常规定平衡边界层，距离至少为最高建筑高度的 5

④ 温昕宇．室外风环境 CFD 模拟在小区规划建设中的应用 [J]．科技创新导报，2010 (29)：113-114。

⑤ 杨洁，涂光备，易传雄，等．设有空中花园的高层住宅建筑自然通风的研究 [J]．暖通空调，2004，34 (3)：1-5。

⑥ 李魁山，王峰，赵彤，等．城市超高层建筑群人行区风环境舒适性研究 [J]．绿色建筑，2012 (5)：16-18。

⑦ 同上。

倍。平均速度分布通常是从相应粗糙度为 Z_0 的迎风地形对数曲线或者从风洞模拟剖面得出来的，可以用附近气象站提供的信息来确定基准高度处的风速。

在进口边界条件设置过程中，采用式（7-1）作为风速剖面的表达式。

$$U(Z)=U_S\left(\frac{Z}{Z_S}\right)^{\alpha} \tag{7-1}$$

式中：U 为参考高度 Z 处的平均风速，α 为地面粗糙度指数。参考高度 Z 一般为 10m。当 Z 大于某一高度时，不同的地面条件，α 取值不同，可参考《建筑结构载荷规范》（GB 50009—2012）规定，见表 7-1。

不同类型地面的 α 取值与梯度风高度　　表 7-1

地面类型	适用区域	粗糙度指数 α	梯度风高度（m）
A	近海地区、沙漠、湖岸地区	0.12	300
B	田野、丘陵及中小城市，大城市郊区	0.15	350
C	有密集建筑的大城市区	0.22	450
D	密集建筑群且房屋较高的城市市区	0.30	550

2）出口边界

欧洲 COST 认为在障碍物后面使用开式边界条件，一般为出流或定静压力边界条件。在出流边界条件下所有变量的导数为零，它对应于一个充分发展的流动。对于 LES 模型，应使用对流出流边界条件。日本 AIJ 认为所有变量梯度为零作为出流边界条件。出流边界要放在对建筑物的影响可以忽略不计的地方。因此，出口边界通常设置为自由出流，认为出流面上的流动已充分发展，流动已恢复为无建筑物阻碍时的正常流动，故其出口压力设为大气压。出口处截面取在无回流处，采用压力出口边界条件。

3）顶部及侧边界

顶部及侧边界条件的设定对保持平衡边界层分布是非常重要的，通常认为边界层受恒定剪切应力作用，这是因为顶部和左右两侧面离建筑的距离足够远，空气流动几乎不受建筑物的影响，可认为自由滑移表面。通常在计算域顶部位置，沿整个顶部边界指定入流的速度及湍流参数。对于左右侧边界条件的设定，当流动方向平行于侧边界时，为了使平行流在边界法向上的速度分量为零，在 CFD 商业软件中通常采用对称边界。——通过迫使法向速度分量为零来加强一个平行流，且规定其他所有变量的导数为零。

日本 AIJ 认为如果计算域的尺寸足够大，那么侧面和顶部边界条件对目标建筑物周围的计算结果没有很大的影响。采用非黏壁状态（通常速度分量和切向速度梯度为零）和较大的计算域，将会使计算更加稳定。

4）地面边界

对于建筑壁面及下垫面通常选取标准 k-ε 模型，仅适用于离开壁面一定距离的完全湍流区域，在固体壁面附近，由于层流黏性作用影响加强，必须对标准 k-ε 模型加以修正。为了减少了计算成本，可以采用壁面函数作为计算壁面剪切应力的替代方法。壁面剪切应力是由墙壁法线方向上第一个计算节点与墙壁之间的对数流速分布的假设来计算的。除了光滑墙壁外，在建筑风环境模拟中也会遇到粗糙墙壁，也可采用壁面函数法。《绿色建筑设计标准》（DB 11/938—2012）中规定，对于未考虑粗糙度的情况，采用指数关系式修正粗糙度带来的影响；对于实际建筑的几何再现，应采用适应实际地面条件的边界条件；对于光滑壁面，应采用对数定律。日本AIJ在选择地面边界条件时，最重要的原则是首先要对一个不包含建筑物的简单边界层流动计算试验进行评估。随着流动到下游，垂直剖面的风速在地面附近逐渐改变，应使用在速度剖面逐渐变化的边界条件。

5. 计算模型选择

建筑室外风的流动一般属于不可压缩、低速湍流。湍流模型的选择是风环境模拟的重要工作之一。通常CFD软件都配有多种湍流模型，包括代数模型、一方程模型、两方程模型、雷诺应力湍流模型等，有的甚至已将大涡模拟也列入。对工程应用而言，应用最广泛的是两方程k-ε模型，它适合于较大雷诺数、低旋、弱浮力流动，计算成本低，在数值计算中波动小、精度高。但是，标准k-ε模型的耗散性过强，为此出现许多修正的k-ε模型，比如RNGk-ε模型、Realizable k-ε模型。马剑等人[8]研究认为，采用RNGk-ε湍流模型的计算值在钝体绕流的拐角区域偏大，但整个计算区域的风速比值分布及背风负压区域的计算值与试验值较接近。采用RNGk-ε湍流模型的数值计算值与风洞试验值相比，在建筑物的拐角分离区域偏大，背风负压区吻合良好，总体上较好。《绿色建筑设计标准》（DB 11/938—2012）建议，在计算精度不高且只关注1.5m高度流场可采用标准k-ε模型。而对强旋流、浮力流和近壁流等明显各向非同性的流动，两方程k-ε模型适应性较差，可采用各向异性湍流模型，其考虑了弯曲、旋涡、选装和张力快速变化，对于复杂流动求解精度更高，但计算工作量大幅度增长。目前工程上风环境模拟中使用各向异性湍流模型还很少，对于各向异性湍流模型的实用性还需要通过实践检验。

6. 离散格式选择

CFD软件用于计算通量的离散差分格式有：一阶迎风格式、指数律格式、二阶迎风格式、QUICK格式和中心差分格式等，常见离散格式的性能比较见表7-2。在实际应用中，应避免采用一阶差分格式以保证精度要求。

常见离散格式的性能比较 **表7-2**

离散格式	稳定性及条件	精度
中心差分	条件稳定 Peclet≤2	在不发生振荡的参数范围内，可获得较精准的结果
一阶迎风	绝对稳定	虽然可以获得无理数可接受的解，但当Peclet数较大时，假扩散较严重，为避免此问题，常需加密计算网格
二阶迎风	绝对稳定	精度一阶迎风格式高，但仍有假扩散问题
混合格式	绝对稳定	当Peclet≤2时，性能与中心差分格式相同，当Peclet>2时，性能与一阶迎风格式相同
指数律格式乘方格式	绝对稳定	主要适用于无源项的对流扩散问题，对于有非常数源的场合而言，当Peclet数较高时有较大误差
QUICK格式	条件稳定 Peclet≤8/3	可以减少假扩散误差，精度较高，应用较广泛，但主要用于六边体和四边形网格
改进的QUICK格式	绝对稳定	性能与标准QUICK格式相同，只是不存在稳定性问题

⑧ 马剑，程国标，毛亚郎. 基于CFD技术的群体建筑风环境研究 [J]. 浙江工业大学学报，2007，35（3）：351-354。

7. 迭代收敛标准

在数学方程进行离散后，通常采用三对角方程组的TDMA解法对代数方程进行数值迭代，计算残差随着迭代的进行稳定地减小，计算残差减小到指定的理想程度。

欧洲COST研究认为在工业应用中，通常使用的终止准则是0.001，一般来说这个值太高了，以致得不到收敛解。建议迭代残差至少减少到4个数量级；除了查看残差值外，也应监测目标变量，如果这些变量是不变的，或在一个恒定值附近振荡，那么可以认为求解是收敛的。《绿色建筑设计标准》（DB 11/938—2012）中规定计算要在求解充分收敛的情况下停止，确定指定观察点的值不再变化或均方根残差小于10^{-4}。因此，一般收敛判定需同时满足以下三点：

（1）残差减小到预先设定值。

（2）质量守恒、能量守恒。

（3）流场中有代表性监视点的值不发生变化或沿一固定值上下波动。

7.2.3　风环境分析技术要点

按照简化后的模型，选用合适的模拟工具便可建立风环境模拟分析的三维几何模型。通过对相关研究成果的广泛调研，并对建筑风环境模拟技术的模型简化、计算区域确定、网格划分、边界条件制作、计算模型选择、方程求解以及模拟工具选择等方面研究成果进行汇总和比较分析，归纳出建筑室外风环境模拟技术要点（表7-3），用于指导绿色建筑咨询及工程实践。

建筑室外风环境模拟技术要点　　　　**表7-3**

对象	技术要点
模型简化	忽略建筑微小凹凸处，而将形状近似为立方体的建筑物简化为具有规则形状的立方体
计算区域确定	计算区域入口距最近的侧建筑边界满足$5H$，侧边边界满足$5H$，顶部边界满足$5H$，出流边界满足$6H$（H为目标建筑高度）；建筑物覆盖的区域满足小于整个计算域面积的3%
网格划分方法	2个连续网格之间的膨胀率应低于1.3；每单位建筑体积至少要使用10个网格以及每单位建筑间隔要有10个网格来模拟流域
边界条件制作	1. 进口边界：给定入口风速按照符合幂指数分布规律进行模拟计算，有可能的情况下入口的k、ε值也应采用分布参数进行定义。 2. 出口边界：设置为自由出流边界条件，假定出流面上的流动已充分发展，流动已恢复为无建筑物阻碍时的正常流动，可将出口压力设为大气压； 3. 顶部及侧面边界：顶部和两侧面的空气流动几乎不受建筑物的影响，可设为自由滑移表面或对称边界； 4. 地面边界：对于未考虑粗糙度的情况，采用指数关系式修整粗糙度带来的影响，对于实际建筑的几何再现，应采用适应实际地面条件的边界条件，对于光滑壁面应采用对数定律
模型选择与求解	在计算精度不高于且只关注1.5m高度流场可采用标准k-ε模型；差分格式避免采用一阶差分格式，可采用一次迎风差分方式进行初始计算，待稳定时采用二阶迎风差分格式

续表

对象	技术要点
迭代收敛标准	连续性方程，动量方程的残差在 10^{-4} 以内，方程的不平衡率在1%以内，流场中有代表性监视点的值不发生变化，沿一固定值上下波动
模拟工具选择	专门针对建筑环境、暖通空调设计系统而开发的，对于常见的建筑（群）风环境模拟可以优先考虑采用，提高模型建立的速度与计算效率。常用软件为Airpak、Phoenics、WindPerfect、Star-CD、Fluent、VE（MicoFlo）等

7.3 建筑通风分析

在绿色建筑设计与评价过程中，通过通风模拟指导建筑在规划设计时合理布局建筑群，优化场地的夏季自然通风，避开冬季主导风向的不利影响十分必要。因此，在实际工程设计与评价过程中，采用可靠的计算机模拟方法，合理确定边界条件，基于典型的风向、风速进行建筑风环境模拟。

在IES〈VE〉可持续设计与分析中，可通过使用其中的MicoFlo模块对建筑外环境通风和建筑室内环境通风进行分析。两个模块的分析结果是单独互不影响的，如在进行室外风环境的分析后，再进行室内风环境的分析时，室外分析的结果不会对室内分析的结果造成影响。本节将针对MicoFlo模块的建筑室外风环境和建筑室内通风展开介绍。

7.3.1 建筑室外环境分析

1. 设定参数

（1）进入MicroFlo模块，选择【External Analysis】（室外风环境分析），如图7-3所示。

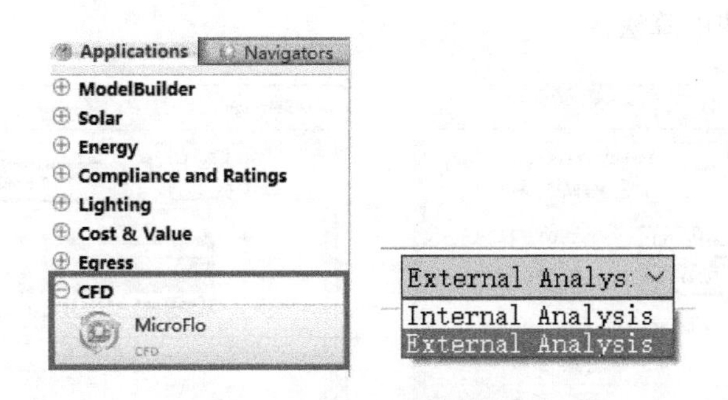

图7-3 室外风环境分析

（2）点击【Settings】，对运算基础信息进行设置，如图7-4所示。每一项都有默认值，在实际模拟过程中可以根据项目情况对参数进行修改。

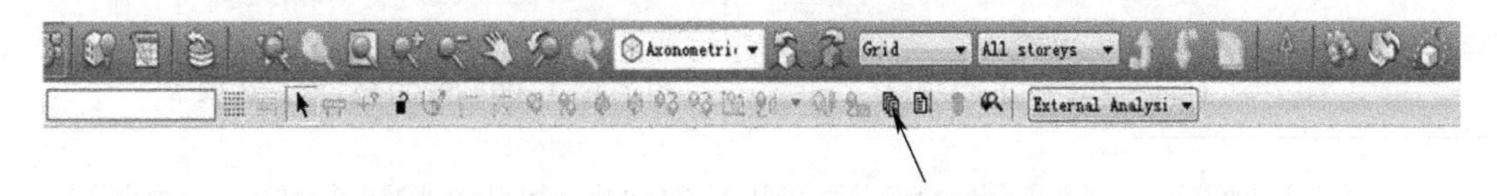

图7-4 启动【External Analysis】

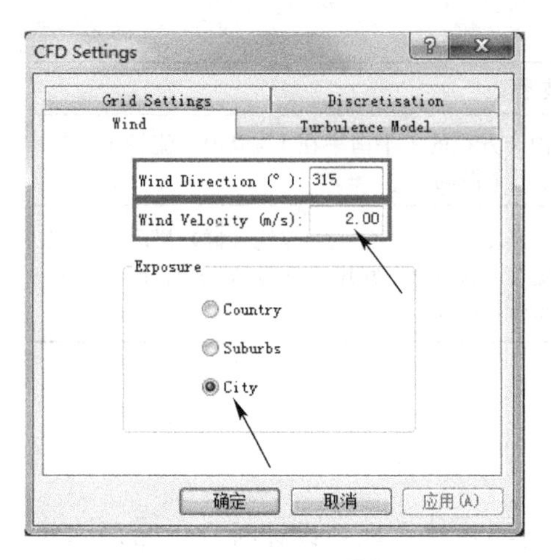

图 7-5　CFD 风环境设置

（3）在【CFD Settings】中的【Wind】选项卡，可以设置建筑风环境计算边界条件，如风向、风速以及所在地类型（农村、郊区或城市），如图 7-5 所示。案例分析以武汉夏天南向主导风为例，指北针始终为 0°，风向设置为 180°（在指北针基础上顺时针设置风向角度）。项目案例位于武汉市中心，在此将风速设置为 2m/s，所在地选择为 City。输入风的方向和速度由当地气象站测得，具体以建筑所在地的实际情况为主。

（4）点击【Grid Settings】选项卡（图 7-6）进行网格设置。结合网格计算要求，分别针对【Default Grid Spacing】、【Grid Line Merge Tolerance】、【Domain Extents】进行设置。【Default Grid Spacing】用于设置默认的网格间距，【Grid Line Merge Tolerance】用于设置合并公差⑨，【Domain Extents】用于调整计算域的尺寸。

在【Default Grid Spacing】中，将网格的最大值设置为 2m。在【Grid Line Merge Tolerance】中，将公差设置为 1。在【Domain Extents】中，根据“计算区域进风口距最近的建筑边界距离满足 $5H$，侧边边界距建筑的距离满足 $5H$，顶部边界距离满足 $5H$，出风口边界距离满足 $6H$（H 为目标建筑高度）。满足建筑物迎风方向正投影面积小于计算域迎风方向正投影面积的 3%”这个标准进行设置。

（5）点击【Turbulence Model】进入到湍流模型的设置，如图 7-7 所示。有两种类型的湍流模型：k-ε 是目前最普遍接受和广泛应用的湍流模型（也是默认设置的，通常不用更改）；另一种是恒定有效黏度模型，这种模式并不会解析湍流运输，但可以提供一个比 k-ε 模型计算湍流更快的算法。

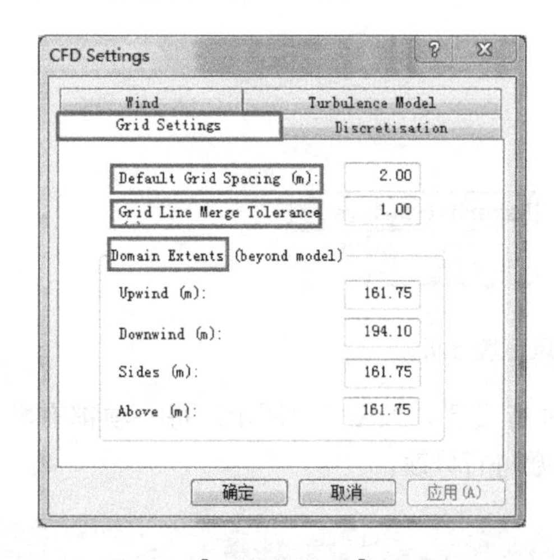

图 7-6　【Grid Settings】选项卡

图 7-7　【Turbulence Model】选项卡

⑨　合并公差使网格线分离的距离小于公差值的两条网格线被合并成一个网格线来减少多余的网格（两个值默认为最后一个输入值）。确保网格合并公差要小于或等于模拟中用到的最小尺度的厚度。

(6) 设置完成后，点击【确定】将设置运用到模型中。如图 7-8 所示，在【Settings】设置的基础上在模型自动生成计算域，并进行初步网格划分。

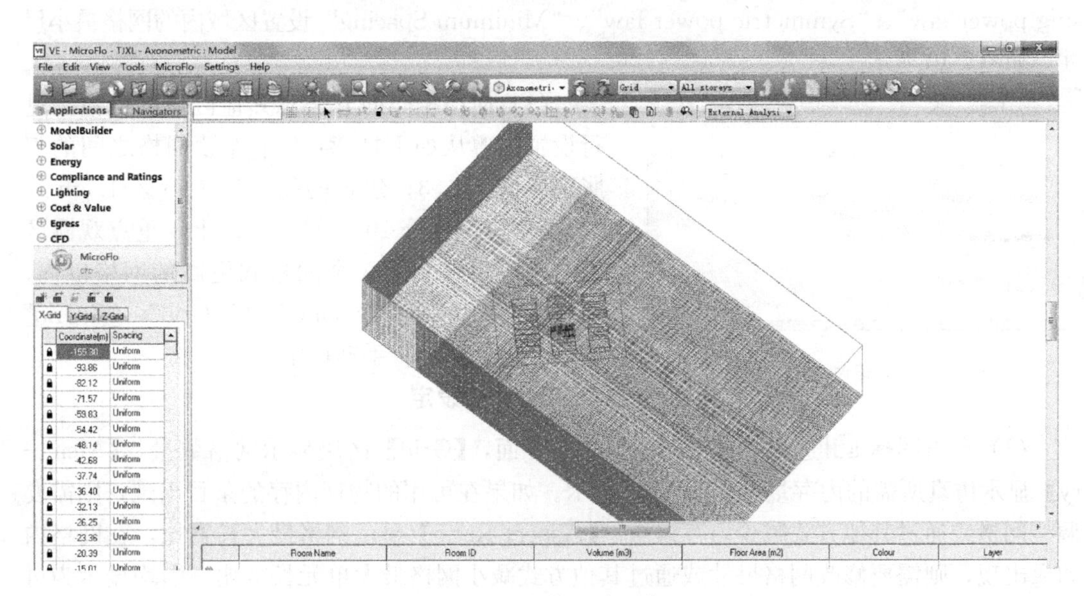

图 7-8 自动生成网格

2. 手动调整网格设定

根据模型情况，可手动调整网格的尺寸。

(1) 在视图工具栏里的【Grid】选项卡中，可分别调整 “X-Grid”、“Y-Grid”、“Z-Grid” 轴的网格尺寸大小。例如，选中 “X-Grid” 中的某个区间，选择需要更改网格尺寸的区域，被选中部分在视图区被高亮显示，如图 7-9 所示。

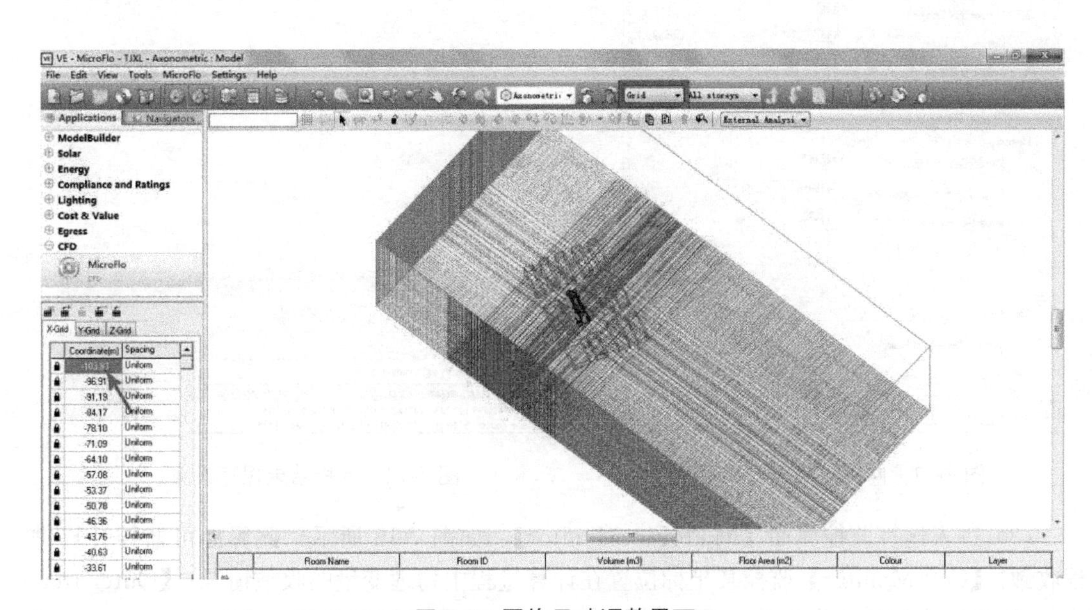

图 7-9 网格尺寸调整界面

（2）点击【Edit Grid Region】图标 对被选中的网格区域进行设置，【Spacing】下拉列表可设置网格的分布方式。“None”、“Uniform”、“Increasing power law”、“Decreasing power law”、“Symmetric power law”、“Minimum Spacing”设置区域内的网格最小尺寸，如图7-10所示。

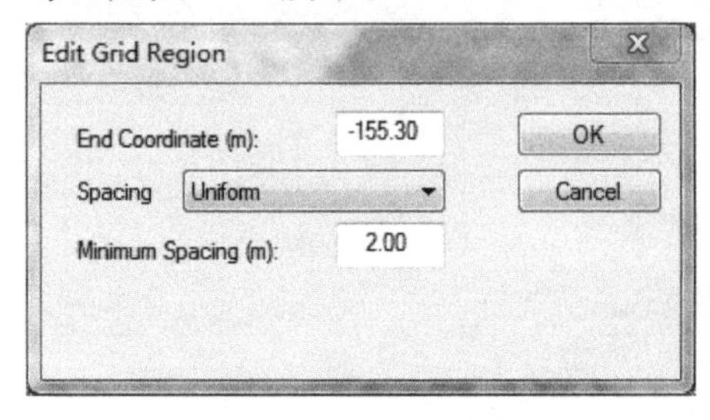

图7-10 编辑网格的设置

（3）使用相同的方法对其他区域网格数据进行设置，遵从如下规律：2个连续网格之间的膨胀率应低于1.3；建筑的每一边人行区1.5m或2m高度应该划分10个网格或以上，重点观测区域要在地面以上第3个网格和更高的网格以内。按照以上方法可对“X-Grid”、“Y-Grid”、“Z-Grid”网格大小分别进行手动设定。

3. 计算设定

（1）点击图标 进入求解网格数据查看界面，【Grid】区块显示网格数量，【Memory】显示仿真所需的内存量，如图7-11所示。如果在可用的物理内存的条目出现，则需要调整网格或通过其他方式减少内存需求。【Aspect Ratio】显示网格最大长宽比，在网格内如果出现，则需要修改网格尺寸或通过其他方式减小网格最大单元长宽比，当均显示为可运行时点击【OK】确认。

（2）在模拟暂停的情况下，针对已有的分析结果可通过“Resume simulation with existing file”（保存现有文件）、“Save existing file and simulate with regenerated file”（覆盖之前的模拟结果）、“Delete existing file and simulate with regenerated file”（重新计算）三种方式进行处理，如图7-12所示。

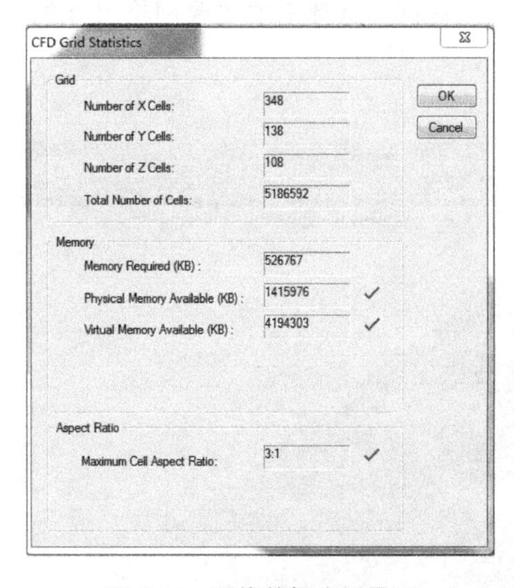

图7-11 网格数据查看界面

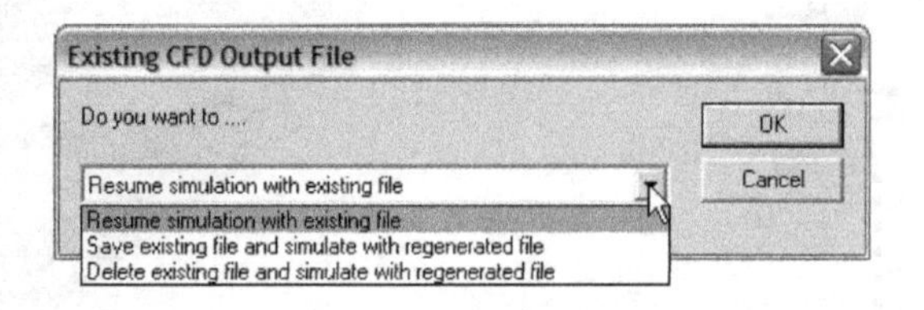

图7-12 分析结果保存设置

（3）进入运算监控界面【MicroFlo Monitor】，如图7-13所示，此界面可监控计算进程收敛。【Cell Monitor】监控某坐标位置在计算过程中物理变量的收敛情况；【Outer Iterations】设置模拟的迭代步数；【Turbulence Model】设置湍流模型；【Variable Control】

设置变量收敛控制。点击【Run】开始计算。

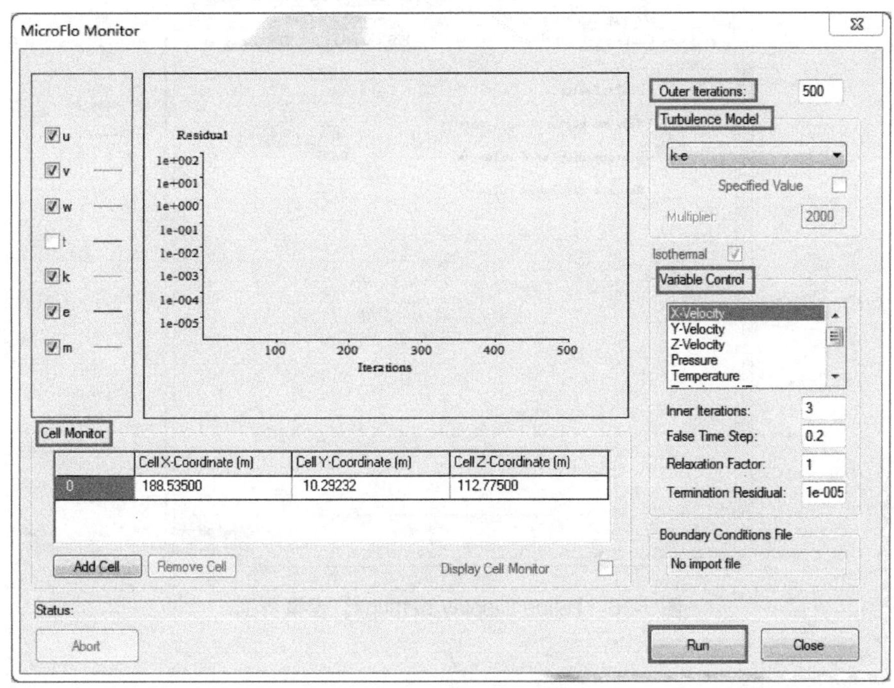

图 7-13 运算监控界面

4. 结果分析

【MicroFlo Viewer】查看器可以查看计算结果。当需要重点查看特定区域时，可以使用旋转、放大和缩小工具查看计算结果。

(1) 点击【MicroFlo Viewer】进入结果查看界面，如图 7-14 所示。

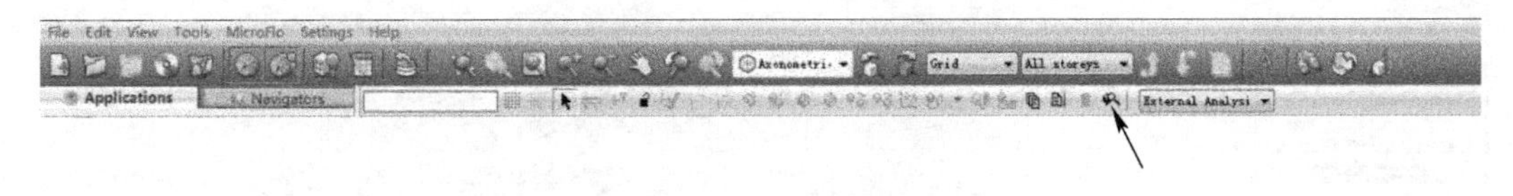

图 7-14 进入结果查看界面

(2) 进入界面后，查看结果。第一步，点击【Velocity Key】选择物理变量标尺；第二步，点击【Velocity Vector】选择物理变量；第三步，在坐标系中选择坐标值，查看相应位置的计算结果，如图 7-15 所示。

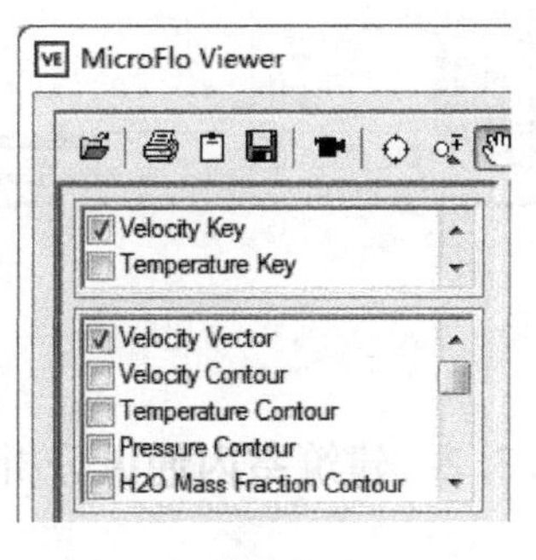

图 7-15 【MicroFlo Viewer】查看界面

(3) 点击【Slice Display settings】图标，进入显示设置菜单，如图 7-16 所示，找到可显示方式的设置，本案例选择的显示方式为【Velocity Vectors】，则在显示的界面中可以设置箭头的大小以及标尺的范围。

计算结果如图 7-17 所示。

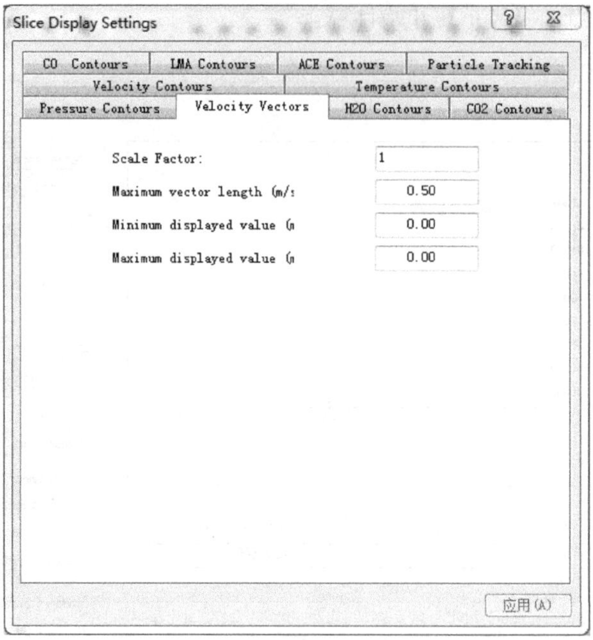

Slice Display Settings

CO Contours | LMA Contours | ACE Contours | Particle Tracking
Velocity Contours | Temperature Contours
Pressure Contours | Velocity Vectors | H2O Contours | CO2 Contours

Scale Factor: 1
Maximum vector length (m/s 0.50
Minimum displayed value (n 0.00
Maximum displayed value (n 0.00

应用(A)

图 7-16 【Slice Display settings】设置界面

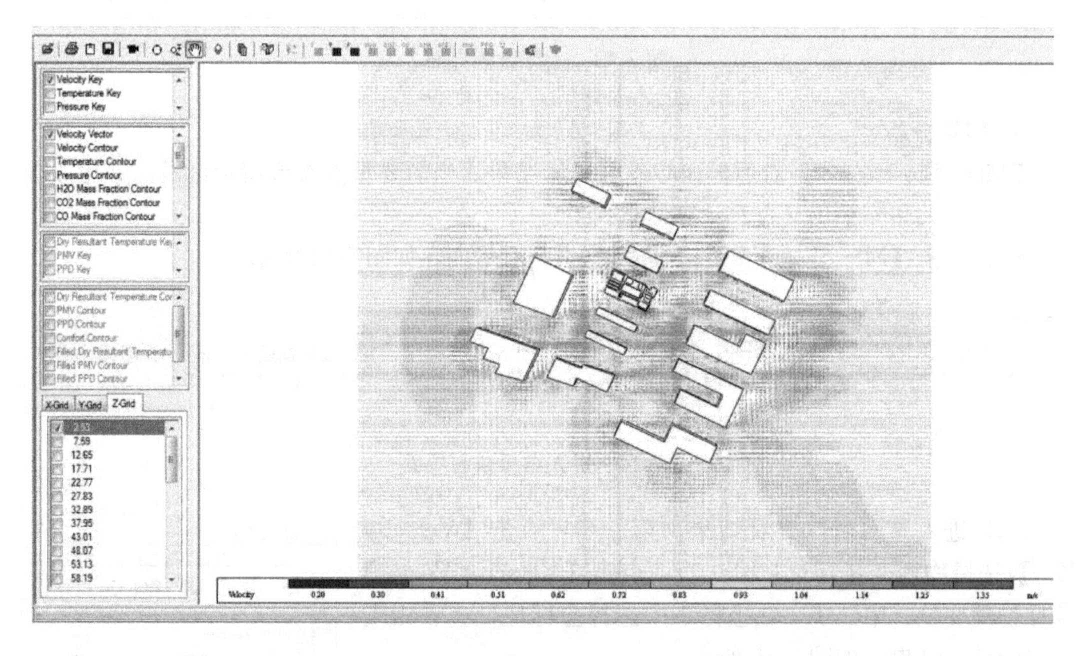

图 7-17　建筑室外通风分析矢量图

7.3.2　建筑室内通风分析

1. 组合房间

在分析室内通风时，如果周边房间对模拟房间通风产生影响，需要考虑在模拟时将房间进行组合，增加模拟的精度。

（1）点击【Internal Analysis】选择室内通风，如图 7-18 所示。

图 7-18　选择室内通风

（2）选中需要分析的房间后，点击快捷键栏中的图标【Create Multi-Zone Space】，出现如图 7-19 所示的窗口，选中模拟房间的相邻房间，点击【Add】进行房间组合。

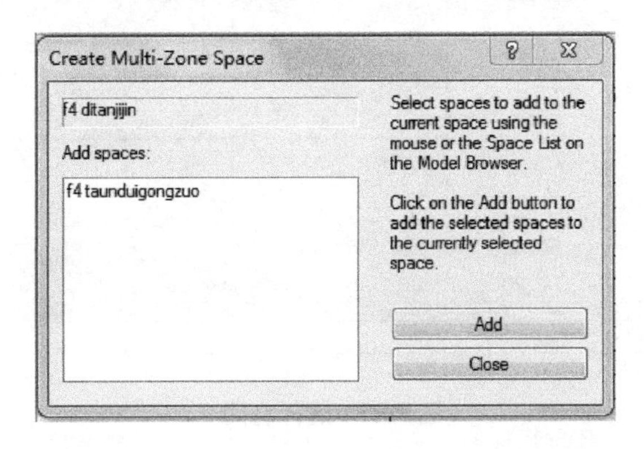

图 7-19　【Create Multi-Zone Space】界面

（3）如图 7-20 所示，通过【Create Multi-Zone Space】组合房间后，需要考虑模拟房间与相邻房间的内墙厚度对分析结果的影响。选中模拟房间，下降一层，选中相邻房间的内墙，点击图标。

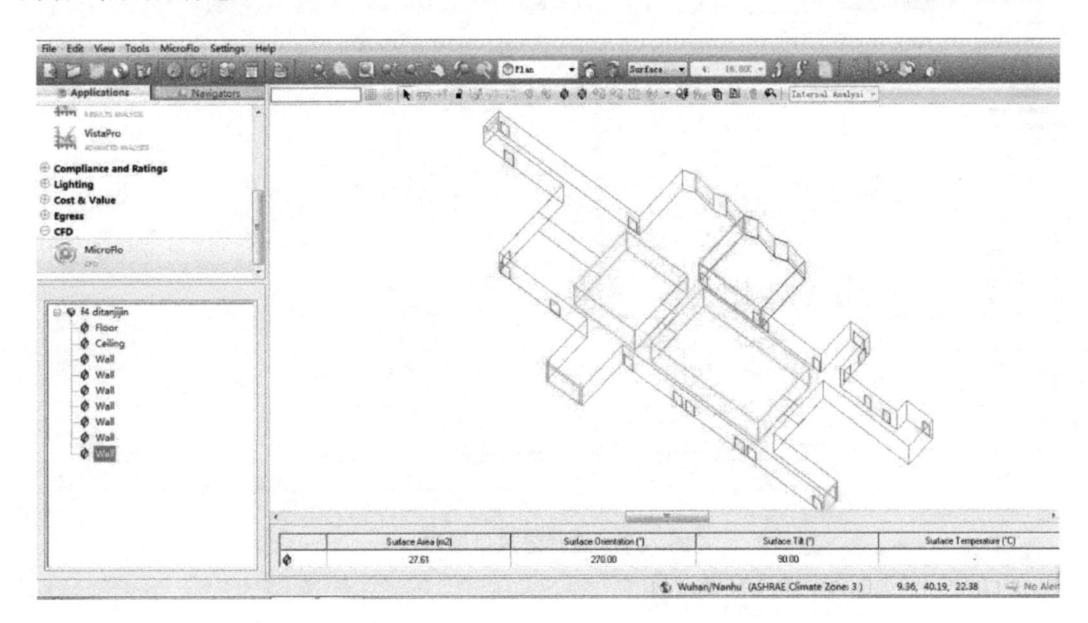

图 7-20　【Create Multi-Zone Space】设置

2. 设定边界

（1）选中需要分析的房间，如图 7-21 所示，下降一层。

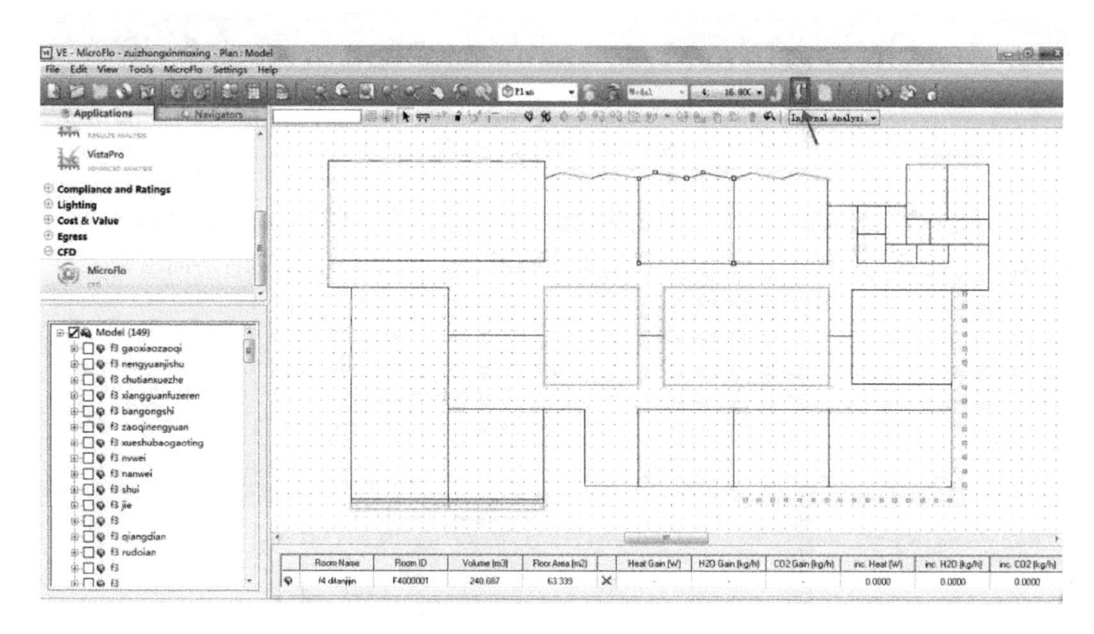

图 7-21　选择房间

（2）选中需要设置进风口的墙体，再下降一层，如图 7-22 所示。

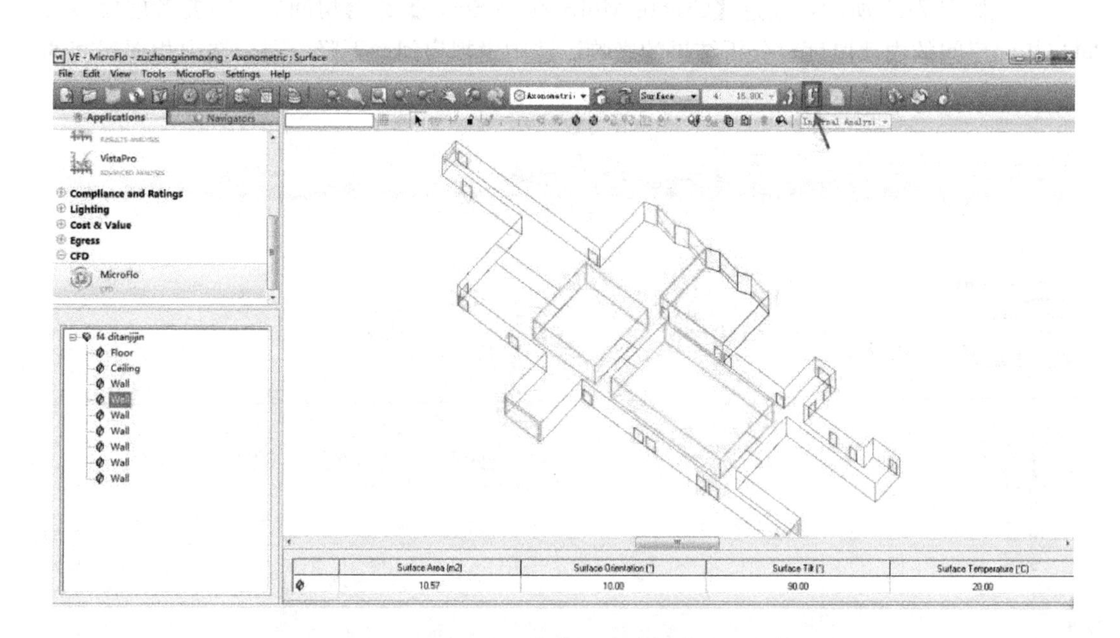

图 7-22　选择进风口墙体

（3）点击快捷键栏上的图标，进入房间边界条件设置界面，如图 7-23 所示。

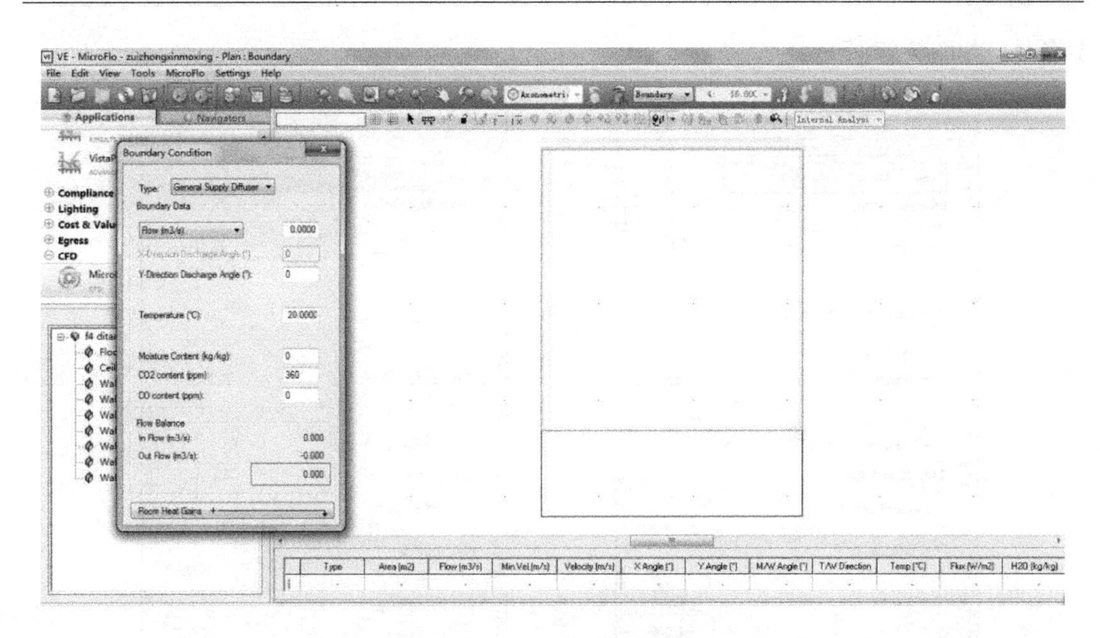

图 7-23 房间边界条件设置

（4）如图 7-24 所示，在房间边界设置界面中，【Type】设置边界的类型，【Boundary Data】设置风速和流量、进风角度、进风温度以及空气湿度和 CO、CO_2 含量等相关的信息，如图 7-25 所示。设置完成后，直接绘制进风口外轮廓。

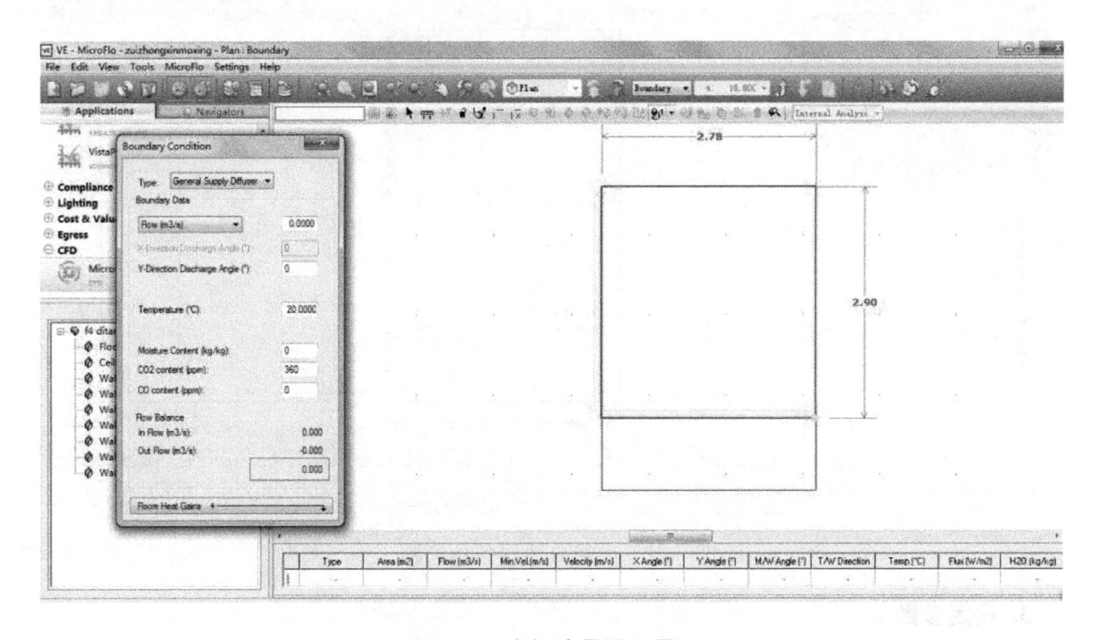

图 7-24 房间边界设置界面

（5）使用相同的方法选中需要设定出风口的墙体。如图 7-26 所示，选中墙体，下降一层，点击 ，将边界条件的类型设置为【Pressure】。直接绘制出风口外轮廓，赋予边界条件，如图 7-27 所示。

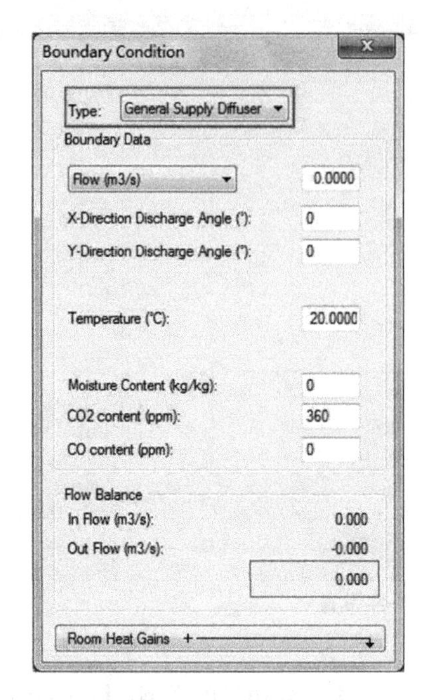

图 7-25　进风口边界条件设置

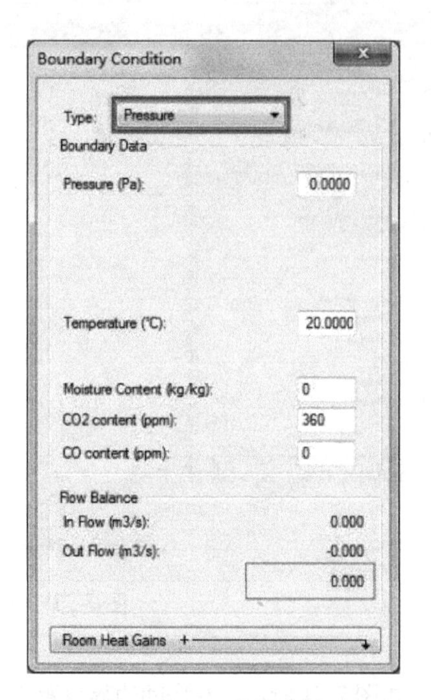

图 7-26　出风口边界条件设置

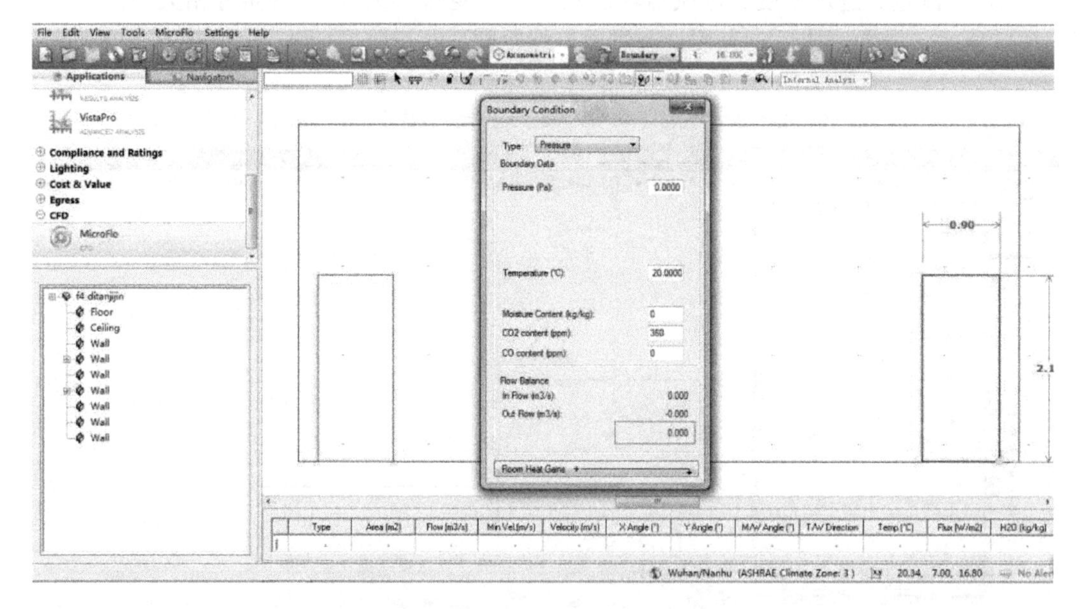

图 7-27　出风口边界条件绘制

3. 设定参数

（1）点击图标进入到运算参数的设置界面，如图 7-28 所示，设置模拟参数，使模拟时的结果更加精确。

（2）在设置界面中，每项参数都有其默认值。参数设置可根据实际情况进行修改。

点击【CFD Grid Settings】网格设置选项卡，【Default Grid Spacing】用于设置默认

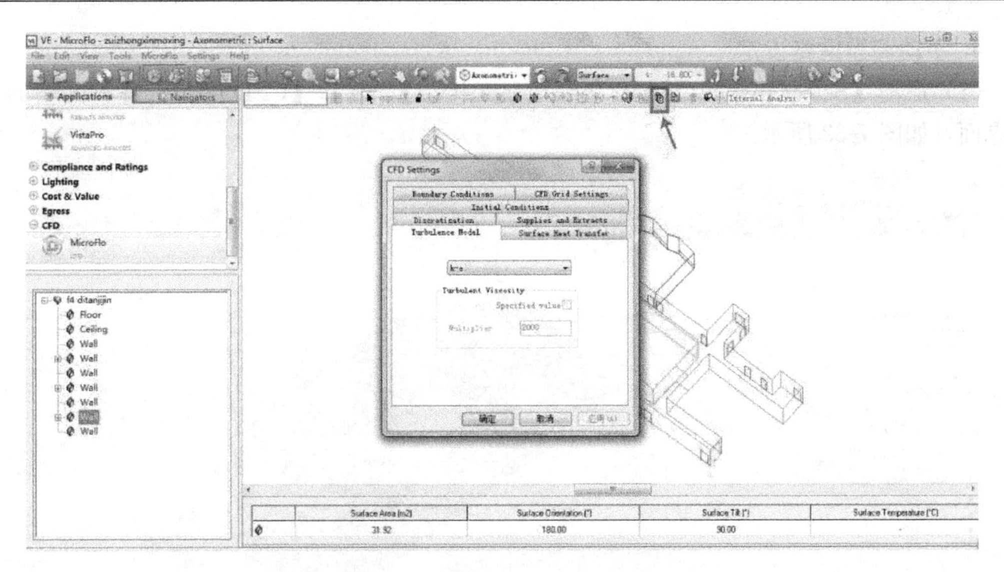

图 7-28 运算参数的设置界面

的网格尺寸。【Grid Line Merge Tolerance】用于设置合并公差，合并公差使网格线分离的距离小于公差值的两条网格线被合并成一个网格线，从而减少网格数量，同时需要确保网格合并公差小于或等于最小部件的厚度。如使用 0.1m 厚的墙被赋予了【Create Multi-Zone Space Partitions】属性，合并公差的设置应小于或等于 0.1m，如图 7-29 所示。

图 7-29 【CFD Grid Settings】设置

点击【Boundary Conditions】为所有墙面和窗户设置初始表面温度（默认 20℃），如图 7-30 所示。如果使用的是 Apachesim 求解结果导入的边界条件，则不需要进行设置。

点击【Supplies and Extracts】设置非正交进风口边界的最大网格尺寸，如图 7-31 所示。

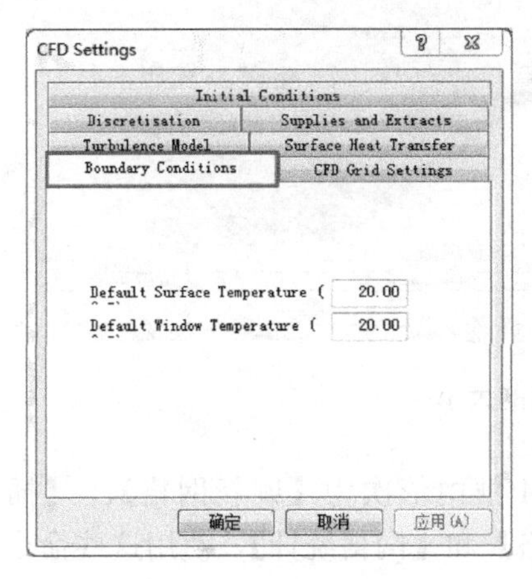

图 7-30 【Boundary Conditions】设置

图 7-31 【Supplies and Extracts】设置

4. 手动调整网格设定

（1）点击【Select display model for current level】，选择【CFD Grid】进入网格的设置界面，如图 7-32 所示。

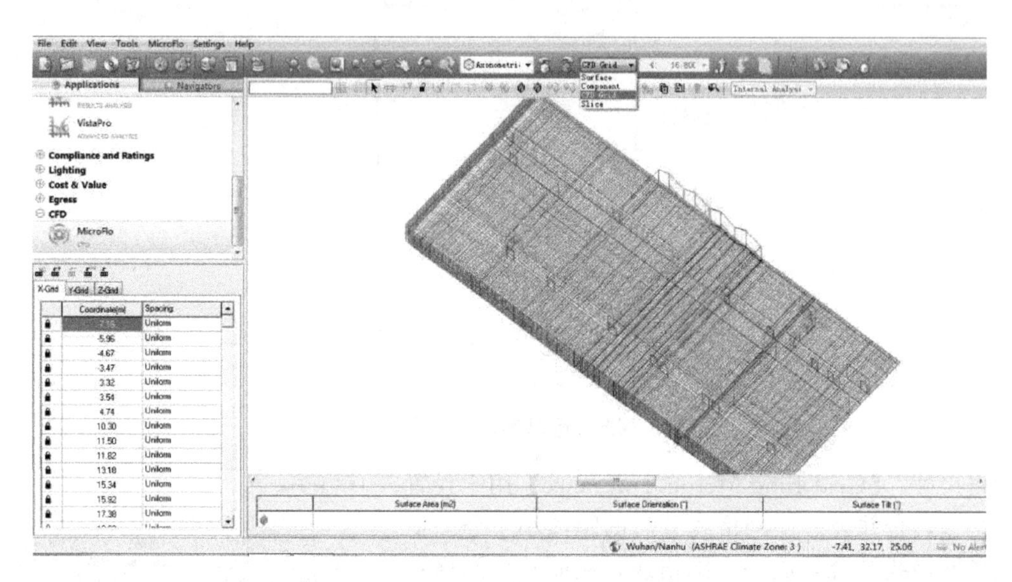

图 7-32　网格设置界面

（2）这一部分同建筑室外通风分析网格的设置步骤相似，在界面的网格列表中根据坐标分别选中区间，并设置网格的大小，如图 7-33 所示。

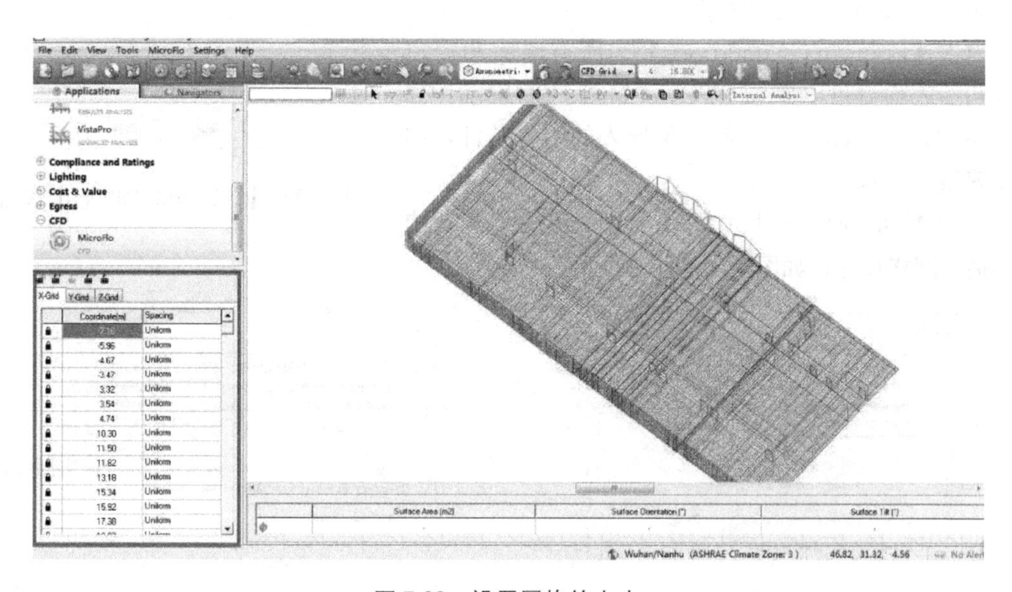

图 7-33　设置网格的大小

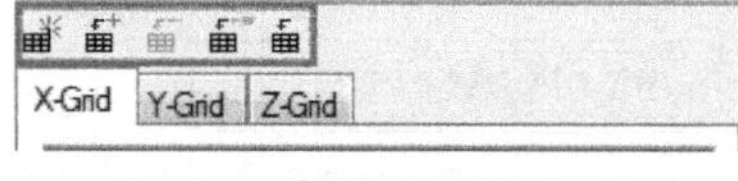

图 7-34　网格尺寸调整选项

（3）图 7-34 框内依次为【刷新网格】、【插入网格】、【编辑网格】和【网格统计】，使用这些命令对网格尺寸进行优化设置，保证网格比例达到计算标准。

5. 运算分析

（1）如图 7-35 所示，点击【Run】图标进入计算设置界面。网格数据对话框将显示可用的系统内存和仿真所需的内存量。如果在可用的物理内存的条目出现一个✕，则需要简化网格或通过其他方式减少内存需求。CFD 网格统计对话框显示最大单元长宽比，在网格内如果出现✕，则需要修改网格比例或通过其他方式减小网格最大单元长宽比，当均显示为可运行时点击【OK】确认，如图 7-36 所示。

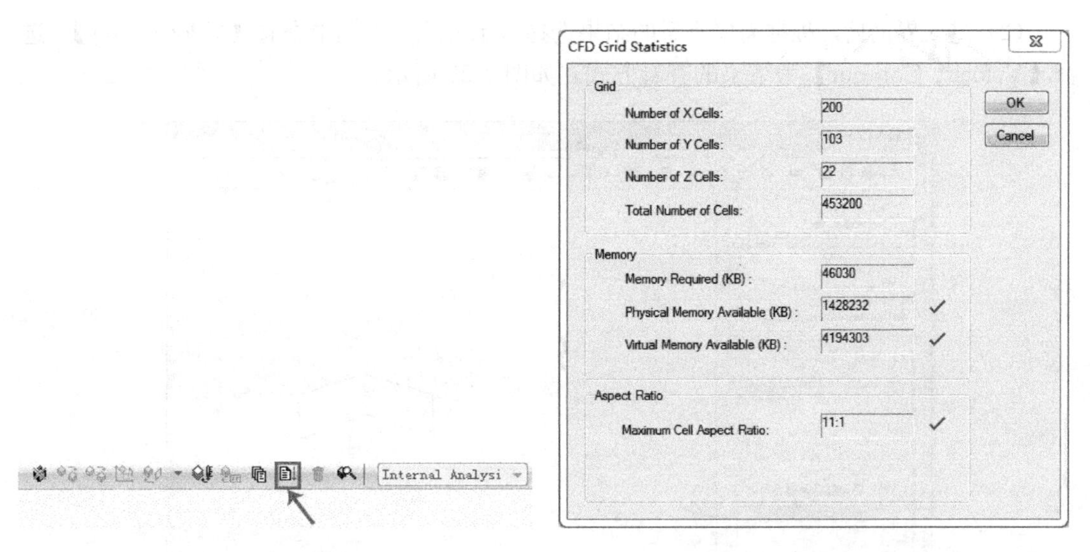

图 7-35　【Run】图标　　　　图 7-36　网格统计界面

（2）如图 7-37 所示，进入运算的设置界面，点击【Run】，开始计算。

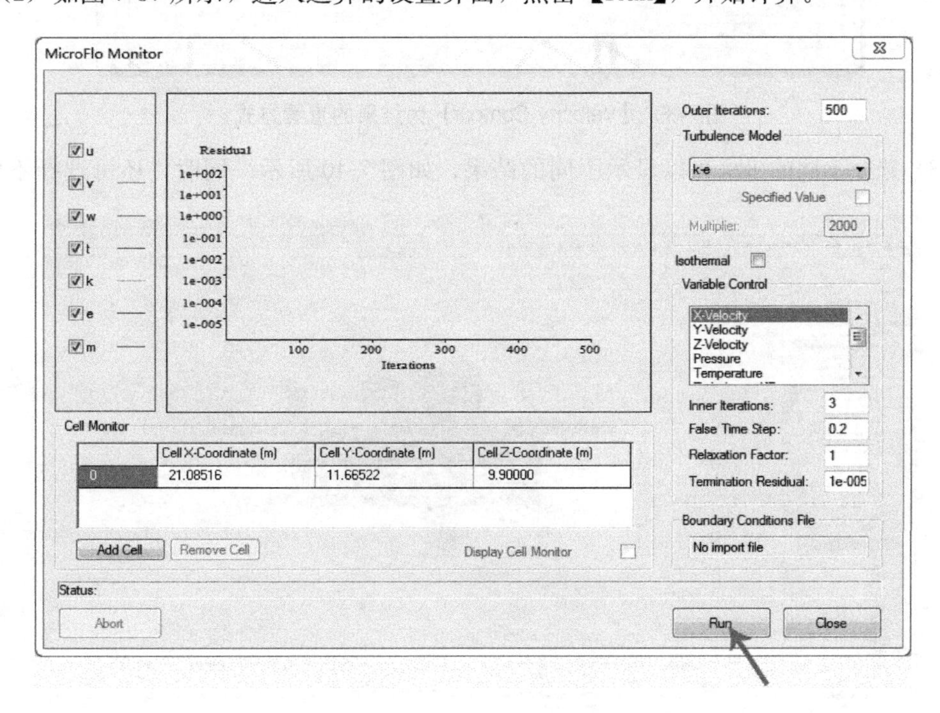

图 7-37　运算设置界面

6. 结果分析

（1）如图7-38所示，点击【MicroFlo Viewer】进入结果查看界面。

图7-38　分析结果查看

（2）进入界面后，根据需要查看的结果选择显示方式。本例中查看【Velocity Key】，选择【Velocity Contour】为结果的查看方式，如图7-39所示。

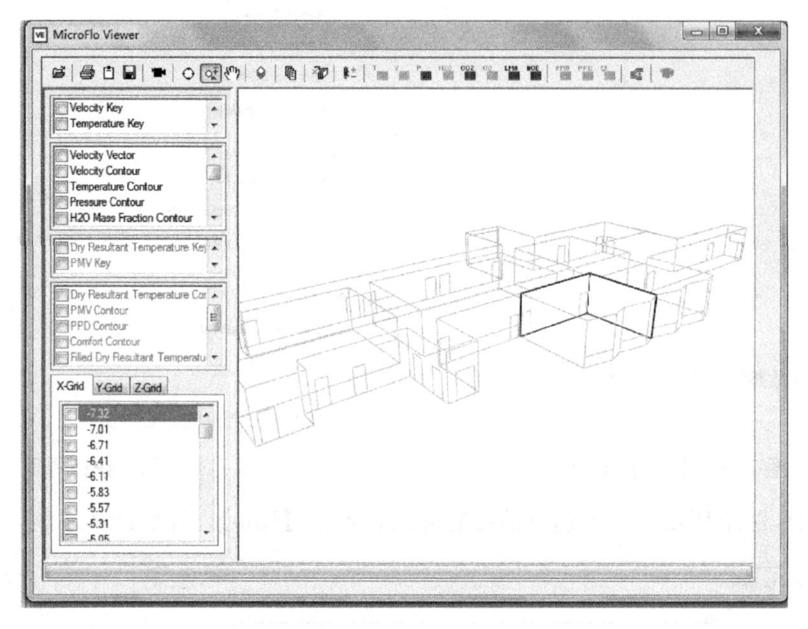

图7-39　【Velocity Contour】为结果的查看方式

（3）选择不同的坐标可以显示不同的结果，如图7-40所示。同时，还可选择不同的

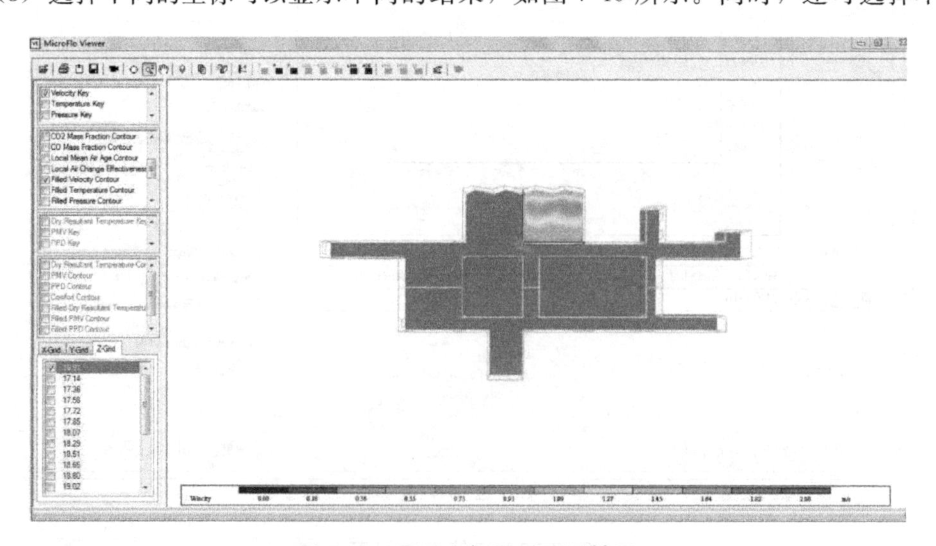

图7-40　不同坐标显示不同结果

结果显示方式，如云图或流线分析图等。如图 7-41、图 7-42 所示，分别为房间气流分析图和房间截面通风分析云图。

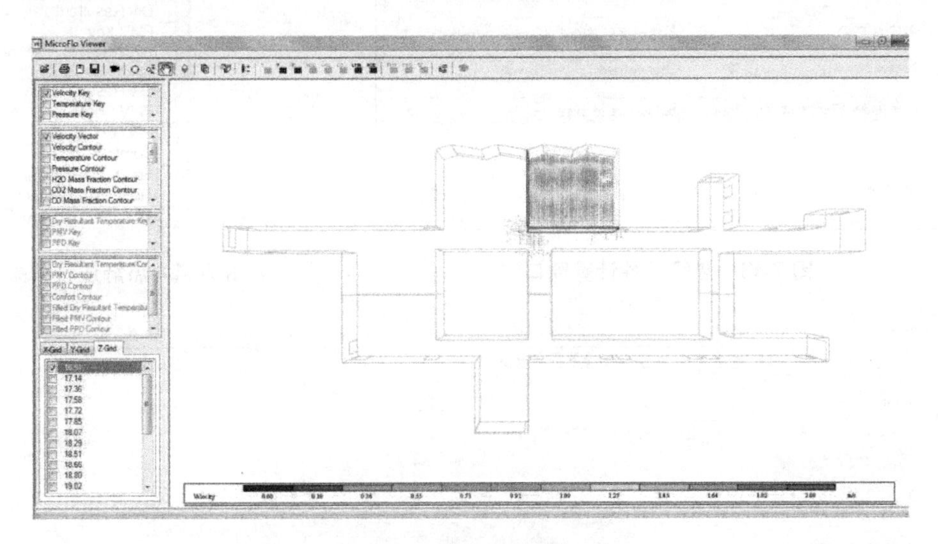

图 7-41 房间气流分析图

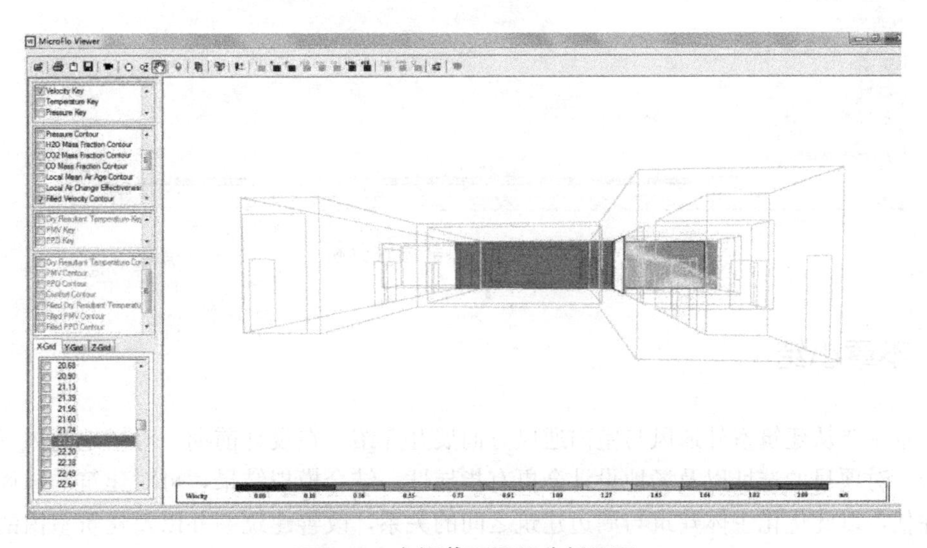

图 7-42 房间截面通风分析云图

（4）在视图工具栏中，点击图标，出现如图 7-43 所示窗口，点击【Calculate】可以对房间的热舒适性进行计算。

（5）计算完成后，在左侧的视图工具栏中，选择要查看的结果类型和查看方式，如图 7-44 所示。

（6）选择所要查看结果的方式，在坐标中选择需要查看结果的坐标后查看相应的计算结果，如图 7-45 所示。由图可知，房间整体舒适性较好（在设置边界条件时温度默认为 20℃），若为了模拟夏季房间的热舒适度，需要将进风口边界条件的温度设置为与夏季相符合的温度。

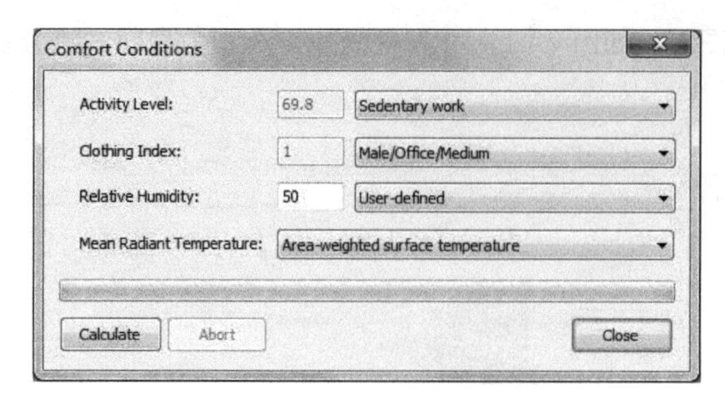

图7-43 热舒适性计算窗口

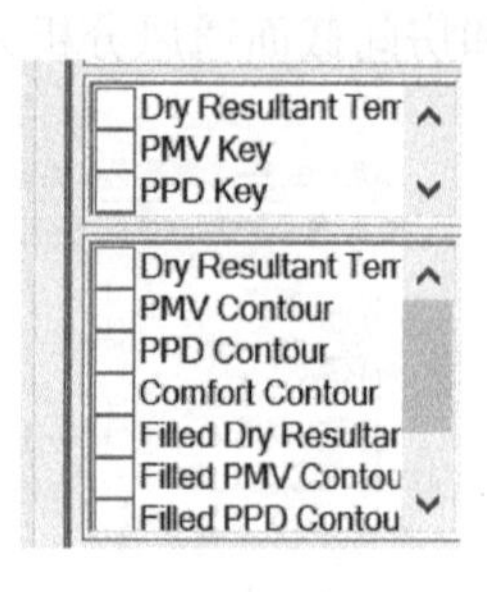

图7-44 热舒适性结果查看

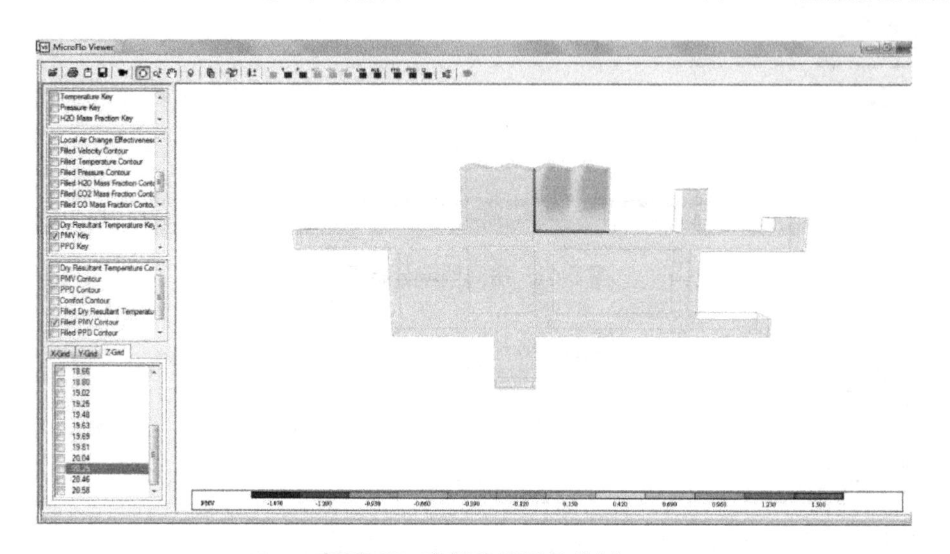

图7-45 房间热舒适性分析

7.4 本章小结

本章主要从建筑室外通风与室内通风方面展开介绍。在设计前期，对场地的风环境进行模拟，对项目的选址以及场地设计会更有指导性，结合模拟结果，可对建筑的通风情况进行评估，以此优化主体建筑与周边建筑之间的关系，改善建筑室外以及建筑室内的通风状况。在绿色建筑设计过程中，可采用此模拟分析方式，针对建筑群体布局、建筑室内通风及空气品质等方面进行评价和优化。

第8章　建筑日照与遮阳分析

阳光直接照射到物体表面的现象称为日照。阳光直接照射到建筑地段、建筑物外围护结构表面和房间内部的现象称为建筑日照。研究建筑日照主要研究直接辐射对建筑物的作用和建筑物对日照的要求。太阳在天空中的位置因时因地变化，正确掌握太阳相对运动的规律，是处理建筑光环境问题的基础。

由于太阳照射，引起人类和动植物的各种光生物学反应，促进生物机体的新陈代谢，阳光中所含的紫外线能预防和治疗一些疾病，因此，建筑物有适宜的日照，具有重要的卫生意义。另外，阳光中含有大量的红外线和可见光，如果冬天直射入室内，所产生的热效应能提高室内温度，起到取暖和干燥的作用。此外，日照不仅能使建筑更具有立体感，还能通过开洞和开窗使建筑室内形成一种视觉上的艺术效果。

日照并不是越多越好，需要分地区和季节。如夏季我国南方地区，过量的日照会造成室内过热；如果阳光照射到工作平面或者建筑外立面的幕墙上，则会产生眩光，对人的视力、工作效率产生一定的负面影响，甚至造成交通事故；直射的阳光还会造成物体褪色、损坏甚至爆炸。

8.1　建筑日照概述

建筑设计专业人员之所以要掌握日照知识，概括起来，就是要根据建筑物的性质、使用功能和其他具体要求，采取必要的建筑措施争取日照或者避免日照，以改善生活工作环境，提高劳动生产率和增进使用者的身心健康。

8.1.1　日照的作用与要求

（1）按地理纬度、地形和环境条件，合理地确定城乡规划的道路网方位、道路宽度、居住区位置、居住区布置形式和建筑物的体形；

（2）根据建筑物对日照的要求以及相邻建筑的遮挡情况，合理地选择和确定建筑的朝向及间距；

（3）根据阳光通过采光口进入室内的时间、面积和太阳辐射照度等的变化情况，确定采光口以及建筑构件的位置、形状和大小；

（4）正确设计遮阳构件的形式、尺寸与构造。

8.1.2　日照标准与日照间距

日照标准，是为了保证室内环境的卫生情况，根据建筑所在的气候地域，城市的大小和使用的性质来确定的，在规定的日照标准日（冬至日或大寒日）有效日照时间内，以底层窗台面为计算起点的建筑外窗获得的日照时间。

日照标准中的日照量包括日照时间和日照质量：日照时间是以建筑向阳房间在规定的日照标准日受到的日照时数为计算标准，日照质量是指每小时室内墙面阳光照射累积的多少以及阳光中紫外线效用的高低。

日照间距指前后两排房屋之间，为保证后排房屋在规定的时日获得所需日照量而保持的一定间距。正确地处理好了建筑之间的间距才能保证必要的日照，具体内容见《建筑采光设计标准》(GB 50033—2013)。

8.2　建筑遮挡与投影分析

8.2.1　建筑遮挡分析目的

在建筑设计中根据尺度的大小一般可将设计对象分成建筑群组、建筑单体和建筑构件。尽管在这些范围内绝大多数潜藏在能量现象背后的原理不会有太大变化，但是其表现方式会有很大的不同。例如，尽管太阳的运动在所有尺度范围内都是一致的，但在每个尺度上建筑师对太阳运动的理解与分析可能会十分不同。

在建筑群组的尺度上，建筑师所关注的可能是如何规划建筑和街道，从而利用太阳光与太阳能。建筑要利用太阳光，前提是阳光要进入建筑。在建筑高密度区域，有必要对建筑的密度与高度进行分析，以确保建筑室内空间满足建筑的日照要求。

在 IES〈VE〉的【Solar】部分包含了【SunCast】模块，可以通过太阳轨迹图与【Images】命令进行建筑物遮挡与阴影的初步评估分析，可以较为便捷地得到建筑遮挡与投影直观的分析成果。

8.2.2　模拟计算

启动 IES〈VE〉，在 Solar 列表中选择【SunCast】模块，点击【Images】选项卡，如图 8-1 所示。

【Images】选项界面如图 8-2 所示。

(1) 点击图标，进入【Single image】模式。在【Single image】模式下，可通过调整日期、时间与视角对不同情况下的建筑遮挡与阴影进行分析。

(2) 点击图标，进入【Timed images】模式。在【Timed images】模式下，可用图片或视频的形式对建筑遮挡与阴影周期性变化进行分析。

(3) 点击图标，进入【Fly-round】模式。在【Fly-round】模式下，可用鸟瞰视角查看建筑遮挡与阴影情况。

(4) 点击图标，进入【Sun-view images】模式。在【Sun-view images】模式下，可以在太阳视角下查看建筑物遮挡与阴影情况。

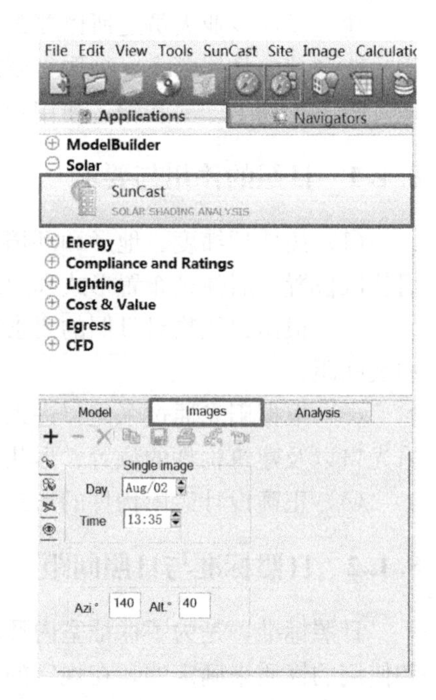

图 8-1　【SunCast】模块界面

以下以【Single image】模式与【Timed images】模式为例对建筑遮挡与阴影进行分析。

1.【Single image】模式

【Single image】模式如图 8-3 所示。【Day】选项可以对分析日期进行设定，【Time】选项中可以对具体分析时间进行设定，【Azi】与【Alt】选项可以对分析视角进行设定。

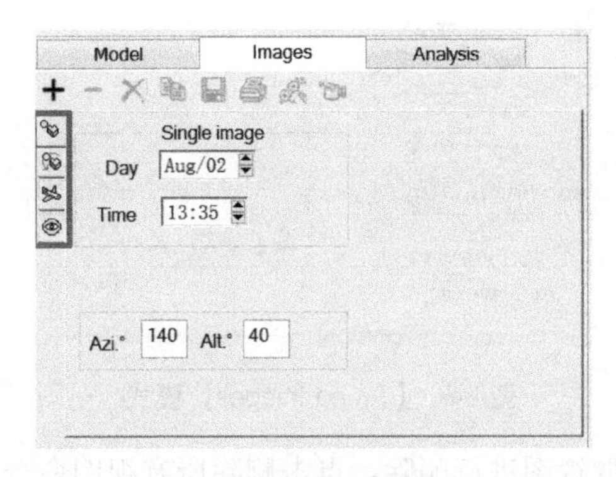

图 8-2 【Images】选项界面

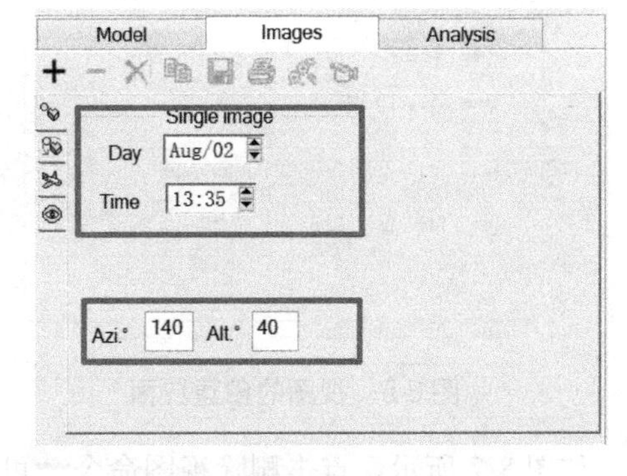

图 8-3 【Single image】模式

点击【Get camera position using Model viewer】命令，如图 8-4 所示，可手动调节视角。

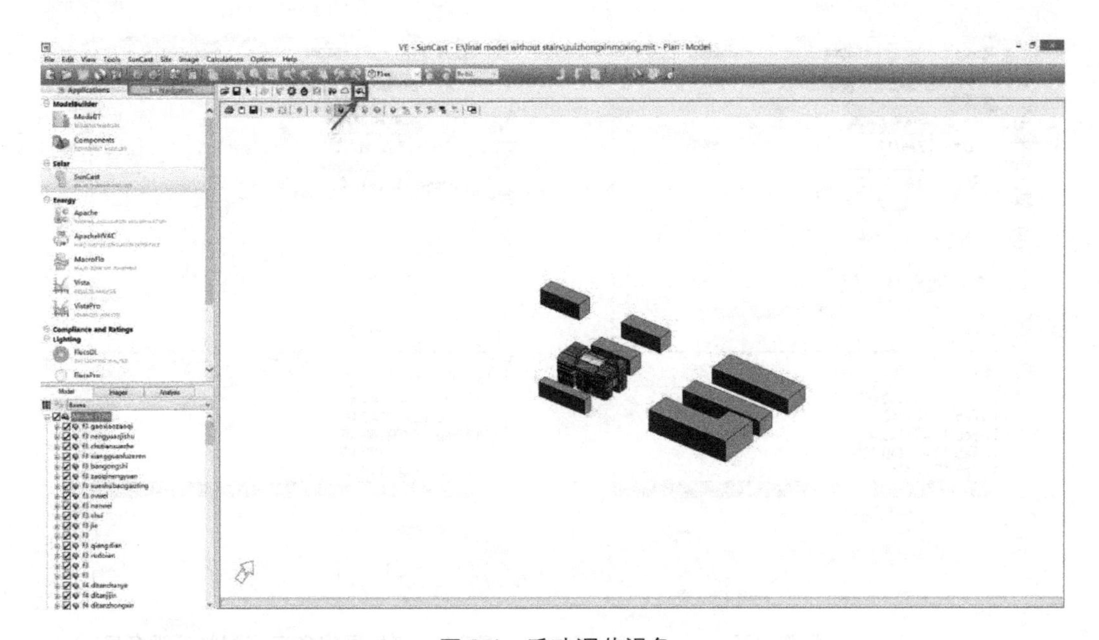

图 8-4 手动调节视角

在调整好日期、时间与视角后，点击创建视图命令创建视图，即可在下方列表中选取对应视图，如图 8-5 所示。

2.【Timed images】模式

【Timed images】模式如图 8-6 所示。【Day】选项中可以对所要分析的建筑的具体日期进行修改，【Start】与【Stop】选项中可以对分析建筑的具体时间段进行修改，【Step】选项中可以对分析出图的时间间隔进行选择，【Eye position】选项中可以对分析视角进行调整。

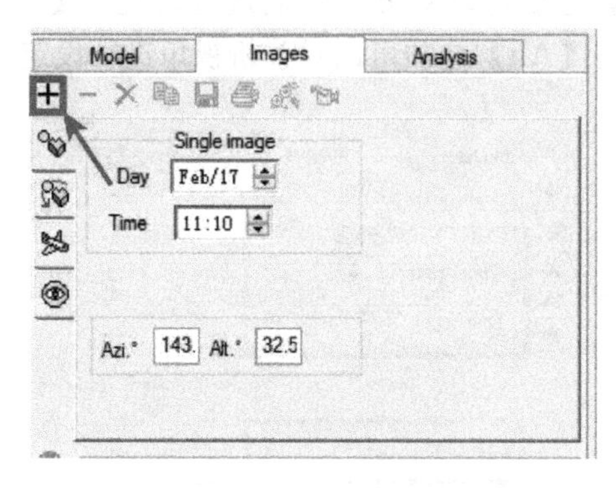

图 8-5　视图的创建界面

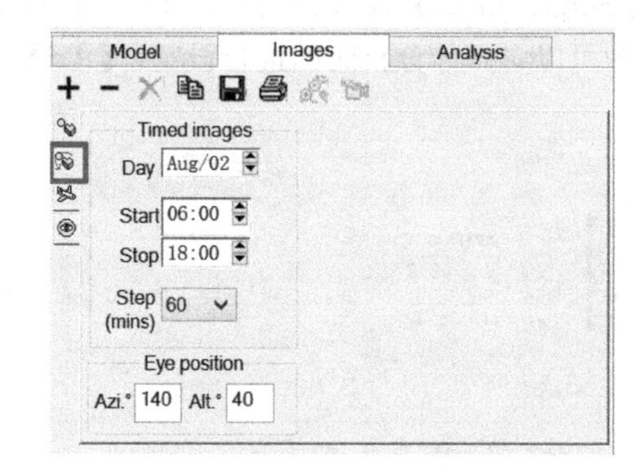

图 8-6　【Timed images】模式

如图 8-7 所示，点击删除视图命令━可选取视图进行删除，点击删除所有视图命令✕可对所有视图进行删除。

在预览对应模拟视图时，可通过鼠标中键对视图进行调整，调整过后若想对其他视图进行相同调整，点击应用相同视角命令，即可将相同视角应用在其他视图中，如图 8-8 所示。

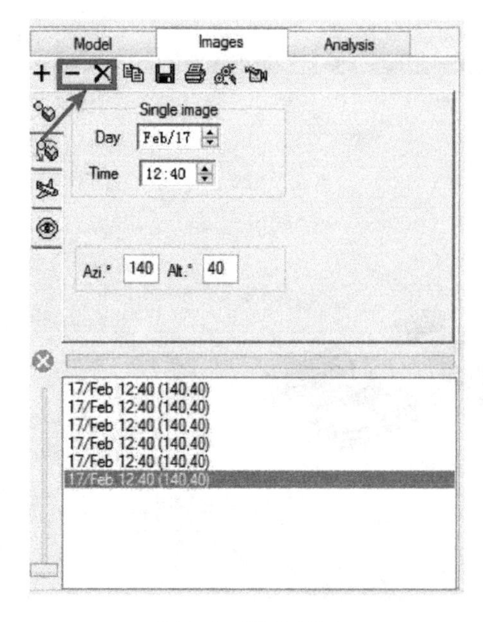

图 8-7　删除视图

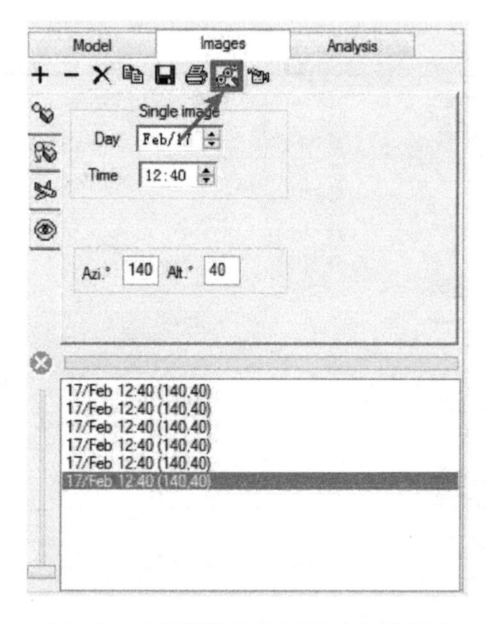

图 8-8　将相同视角运用到其他视角区

在所有视图筛选完毕后，点击创建视频命令，可将所有视图编辑成视频进行分析，如图 8-9 所示。

如图 8-10 所示，点击【Settings】命令，可对视频各项参数进行设置。

点击【Make the video】命令，将图片转换成视频。

注意：如果视图列表无法显示，点击如图 8-11 所示工具栏的框选图标即可。

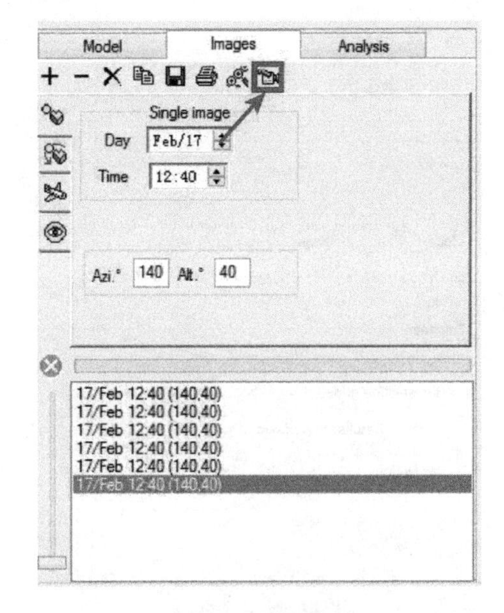

图 8-9 创建视频

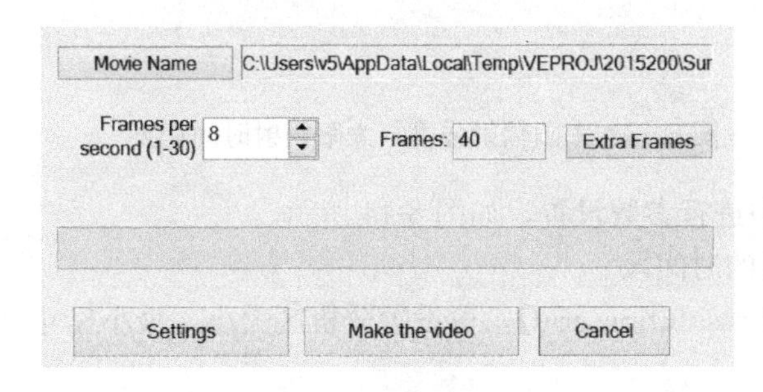

图 8-10 视频参数设置

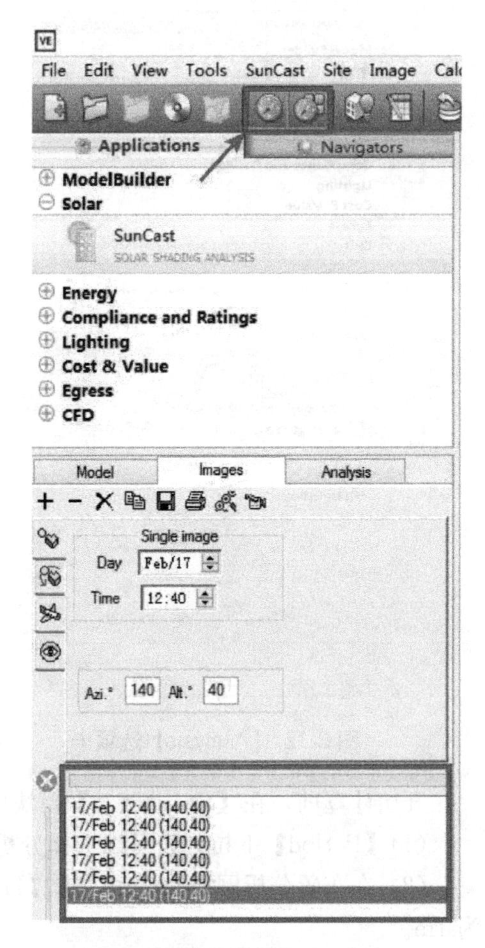

图 8-11 视图列表的关闭与打开

8.3 太阳辐射热分析

8.3.1 分析目的

在有供暖需求的太阳能资源富集地区，由于太阳辐射强烈，住宅建筑各个朝向外墙，尤其是南北向的外墙所接收的太阳辐射量差异很大，为了更有效地利用太阳能并降低保温成本，这种差异应表现在建筑围护结构保温性能的设计中。

SunCast 模块包含【Analysis】选项卡，用于分析建筑外界面（墙体、屋顶等）的太阳辐射强度和太阳辐射得热量等。通过多种形式的模拟结果数据，反馈到设计中。

8.3.2 模拟计算

在【SunCast】模块中选择【Analysis】选项卡，如图 8-12 所示。

点击图标和图标可分别对建筑太阳辐射强度和太阳照射时间切换，如图 8-13 所示。

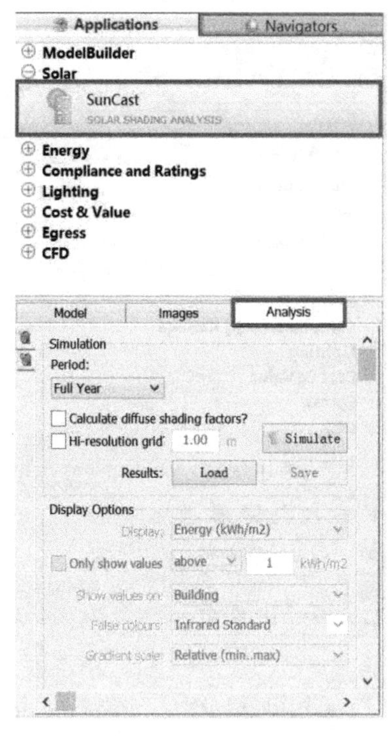

图 8-12　【Analysis】选项卡

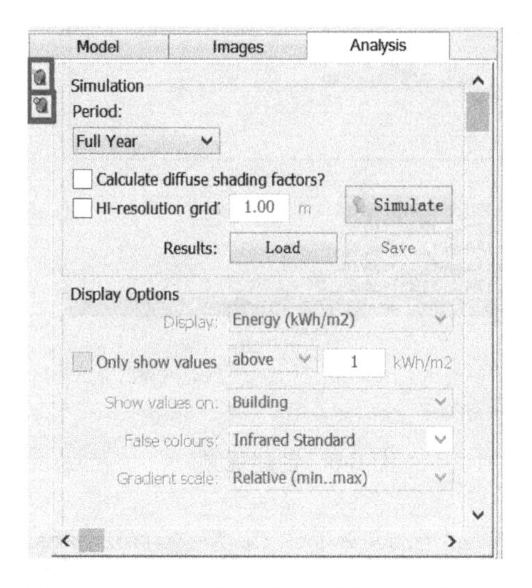

图 8-13　太阳辐射强度与太阳照射时间切换

开始计算前，在【Simulation】模块中进行参数设置，如图 8-14 所示。

（1）【Period】下拉列表可以选择分析的时间段。

（2）在布置分析网格时，若勾选【Hi-resolution grid】，可设置分析区大小，最小尺寸为 1m。

如图 8-15 所示，以全年为例，勾选【Calculate diffuse shading factors?】选项，将网格设置至 1m，点击【Simulate】进行计算。

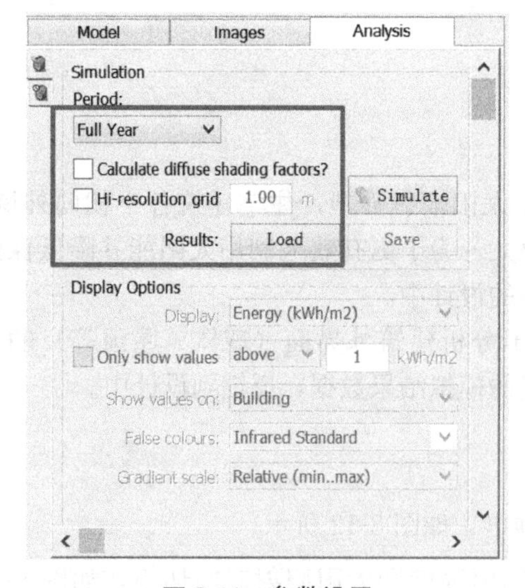

图 8-14　参数设置

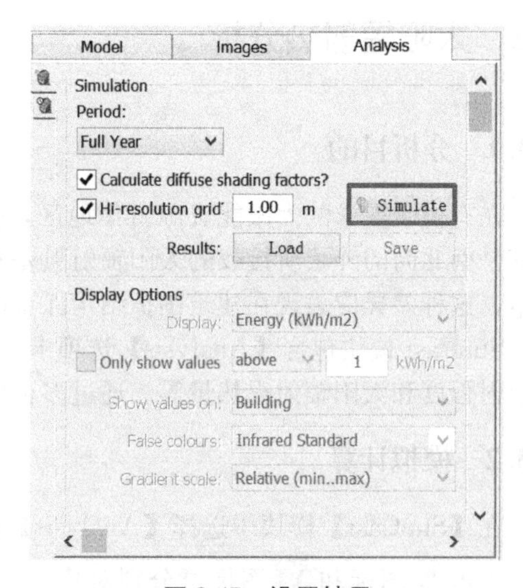

图 8-15　设置结果

1. 太阳能分析

计算完成后，点击【Solar Energy Analysis】命令，可以对【Display Options】（显示选项）模块内参数进行设置。

（1）在【Display】列表中选择模拟结果的显示单位。

（2）在【Show values on】列表中设置显示建筑不同部分的分析结果，分别为 Building、Building Walls、Building Windows、Building Roofs。

（3）在【False colours】列表中设置结果界面的颜色域。

（4）在【Display range】选项中设置模拟的日期及时间。

如图 8-16 所示，在调整好所有参数之后，点击【Apply】、【Model Viewer Ⅱ】显示太阳能模拟结果图，如图 8-17 所示。

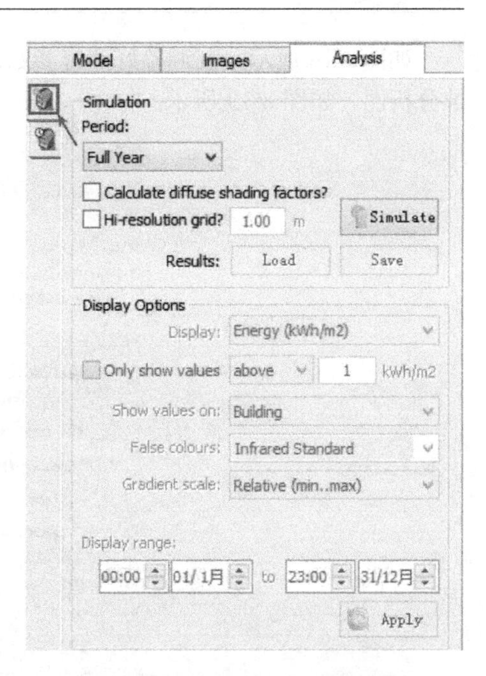

图 8-16　太阳能模拟参数调整

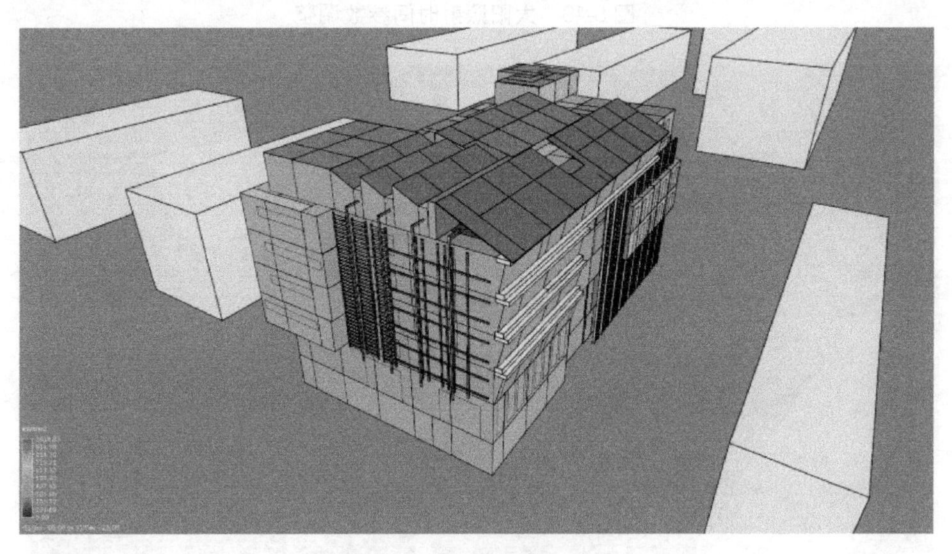

图 8-17　太阳能模拟结果

2. 太阳照射时间分析

如图 8-18 所示，点击【Solar Exposure Analysis】图标，可对【Display Options】选区内参数进行设置。

（1）在【Display】列表中可对分析图表单位进行设置。

（2）在【Show values on】列表中可选择显示建筑不同部分的分析结果，分别为 Building、Building Walls、Building Windows、Building Roofs。

（3）在【False colours】列表中可选择分析图分析界面的颜色。

（4）在【Display range】选项中可对分析日期及时间进行调整。

如图 8-18 所示，在调整好所有参数之后，点击【Apply】、【Model Viewer Ⅱ】显示三维分析图，如图 8-19 所示。

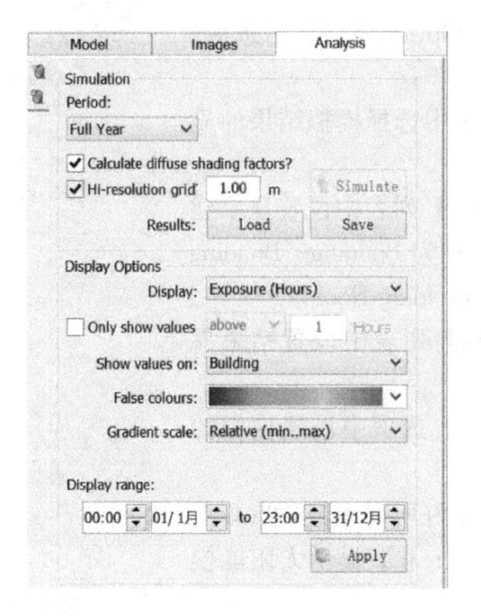

图 8-18　太阳照射时间参数调整

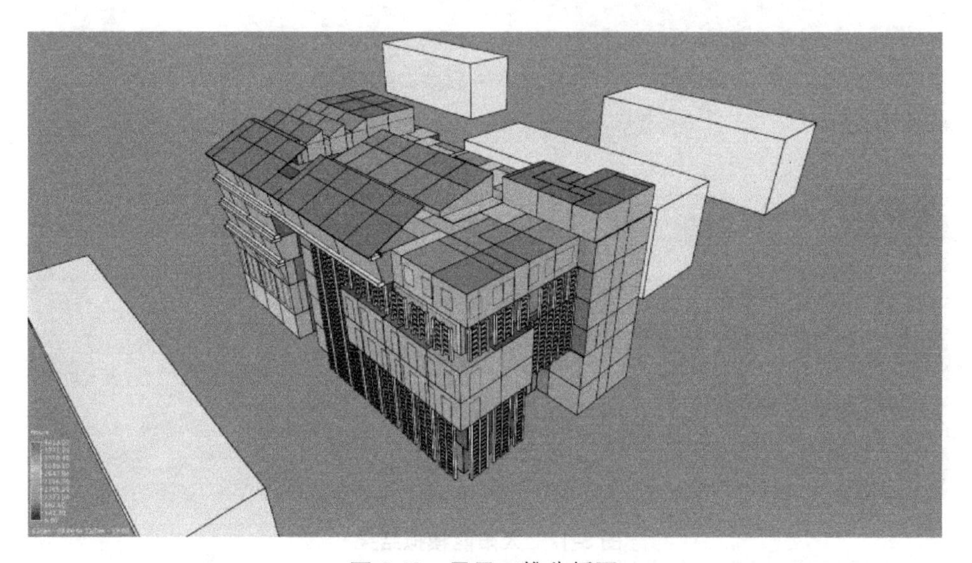

图 8-19　显示三维分析图

8.4　建筑遮阳分析

8.4.1　建筑遮阳概述

在我国南方炎热地区日照时间长、太阳辐射比较强烈，对建筑的一些部位需要调节太阳的直射辐射，比如窗户、外廊、橱窗、中庭屋顶和玻璃幕墙等，以扬其利而避其害。当然，最常见与最具代表性的仍然是窗口遮阳。因此特以窗口为例说明建筑遮阳设计的原理和方法。

根据遮阳装置放置的位置，可以将其分为内遮阳、中间遮阳、外遮阳。内遮阳就是生活中用的窗帘，其形式有百叶帘、卷帘、垂直帘、风琴帘等，材料以布、木、铝合金为主。窗帘除了遮阳外，还有遮挡视线、保护隐私、消除眩光、隔声、吸声降噪、装饰室内等功能，市场上供用户选择的式样非常多，而且安装、使用和维护保养十分方便，应用普遍。外遮阳则是设在建筑围护结构外侧，分为固定式和活动式。中间遮阳是遮阳装置处于两层玻璃之间或是双层表皮幕墙之间的遮阳形式，一般采用浅色的百叶帘。百叶帘采用电动控制方式，由于遮阳装置在玻璃之间，外界气候的影响较小，寿命很长，是一种新型的遮阳装置。同样的百叶帘安放在不同位置遮阳效果相差很大，内遮阳百叶帘的得热难以向室外散发，大多数热量都留在了室内，而外遮阳百叶帘升温后大部分热量被气流带走，仅有小部分传入到室内。所以外遮阳的遮阳效果比内遮阳好。

IES〈VE〉的【Solar】提供了【SunCast】模块，可以用于分析建筑某面外墙太阳辐射强度、全年太阳辐射得热量等。在分析结果得出以后，可以得到每一个房间、每一面墙、楼板等建筑物中构建的太阳辐射强度，并以图表数据的形式输出，通过得到数据，可以有效地反馈到设计中，并能够通过精确的数据进行定量计算，从而优化设计。

8.4.2 模拟计算

如图 8-20 所示，选择【SunCast】模块，点击图标。

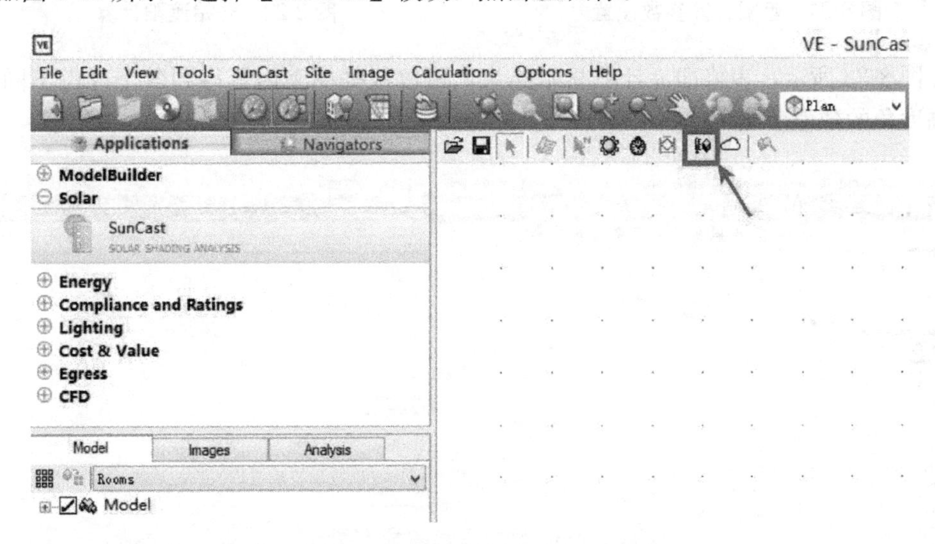

图 8-20 遮阳计算

如图 8-21 所示，在开始计算前，可以对一些参数进行调整。

(1) 在【Start month】与【End month】列表中可以对计算的月份进行设定，在【Design day】选区中可以对每个月的标准日进行选择。

(2) 在【Calculate diffuse shading factors】选项中可以选择是否勾选来决定遮阳计算中是否计算漫反射着色因素。

(3) 根据计算机不同的性能，可调整【Enable faster calculations&auto-shading generation】选项栏中的参数，通过并行计算提高计算效率。

(4) 在【User defined Shading file】选项中可以选择勾选命令来导入用户自定义的阴

影文件。

（5）在【Preserve previously backed-up Shading files】选项中可以选择勾选命令来保存之前备份的遮阳文件。

如图 8-22 所示，将计算时间段设定为全年，标准日定为每月 15 日，点击【Start】开始遮阳计算。

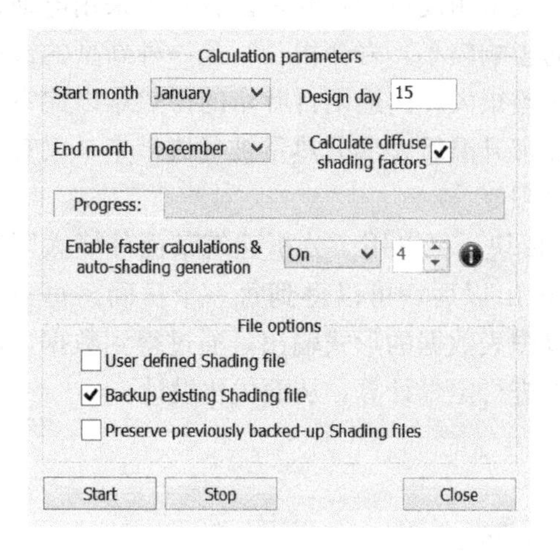

图 8-21　遮阳计算参数设置

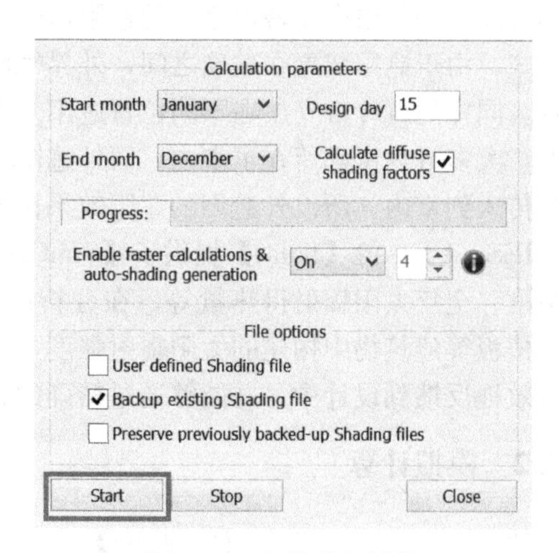

图 8-22　开始遮阳计算

如图 8-23 所示，表格即为计算显示结果，可以根据图表内容得到各个月份不同时间太阳高度角的数值变化。

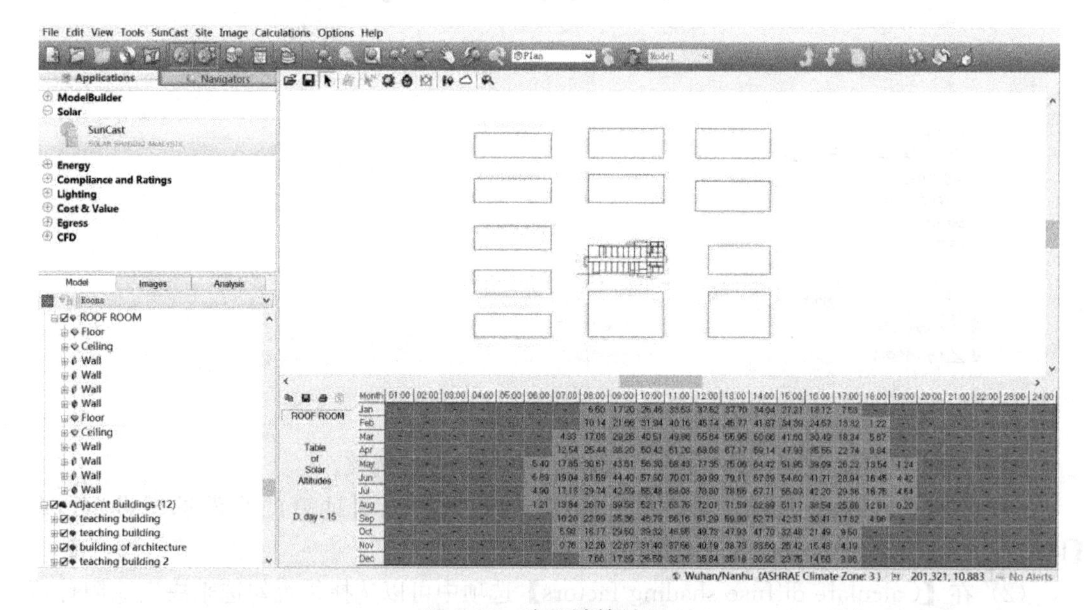

图 8-23　遮阳计算结果

在得到不同时间段太阳高度角后，可在模型界面中选取任意房间进行分析。如图 8-24 所示，选取需要分析的房间后，点击【Move down one level】图标，下降一层。

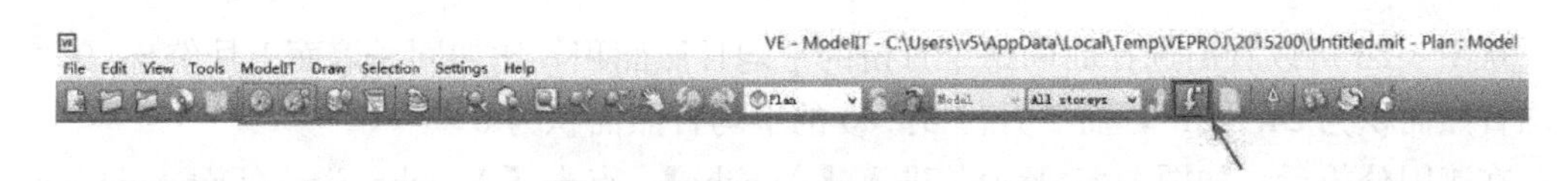

图 8-24 下降一层

如图 8-25 所示，在模型界面中可选取任意墙面、楼板等进行太阳辐射分析。

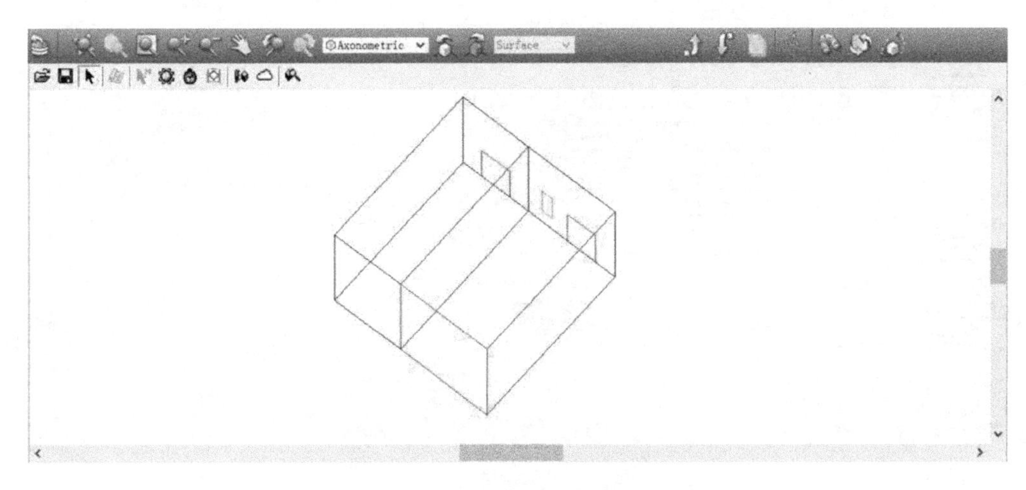

图 8-25 选择分析面

图 8-26 左侧的【Show results by】栏中，可对太阳辐射热的单位显示进行选择。【Insolation type】栏中，可选择墙面内侧或外侧进行查看。此处选择【External】，因为墙体内表面没有日照，所有的数值都为 0。

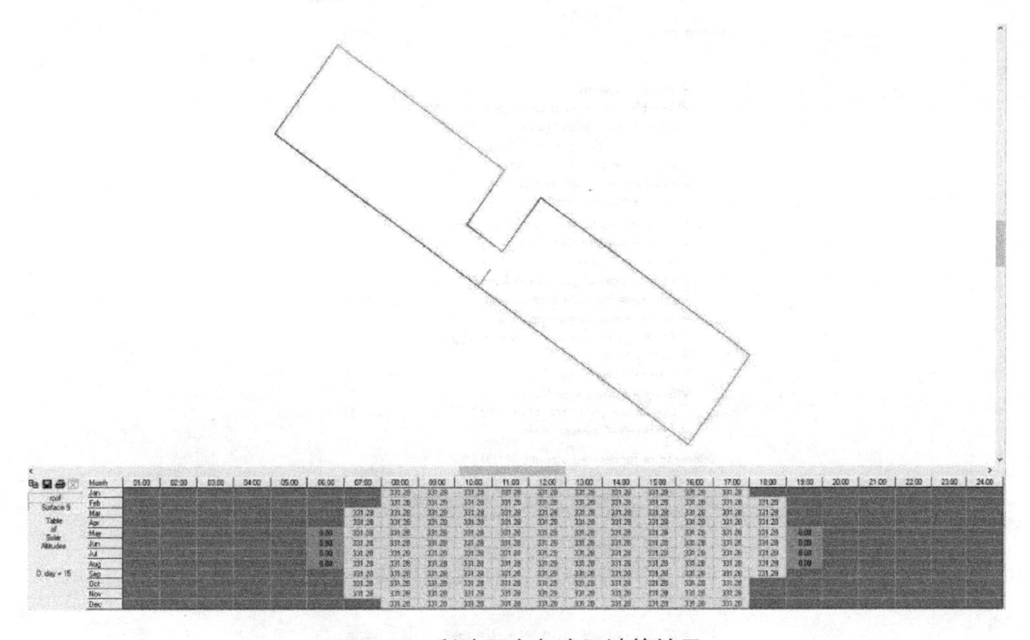

图 8-26 所选面全年遮阳计算结果

调整完成后，可得到各个月份不同时间太阳辐射得热面积的数值。

从图 8-26 可以看出选择面的每个月份的平均日照面积，比如同一墙面 1 月份 8：00 的平均日照面积为 24.36m²，而 5 月份 8：00 的平均日照面积为 0。

在遮阳分析后，如图 8-27 所示，进入【Apache】，点击【Apache Sim（Dynamic Simulation)】，勾选【Enable Suncast Link?】，点击【Output Options】，如图 8-28 所示，勾选【External incident solar flux】和【Internal incident solar flux】，最后点击图 8-27 中的

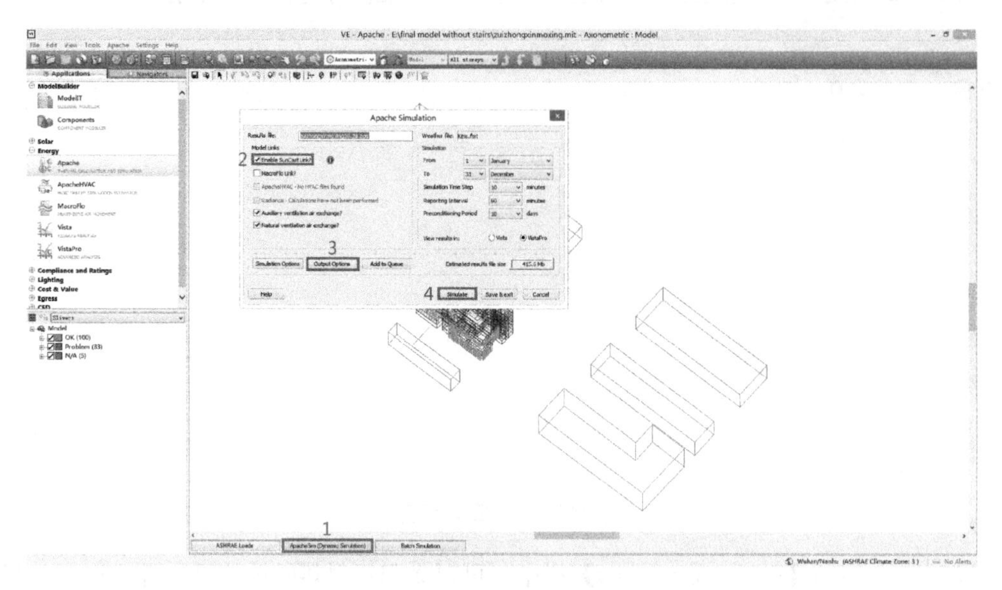

图 8-27　查看围护结构全年的热量数据步骤

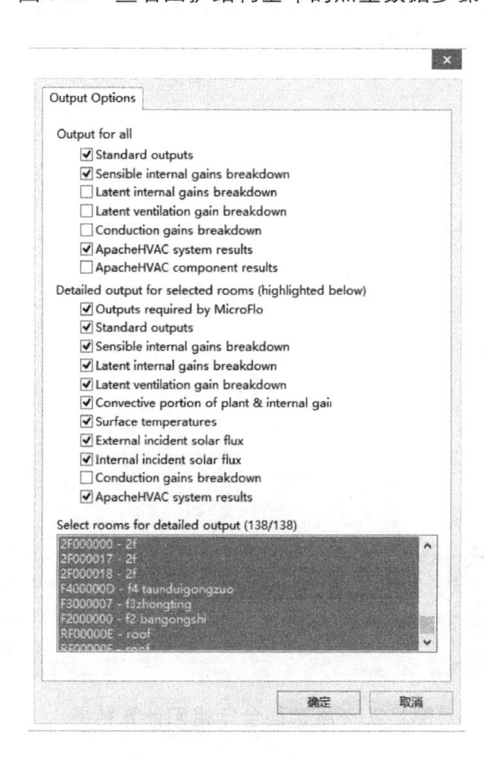

图 8-28　勾选输出结果

【Simulate】开始计算。

计算完成后即可查看围护结构的全年得热量数据结果。

计算完成后会自动跳转到【Vistapro】界面，如图 8-29 所示，勾选【Surface】，选择【Ext surface incident solar power】和【Int surface incident solar power】，接着选择模型的一个围护结构面，最后点击统计，即可得到该围护结构全年内外表面的得热量。

在传统建筑节能设计中，遮阳作为重要的节能设计方式，其分析结果对于建筑能耗将产生直接影响。因此，在本书第 6 章进行建筑能耗分析前，应考虑先进行建筑遮阳计算。

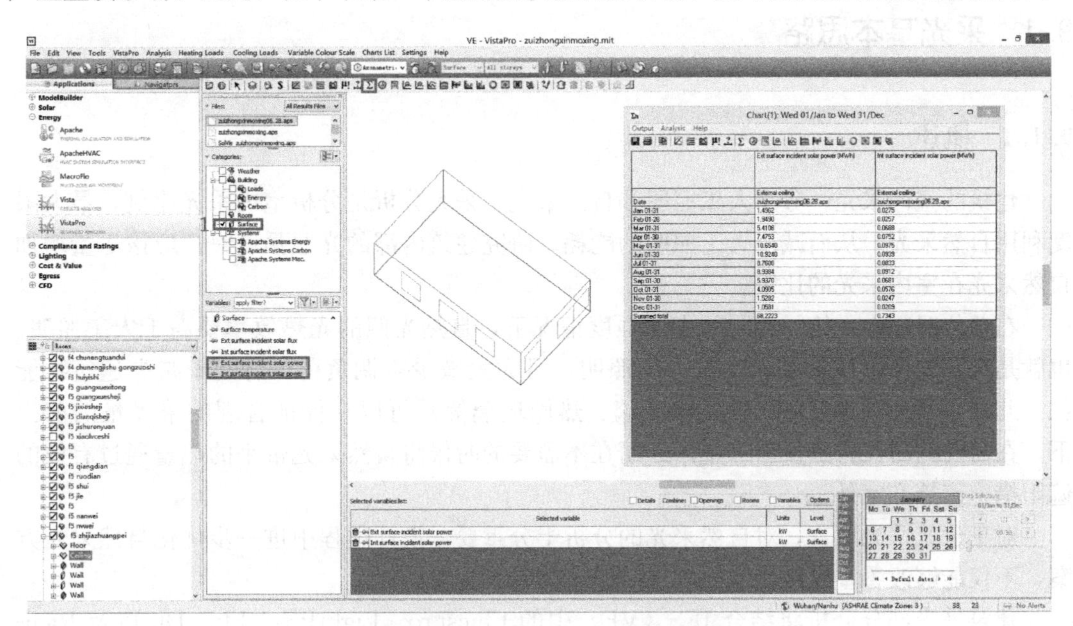

图 8-29 围护结构全年的热量数据

8.5 本章小节

本章着重介绍了 VE 中"Solar"部分的遮阳分析和日照分析的操作过程及思路。使用"Solar"分析可以得出某面墙、门窗、屋顶等围护结构的全年日照辐射量和日照时长，在太阳能集热器面积的计算，以及遮阳方式和遮阳位置确定等运用中起着重要的作用。

第 9 章　建筑采光分析

9.1　采光基本思路

9.1.1　概述

建筑的室内采光，分为人工照明和自然采光。采光分析是分析室内采光比例，最大限度利用自然采光，从而减小人工照明的能耗。研究建筑内部的光照强度时，应该尽量增加自然采光在室内采光的比重。

在单位时间内，给予相同的光照强度情况下，自然光照的光热效率要高于人工照明。也就是说，如果用自然采光代替人工照明，可大大减少空调负荷，有利于减少建筑物能耗。此外，新型采光玻璃（如光敏玻璃、热敏玻璃等）可以在保证合理的采光量的前提下，在需要的时候将热量引入室内，而在不需要的时候将自然采光带来的热量通过有效的遮阳措施遮挡在室外。

对于建筑采光而言，对自然采光的分析十分重要，设计过程中进一步优化自然采光方案，不仅能够改善室内采光效果，还可以整体减少建筑能耗。

建筑采光部分分析将结合 IES〈VE〉中的 Flucspro、LightPro、FlucsDL 以及 Radiance 四个模块进行介绍。结合建筑采光不同影响因素，从而帮助设计师解决建筑采光设计与优化分析过程中的问题。

9.1.2　采光模拟分析条件设置

在分析过程中，需要考虑不同地域光气候对分析对象的影响。因此，结合 IES〈VE〉采光分析需要，从输入条件和输出条件两方面考虑。

1. 输入条件（分析案例中选取武汉为例）

武汉市属于Ⅳ类光气候区，其室外自然采光临界照度值取 4500lx，参见《建筑采光设计标准》(GB 50033—2013)。

（1）武汉经度 116.317°，纬度 39.95°。

（2）天空模型：CIE 全阴天模型。

（3）室外自然采光临界照度值：4500lx。

（4）参考平面：距室内地面 800mm 高的水平面。

（5）网格间距：不超过 1000mm（建议各向网格最少数量不低于 10）。

2. 输出结果

可选取室内参考平面的采光系数最低值、采光系数等值线区域和自然采光临界照度等值线图等结果分析建筑室内的采光分布情况。

FlucsDL 模块分析结果通过局部的云图或者等值曲线图的形式，以具体数据反映室内光照强度的情况。RadianceIES 模块通过模拟出房间视角的效果图，直观反映光照分析结果。在模拟分析之前，可在 Model IT 当中布置家具等，也可在上一模块 LightPro 中布置灯具，使室内的环境更加真实，模拟分析的结果也更合理。通过模拟分析的结果，可得到某一点的照度值，也可通过改变设置方式，得到房间采光的曲线分析图，更加直观地表现采光效果。

9.2　FlucsDL 模块：自然采光分析

在 FlucsDL 模块中，设置建筑内部相关采光参数，确定分析自然光照范围。

9.2.1　选定分析房间

结合上述章节中建立的分析模型，选择一层中庭作为分析对象。

如图 9-1 所示，在层高选择下拉列表中，选择目标层高，进入目标楼层。

选择层高后，转化为相对应楼层的界面，如图 9-2 所示。一般而言，选择特定房间进行分析时，注意不要选择没有开窗的房间，导致自然采光结果为 0。

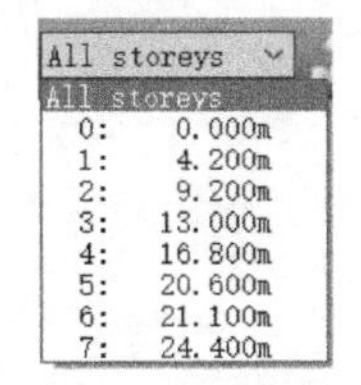

图 9-1　层高选择

图 9-2　楼层显示

如图 9-3、图 9-4 所示，在视图界面点击要选择的房间，选中的房间会高亮显示，对于房间较多的模型，可在房间列表点击选择，对应查看高亮显示的模型显示栏，如图 9-5 所示，房间列表中会高亮显示。

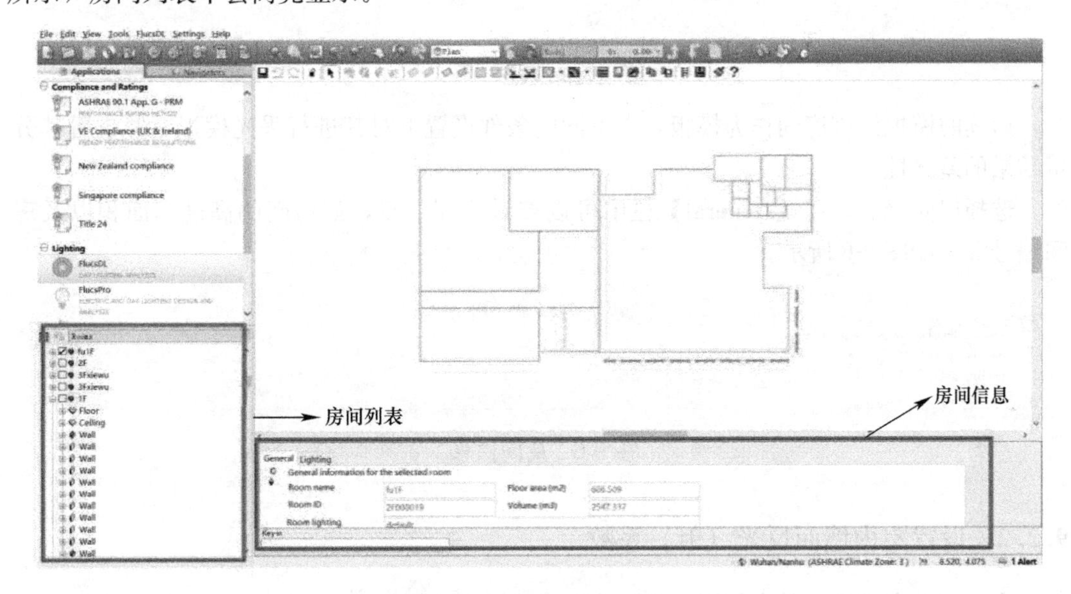

图 9-3　单层 FlucsDL 界面

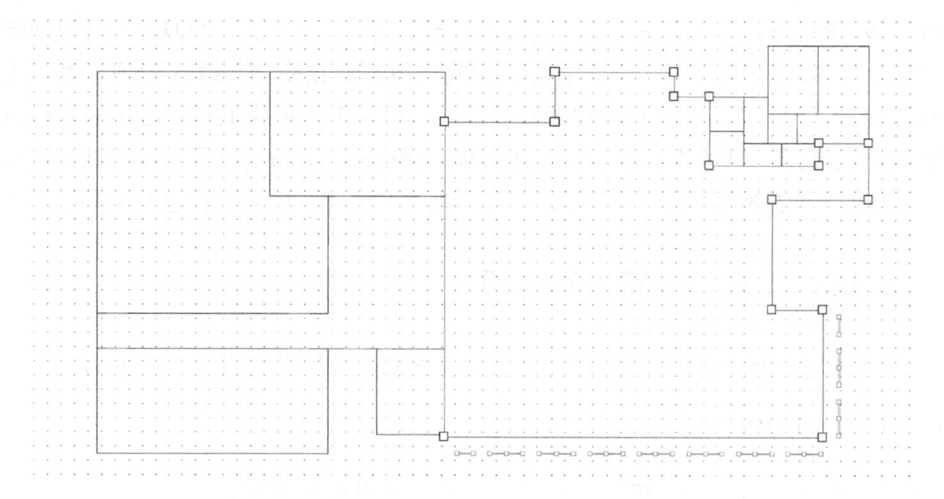

图 9-4　模型房间轮廓

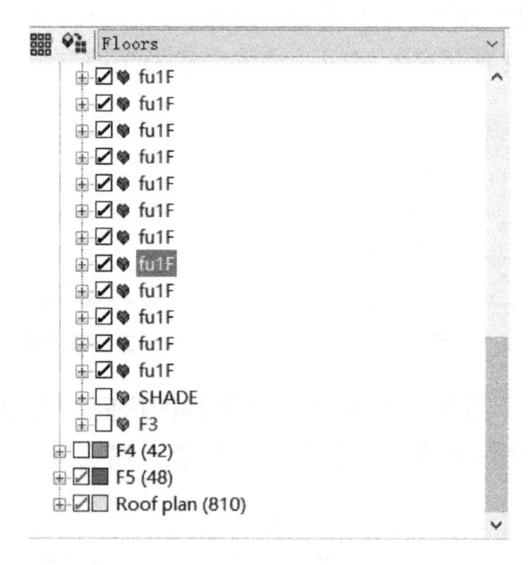

图 9-5　房间列表

后续的模拟以该房间作为模板，在不同的条件设置下对其进行采光模拟，并查看其分析结果的差异性。

选择房间之后，在【General】栏中可以查看房间信息，如房间的高度、面积以及房间编号等，如图 9-6 所示。

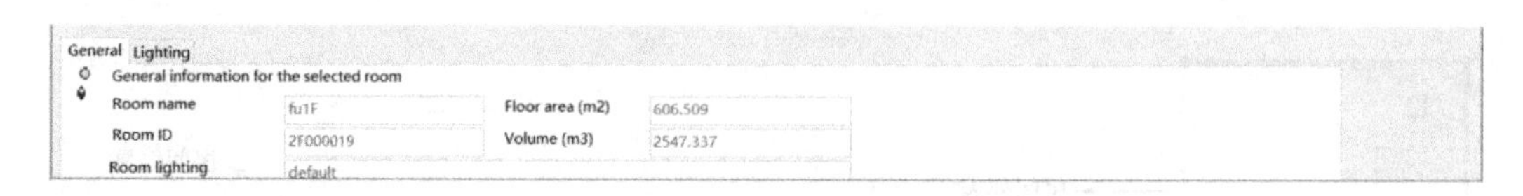

图 9-6　房间信息

9.2.2　设置室内墙面反光（射）系数

房间选定完成后，单击如图 9-7 所示快捷键栏中的图标，进入围护结构光学性能设置界面，如图 9-8 所示。

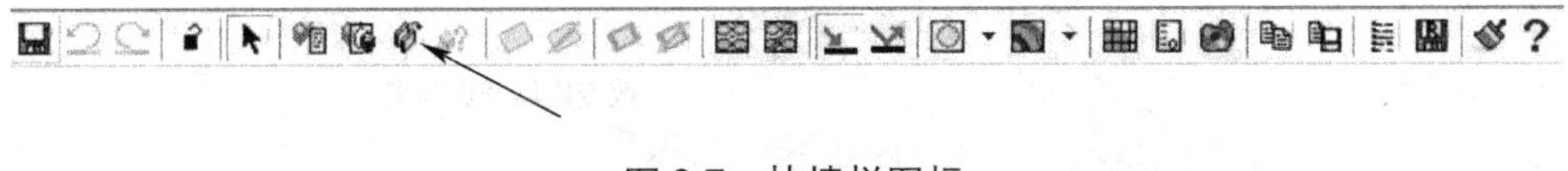

图 9-7 快捷栏图标

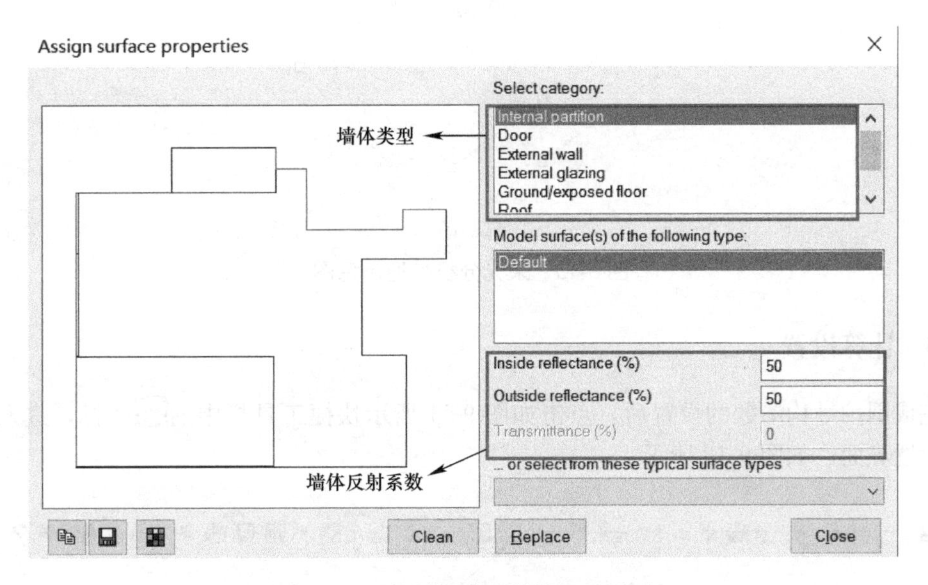

图 9-8 围护结构光学性能设置界面

在弹出的对话框当中，可设置房间中围护结构内表面的反射系数（反射比）等相关参数，提高分析结果的准确性。

对于墙体（屋顶或地面）的反射系数，不同材料的反射系数会有差别，查询相关构造规范设置房间墙体的反射系数，提高房间对自然光照的二次利用，从而增加房间内部自然采光，如图 9-9 所示。同时，在设计阶段根据不同的房间类型可以进行初步的围护结构设计。

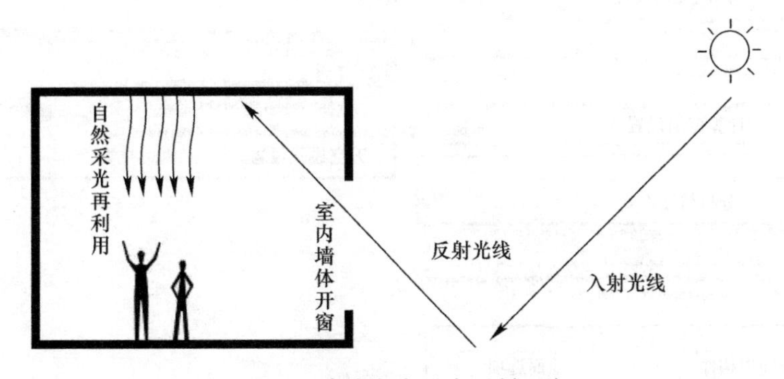

图 9-9 建筑室内采光反射示意

墙体反射系数越高，光线反射的效果越好，自然采光的再利用效率也更高。在设计阶段，根据具体的情况，建筑外墙的设计和内墙的设计可以进行综合考虑，如图 9-10 所示，通过调整室内开窗的高度进行模拟对比，使自然光的使用更加合理高效。

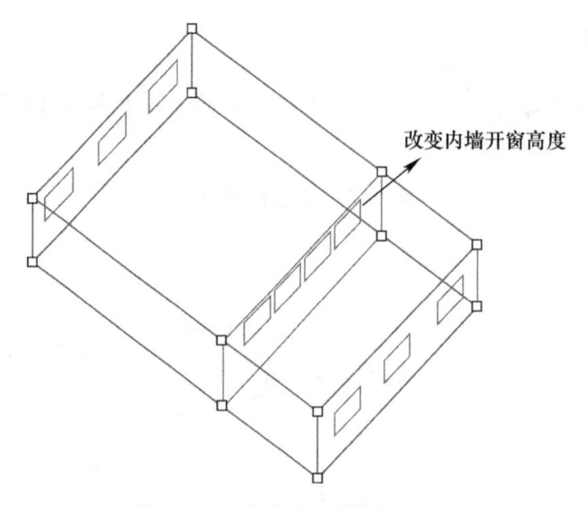

图 9-10 采光分析模型示意图

9.2.3 计算设置

完成围护结构参数的设置后，点击如图 9-11 所示快捷工具栏中的图标，进入计算分析设置界面，如图 9-12 所示。

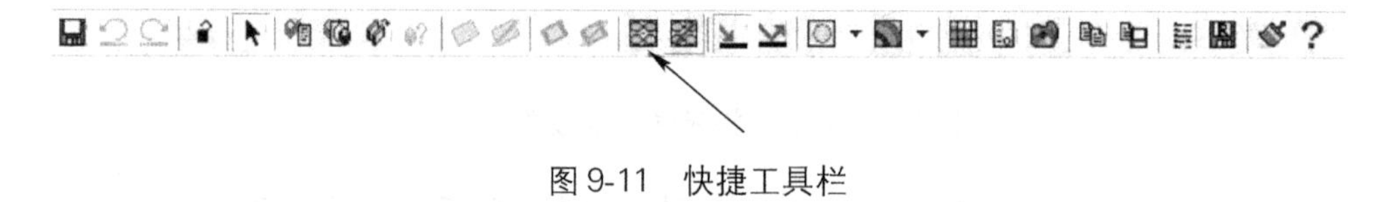

图 9-11 快捷工具栏

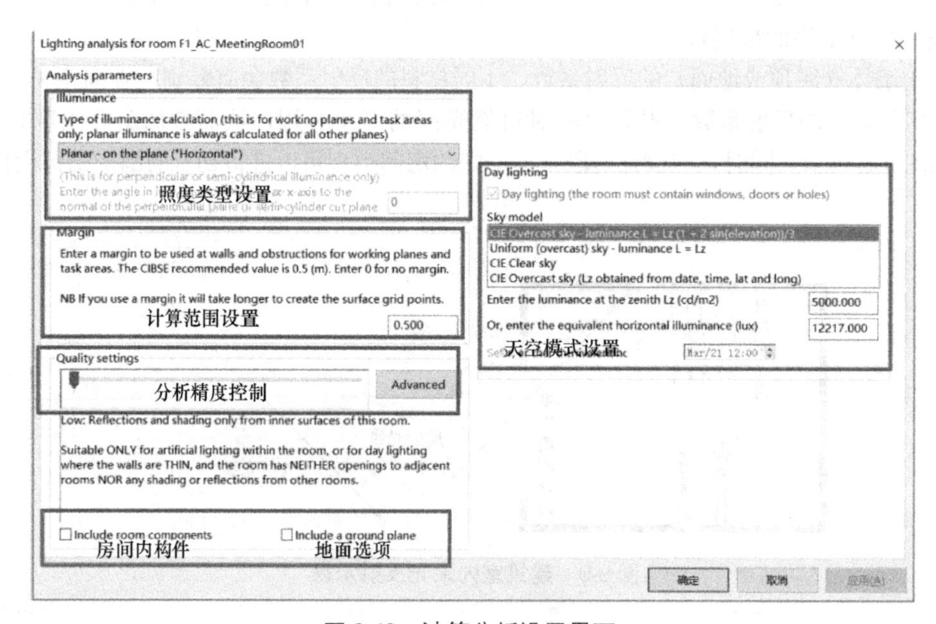

图 9-12 计算分析设置界面

如图 9-13 所示，在计算分析设置界面中，既可以设置不同类型的工作面，也可以设置不同的照度。

首先，设置不同类型的工作面。在一个房间中，不同的工作面，房间的采光效果会不同。选择不同工作面，模拟分析更加准确。

其次，选择不同的照度，模拟分析时的光源类型也会发生改变。除默认的平面光线以外，IES〈VE〉还提供垂直光线照度、柱体式照度、半柱式照度和球体模式照度等多种形式。选择不同的照度，对模拟分析的结果存在影响，具体需要结合所选择房间的轮廓选择适宜的照度进行分析。

通过更改图 9-14 中的数值，设定计算离外墙面的距离。

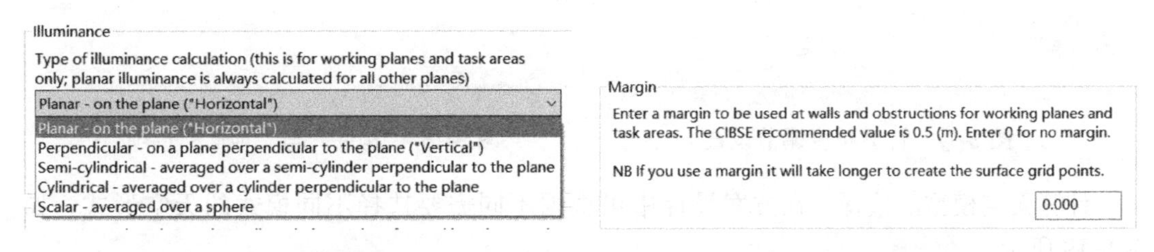

图 9-13　计算平面设置　　　　图 9-14　计算边界

如图 9-15 所示，滑动【Quality settings】下的指标可以调节计算的精确度。点击如图 9-15 所示的【Advanced】命令，对精确度进行详细调整。进入精度设置界面，如图 9-16 所示，

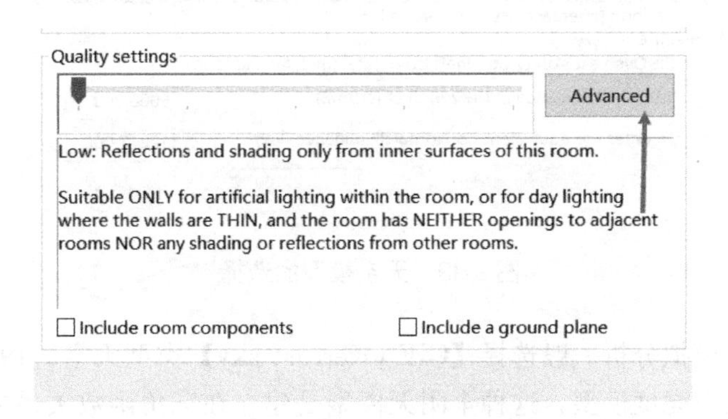

图 9-15 【Quality settings】界面

Advanced quality settings
Surfaces　Reflections
Receive and reflect light
Internal room surfaces
Component surfaces
External room surfaces
Surfaces from other rooms
Surfaces from shading bodies
Ground plane
Obstruct light
Internal room surfaces
Component surfaces
External room surfaces
Surfaces from other rooms
Surfaces from shading bodies
Grid sizes (m)
Grid size 1 (working planes, task areas, luminaires)　0.500
Grid size 2 (inner room surfaces, openings, components)　0.500
Grid size 3 (outer room surfaces, all surfaces outside　1.000
确定　取消　应用(A)

图 9-16　精度设置界面

设置界面涵盖很多建筑内外界面的反射、发射系数选项，可以根据模拟需要进行勾选，以达到特定的模拟计算精度。精度设置还可以通过如图 9-17 所示滑动拉杆，整体确定精度值的高低。

勾选【Include room components】在计算时会考虑室内构件对计算的影响。勾选【Include a ground plane】则认为计算包括地面反射光线作用，如图 9-18 所示。勾选这两项会使模拟分析更加精确，但同时也会消耗更多的分析时间。

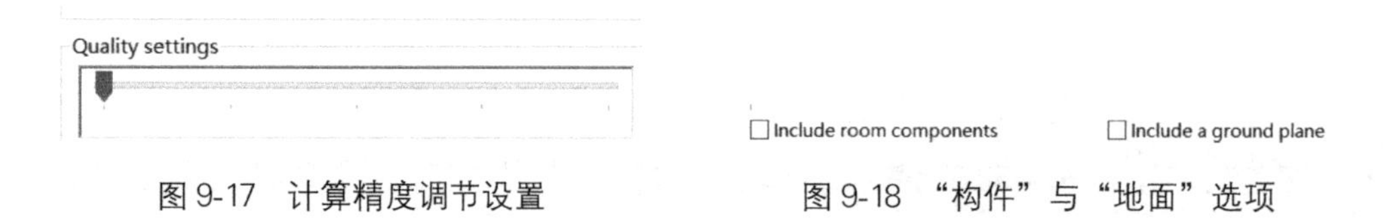

图 9-17　计算精度调节设置　　　图 9-18　“构件”与“地面”选项

计算天空模型的选择。在方案设计中可根据不同需要选择不同模式的天空形式，如图 9-19 所示。

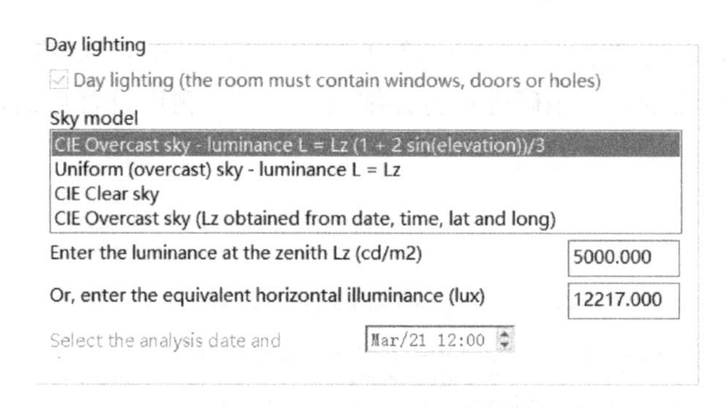

图 9-19　天空模型的选择

IES〈VE〉的模拟分析一般选择【CIE Overcast sky】类型天空。1942 年，穆恩和斯彭斯提出全阴天天空亮度模型，这种全阴天模型是建立在三角函数关系之上的。1955 年，国际照明委员会（CIE）将穆恩和斯彭斯提出的这种全阴天天空亮度模型推荐为全阴天标准模型。全阴天标准模型也被许多国家和地区广泛认同并接受，并在此基础上定义了一些采光标准。

在之前的照度类型设置中，提供的多种照度模式，都是为模拟接近“CIE Overcast sky”类型天空。在李德福教授所著论文《组装直径 3.5m 反射圆顶型人工天空》中把人工天空归结为三类：平面反射型、球体直射扩散型、球体透射扩散型。三种类型都是为尽可能真实地模拟全阴天特征。

通常实验方法是先制作一定比例的建筑模型（最常用的是 1∶10 模型）放入人工模拟天穹中，通过调节天穹内的电光源获得实验条件下的室外照度值（天穹内部照度值），用来模拟 CIE 全阴天特征，同时利用照度计测量建筑。模型内部区域的照度值利用建筑内部各区域的照度值与天穹内部照度值的比值来获得建筑内部各区域的采光系数。

设置完成后，单击【确定】按钮，开始进行采光计算。计算过程中会显示计算进度，如图 9-20 所示。

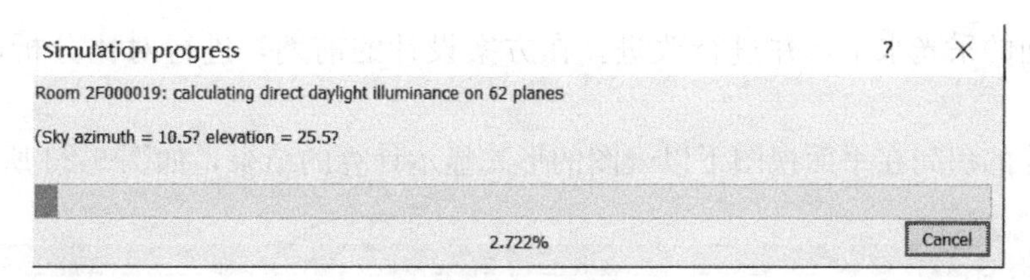

图 9-20　计算进度

9.2.4　计算结果分析

IES〈VE〉的采光计算结果包括很多信息，通过一系列后续处理，对结果进行综合分析，为改进方案提供数据和理论支撑，如图 9-21 所示。

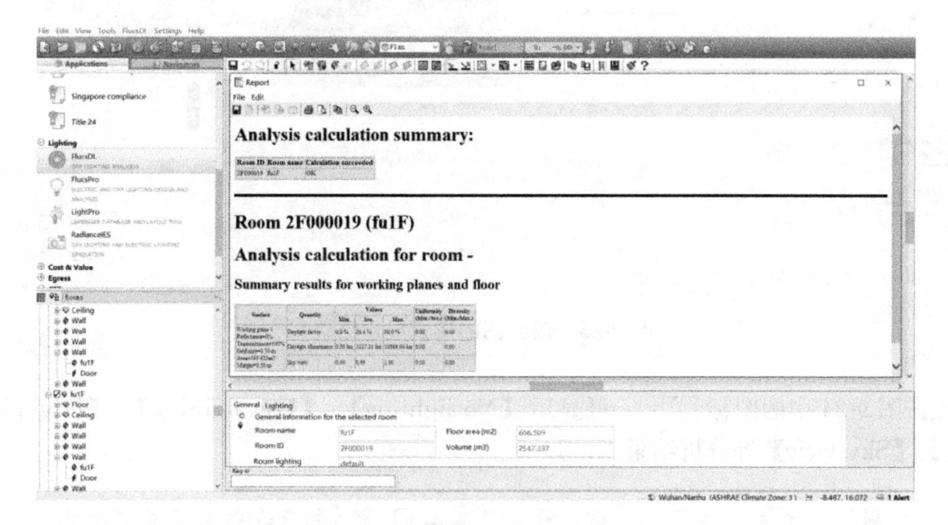

图 9-21　自然采光计算结果

表格数据中，包括计算房间的采光系数、照度值的最小值和最大值以及平均值，如图 9-22 所示。得到数据后，对照规范分析房间的采光情况是否达到对应要求。

采光系数

Surface	Quantity	Values			Uniformity (Min./Ave.)	Diversity (Min./Max.)
		Min.	Ave.	Max.		
Working plane 1 Reflectance=0% Transmittance=100% Grid size=0.50 m Area=545.623m2 Margin=0.50 m	Daylight factor	0.0 %	26.4 %	90.0 %	0.00	0.00
	Daylight illuminance	0.00 lux	3227.21 lux	10989.94 lux	0.00	0.00
	Sky view	0.00	0.99	1.00	0.00	0.00

日光照度值

图 9-22　结果列表

房间的采光结果和房间的朝向、开窗的方式有关。分析结果中的照度值和采光系数的最大值、最小值反映出房间的光照基本水平，平均值则是对房间采光效果的整体水平描述，可以通过查询《建筑采光设计标准》（GB 50033—2013）中不同类型房间的照度值，对比分析房间的采光水平，并进行改进。在方案设计的前期，进行对比分析，优化设计方案。

选中计算的房间在平面视图下以云图的形式显示计算的结果，如图 9-23 所示。

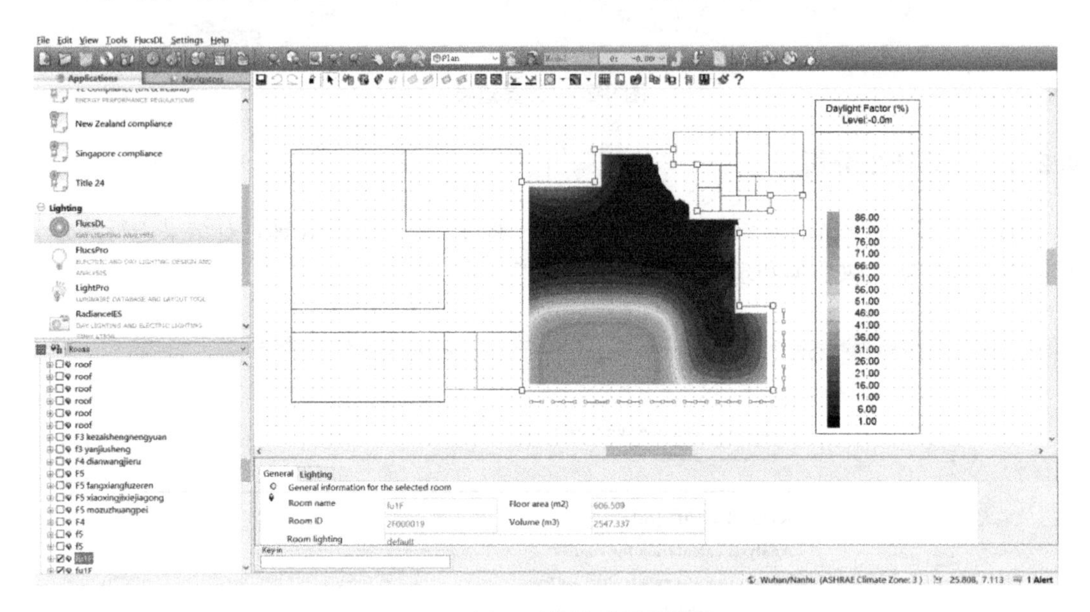

图 9-23　以云图的形式显示结果

点击图 9-24 中的图标 ▾，可显示【No lighting】、【Day lighting】、【Daylighting factor】、【Sky view】等分析结果。

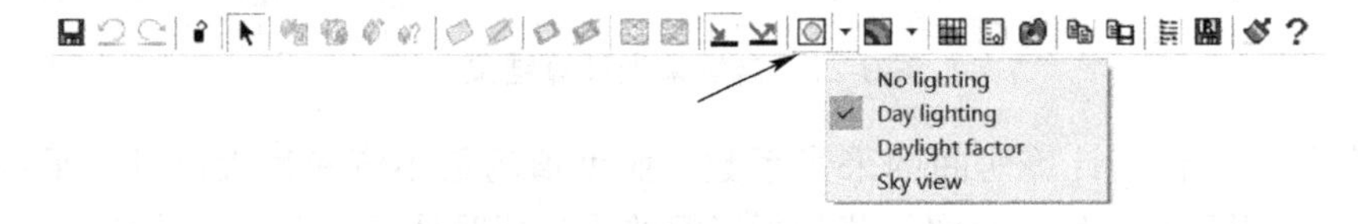

图 9-24　快捷键栏

在快捷键栏中点击【Filled contour levels】，如图 9-25 所示。如图 9-26 所示为等值线曲线显示。除这种显示方式，可以另外显示灰度图、数值点等不同显示方式。根据方案设计的需求，选择最直观的显示方式。

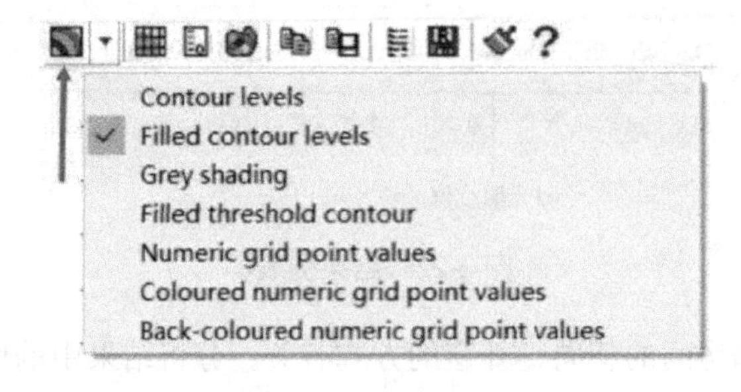

图 9-25　显示类型选择

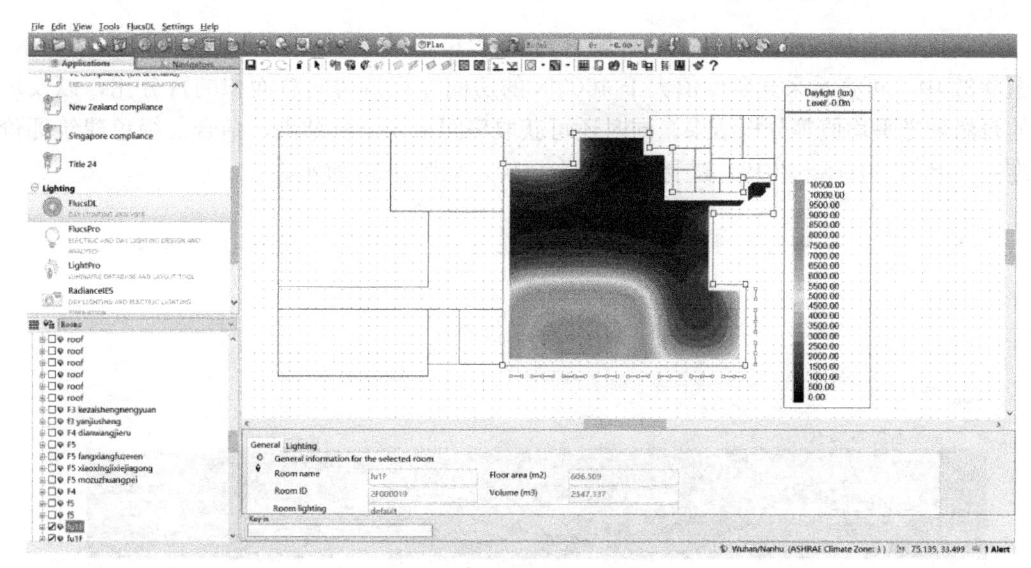

图 9-26 Contour levels 显示

点击图标，选择【Filled threshold levels】，如图 9-27 所示。

弹出修改阈对话框，如图 9-28 所示。

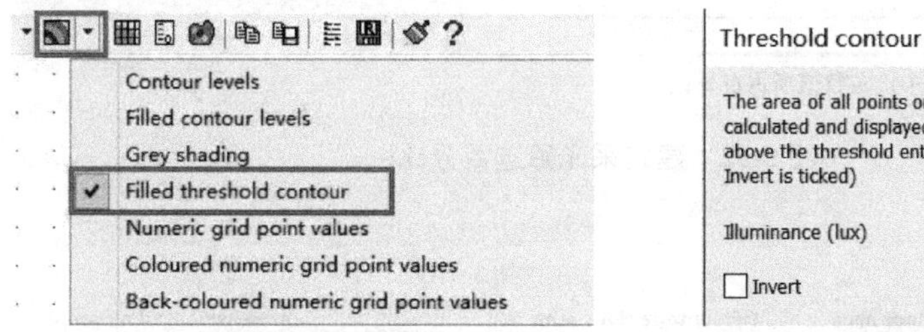

图 9-27 选择【Filled threshold levels】　　图 9-28 修改阈值对话框

将默认的 1 改为 4000，更改阈值如图 9-29 所示，点击【Apply】按钮，将会自动筛选出大于 4000lx 的部分，采光区域筛选后如图 9-30 所示。

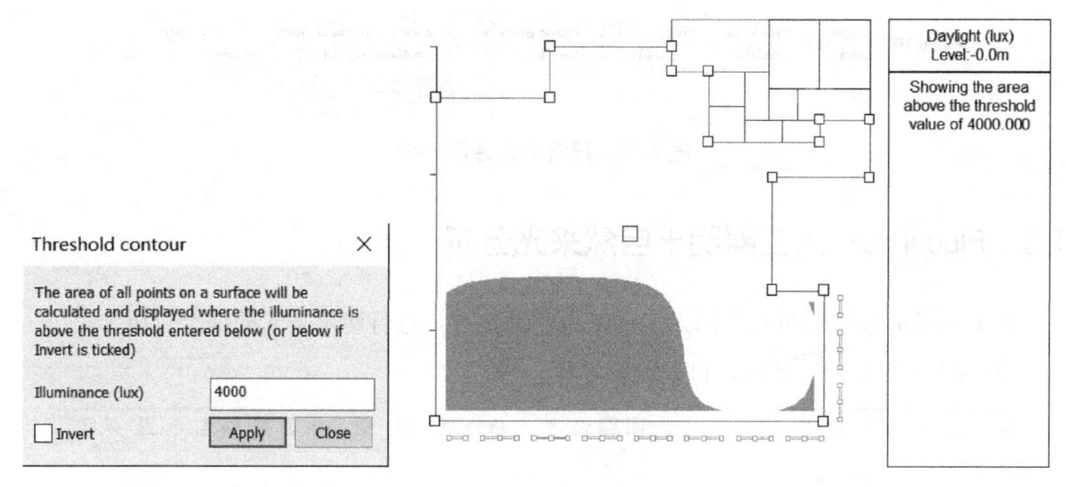

图 9-29 更改阈值　　图 9-30 采光区域筛选后

点击图 9-31 中快捷键栏中的图标▦，会以表格形式显示计算结果，如图 9-32 所示。在图 9-32 中，可查看采光照度值大于 4000lx 的房间面积占房间总面积的百分比，以及房间的自然采光平均值等分析结果。同时还可获取房间采光分析结果，结合《绿色建筑评价标准》(GB/T 50378—2019) 进行建筑采光评价，如图 9-33 所示。

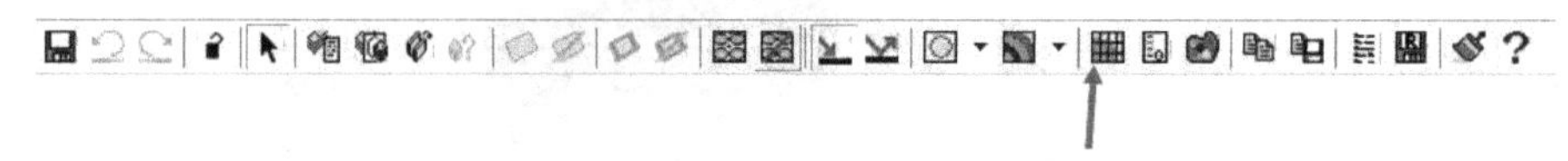

图 9-31　快捷键栏

图 9-32　建筑采光筛选百分比

Building Results

Total floor area (m2)	Total floor area above threshold (m2)	Percentage floor area above threshold (%)	Area-weighted average daylight factor (%)	Area-weighted average illumination (lux)
545.623	158.808	29.1	26.4	3227.215

Rooms included in the analysis

Room ID	Room name	Working plane	Floor area (m2)	Floor area > threshold (m2)	Percentage floor area > threshold (%)	Average illumination (%)
2F000019	fu1F	0	545.623	158.808	29.1	3227.215

图 9-33　建筑采光评价分析

9.3　FlucsPro：人工照明＋自然采光分析

在 FlucsDL 模块中可对房间人工照明做相关设置，进行建筑采光的综合分析。点击图 9-34 中的▤图标，进入设置界面。

图 9-34　快捷键栏

图 9-35～图 9-37 是房间内的灯具布置方式，以及采光方面的设置。

图 9-35　设置参数栏

图 9-36　房间参数栏

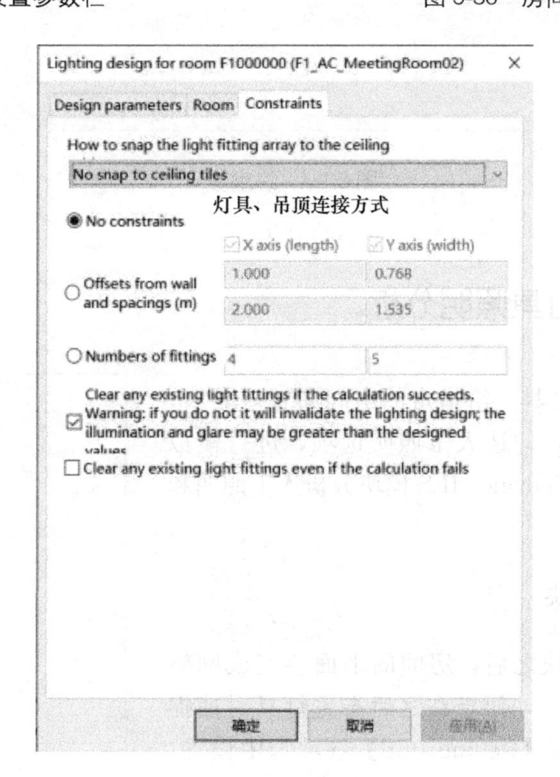

图 9-37　约束栏

点击图 9-38 中图标，勾选【Artificial lighting】，如图 9-39 所示，可加入人工照明进行计算。

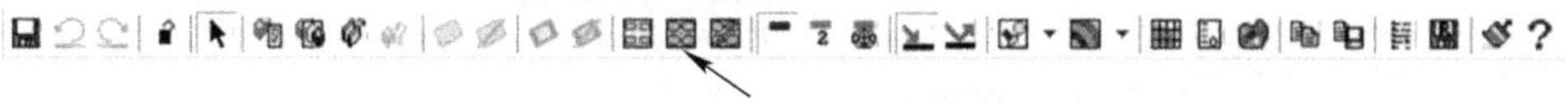

图 9-38　快捷键栏

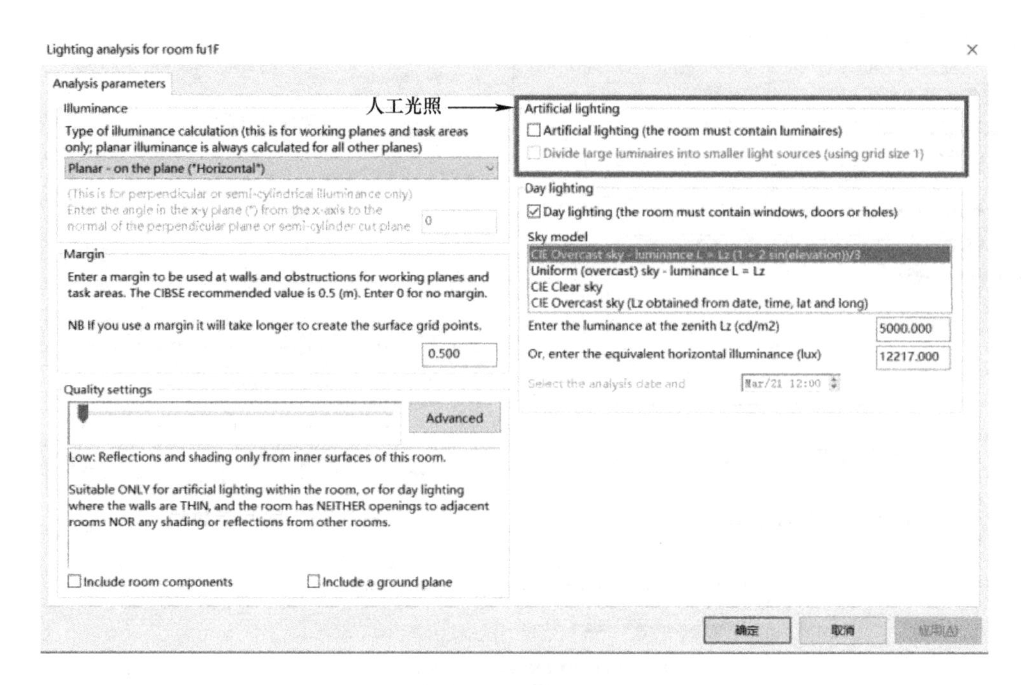

图 9-39　约束栏

9.4　LightPro：灯具照明分析

此模块用来布置灯具。给指定的房间布置灯具后，可在 FlucsPro 模块中，勾选人工照明选项，进行模拟分析。此外，还可在 Radiance IES 模块分析人工照明和自然采光的效果。

9.4.1　LightPro 模块

进入 LightPro 模块之后，房间的平面会变成网格状显示，如图 9-40 所示，便于在之后布置灯具时捕捉点。格子的间距可以在【Celling grid】选项卡中设置，如图 9-41 所示。

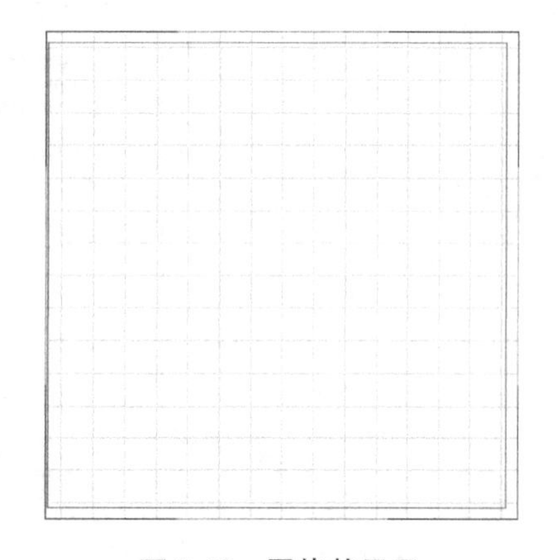

图 9-40　网格状显示

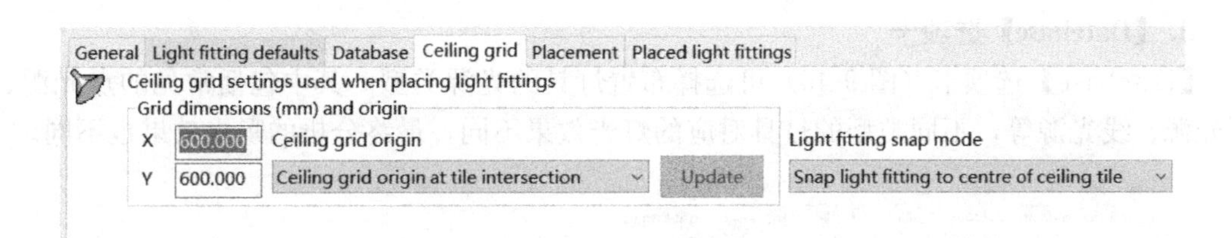

图 9-41 【Ceiling grid】选项卡设置

9.4.2 布置灯具快捷工具栏

此快捷工具栏包括保存、前进、后退等操作，主要是布置灯具的方式。图 9-42 中，是单个布置灯具，是按照阵列的方式布置灯具。

图 9-42 快捷工具栏

9.4.3 工具栏设置

1.【General】选项卡

【General】选项卡主要介绍房间基本信息，如图 9-43 所示。

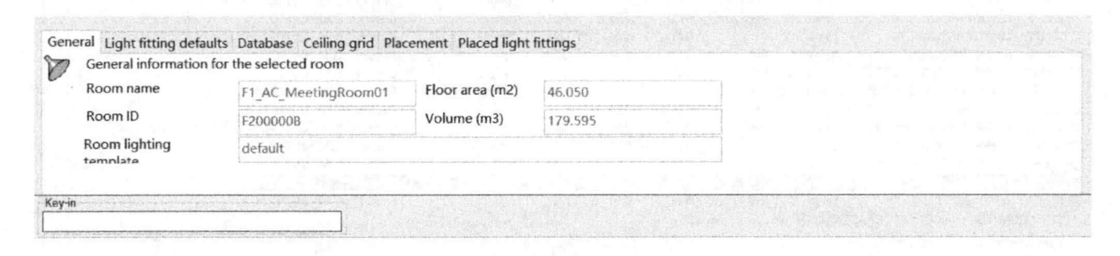

图 9-43 【General】选项卡

2.【Light fitting defaults】选项卡

【Light fitting defaults】选项卡是关于灯具光学属性的设置，如图 9-44 所示。【Luminaire maintenance factor】是灯具的光照系数，【Lamp lumen maintenance factor】是灯罩的光照系数，【Luminaire mounting height (m)】是灯具布置的高度。

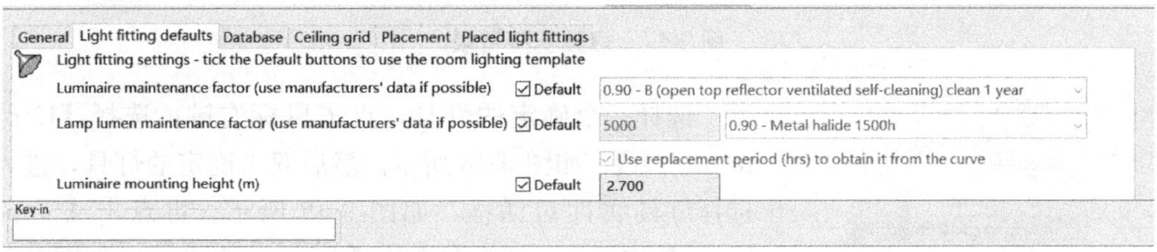

General Light fitting defaults Database Ceiling grid Placement Placed light fittings
Light fitting settings - tick the Default buttons to use the room lighting template
Luminaire maintenance factor (use manufacturers' data if possible) Default 0.90 - B (open top reflector ventilated self-cleaning) clean 1 year
Lamp lumen maintenance factor (use manufacturers' data if possible) Default 5000 0.90 - Metal halide 1500h
Use replacement period (hrs) to obtain it from the curve
Luminaire mounting height (m) Default 2.700
Key-in

图 9-44 【Light fitting defaults】选项卡

3.【Datebase】选项卡

【Database】选项卡（图 9-45）可选择布置灯具的光源类型。其中包括常见的点光源、面光源、线光源等，不同类型的灯具对应的灯光效果不同，最终分析的曝光效果也不同。

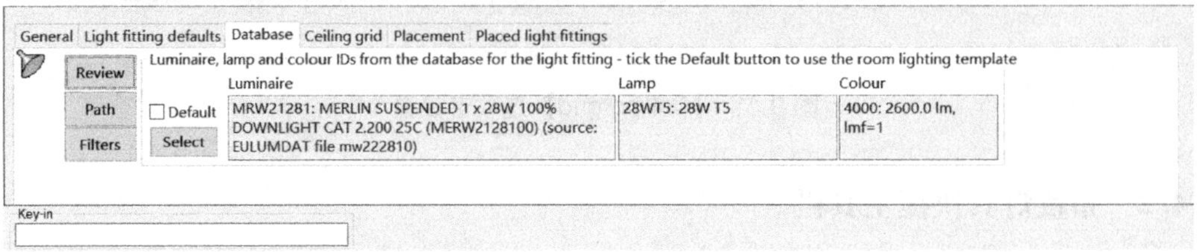

图 9-45　【Database】选项卡

IES〈VE〉提供了多种灯具，既可使用默认灯具，也可选择使用灯具库的灯具，具体的修改灯具方法如下：

首先，取消勾选【Default】（若不取消，则默认只有一种灯具），如图 9-46 所示。点击 Select 进入选择对话框，点击【Path】在安装目录下寻找灯具库文件夹并导入某些品牌的灯具库，如图 9-47 所示。

图 9-46　【Default】选项卡

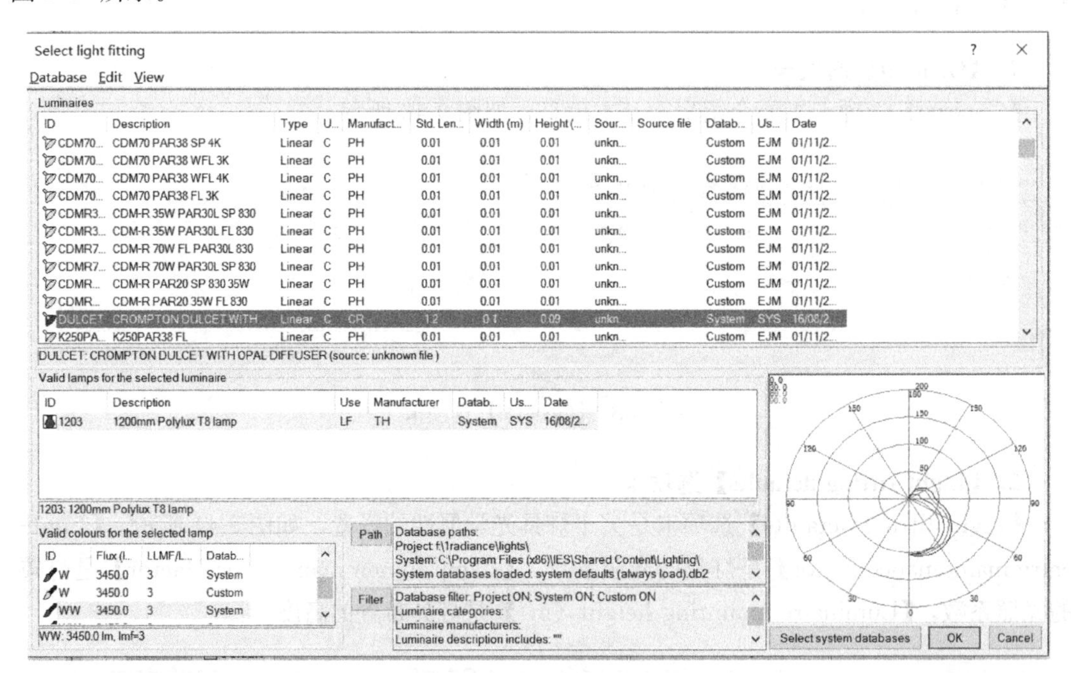

图 9-47　灯具安装目录

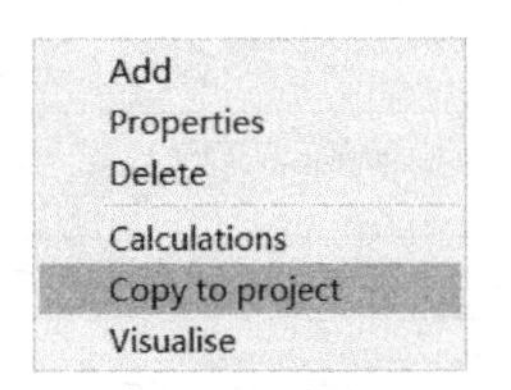

图 9-48　选择【Copy to project】

选择一个确定的灯具，点击鼠标右键，选择【Copy to project】，如图 9-48 所示。然后双击确定的灯具，进入选择灯具属性对话框，如图 9-49 所示。再点击【Valid lamps】选项卡，点击右方的【Add new】命令，如图 9-50 所示。最后点击【确定】，进入插入灯具步骤。

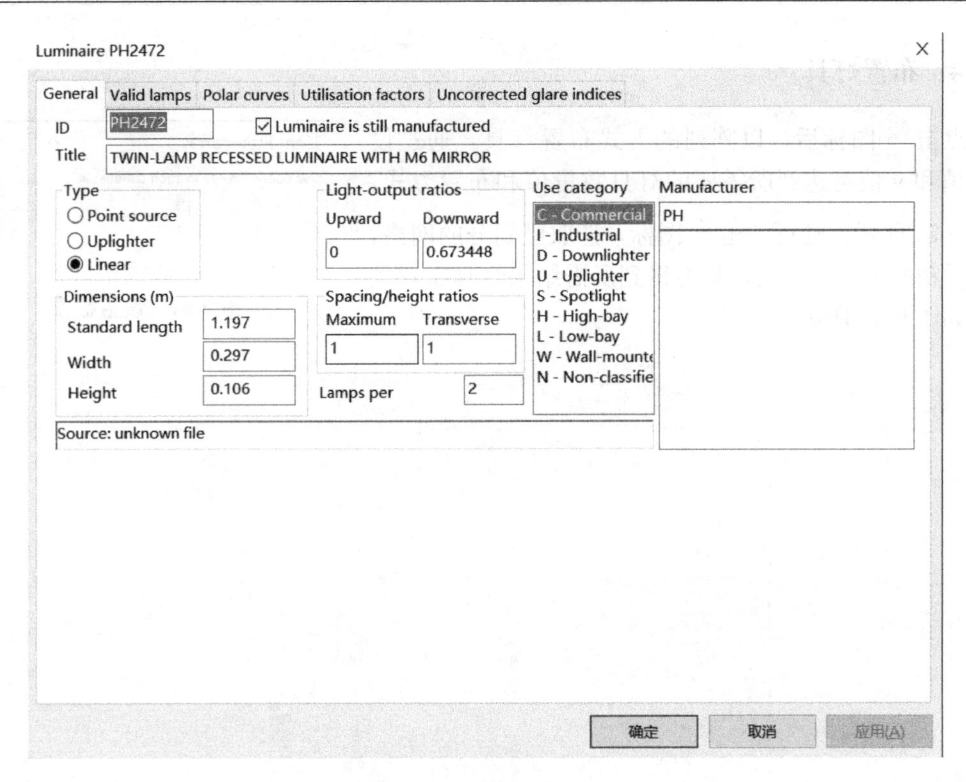

图 9-49　选择灯具属性

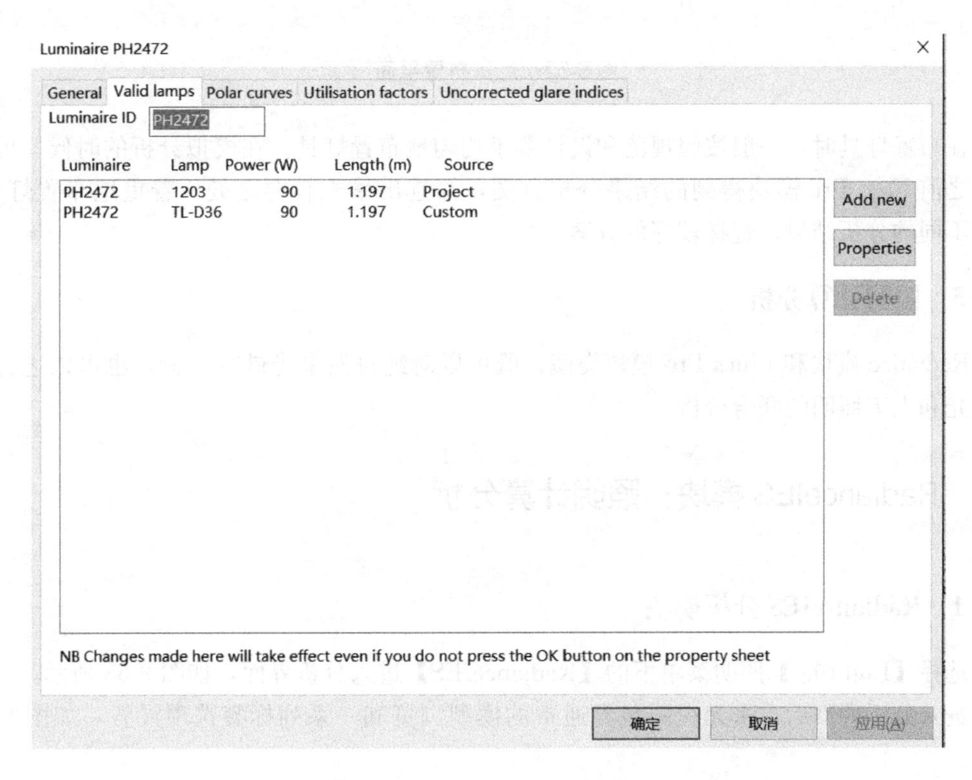

图 9-50　【Valid lamps】选项卡

9.4.4 布置灯具

点击图标后，以阵列的方式布置灯具，通过设置 x 值和 y 值可达到所需要的灯具数量值和布置方式，如图 9-51 所示。还可点击图标，选取已划分的网格，通过手动布置单个灯具，最终得到所需结果灯具布置平面，如图 9-52 所示。

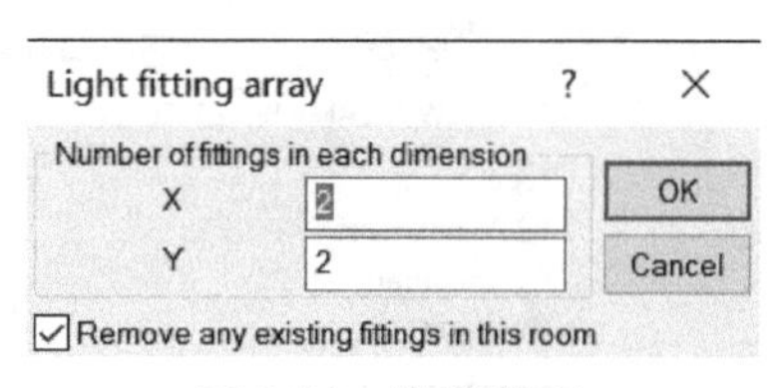

图 9-51 设置数量

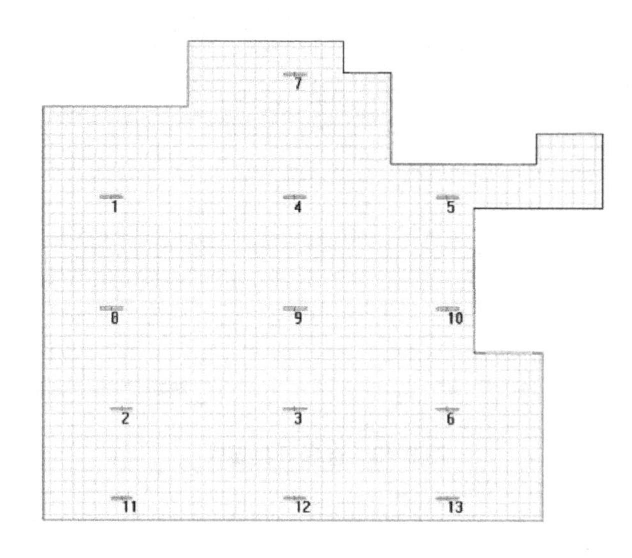

图 9-52 灯具布置平面

在布置灯具时，一般按照规范和设计要求均匀地布置灯具。在模拟分析的时候，可以结合之前 FlucsPro 模块得到的结果分析云图，筛选出采光较弱之处，着重地布置灯具，对比不同的分析结果，选择较好的方案。

9.4.5 照明计算分析

Radiance 模块和 Flucs Pro 模块类似，既可以对纯自然采光进行分析，也可以进行自然采光和人工照明的联合分析。

9.5 RadianceIES 模块：照明计算分析

9.5.1 RadianceIES 分析模块

选择【Lighting】照明菜单下的【RadianceIES】进入分析界面，如图 9-53 所示。

进入分析界面后，采光视图包含通常的模型浏览和一系列标签选项设置，如图 9-54 所示。

图 9-54 中分析房间的箭头表示视角方向。箭头设置可以选择房间的不同视角，本例

中角度聚焦在立面开窗处，尽可能表现出房间的进深。角度的设置应该尽量表现出房间的轮廓，并且能反映出采光的层次感。

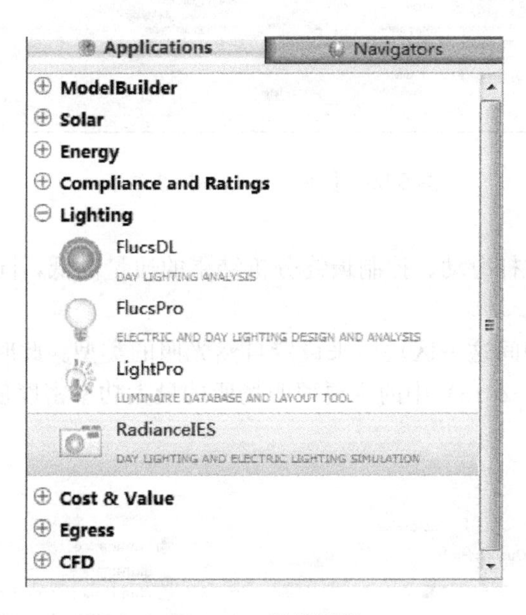

图 9-53 总模块栏

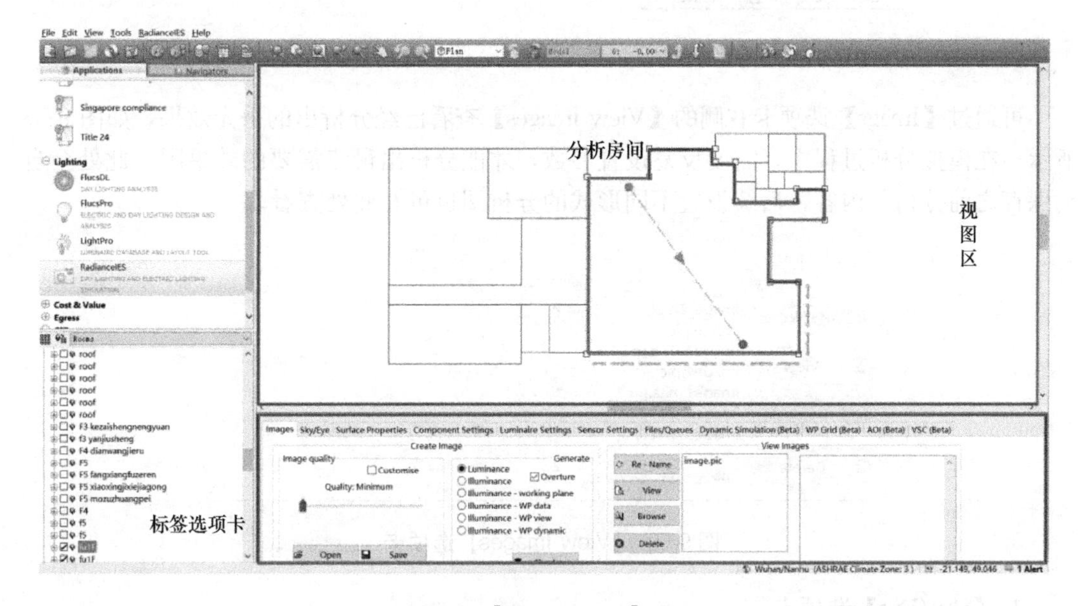

图 9-54 【RadianceIES】界面

9.5.2 标签选项卡设置

1.【Images】选项卡

【Images】选项卡主要包括两个部分：【Create Images】创建图像和【View Images】查看图片，如图 9-55 所示。

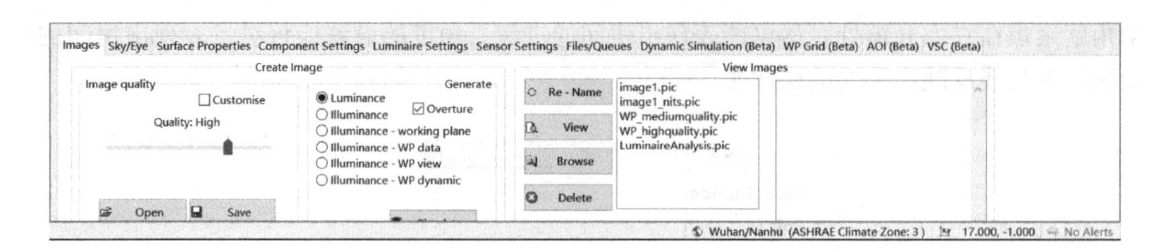

图 9-55 【View Images】选项卡

如图 9-56 所示，拉杆滑动、控制最终分析结果的质量高低，同时也会决定模拟分析时间长短。

如图 9-57 所示，中间这一区块用来设定自然光照的类型。此时，可结合《建筑照明设计标准》(GB 50034—2013）中的主要照明场所的最大功率密度值（LPD）进行采光与照明功效设定。

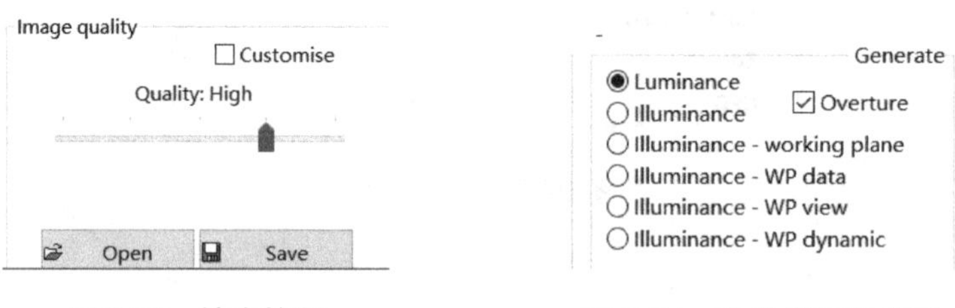

图 9-56　精度控制　　　　图 9-57　自然光照的类型

可通过【Image】选项卡右侧的【View Images】查看已经分析出的采光效果，如图 9-58 所示。在模拟分析过程中，需要反复设置参数，才能分析出最终需要的效果图。此处会自动保存之前分析的内容，后续设置不同形式的分析图也可在此处查看。

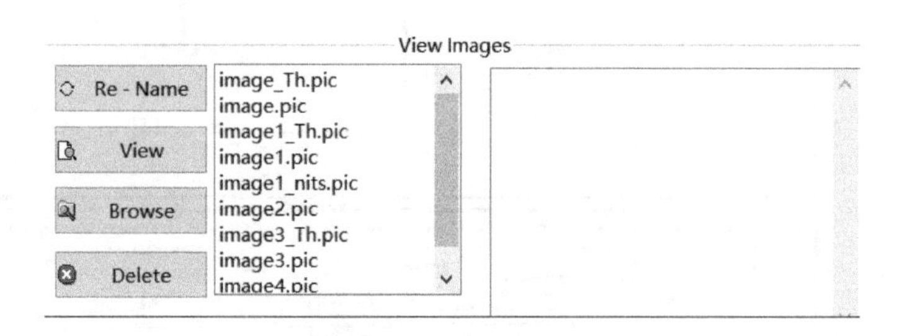

图 9-58 【View Images】选项卡

2.【Sky/Eye】选项卡

如图 9-59 所示，【Sky/Eye】选项卡用于调整时间和日期。在建筑光环境分析中，采光的效果与建筑朝向和所处地理位置等有关。改变计算时间和日期，太阳高度角和方位角也会改变，建筑室内的采光效果也会不一样。一般而言，太阳高度角的区别主要分为夏秋两季，在设置的时候，应先考虑建筑的朝向。

在【Sky Time/Date】中，可手动调整时间，选择需要模拟的时间相对应的天空模型，日期设置如图 9-60 所示。也可在【Sky conditions】中选择不同的天空模式，如图 9-61 所示。

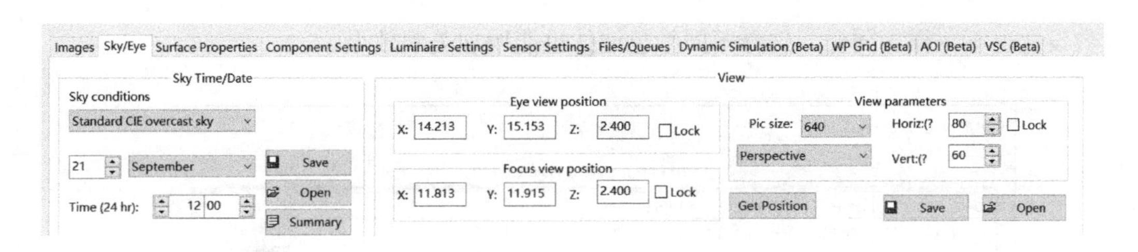

图 9-59 【Sky /Eye】选项卡

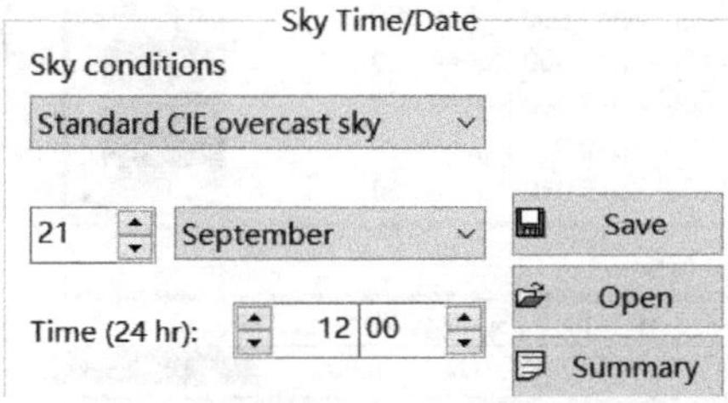

Sky Time/Date
Sky conditions
Standard CIE overcast sky
21 September
Save
Open
Time (24 hr): 12 00
Summary

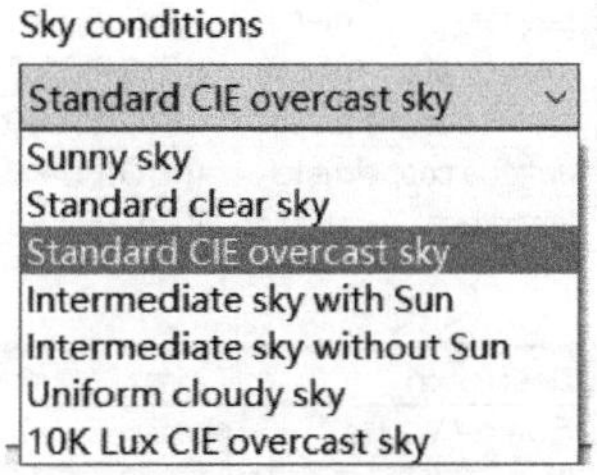

图 9-60 日期设置

Sky conditions
Standard CIE overcast sky
Sunny sky
Standard clear sky
Standard CIE overcast sky
Intermediate sky with Sun
Intermediate sky without Sun
Uniform cloudy sky
10K Lux CIE overcast sky

图 9-61 天空模式

除手动设置时间外，IES〈VE〉还提供几种已经预置好的天空光照模板供选择。如图 9-62 所示，通过设置具体的视角坐标，可以确定视角所在具体位置。设定采光分析效果图的分辨率如图 9-63 所示。

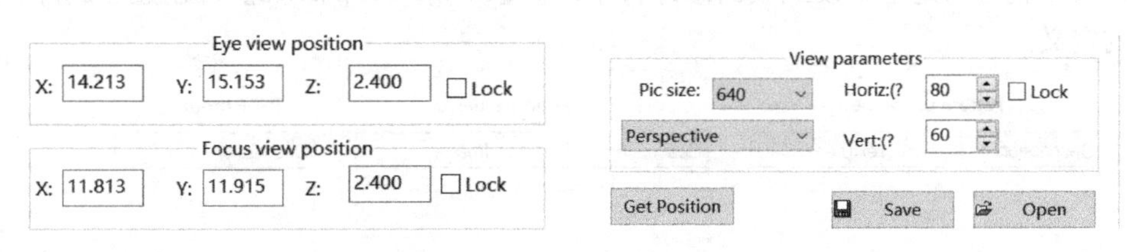

图 9-62 视角坐标设置　　图 9-63 采光分析效果图的分辨率设置

3. 【Surface Properties】选项卡

可以查看和编辑材料，如图 9-64 所示。

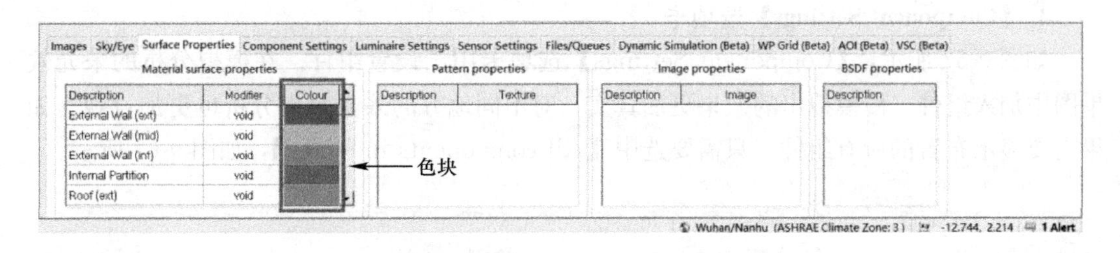

图 9-64 【Surface Properties】选项卡

双击图 9-65 中对应的色块，显示反射参数等的表达式，可通过调整光学参数，设定材料表面光学物质。建筑室内不同的材质对于光的反射和吸收性能不一样，对不同环境的参数设置也不一样。同样，选择不同颜色墙体也能增加美观效果。

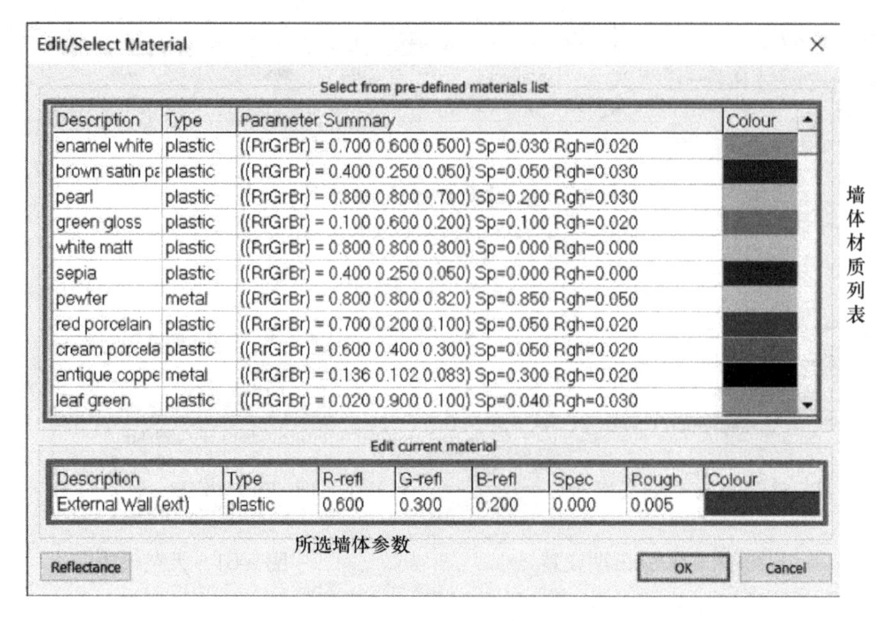

图 9-65 墙体材质列表

如图 9-66 所示，【Pattern Properties】可创建、删除、编辑模式的参数定义，一旦添加一个模式，就可指定这个模式表面修饰符字段。【Image Properties】可创建、删除、编辑图像的定义。

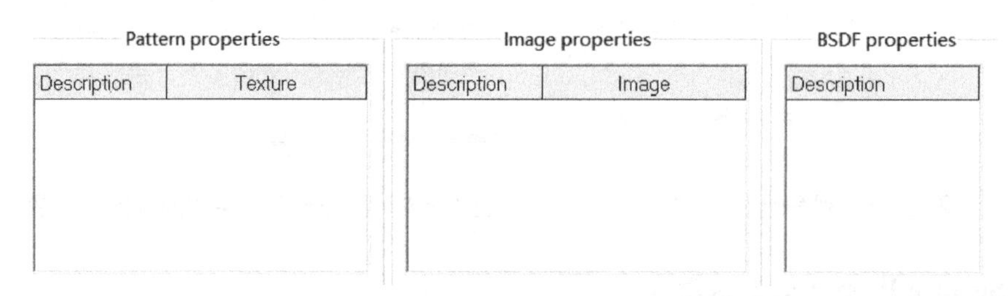

图 9-66 其他部分

4. 【Component Settings】选项卡

如图 9-67 所示，【Component Settings】选项卡用于设置组件。在模拟分析的采光效果图中加入组件，使模拟出的效果更加真实，对不同地方的采光效果分析也更加直观。如果需要显示布置的所有组件，只需要选中【All components in model】，如图 9-68 所示。

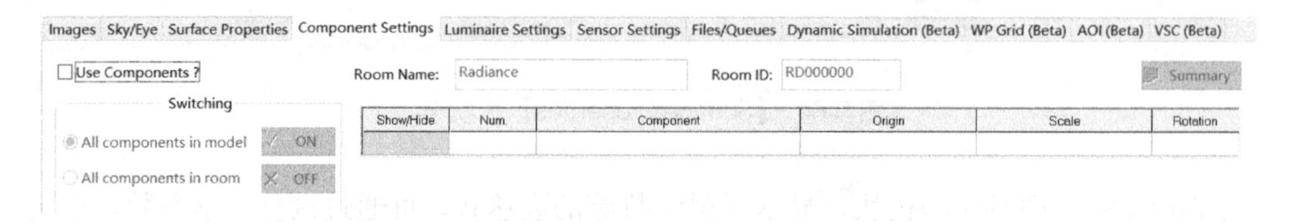

图 9-67 【Component Settings】选项卡

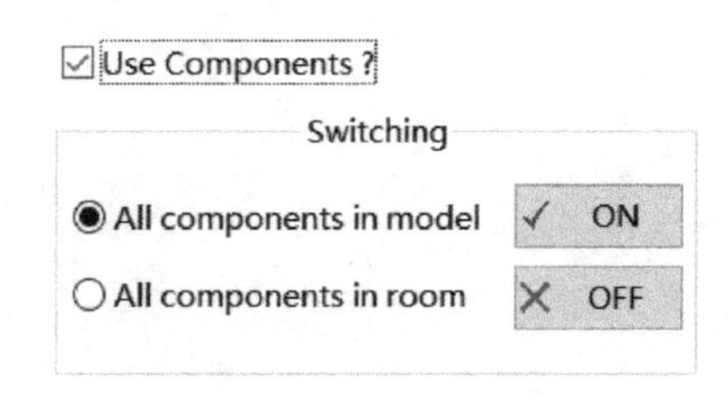

图 9-68 【Use Components】选项

5. 【Luminaire Settings】选项卡

进入【Luminaire Settings】选项卡可以布置灯具，如图 9-69 所示。RadianceIES 模块不仅可以分析自然采光，还可以分析人工照明。在 LightPro 模块中布置好灯具，勾选【Use Components?】可在求解时考虑人工照明效果。

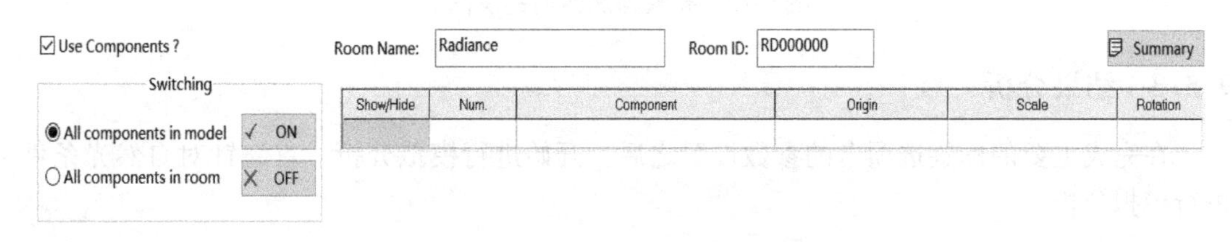

图 9-69 【Luminaire Settings】选项卡

6. 【Sensor Settings】选项卡

可用来为室内房间设置探测器，如图 9-70 所示。探测器的设置可以起到逐时观测的效果。

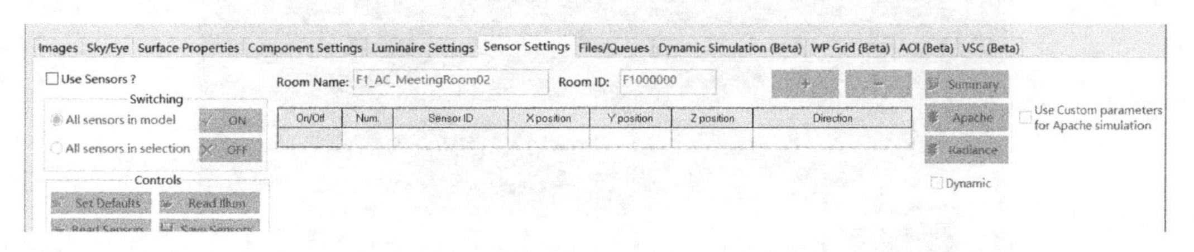

图 9-70 【Sensor Settings】选项卡

在图 9-71 中，可查看布置的探测器信息。设置好的探测器可以与建筑制冷和采暖系统分析中的“Sensor”结合使用，进而制作相关的控制曲线，分析得到更加合理的方案。图 9-72 是布置探测器后的房间立体效果。

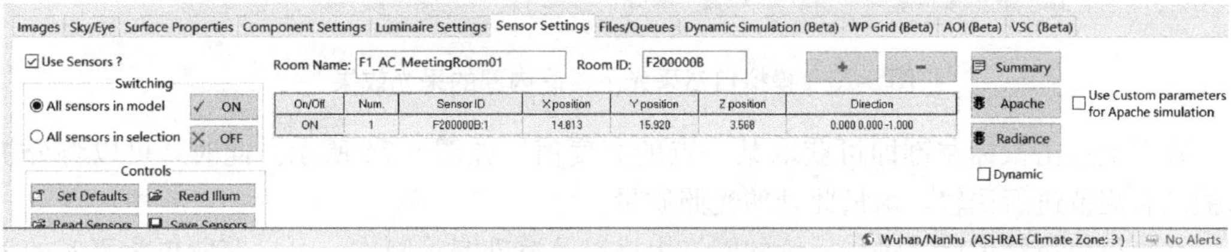

图 9-71 布置探测器后的房间立体效果

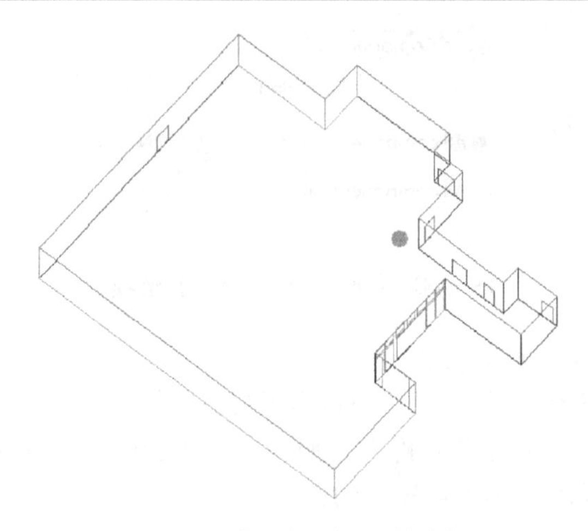

图 9-72　布置探测器后的房间

9.5.3　结果分析

在完成主要的标签选项卡的参数设置之后，开始进行模拟分析。首先针对自然光条件进行模拟分析。

点击【images】选项卡中的 Simulate 按钮，即可模拟自然采光情况下中庭内部的采光效果，如图 9-73 所示。

图 9-73　模拟自然采光下中庭内部的采光效果

在图上点击鼠标左键即可获取某一点的亮度值，如图 9-74 所示。此时，可以将分析数值结合规范进行比较，衡量此处的光照质量。

在获得分析结果后，进行后续的网格表格以及渲染图等制作，可以获取更为真实的采光分析结果。

图 9-74 室内亮度值显示

如图 9-75 所示，分析结果有三种不同的显示方式。【False Color】记录亮度范围宽景，将分别生成不同颜色、不同感光度的多层彩色片；【Contour bands】和【Contour lines】是以数值差的形式来体现光强的强弱对比。

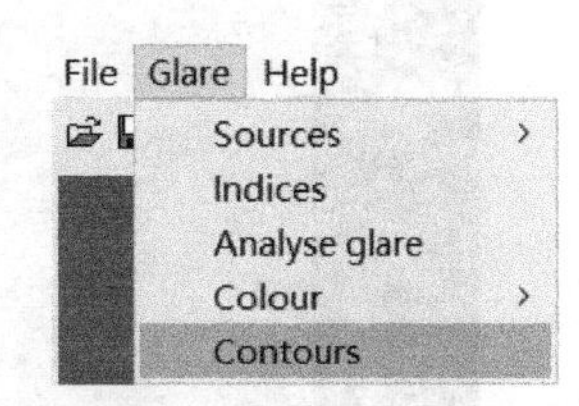

图 9-75 光线形式选择

可根据分析结果数值，并通过合理调整开窗位置、大小和布置等因素，以及灯具合理布局、选型等来优化计算结果，使采光结果更加合理，如图 9-76、图 9-77 所示。

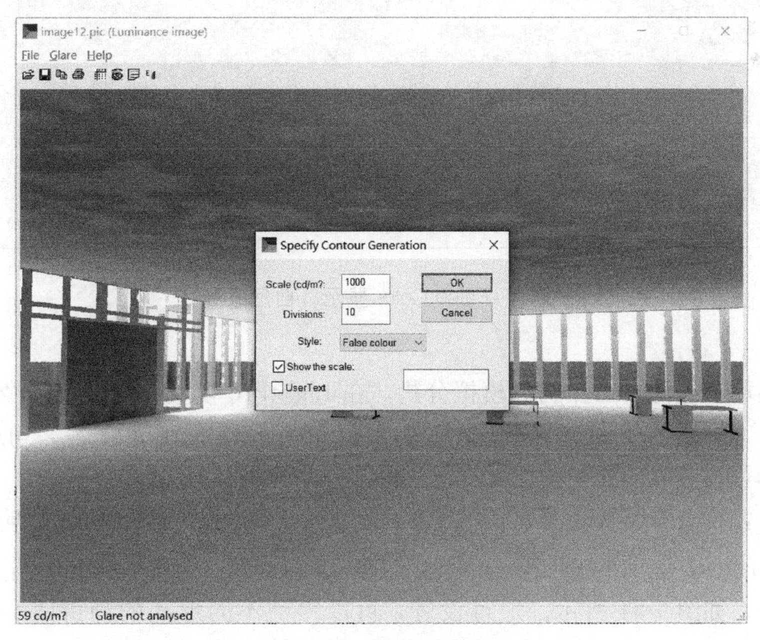

图 9-76 设置对话框

根据方案设计需求，可在图 9-78 所示处，选择三种不同采光效果图的显示形式，如图 9-79～图 9-81 所示。

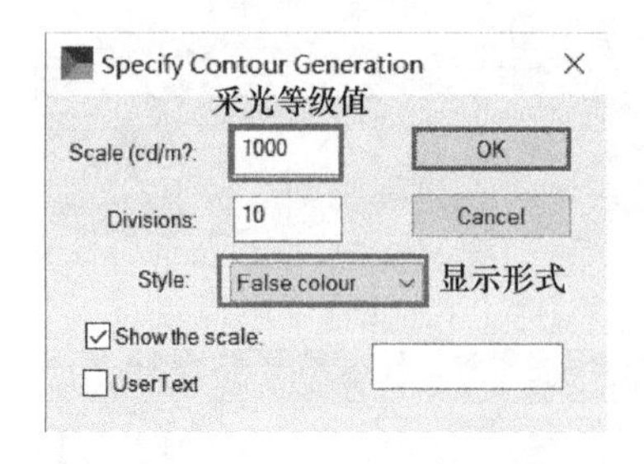

图 9-77　设置采光等级值与显示形式

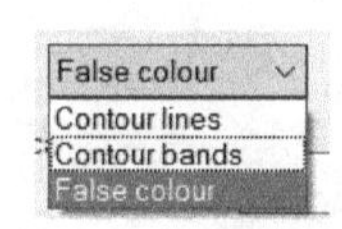

图 9-78　不同显示形式

图 9-79　False Color 显示（自然采光）

然后，还可以进行人工照明的模拟分析。在 LightPro 模块中，结合已经布置好的灯具，如图 9-82 所示，在 RadianceIES 模块中的【Luminaires Settings】栏，勾选【Use Luminaires】，即可对有人工照明的情况进行分析。

勾选之后，可查看布置灯具列表，如图 9-83 所示。勾选图 9-83 中的【Daylight off?】，再次点击【Images】选项卡中的 Simulate 按钮，即可进行人工照明模拟分析。

分析结果，如图 9-84 所示。通过设置，可以得到不同形式的分析图，如图 9-85～图 9-87 所示。

图 9-80 Contour bands 显示（自然采光）

图 9-81 Contour lines 显示（自然采光）

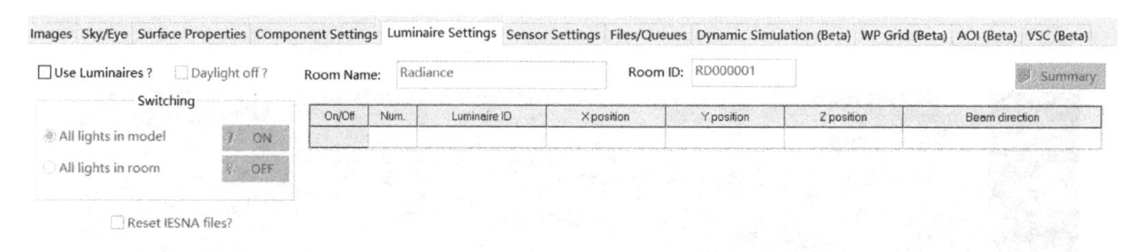

图 9-82 【Luminaires Settings】选项卡

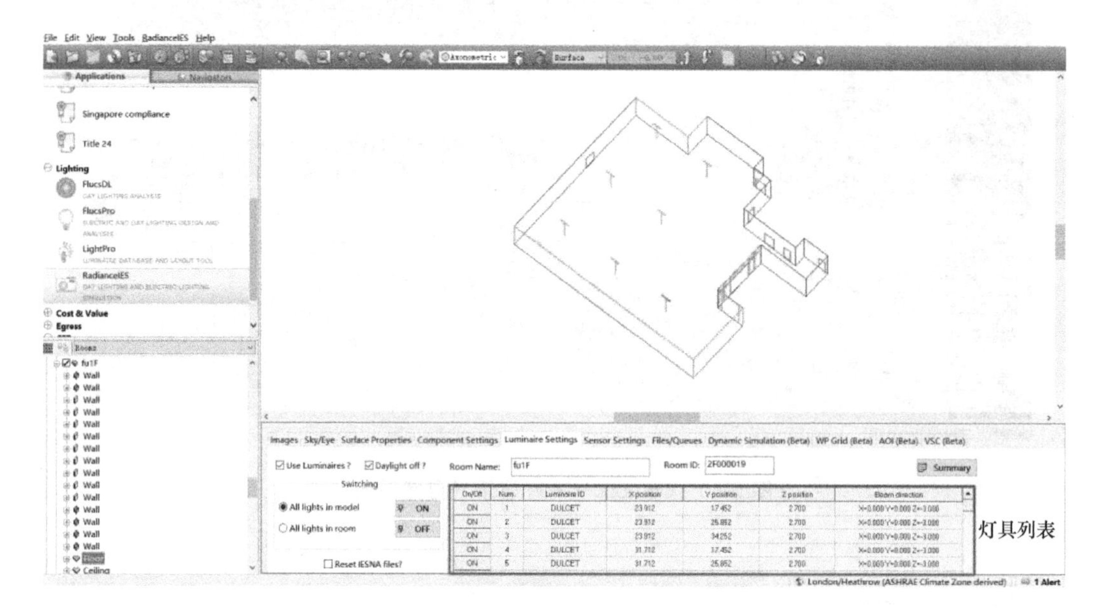

图 9-83 查看布置灯具列表

图 9-84 人工照明分析结果

图 9-85 False Color 显示（人工照明）

图 9-86 Contour bands 显示（人工照明）

图 9-87　Contour lines 显示（人工照明）

9.6　本章小结

本章主要从自然采光和人工照明两个方面对建筑采光的模拟进行介绍。

FlucsDL 模块可以对建筑的自然采光效果进行分析。LightPro 模块布置灯具后，既可以在 FlucsPro 中也可以在 Radiance 进行自然采光的分析，还可以进行自然采光和人工照明联合分析，当然也可以只进行人工照明分析。

本章以方案设计中的中庭房间为例展开。在模拟的时候也可以从不同的思路进行分析，比如在云图分析的时候，可结合开窗大小位置等因素进行分析。在进行采光效果图分析的时候，可以结合方案设计的中庭，进行天窗、采光井等方面的因素分析。

第 10 章　建筑制冷与采暖系统分析

本章由于 VE 涉及较多英文专用名词，因此部分内容采用中英文对照方式阐述，便于读者了解相关信息。

第 6 章介绍了如何通过 ApacheSystem 进行负荷、能耗分析。对于绿色建筑性能分析而言，建筑能耗是非常重要的方面，尤其对于建筑节能计算分析，空调和采暖是建筑能耗分析过程中必须要考虑的内容。在本章中，结合上述能耗分析章节进行建筑制冷与采暖系统分析（以下简称 ApacheHVAC）模块介绍。该模块结合现有的设备信息进行定义空调系统相关的特性和性能，其中包括冷冻机和锅炉部分负荷性能、冷冻水和热水温度设置、热存储系统、热能量回收以及通风控制等。能耗模拟分析中，ApacheHVAC 系统对于建筑房间的定义十分重要。

在设置 ApacheHVAC 之前，需对相关信息进行确认。此类信息可通过 HVAC 系统进行查询。

（1）Boilers or chillers information（rated capacity，rated efficiency，performance curve）.

锅炉或冷冻机信息（额定容量、额定效率、性能控制曲线）。

（2）Pumps information（rated motor power，flow rate，pump curve）.

泵信息（电机额定功率、流量、泵性能曲线）。

（3）AHUs/FCUs information（rated motor power，flow rate，fan curve）.

AUU/FCU 信息（电机额定功率，流量，风扇性能曲线）。

（4）Supply flow rate of warm or cool air to each room/zone.

每个房间/区域的暖（冷）空气的供应流量。

（5）Control of the HVAC system（i. e. sequencing of boilers or chillers，fresh air and supply flow rate control，room temperature and humidity control）.

控制 HVAC 系统（即锅炉或冷冻机的排序，新风和供应流量控制，室温和湿度控制）。

（6）Heat recovery equipment information.

热回收设备信息。

ApacheHVAC 系统由组件组成，可以在其中为水和空气末端网络创建空调系统原理图，如图 10-1 所示。

注意：ApacheHVAC 系统自身不运行任何模拟，只是用于设定，在运行 ApacheSim 前，勾选 ApacheHVAC 选项并选择 ApacheHVAC 模型。每个模拟只能与一个 ApacheHVAC 模型相关联。

在定义空气末端系统之前，须首先定义热/冷源，否则空气末端系统组件将无法对气流进行加热或冷却。本章将重点介绍热水环路( )和冷水环路( )（图 10-2）。

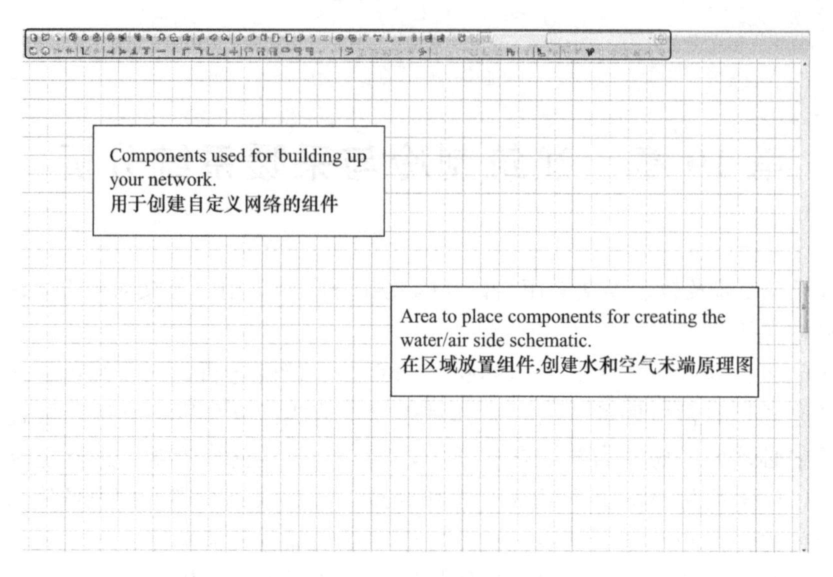

图 10-1　ApacheHVAC 界面

图 10-2　热水环路和冷水环路

10.1　热水环路

热水环路 Hot water loop（HWL）包括了多个加热装置组合以及可选择设置的预热装置（源），具有预先设定的顺序与热水主环路和二次环路。加热设备可以包括两种不同加热设备类型组合：

（1）Hot water boiler：uses editable pre-defined curves and other standard inputs.

热水锅炉：使用可编辑的预定义曲线和其他标准输入。

（2）Part load curve heating plant：flexible generic inputs entered in a matrix of load-dependant efficiency and parasitic power.

部分负荷曲线加热装置：灵活的通用输入，输入负荷相关效率和附加功率。

热水环路（Hot water loop，HWL）热源作为常用热源，可以为任何部件提供热负荷，但蒸汽加湿器只可以通过通用热源（Generic heat source）供给。热水回路上的组件，如热盘管（简单型和高级型）、散热器、辐射板和踢脚板加热器以及吸收式冷冻机通过部分负荷曲线冷水机设置。

热水环路也可以为 ApacheSystems 提供生活热水（Domestic Hot Water，DHW）负荷。HWL 提供的 DHW 负荷，在 ApacheSystems 对话框中的“热水”选项中勾选【Is DHW served by ApacheHVAC boiler?】，并在【Hot water loop】选项卡中勾选【Use this heat source for DHW】选项（图 10-3）。

在【Hot water loop】选项卡中，可以定义热水供应温度和分配泵设置等信息。

1. 热水温度设定 Hot water temperatures

热水温度有恒温、温度随时间变化和基于室外干球温度进行选择三种设定方式。若选项基于室外干球温度进行设定时，用户基于外部环境上下限阈值来指定热水供应温度（图 10-4）。

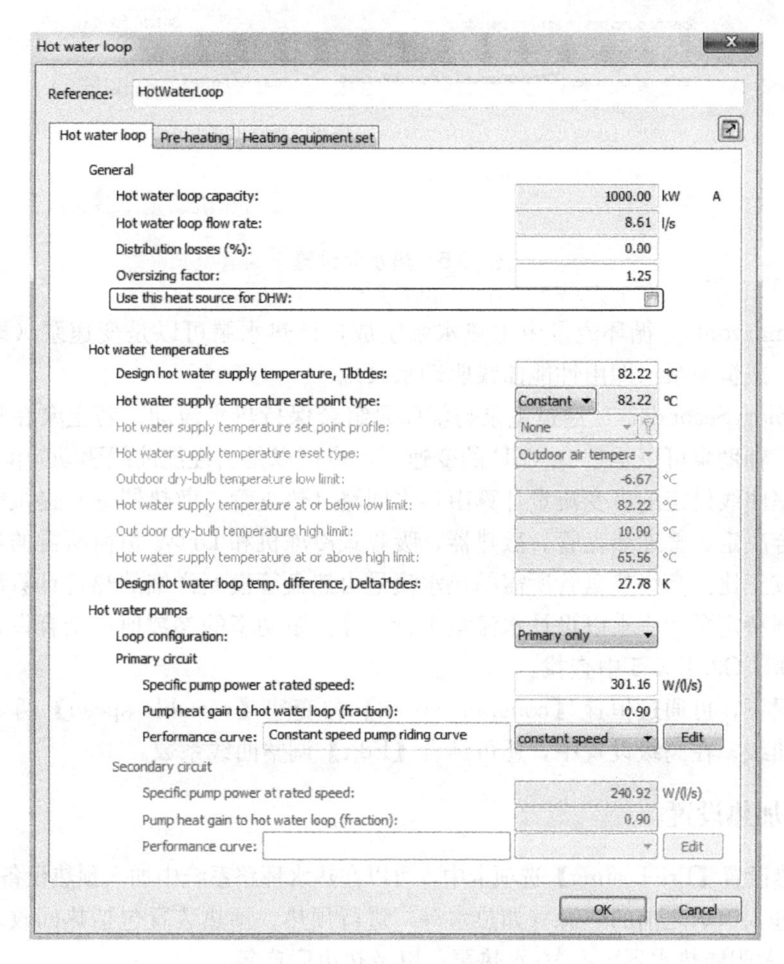

图 10-3 HWL 中热水循环设置

Hot water temperatures

Design hot water supply temperature, Tlbtdes:	82.22	℃
Hot water supply temperature set point type:	Reset 82.22	℃
Hot water supply temperature set point profile:	None	
Hot water supply temperature reset type:	Outdoor air tempera	
Outdoor dry-bulb temperature low limit:	-6.67	℃
Hot water supply temperature at or below low limit:	82.22	℃
Out door dry-bulb temperature high limit:	10.00	℃
Hot water supply temperature at or above high limit:	65.56	℃
Design hot water loop temp. difference, DeltaTbdes:	27.78	K

图 10-4 热水温度设定

注意：当外部变暖时，可通过调节热水供应温度实现节能。

设计热水环路温差（DeltaTbdes）是热水供回水温差，典型值为 26～28℃。

2. 热水泵 Hot water pumps

【Loop configuration】配置有两个选项，用于将热水输送到建筑物中，如图 10-5 所示。

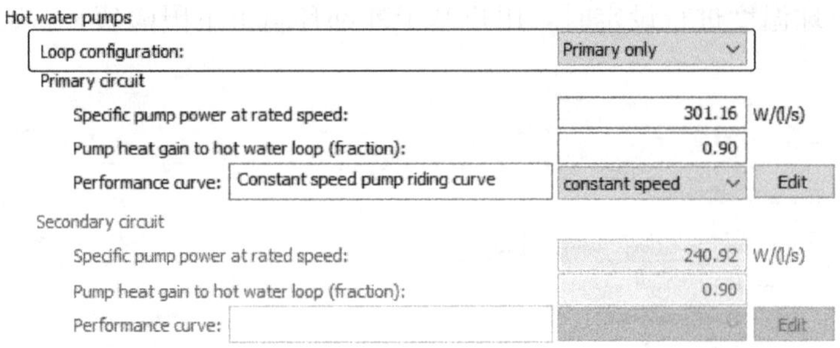

图 10-5　热水泵设置

（1）Primaryonly：循环流量由主热水泵组成，该热水泵可以是变速泵（即使用变速驱动器控制）或恒速泵（即由性能曲线驱动水泵）。

（2）PrimarySecondary：通过主泵与辅助泵组合保持热水流动。若主泵在打开时具有恒定的流量，辅助泵可以是带有 VSD 的变速泵，也可以是由性能曲线驱动的恒速泵。

水泵功率曲线设定的可变流量计算由热水回路（热盘管、散热器等）提供的所有组件所需流量综合决定。普通热盘管、散热器、吸收式冷冻机和 DHW 负荷所需的热水流量与其加热负荷成正比。高级热盘管所需的热水流量由热盘管模型详细的热传计算决定。设置泵功率可根据特定泵功率乘以设计水流量进行计算。泵功率的参数值可结合设计需要，在 ASHRAE 90.1 G3.1.3.5 中查找。

通常情况下，可通过恒速【constant speed】和变速【variable speed】两个选项来设定泵的性能曲线。在高级设置中，还可结合【Edit】调整曲线系数。

10.1.1　预加热设置

在预加热设置【Pre-heating】选项卡中，可以在热水环路系统中加入预热设备（图 10-6）。这将允许对进入锅炉之前的热源（如热水等）进行预热。预热装置包括热回收（从冷却冷凝水回路）、太阳能热水器、空气-水热泵，以及热电联产等。

1. 热回收 Heat recovery

选中【Pre-heating】选项卡中的【Heat recovery】复选框，如图 10-7 所示，可以模拟分析热交换器或水—水源热泵机组之间的循环。大多数情况下，回收的热量来自于冷凝水环路，用于冷却设备，在此种情况下被称为冷凝器热回收（CHR）。

在【Heat recovery】选项卡中，有两种热交换器模型和水—水热泵模型类型，如图 10-7 所示。这两种热交换器模型为【Percentage of heat rejection】和【Explicit heat transfer】。如果选择【Percentage of heat rejection】，能够使用【Add】和【Delete】按钮（图 10-8）指定热水循环系统（热回收接收端），或者删除。回收热量的温度可以用冷热水型水源热泵机组进行加热。通常在为加热盘管提供热水时使用。勾选【Water-to-water heat pump】复选框的输入设置，可以指定热泵容量（循环容量百分比等）、冷凝器水回路、热泵能效系数和热泵燃料。

【Heat pump capacity（%）】是对热泵的规格在热消耗量上的描述，是运行过程中热回收的效率，可据此计算将热量从冷凝水环路转移到热水回路的额外泵的功率。

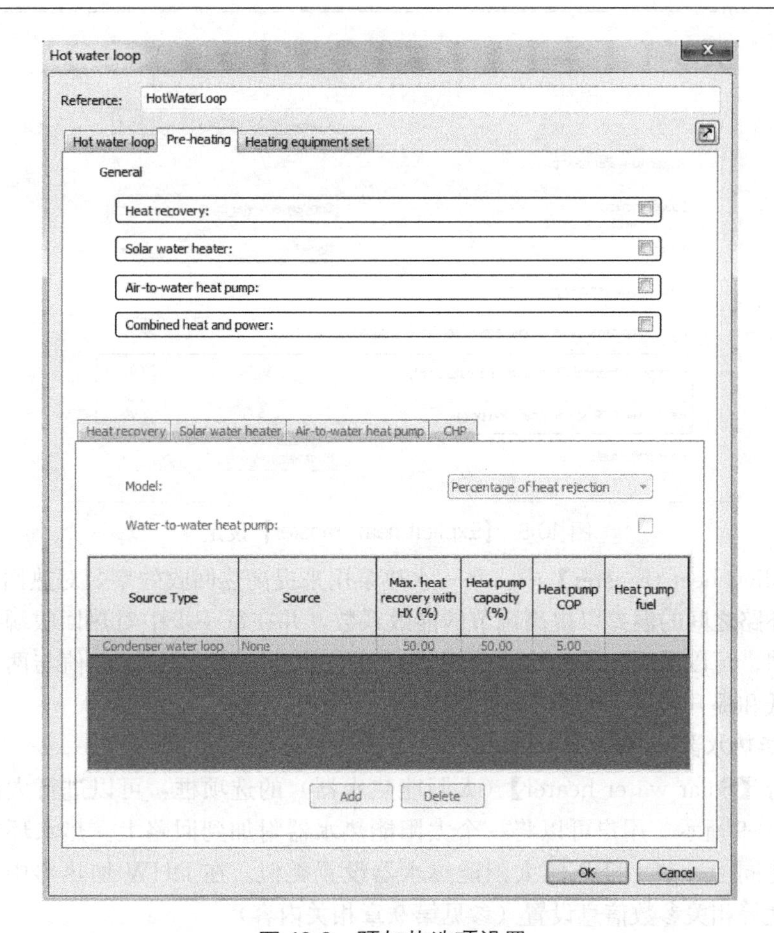

图 10-6 预加热选项设置

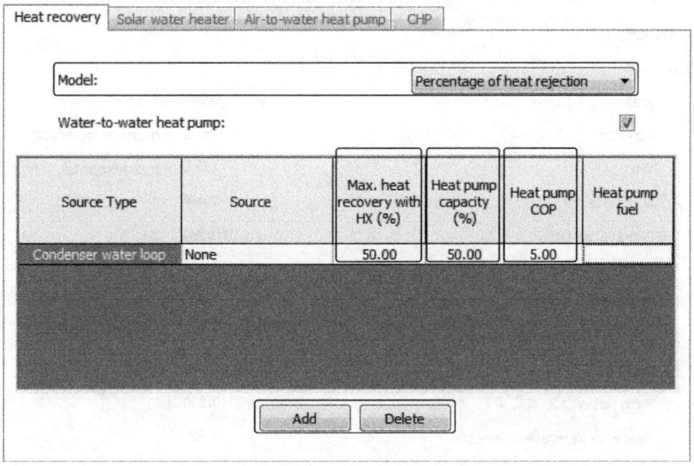

Heat recovery | Solar water heater | Air-to-water heat pump | CHP

Model: Percentage of heat rejection

Water-to-water heat pump: ☑

Source Type	Source	Max. heat recovery with HX (%)	Heat pump capacity (%)	Heat pump COP	Heat pump fuel
Condenser water loop	None	50.00	50.00	5.00	

Add Delete

图 10-7 热回收设定

选择【Explicit heat transfer】，就只能选择一个热回收源赋予热水环路系统（热回收接收端）。该选项对热回收源和接收环路之间的热交换器的非设计温差进行了传热调节，从而调节热交换器的热交换效率。

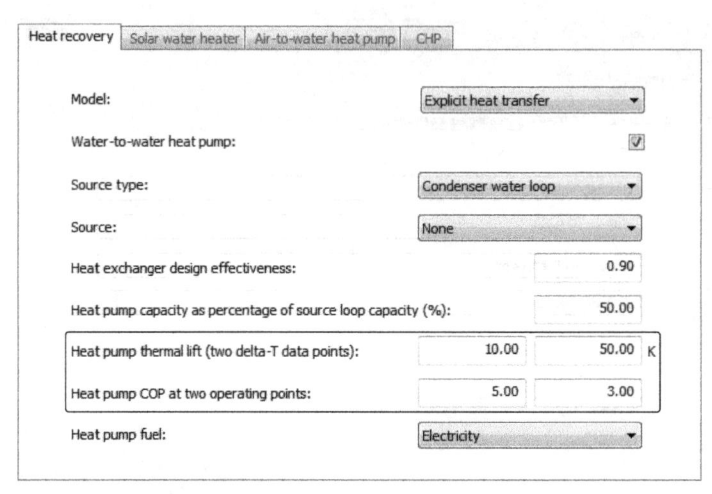

图 10-8 【Explicit heat transfer】设定

在【Explicit heat transfer】中，水—水热泵用来提高热回收效率，对热回收源回路与热回收接收环路之间的温差以提高调节的能效系数，并在每一步中对热回收源回路的温度变化进行反馈。可以采用一种线性插值调节 COP，使用户输入的 COP 值与两个热泵操作点一致（降低和提升热量，如图 10-8 所示）。

2. 太阳能热水器 Solar water heater

通过点击【Solar water heater】（太阳能热水器）的选项框，可以进行太阳能热水器设置，如图 10-9 所示。用户可以将一个太阳能热水器附加到回路上。热水环路中的太阳能热水器功能同上一节 DHW 的太阳能热水器设置类似。在 DHW 加热器中，区域、方位、倾斜角度等相关参数信息设置（参见第 9 章相关内容）。

Solar Water Heater

Reference: -

Solar panel

Area:	0.000	m²
Azimuth:	180.0	° clockwise from north
Tilt:	35.0	° from horizontal
Shading factor:	1.000	
Degradation factor:	0.990	
Conversion efficiency at ambient temperature:	0.760	
First order heat loss coefficient (a1):	4.000	W/m²K
Second order heat loss coefficient (a2):	0.010	W/m²K²
Flow rate:	50.000	l/(h·m²)
Pump power:	0.200	kW
Heat exchanger effectiveness:	0.400	

Storage tank

Volume:	1000.0	l
Storage loss at temp. diff. 40 K (72 °F):	0.00750	kWh/(l·day)

OK　Cancel

图 10-9　太阳热水选项框

3. 空气—水热泵 Air-to-water heat pump

通过选择图 10-6 中的【Air-to-water heat pump】选项框，可以在热水环路中添加一个空气源热泵。点击【Add】按钮将弹出一个新的对话框，用户可以指定空气源温度（室外空气温度）、热泵 COP 和热泵的热输出效率。

如图 10-10 所示，通过【Min. Source Temp.（℃）】设置热泵在实际运行状态下的室外空气温度的下限。通过点击【Add】按钮，可以增加不同室外空气温度的热泵特性。在 ApacheHVAC 模块中，可以通过自动调整功能对空气水热泵进行调整。【Percent of autosized heat source capacity】是指热水环路容量系数，可由用户自行输入或由软件自动生成。

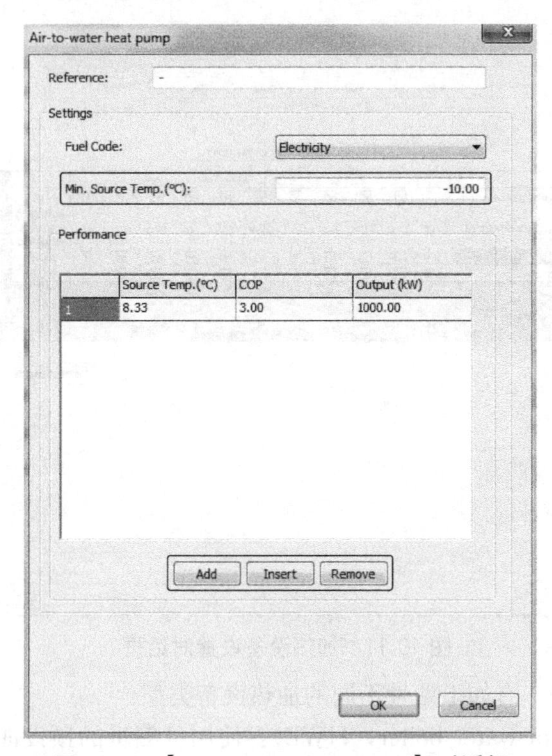

图 10-10 【Air-to-water heat pump】对话框

4. 热电联产（联产系统）Combined heat and power（Co-generation system）

另一个预热源为热电联产。通过选择图 10-6 中【Combined heat and power】复选框将和 CHP 系统相互关联。

CHP 序列的排序高低决定了从 CHP 中获得的热量用于覆盖在指定热源上的热负荷的顺序。具有较低的参数值的热源（一般的，热水环路，或热传递回路）在获得高热量之前，将从 CHP 获得可用的热量。如果两个 ApacheHVAC 热源在这一选项中具有相同的序列排序，它们将同时从 CHP 系统获得可用的热量，直到负荷达到最大或 CHP 资源得到充分利用。

10.1.2 加热设备设置

加热设备设置 Heating equipment set 用于定义热水回路的主要加热设备。用户可以从现有的热水环路中添加、编辑、复制、删除甚至导入所需设备（图 10-11）。

在设备设置中，提供了一个排序表，用于设置加热设备在任何特定负荷范围内打开的顺序。通过勾选【Active sequence】行中的选项，整列就都被勾选了，同时用户可选择在此指定负荷范围内运行的加热设备。

➢ **小提示：**图10-11为VE2016的加热设备设置对话框，其他版本VE的此界面将会有所不同。

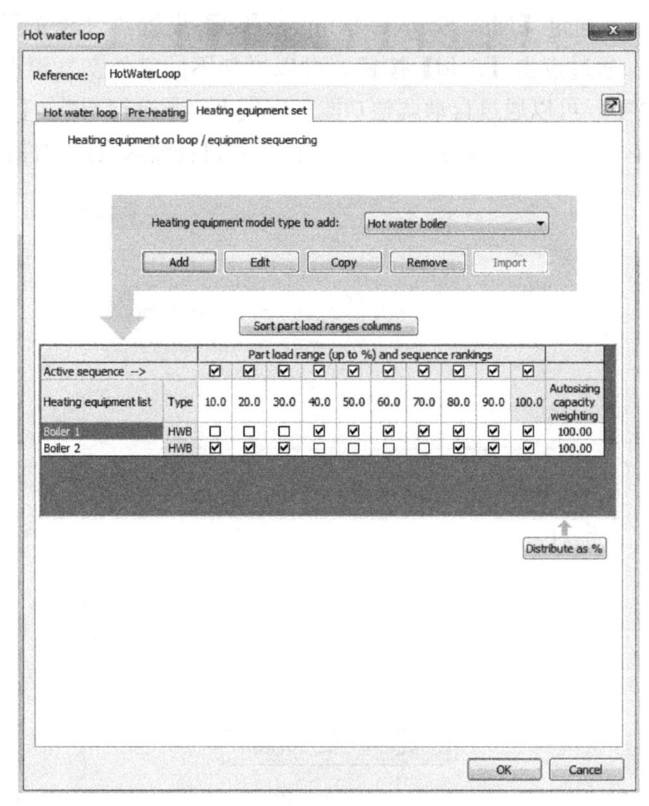

图10-11　加热设备设置对话框

在加热设备设定中，有如下两种不同的加热设备类型：

（1）热水锅炉（Hot water boiler，HWB）：使用可编辑的预设曲线和其他标准输入，例如额定条件下的效率、供应温度、流量和附加负荷。

（2）部分负荷曲线加热设备（Part load curve heating plant，PLE）：在设备负荷相关的效率和附加效率模型中，通过输入相应数值进行设置，比如在设备最大负荷与部分负荷值中设定相关的效率（泵/附加功率集）的数据表。此方法适用于不同类型的加热（水）设备。

在设备排序设置中，建筑物的能耗可以分为10个能耗范围。用户可以通过双击范围百分比来灵活调整每部分的能耗范围，以满足控制需要（图10-12）。

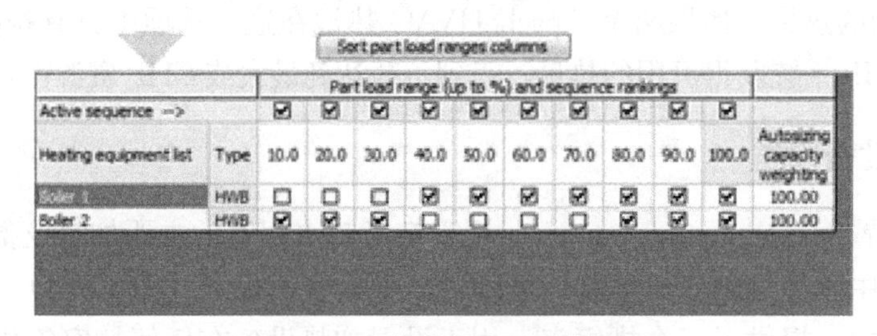

图10-12　加热设备序列设置

当多个加热设备被指定为一个能耗范围时，它们将同时在该能耗范围内配合，并将按照设计功率的比例共同承担回路负荷。在“Autosizing Capacity Weighting”，可结合ApacheHVAC模块中的自动调整功能来使用，此时可以指定每个加热设备在自动调整过程中的能耗比。

1. 部分负荷曲线控制加热设备 Part Load Curve Heating Plant（PLE）

部分负荷曲线加热控制设备模型可以同时使用通用热源和热水回路。可以结合图10-13的对话框对加热设备构件进行性能定义。

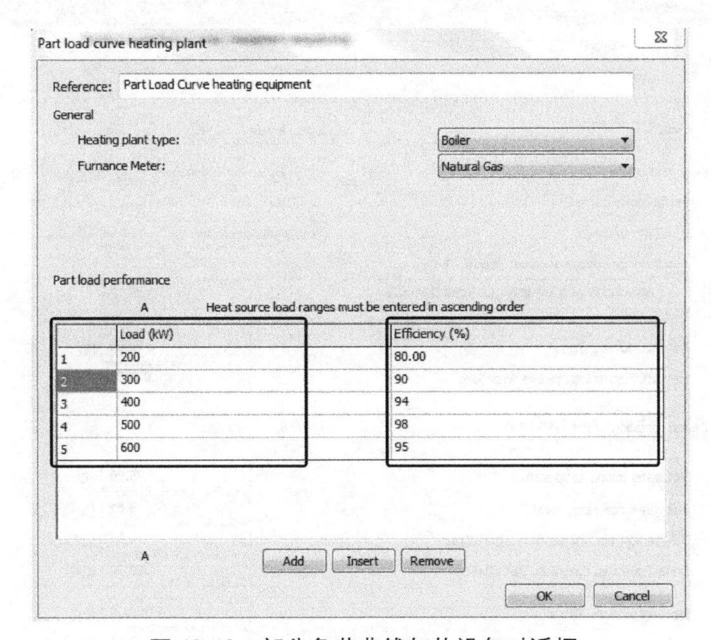

图10-13 部分负荷曲线加热设备对话框

➤ **小提示：** 设备信息可通过制造商获取。

在【Reference】中输入描述加热设备的参考名称，将有助于以后识别该设备。

➤ **小提示：** 参考名称不能超过100个字符。

设置过程中，可以将加热设备类型定义为锅炉、热泵或其他加热设备。它们以相同的方式建模，但在VistaPro中会显示不同的结果变量。

在【Fables Meter】（或旧版VE中的【Fuel】）选项下，可以为加热设备分配合适的能源。同时，也可用于模拟计算设备的碳排放量。碳排放系数的设置参见本书ApacheSim的相关内容。

在PLE设置中，主要内容是对话框底部的部分负荷性能【Part Load performance】，如图10-13所示。通过此设置可以定义设备在不同部件负荷范围内提供的热负荷量及其性能比例。此类信息可结合设备供应商的技术参数说明书进行设置，如设备的效率为25%、50%、75%和100%等。

➤ **小提示：** 设定部分负荷性能中的负荷量时，应按从上到下依此增加（上升）的顺序输入。如果以相反的顺序输入，则仅使用第一个值。

2. 热水锅炉 Hot water boiler（HWB）

热水锅炉模型只能由热水回路使用，这与部分负荷曲线控制加热设备（PLE）相似。

该模型无须手动输入，可使用默认或自定义的锅炉性能特性，在额定条件下同锅炉效率曲线一同确定锅炉性能，并分别进行设计和额定条件的设置。

设置的主要参数包括：锅炉模型【Boiler Model description】、热水供应温度【Hot water supply temperature，Tlbtrat】、额定条件下的温度差【Delta-T at rated condition，DeltaTbrat】、加热功率【Heating capacity，Qrat】和锅炉效率【Boiler efficiency，Erat】等额定条件值（图 10-14）。

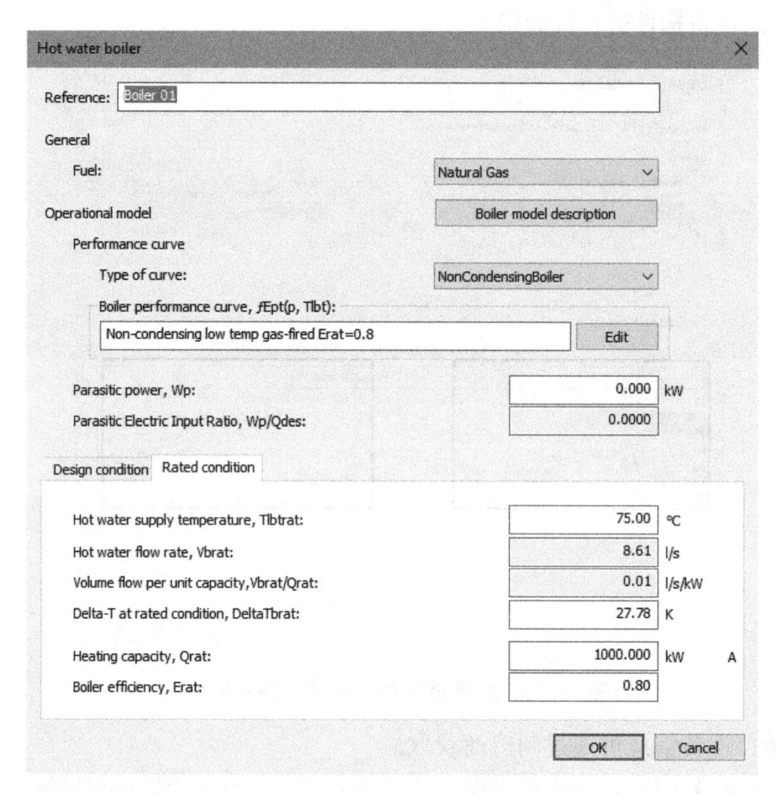

图 10-14 热水锅炉对话框

预设效率曲线：

(1) Non-condensing boiler (Erat=0.8).

无冷凝锅炉（Erat=0.8）。

(2) Condensing boiler (Erat=0.89).

冷凝锅炉（Erat=0.89）。

(3) Circa 1975 high temp boiler.

高温锅炉。

(4) Circa 1983 mid temp boiler.

中温锅炉。

(5) New low-temp boiler.

新型低温锅炉。

如图 10-15 所示的预设效率曲线，第一、第二和第五个选项适用于现代热水锅炉。这些曲线是通过其形状来描述性能，通过输入的额定条件下的效率控制整条曲线的起伏。可自行编辑曲线参数，点击【Edit】按钮会弹出一个对话框，显示曲线的公式和参数，即可对曲线进行编辑，如图 10-16 所示。曲线系数以及曲线独立变量的适用范围均可以被编辑。在编辑曲线参数时，要了解曲线的含义及其在模型算法中的用法，因此只建议高级用户使用。

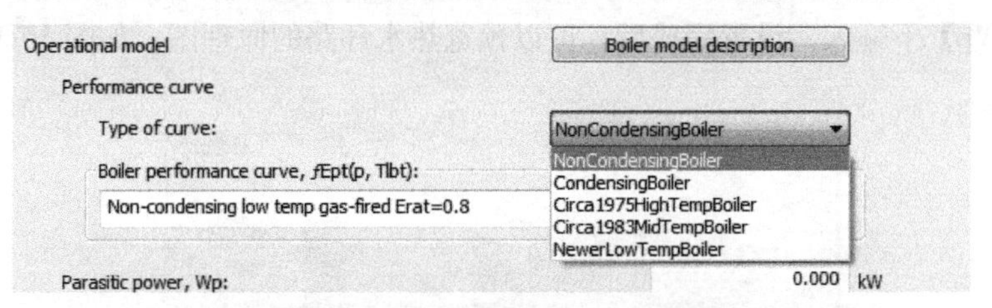

图 10-15　不同类型锅炉的表现曲线

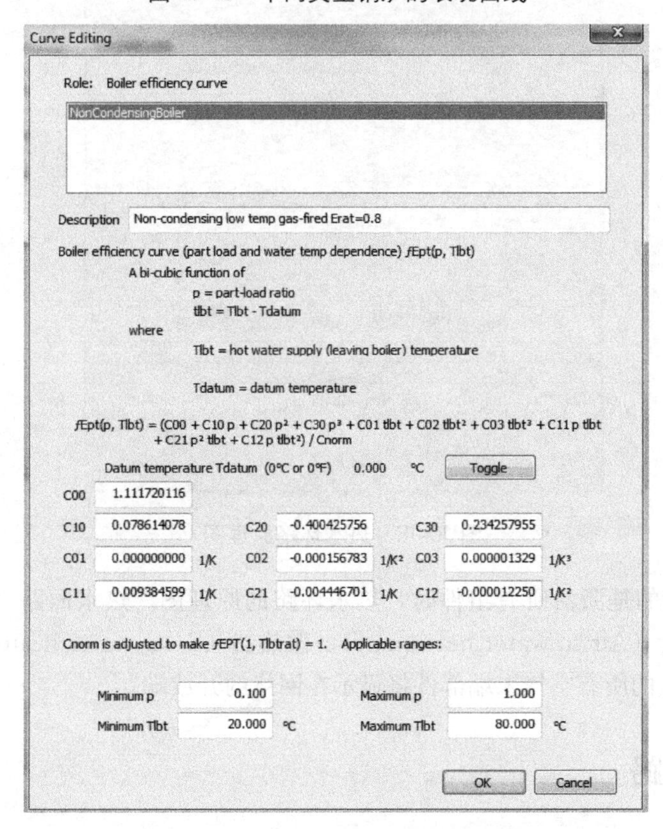

图 10-16　曲线编辑框

➢ **小提示**：编辑曲线时，需考虑曲线变量适用范围的合理性。性能曲线仅在其适用范围内有效。

默认曲线是从 DOE 软件提取的，DOE 软件已通过 ASHRAE 认证。因此建议普通用户直接使用默认的性能曲线。加热功率【Heating capacity，Qrat】是设备额定最大热功率，如图 10-17 所示，可根据制造商的参数说明文件进行输入。

Heating capacity, Qrat: 1000.000 kW A

Boiler efficiency, Erat: 0.80

图 10-17　设备额定最大热功率

➤ **小提示**：参数设置中后缀有字母“A”，表明该参数可自动调整。

锅炉效率【Boiler efficiency，Erat】是额定效率，在 0.00～1.00。可根据制造商的参数说明文件进行输入。其效率不包括强制通风锅炉或类似于附加荷载的鼓风机等，这应在【Parasitic power，Wp】下输入。设置完成后，可以预览热水环路的原理图，如图 10-18 所示。

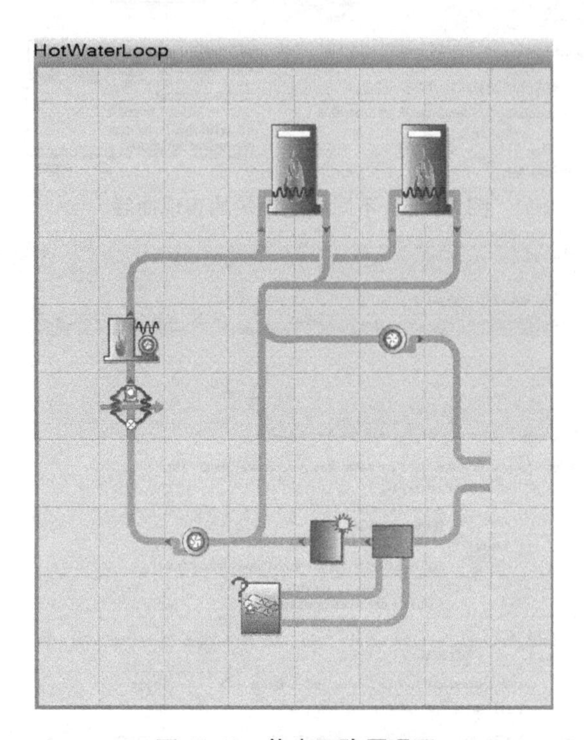

图 10-18　热水环路原理图

图 10-18 显示的是激活所有组件时，热水环路的原理图。热水回路（Heat recovery）可以连接到热盘管（Air to water heat pump）、散热器（Solar water heater）等加热部件，与该热水回路连接的所有空气末端部件将显示在网络的开放端。

10.2　冷水环路

冷水环路 Chilled Water Loop（CWL）与热水环路相类似，可以将多个冷却装置连接在一起，给建筑提供冷水。每个单独的冷水环路可以提供如下设置输入信息：

(1) Primary and secondary chilled water loops and options to use just one of these.

主-辅冷却水环路以及选择设置。

(2) Pre-cooling devices such as integrated waterside economizers

预冷却装置，如集成水侧节能器。

(3) Chillers and other similar cooling sources.

冷冻机和其他类似的冷却源。

(4) Heat-rejection loop (for water cooled chillers) with cooling tower and options for waterside economizer and condenser heat recovery.

散热回路（用于水冷式冷冻机）与冷却塔和水侧节能器选项设置，冷凝热回收。

冷水环路可用的冷冻机模型有以下几种类型：

(1) Electric water-cooled chiller (uses editable pre-predefined curves and other standard inputs).

电—水冷式冷冻机（用于编辑提前设定曲线和其他标准的输入）。

(2) Electric air-cooled chiller (uses editable pre-defined curves and other standard inputs).

电—风冷式冷冻机（用于编辑预定义曲线和其他标准输入）。

(3) Part-load curve chiller (flexible generic inputs, can represent any device used to cool water via a matrix of load-dependent data for COP and associated usage of pumps, heat-rejection fans etc).

部分负荷曲线冷冻机（灵活的输入设置，通过 COP 的一个矩阵的负荷相关数据可代表常用的冷却水设备和相关的使用泵，散热风扇等）。

每个冷水环路均可以设置冷却盘管和冷辐射吊顶。根据需要可以尽可能多地在同一个 ApacheHVAC 模板里创建多个冷水环路，并在空气末端网络连接至不同的冷盘管和冷辐射吊顶。点击冷水环路按钮（图 10-19），打开冷水环路设置对话框，就可以对冷水环路进行添加、删除或复制。

可以在模型中添加新的冷水环路，创建后，将出现如图 10-20 所示的对话框。

图片 10-19 添加冷水环路按钮

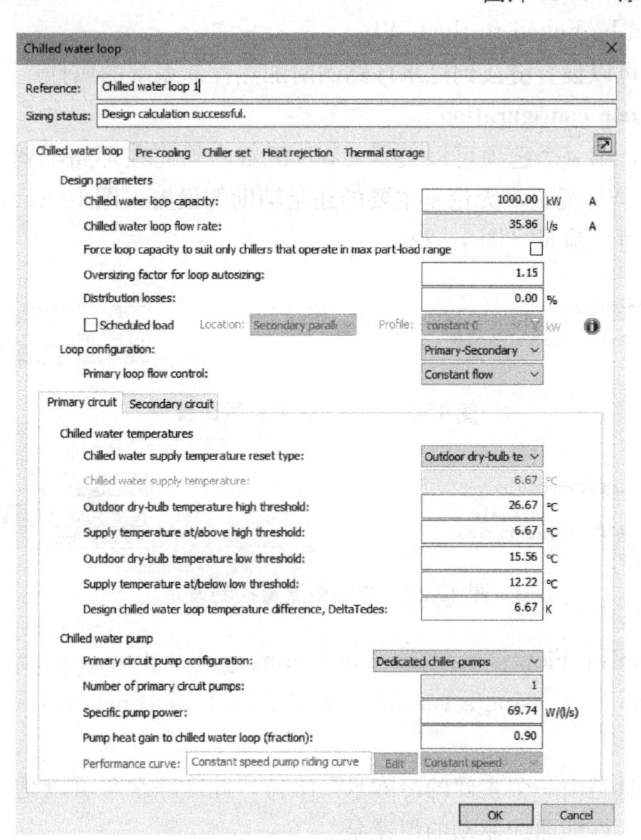

图 10-20 冷水环路对话框

冷水环路由以下五部分组成：

（1）Chilled water loop tab：This tab manages the properties of the chilled water loop.

冷水环路选项：用于设置冷水环路的属性。

（2）Pre-cooling tab：This tab manages pre-cooling devices to provide cooling on the chilled water loop（primary or secondary loop return）prior to the chiller set.

预冷却选项：用于管理预冷却设备，在冷却设置之前，为冷却环路系统提供冷却（主辅环路系统）。

（3）Chiller set tab：This manages a list of chillers，which may be edited with chiller dialogs. Chiller sequencing ranks under variable part load ranges are also defined in this tab，together with chiller autosizing capacity weightings.

冷冻机选项：用于设置一系列冷冻机选项，可在冷冻机对话框编辑。在可变负荷范围下，冷冻机次序以及冷冻机自动调整容量权重可在这个选项中设置。

（4）Heat rejection tab：This tab manages information used for heat rejection. The condenser water loop will only be activated if electric water cooled chillers are used in the 'Chiller set' tab.

散热选项：此选项用于散热设置。在【Chiller Set】选项中勾选使用电水冷冷水机组时，冷凝器的水回路才会被激活。

（5）Thermal storage tab：This tab manages the properties of additional thermal storage system that can be linked to the CWL.

热存储选项：可以设置链接到冷水环路的附加热存储系统的属性。

1. 环路配置 Loop configuration

同HWL类似，第一个选项可以设置CWL配置，须先在环路配置【Loop configuration】选项下选择CWL配置，无论是主要的还是辅助的设置（图10-21），无论主冷却水回路中的恒定流量或可变流量（图10-22）。

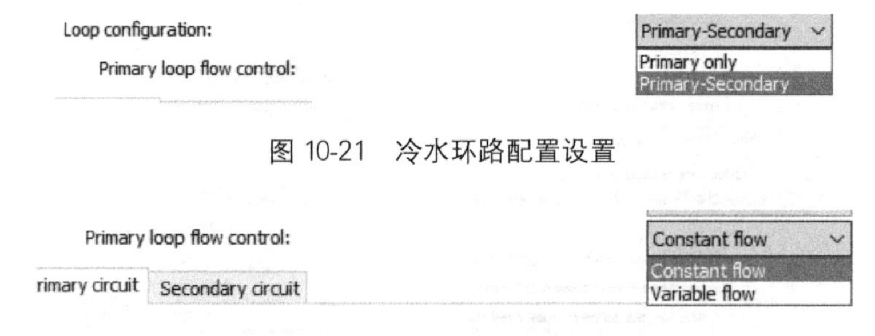

图10-21　冷水环路配置设置

图10-22　主回路流量控制设定

（1）Primary only：Flow is maintained by a primary chilled water pump that can be either a variable-speed pump（i. e. using a variable-speed drive）or constant peed pump riding the pump curve.

仅主设备：流量是由一个主要的冷冻水泵维持，此冷冻水泵可以是一个变速泵（如使用变速驱动器）或由性能曲线驱动的恒速泵。

（2）Primary-secondary：flow is maintained by a combination of primary and secondary pumps. The primary pump is assumed to have a constant flow when it is on. The secondary pump cab be either a variable-speed pump with VSD or a constant speed pump riding the pump curve.

主一辅设备：流量由主一辅二级泵的组合来维持。当主泵处于运转状态时认为它具有恒定流量，二级泵可以是一个变速泵或由性能曲线驱动的恒速泵。

对于以上两种配置，当没有设置预冷却设备时，水泵仅在冷冻机运行时才会开启。如果设置了预冷却设备，水泵的操作将独立于冷冻机的开（关）循环状态。

2. 冷水温度 Chilled water temperature

同 HWL 设置类似，可以在外部温度或 CWL 负荷基础上进行冷水温度设置。用户可以明确冷水供应温度和临界值，如图 10-23 所示。

Chilled water temperatures

Chilled water supply temperature reset type:	Outdoor dry-bulb te	
Chilled water supply temperature:	6.67	°C
Outdoor dry-bulb temperature high threshold:	26.67	°C
Supply temperature at/above high threshold:	6.67	°C
Outdoor dry-bulb temperature low threshold:	15.56	°C
Supply temperature at/below low threshold:	12.22	°C
Design chilled water loop temperature difference, DeltaTedes:	6.67	K

图 10-23 冷水温度设置

➢ **小提示：**外部环境条件适宜或冷却负荷量低时，可通过调节冷水供应温度实现节能控制。设计冷水回路温度差【Design chilled water loop temperature difference，DeltaTedes】是供应和返回水之间的目标温度差，其常用值为 5～7K。

3. 冷水泵 Chilled water pump

对于主回路泵配置【Primary circuit pump configuration】，可以选择“专用的冷水泵”【Dedicated chiller pumps】，表明有一个冷水泵连接到一个冷冻机配置（图 10-24）。而单泵【Single pump】选项，是使用一个泵来代表所有的冷水泵。

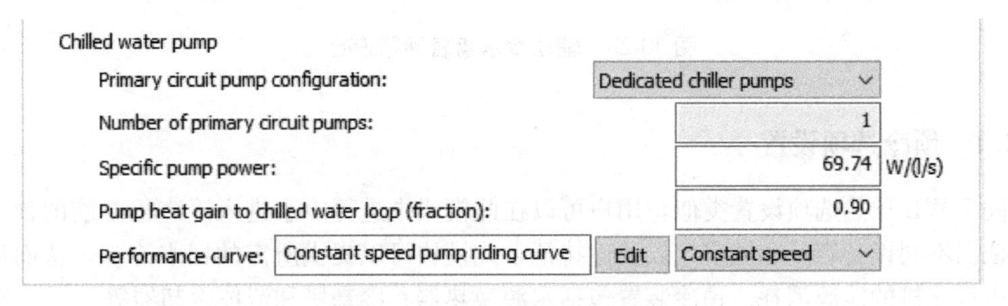

图 10-24 冷水设置对话框

在设置过程中，需输入具体的冷水泵功率，单位以 W/(L/s) 表示。此参数是设计泵功率除以泵的设计输出流量。实际泵的功率将根据具体的泵功率乘以设计的水流速率来计算。特定泵功率的默认值由 ASHRAE 90.1 G3.1.3.10 中的总泵功率指定，可根据设计需要输入正确的泵功率。

在默认情况下，有两个选项用于设置泵的性能曲线，即“恒定速度”和“变速”。用户可以根据系统需求选择合适的曲线。如果泵有恒定流量，则冷水流速乘以其特定的泵功率来确定最终泵的功率。如果水泵为可变流量，则其设计泵功率计算为特定的泵功率乘以设计的冷水流量，然后进行修正。

泵功率曲线中的可变流量计算为所有冷却组件（即冷水盘管、冷辐射吊顶等）在空气末端网络中所需流量的总和，其数值须符合水泵允许的最小流量。可以通过【Edit】按钮编辑性能，在此可以调整曲线系数。建议高级用户使用此方法。当选择主—辅水泵配置时，须激活辅助回路（Secondary circuit）选项。

主回路冷水泵功率将根据恒定流量计算（当冷冻机运行时）。该模型将基于特定的泵功率参数，默认值为 469.74W(L/s)。默认值可根据 ASHRAE90.1 G3.1.3.10 中指定的冷水特定泵功率（348.71W(L/s)）设定，此时主—辅水泵回路之间有 20%∶80%比例关系。

在次要（辅助）回路选项中，用户可以灵活地设置不同的冷水供应温度，它可与空气末端网络中的不同冷盘管或冷辐射吊顶组件相连接，如图 10-25 所示。

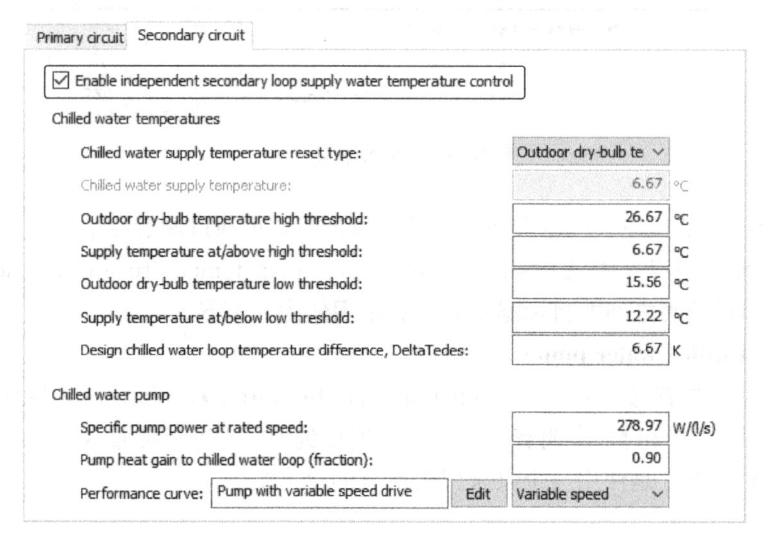

图 10-25　辅助冷水盘管回路设定

10.2.1　预冷选项设置

同 HWL 预热选项设置类似，用户可以在此模块中进行冷水进入冷冻机之前的预冷设置。依据不同设备容量和城市气候条件特征，此模块可以提供所需的回水冷却，从而尽可能减少冷冻机的能源消耗。预冷装置包括水源换热器、冷却塔和流体冷却器等。

室外干球温度和湿球温度是预冷装置设定的设计温度。在图 10-26 中框选部分，用户可以设置预冷却设备同辅助冷却设备或主冷却设备回路相连接。预冷却设备在冷水回路上的容量（Capacity）设置可按回路总容量的百分比设定，结合比例自动计算其设备容量。

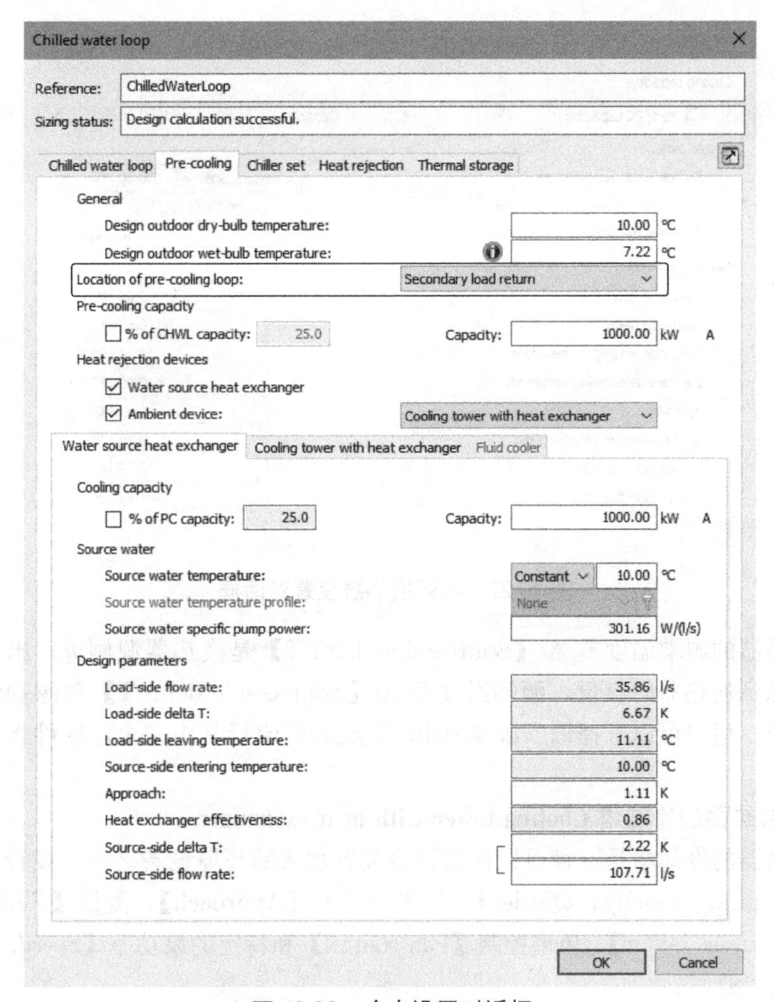

图 10-26 冷水设置对话框

1. 水源换热器 Water source heat exchanger

水源换热器主要设置制冷量，参数有水源水温（Source water temperature）、水源特定泵功率（Source water specific pump power）和水源端流量（Source-side flow rate）（图 10-27）。相关数据性能参数可从设备工程师或设备制造商获取。

水源换热器的容量可以是总预冷装置容量的百分比，也可以是一个明确的容量值。

➢ **小提示：**容量值不能大于预冷量。

水源换热器水源温度有两种选择：恒定或自定义。

当水源温度【Source water temperature】选择为恒定（默认值）时，此时部分设计参数中输入的水源流入温度是指在水源部分指定的固定水源温度。

当水源温度【Source water temperature】选择为自定义时，选择要应用于水源换热器水源温度的绝对数据值，可以通过适当的设备进行定义（配置文件数据库）。为了计算水源换热器所需的附加泵功率，用户需要输入特定的泵功率【Specific pump power】，单位W/(L/s)。

水—水换热器的设计临界值【Approach】被定义为负荷端离开水源温度与水源端进入水源温度之间绝对温度差。

Water source heat exchanger | Cooling tower with heat exchanger | Fluid cooler

Cooling capacity		
☐ % of PC capacity:	25.0	
Capacity:	1000.00	kW A
Source water		
Source water temperature:	Constant 10.00	℃
Source water temperature profile:	None	
Source water specific pump power:	301.16	W/(l/s)
Design parameters		
Load-side flow rate:	35.86	l/s
Load-side delta T:	6.67	K
Load-side leaving temperature:	11.11	℃
Source-side entering temperature:	10.00	℃
Approach:	1.11	K
Heat exchanger effectiveness:	0.86	
Source-side delta T:	2.22	K
Source-side flow rate:	107.71	l/s

图 10-27　水源换热器设置对话框

水源换热器的源端温度差 Δt【Source-side delta T】是换热器源侧进、出温度之间的温度差。考虑到换热器的容量，源端温度差 Δt【Source-side delta T】和源端流量的计算是可以互换的。用户可以选择输入源端 delta T 或源侧流量其中一个，软件将自动求出另一个。

2. 带有换热器的冷却塔 Cooling tower with heat exchanger

带有换热器的冷却塔是一种可以作为预冷装置加入的环境设备之一。设置的主要参数是制冷量【Cooling capacity，Qhrdes】、临界（值）【Approach】、流量【Flow rate】、风机功率【Fan power，Wfan】、风扇控制【Fan control】和特定的泵功率【Specific pump power】等（图 10-28）。

Water source heat exchanger | Cooling tower with heat exchanger | Fluid cooler

Cooling tower design parameters		
Cooling capacity, Qhrdes: ☐ Autosize	1000.000	kW A
Leaving temperature - cooling tower with heat exchanger:	12.83	℃
Approach:	4.44	K
Range:	5.56	K
Flow rate:	43.00	l/s
Fan power, Wfan:	10.500	kW
Fan electric input ratio, Wfan/Qhrdes:	0.0105	
Fan control:	Two-speed fan	
Low-speed fan flow fraction:	0.50	
Low-speed fan power fraction:	0.30	
Pumps		
Specific pump power:	301.16	W/(l/s)
Pump heat gain to cooling tower loop (fraction):	0.90	
Heat exchanger		
Approach:	1.11	K
Effectiveness:	0.86	

图 10-28　带有换热器的冷却塔预设定

制冷量【Cooling capacity，Qhrdes】是设计条件下冷却塔的预冷负荷。临界值【Approach】是在设计条件下冷却塔离开水温和室外湿球温度的差。

考虑到冷却塔的容量，计算范围【Range】和流量【Flow rate】是可互换的。设置时可以选择输入范围或流量，软件会自动生成另一个。

风机功率【Fan Power，Wfan】是冷却塔风机全速运行时的功率，单位是 kW。

风机控制【Fan control】是选择冷却塔的控制类型。有三种控制风扇（风机）可用：

(1) One speed fan。

单速风机。

(2) Two speed fan。

双速风机。

(3) VSD fan。

VSD 风扇。

特定的泵功率【Specific pump power】是在额定转速下泵的功率，用 W/（L/s）表示，其默认值由 ASHRAE90.1 G3.1.3.11 规定。

3. 流体冷却器 Fluid cooler

根据盘管表面的干湿情况来分类，有两种类型的流体冷却器（Fluid cooler）：

干式（Dry）液体冷却器盘管是永久干燥的，适用于限制水供应或环境条件适合干冷却器的地区使用。

湿/干（Wet/dry）流体冷却器，有一个盘管喷洒功能，用于提供间接蒸发降温。为了防止水在盘管上结冰或充分利用冷却条件，在室外低温情况下喷淋泵可以关掉。此时，冷却器可采用干盘管。

设置的主要参数为制冷量，临界值、风机负荷、风扇和喷淋泵功率（图 10-29）。

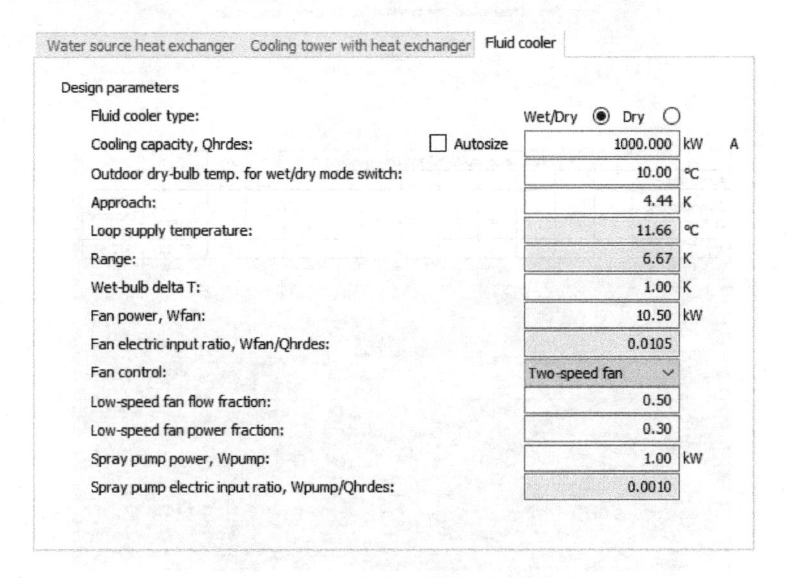

图 10-29 流体冷却器设置对话框

制冷量【Cooling capacity，Qhrdes】是在设计条件下冷却塔的预冷负荷。

临界值【Approach】是在设计条件下冷却塔离开水温和室外湿球温度的差异。在干燥模式下，其值是设计条件下的离开水温和室外干球温度之间的差值。

风机负荷【Fan power，Wfan】是流体冷却器风扇全速运行时的功率。

风机控制【Fan control】允许用户选择流体冷却器的风扇控制类型。有三种类型的风扇控制可供选择：单速风机、双速风机、风机和变速（VSD）。当选择双速风机时，必须指定两个额外的参数：低速风扇流量系数【Low-speed fan flow fraction】和低速风扇功率系数【Low-speed fan power fraction】。

低速风扇流量系数【Low-speed fan flow fraction】是流体冷却器风扇在低速运转时提供的设计流量系数，该信息可以从设备制造商的说明书中找到。

低速风扇功率系数【Low-speed fan power fraction】是流体冷却风扇在低速运转时所消耗的功率，表示为流体冷却器设计风扇功率，该信息可以从设备制造商的说明书中找到。

喷涂功率【Wpump】是在设计条件下的液体冷却器喷雾泵的效率，只有湿/干【Wet/Dry】模式被选中时才显示。

10.2.2　冷水机设置

用户可以定义冷却水回路的主要冷却设备，从现有的冷冻水环路中进行添加、编辑、复制、删除或导入设备等，如图10-30所示。

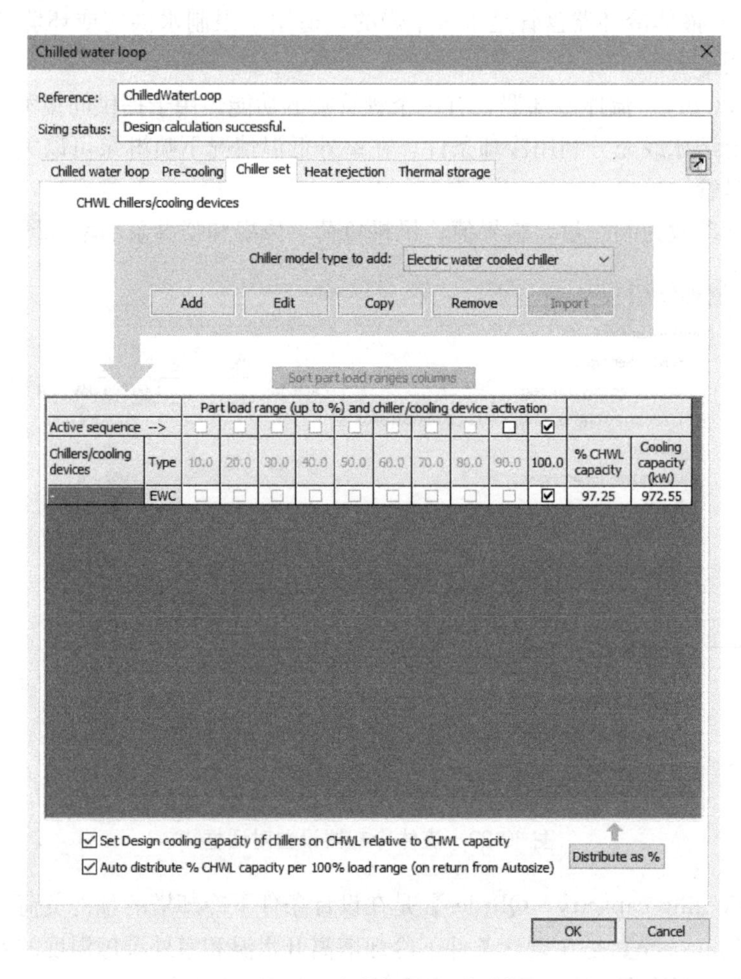

图10-30　冷水机设置对话框

如图 10-30 所示对话框中提供了一个排序表，用于设置在某一特定负荷范围内开启冷却设备的顺序。勾选活动顺序【Active sequence】中的复选框，则允许用户选择在此特定负荷范围内运行的设备。

➢ **小提示**：此项设置，不同 VE 版本有所不同。

在定义冷水回路的冷却设备时，有三种不同的冷却设备类型：

(1) Electric watercooled chiller (uses editable pre-defined curves and other standard inputs).

电动水冷冷水机组（使用可编辑的预定义曲线和其他标准输入）。

(2) Electric aircooled chiller (uses editable pre-defined curves and other standard inputs).

电动风冷冷水机组（使用可编辑的预定义曲线和其他标准输入）。

(3) Part-load curve chiller (flexible generic inputs; can represent any device used to cool water via a matrix of load-dependent data for COP and associated usage of pumps, heat-rejection fans, etc., with the option of adding COP values for up to four outdoor DBT or WBT conditions).

部分负荷曲线冷水机组（可以通过 COP 的负荷相关数据来确定冷却水的设备参数，以及相关联的水泵、风扇等的使用，并且可结合四种室外 DBT 或 WBT 模式添加 COP 值。）

在排序控制中，最多可以分为 10 个负荷范围进行控制。用户可以通过双击百分比范围来灵活调整负荷范围（图 10-31）。

Sort part load ranges columns

		Part load range (up to %) and chiller/cooling device activation											
Active sequence -->		☑	☑	☑	☑	☑	☑	☑	☑	☑	☑		
Chillers/cooling devices	Type	10.0	20.0	30.0	40.0	50.0	60.0	70.0	80.0	90.0	100.0	% CHWL capacity	Cooling capacity (kW)
Chiller 01	EWC	☑	☑	☑	☑	☑	☑	☑	☑	☑	☑	50.00	500.00
Chiller 02	EWC	☐	☐	☐	☐	☐	☑	☑	☑	☑	☑	50.00	500.00

图 10-31 冷却设备排序设置

当多个冷却设备被指定在同一负荷范围时，在该负荷范围内，它们将按照其设计能力的比例共同承担负荷。

对于“自动调整容量权重（Autosizing Capacity Weighting）”一列，它与 ApacheHVAC 模块中的自动调整功能一起使用。在自动调整过程中用户可以指定每个选定负荷的相对比例。

1. 电动水冷冷水机组 Electric watercooled chiller

电动水冷冷水机组模型模拟了开敞式冷却塔冷凝水冷却的电冷水机组性能。该模型在额定条件下使用默认或用户定义的冷水机性能特征，以及制冷量和效率三个性能曲线，以确定冷水机在非额定条件下的性能（图 10-32）。

三种冷水机性能曲线如下：

(1) Chiller cooling capacity (water temperature dependence) curve.

冷水机制冷量（水温）曲线。

(2) Chiller electric input ratio (EIR) (water temp dependence) curve.

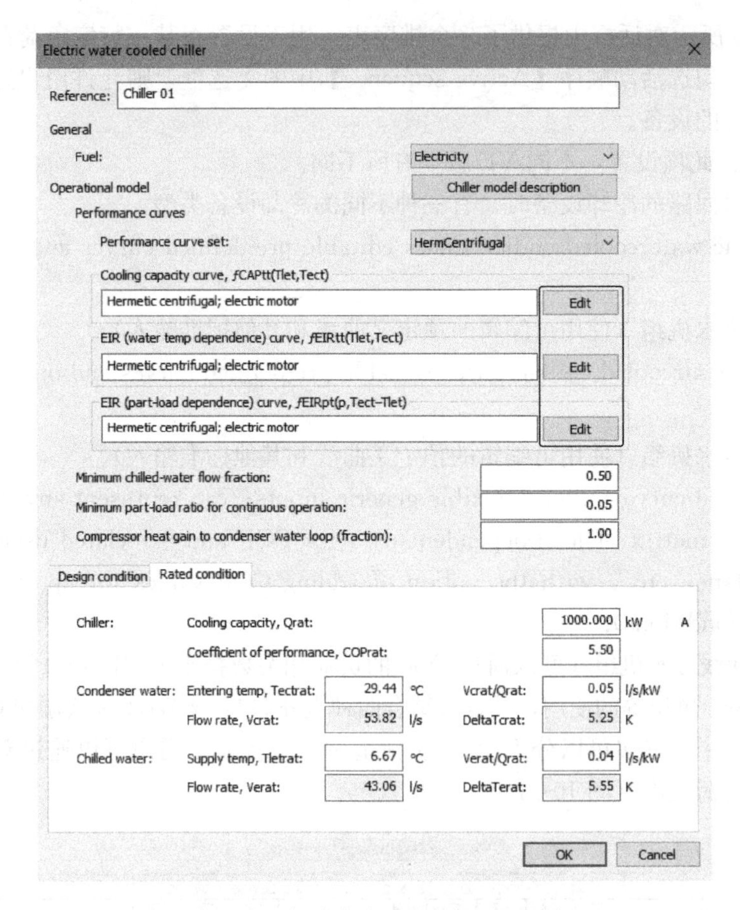

图 10-32　电动水冷冷水机设置对话框

冷水机电输入比（EIR）（水温）曲线。

（3）Chiller electric input ratio（EIR）（part-load and water temperature dependence）curve.

冷水机电输入比（EIR）（部分负荷和水温）曲线。

可选用的默认制冷机曲线如下：

- HermCentrifugal（Herm 离心机）.
- VSDHermCentrifugal（VSDHerm 离心机）.
- HermReciprocatg2Comp.
- HermReciprocatg1Comp.
- Screw2Compressor（螺杆 2 压缩机）.
- Screw1Compressor（螺杆 1 压缩机）.
- OpenCentrfugal（开启离心机）.
- OpenReciprocatg（开启 Reciprocatg）.
- Virtual DES Cooling（虚拟 DES 冷却）.

每个冷水机曲线组中的性能是依据行业标准的冷水机建模参数，以及可用的曲线组件构成。容量的变化是离开蒸发器进入冷凝器水的温度（冷水供应温度）的函数。因此，参数受进入冷凝器水的温度、离开蒸发器水的温度以及进入冷凝器水的温度差的影响。

电输入比（Electric input ratio，EIR）是部分负荷系数函数，指离开蒸发器进入冷凝器水的温度以及离开蒸发器水的温度和进入冷凝器的温度之间的差异。

fEIRtt 将 EIR 作为进入冷凝器水温和进入冷凝器水温与蒸发器温度之间的差值（用于确定容量相同的两个独立变量）的函数。fEIRpt 将 EIR 作为负荷系数的函数，以及进入冷凝器水温和离开蒸发器温度之间的差异。

冷水机的温度差对 EIR 有影响，并涉及冷水机的扬程。对于任何设定的负荷百分数，如果冷水机需要提升（lift）热能，以实现离开蒸发器的进入冷凝器的更大的热水温度差，则这种增加的水温将需要更多的电力来驱动压缩机。尽管负荷变化将影响蒸发器的水流量（或进入蒸发器的回水温度），但通过重新设定冷水供应温度和改变输送冷凝器的水温来散热，冷水机的热能升降都会有所不同。

用户可以通过点击每条曲线上的编辑【Edit】按钮（图 10-32）来编辑默认的性能曲线。但此类型性能曲线需要设备制造商提供足够的数据和使用适当工具（例如 MatLab）来生成，此设置适用于高级用户。

对于大多数使用者来讲，选择冷水机类型的代表性曲线，然后在额定设计条件选项中输入适当的性能特性（如 COP、制冷量、冷凝水进入温度、冷冻水供应温度等）较为合适。

最小冷水流量系数【Minimum chilled-water flow fraction】是与设计流量相比的最小冷水水流量值，用户可以通过设备制造商的规格型号获得更多信息。

连续运行的最小部分负荷比【Minimum part-load ratio for continuous operation】是冷水机运行的最小负荷。如果建筑物的负荷下降到这个最小阈值以下，冷水机将停止运转。

冷凝器水回路的压缩机得热系数【Compressor heat gain to condenser water loop (fraction)】表示由冷凝器散热的压缩机电能消耗值。

水冷式冷水机额定工况选项卡如图 10-33 所示。

Design condition | Rated condition

Chiller:	Cooling capacity, Qrat:				1000.000	kW
	Coefficient of performance, COPrat:				5.50	
Condenser water:	Entering temp, Tectrat:	29.44	°C	Vcrat/Qrat:	0.05	l/s/kW
	Flow rate, Vcrat:	53.82	l/s	DeltaTcrat:	5.25	K
Chilled water:	Supply temp, Tletrat:	6.67	°C	Verat/Qrat:	0.04	l/s/kW
	Flow rate, Verat:	43.06	l/s	DeltaTerat:	5.55	K

图 10-33 水冷式冷水机额定工况选项卡

制冷量【Cooling capacity，Qrat】是制冷机在额定条件（即满负荷条件）下设备可提供的制冷量。用户可通过冷水机制造商提供的产品规格获取更多信息。

能效系数【Coefficient of performance，COPrat】是冷水机组在定额工况（即满负荷工况）下的 COP。用户可通过冷水机制造商提供的产品规格获取更多信息。

冷凝水进水温度【Entering temp，Tectrat】是冷水机制造商规格中规定的目标冷凝器进水温度。

冷水供应温度【Supply temp，Tectrat】是设备制造商规格中规定的冷水目标供应温度。为了改变冷凝水和冷水的流量，用户需要调整【Vcrat/Qrat】和【Verat/Qrat】，其中 Vcrat 和 Verat 是冷水和冷冻水流量在额定条件下 ASHRAE 推荐的默认值，适用于不同设备制造商。

2. 电动风冷冷水机 Electric aircooled chiller

电动风冷冷水机组模型模拟了室外空气冷却的电动冷水机的性能。在额定条件下使用默认或用户定义的冷水机性能特性，以及制冷量和效率的三个性能曲线，确定冷水机组在非额定条件下的性能（图 10-34）。

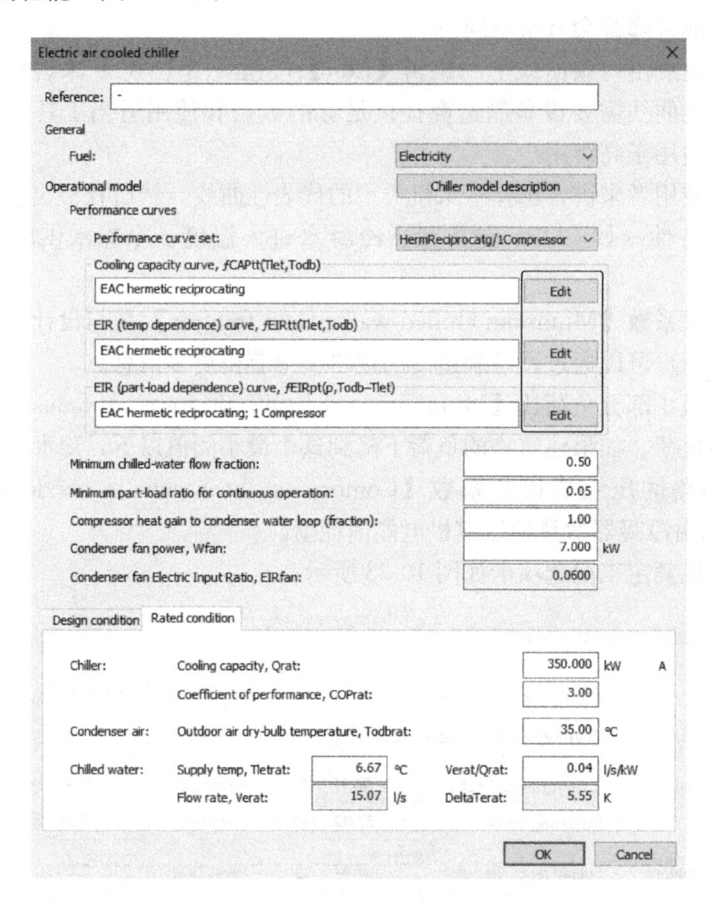

图 10-34　电动风冷冷水机组设置对话框

使用的三种冷冻机性能曲线：

(1) Chiller cooling capacity (temperature dependence) curve.

冷水机制冷量（温度相关）曲线。

(2) Chiller electric input ratio (EIR) (temp dependence) curve.

冷水机电输入比（EIR）（温度相关）曲线。

(3) Chiller electric input ratio (EIR) (part-load (and temperature) dependence) curve.

冷水机电输入比（EIR）（部分负荷（和温度）依赖）曲线。

冷凝器风扇的能耗包括冷水机的电量输入比（EIR）和相关的性能曲线。其中冷凝器风扇电量输入比（EIRfan）代表冷凝器风扇功率与总冷量功率的比值，由性能曲线控制的能耗分为冷凝器风扇能耗和冷水机压缩机能耗。

默认风冷水机组性能曲线如下：

（1）Centrifugal. 离心。

（2）Scroll. 滚动。

（3）Screw/1Compressor. 螺杆/1 压缩机。

（4）Screw/2Compressor. 螺杆/2 压缩机。

（5）HermReciprocating/1Compreesor. 赫姆往复/1 压缩机。

（6）HermReciprocating/2Compreesor. 赫姆往复/2 压缩机。

（7）HermReciprocating/3Compreesor. 赫姆往复/3 压缩机。

（8）HermReciprocating/4Compreesor. 赫姆往复/4 压缩机。

性能曲线设置【Performance curve set】表示当前选择的冷水机功率的性能曲线，该曲线表示特定冷水机设备类型的流出蒸发器水温和室外空气干球温度的函数关系，用户可以从系统数据库中选择合适的曲线。

制冷量曲线【Cooling capacity curve，fCAPtt（Tlet，Todb】表示当前选择的冷水机功率的性能曲线，该曲线表示特定冷水机设备类型的流出蒸发器水温和室外空气干球温度的函数关系。

EIR（温度相关）曲线【EIR（temp dependence）curve，fEIRtt（Tlet，Todb)】表示当前选择的冷水机电输入比（EIR）的性能曲线，表示蒸发器温度和室外干球温度（用于冷凝器排热）的函数关系。

EIR（部分负荷相关）曲线【EIR（part-lood dependence）curve，fEIRpt（p，Todb-Tlet】表示当前选择的冷水机电输入比（EIR）部分负荷相关曲线。这是冷水机电气输入比（EIR）作为部分负荷系数，室外干球温度和特定冷水机类型的供水（流出蒸发器）水温的函数的性能曲线。

用户可以通过点击每个曲线的编辑【Edit】按钮（图 10-34）来编辑默认的性能曲线。但是，这仅适用于高级用户，并且需要制造商提供足够数据和适当的工具（例如 MatLab）来生成适合的曲线系数。

对于大多数用户，选择冷水机类型的代表性曲线，然后可以在额定和设计条件选项中输入适当的性能特性（COP、制冷量、冷凝水进入温度、冷水供应温度等）较为合适。

最小冷水流量系数【Minimum chilled-water flow fraction】是与设计流量相比的最小冷水流量系数。通过设备规格型号可以获取更多信息。

连续运行的最小部分负荷比【Minimum part-load ratio for continuous operation】是冷水机运行的最小负荷。如果建筑物的负荷下降到这个最小值以下，冷水机将不会运行。

冷凝器水回路的压缩机得热（系数）【Compressor heat gain to condenser water loop (fraction)】是压缩机到冷凝器水回路的热增益（分数）。

冷凝器风扇功率【Condenser fan power，Wfan】是在额定条件下的用于散热的冷凝器风扇功率。

冷凝器风扇分辨率输入比【Condenser fan Elecrtic Input Ratio，EIRfan】是冷凝器风扇功率与冷水机功率消耗的比值，由冷水机性能曲线计算。

风冷式制冷机额定工况选项卡如图 10-35 所示。

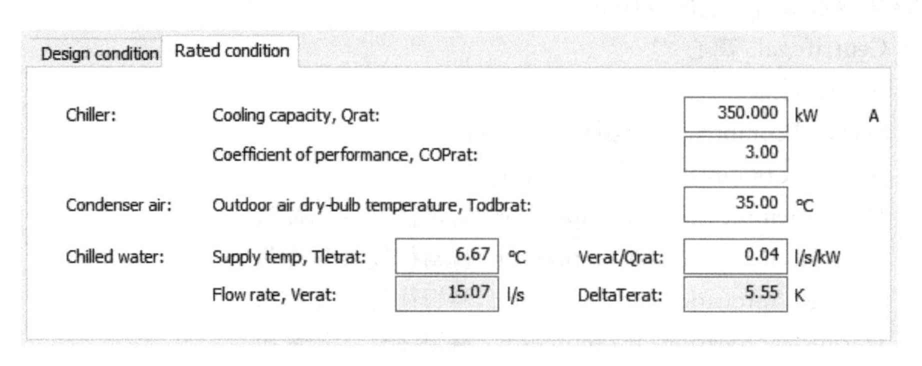

图 10-35 风冷式冷水机额定工况选项卡

制冷量【Cooling capacity，Qrat】冷水机在额定条件下（即满负荷工况）可提供的冷量。

能效系数【Coefficient of performance，COPrat】冷水机组在额定工况（即满负荷工况）下的 COP（即满载条件）。由于它是风冷式冷水机，所以不会出现冷凝器水回路，因此，只有冷水流量设定可用，用户需要调整【Verat/Qrat】，其中 Verat 是在额定条件下的冷水流量。ASHRAE 推荐默认值，由不同设备制造商提供。

室外空气干球温度【Outdoor air dry-bulb temperature，Todbrat】根据冷水机规格设计的室外空气干球温度。

冷水供应温度【Supply temp，Tletrat】冷水机规格中规定的目标冷冻水供应温度。

3. 部分负荷曲线冷水机组 Part load curve chiller

部分负荷曲线冷水机模型使用一个通用输入矩阵，可以代表非常广泛的可能采用的水冷设备。它包括 COP 的负荷相关数据矩阵，以及相关联的水泵、散热风扇等，并且可以结合多达四种室外 DBT 或 WBT 条件下添加 COP 值。它也可用于模拟热驱吸收式制冷机，如图 10-36 所示。

部分负荷曲线冷水机模型与热源模型相似，但添加了室外温度依赖的 COP，并对相关水泵、风扇等的能源使用进行了更详细的描述。此外，冷凝器热回收（CHR）的基本模型通过双束冷凝器或类似的设备提供，允许从冷水机排出的一部分热量在指定的热源电路中使用。如图 10-36 所示。

注意：部分负荷曲线冷水机对话框中输入的所有水泵和风扇功率与循环水泵和冷却塔的能量无关。由相关冷水回路对话框中设置的参数计算出的功率确定。

通过勾选【Absorption chiller】复选框，用户可以将该部分负荷曲线冷却设备建模设置为由热源驱动的吸收式冷水机，并从【Heat Source】下拉列表中指定一个热源，如图 10-37 所示。

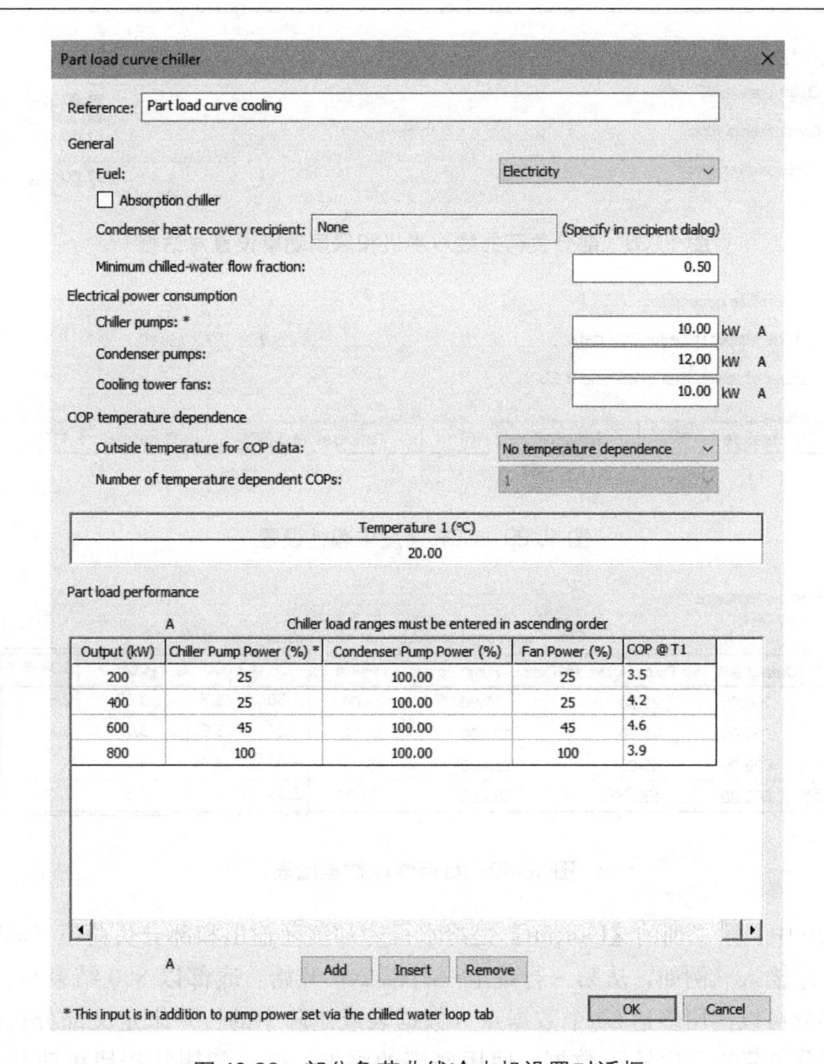

图 10-36 部分负荷曲线冷水机设置对话框

图 10-37 吸收式冷水机设置

【Minimum chilled-water flow fraction】是与设计流量相比的最小冷水水流量系数。用户可以检查冷水机制造商的规格以获取更多信息。

电力消耗期间的【Chiller pumps】是冷水循环泵的最大电耗率，【Condenser pumps】是冷凝器循环水泵的最大电耗率，【Cooling tower fans】是冷却塔风扇的最大电耗率，如图 10-38 所示。

COP 温度相关性设置允许用户设置多达 4 组温度依赖部分负荷 COP，如图 10-39 所示。温度可以选择为室外干球或湿球温度。底部的零件加载性能数据图表中显示额外的 COP 列，如图 10-40 所示。

图 10-38　部分负荷曲线冷水机和风扇功率设置对话框

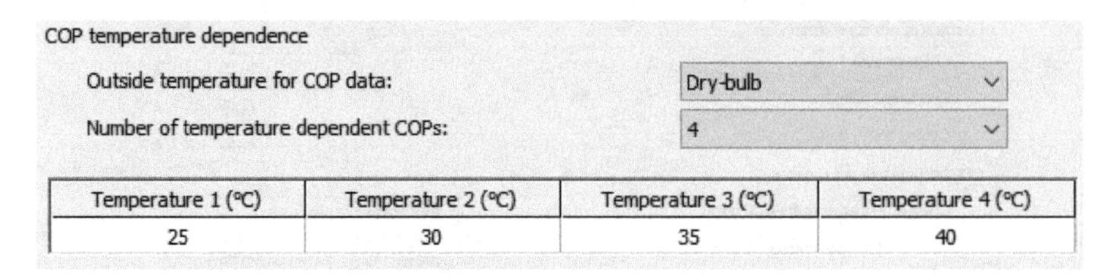

图 10-39　COP 温度依赖性设置

Part load performance

A　　Chiller load ranges must be entered in ascending order

	Output (kW)	ller Pump Power (%	denser Pump Power	an Power (%	COP @ T	COP @ T	COP @ T	COP @ T
1	200.00	25.00	100.00	25.00	3.50	3.3	3.00	2.8
2	400.00	25.00	100.00	25.00	4.20	3.9	3.7	3.3
3	600.00	45.00	100.00	45.00	4.60	4.4	4.2	4
4	800.00	100.00	100.00	100.00	3.90	3.7	3.5	3.0

图 10-40　负荷性能数据图表

图 10-40 中，第二列的【Output】是冷水机冷却负荷输出和部分负荷值（kW）。输出值必须按升序输入（例如，从第一行或上一行以 200 开始，底部以 800 结束），将使用所有值。此部分可以使用多达 20 个数据点（数据表或矩阵中的行）来定义部分负荷的性能变化。按部分负荷的升序输入数据。使用底部的添加、插入和删除按钮更改数据表中的行数。

【Chiller Pump Power（%）】是【Chiller pumps】在不同部分负荷范围内耗电量的百分数。【Condenser Pump Power（%）】是不同部分负荷范围内电力消耗下【Condenser pumps】的百分数。【Fan Power（%）】是不同部分负荷范围内电力消耗下“冷却塔风扇”的百分数。

10.2.3　散热

散热选项设置有助于定义室外干球和湿球温度，以进行散热和设置冷凝水回路的参数。在设计条件下，所有电动风冷式、水冷式冷冻机及相关冷却塔等均采用散热设计。该选项中的冷凝器水回路用于连接冷冻机组中的所有水冷式冷冻机，包括冷凝器水温、冷却塔、冷凝器水泵、冷凝器回收和回水端口节能器等。

在设计工况下，根据散热负荷和冷凝器水温范围计算冷凝器水回路流量，冷凝器水泵的速度和流量在冷冻机运行时是恒定的。在设计条件下，散热装置（冷却塔或流体冷冻机）将自动调节散热负荷。散热装置中的风扇调节（速度、双速或变速、打开或关闭状态），用于保持设定的冷凝器水回路设计温度。

如果室外条件超出设计条件，散热装置满负荷，包括相关联的冷冻机规格调整时应用的任意过载系数，从冷却塔返回到冷凝器的水将比设计条件更高，要考虑冷冻机容量和能耗两个方面。如果冷却塔使用单速或双速风扇，则能量消耗的结果仍可能随时间而变化。

1. 冷凝水回路 Condenser water loop

对冷凝水回路进行设置，如图 10-41 所示。【Design outdoor dry-bulb temperature】设置室外干球温度。【Design outdoor wet-bulb temperature】设置室外湿球温度。

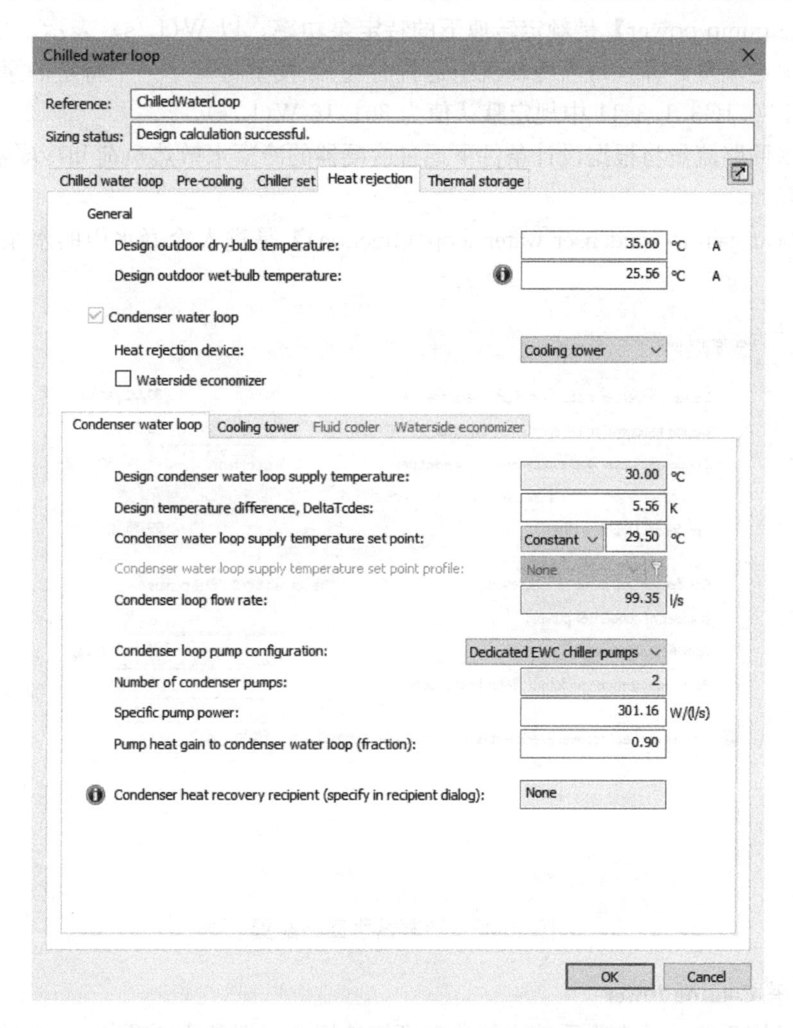

图 10-41 【Condenser water loop】选项卡

用户可以从下拉列表中选择散热装置，可用的设备有【Cooling tower】（冷却塔）和【Fluid cooler】（液体冷却器）。

在【Condenser water loop】选项卡，用户可根据实际安装设备设置冷凝水回路参数。

【Design condenser water loop supply temperature】用于设置冷凝器进水温度。此设计值不应与设定值混淆。设计值为设计条件下冷凝器的进水温度。【Design temperature difference，DeltaTcdes】用于设置冷凝水进出水温差【Condenser water loop supply temperature set point】是返回冷冻机的目标冷凝器进水温度。它可以是一个常数或根据一个绝对数据图表设置。设定值通常低于确定容量的设计值。

当冷凝水温度设定点固定时，服务于冷凝器的冷却塔或流体冷冻机将会启动，以维持恒定的冷凝器供水温度。

绝对值数据图表选项允许灵活使用冷却塔或流体冷冻机供应温度的其他控制策略。例如，在一些应用中，可能需要调节CT/FC风扇（可变速度、双速、或开/关，用户自定义），保持冷凝器供水温度与环境湿球温度之间的差值恒定。

【Specific pump power】是额定转速下的特定泵功率，以W(L/s)表示。冷凝器水泵功率将根据恒定流量计算（每当冷却机组运行时）。该模型将基于一个特定的泵功率参数，如ASHRAE 90.1G3.1.3.11中规定默认值为301.16 W(L/s)。

冷凝器水回路流量将根据设计条件下通过冷凝器的冷凝水散热负荷和冷凝器水温范围的值进行计算。

【Pump heat gain to condenser water loop (fraction)】是进入冷凝水中的水泵电机功率，见图10-42。

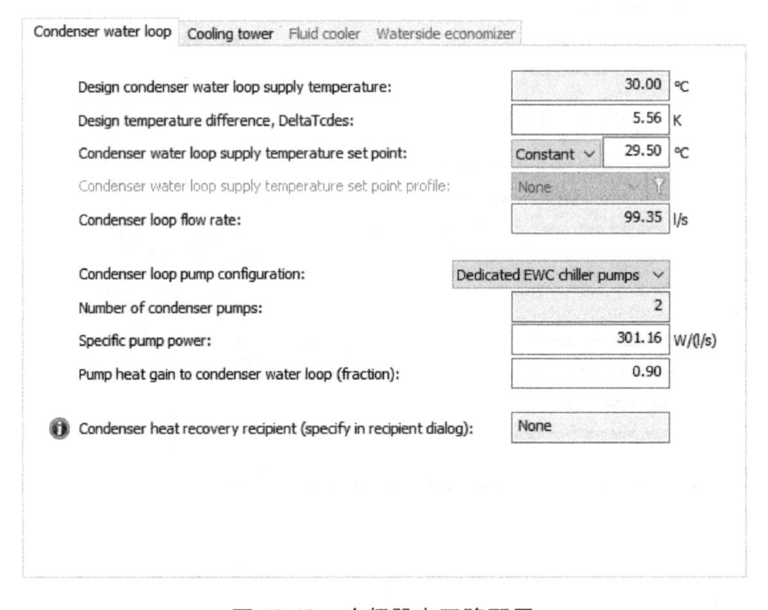

图10-42　冷凝器水回路配置

2. 冷却塔 Cooling tower

冷却塔是用于散热的水冷系统中的典型环境装置。设置的主要项如图10-43所示。

【Heat rejection，Qhrdes】是设计条件下冷却塔的散热负荷。利用所提供的冷却水回路设计数据和冷凝水泵数据，可自动推导出冷却塔的设计散热负荷，无须指定。

【Design leaving temperature】是离开冷却塔回到冷冻机的冷凝水水温。这与冷冻机参数中设置的冷凝器温度相同。

【Approach】表示设计条件下冷却塔的出水温度与室外湿球温度之间的差值。

【Range】是在设计条件下冷却塔进水温度和冷却塔出水温度的差异。冷却塔的设计范围由该程序利用提供的冷凝水回路设计温差（DeltaTcdes）和冷凝水泵数据得出。

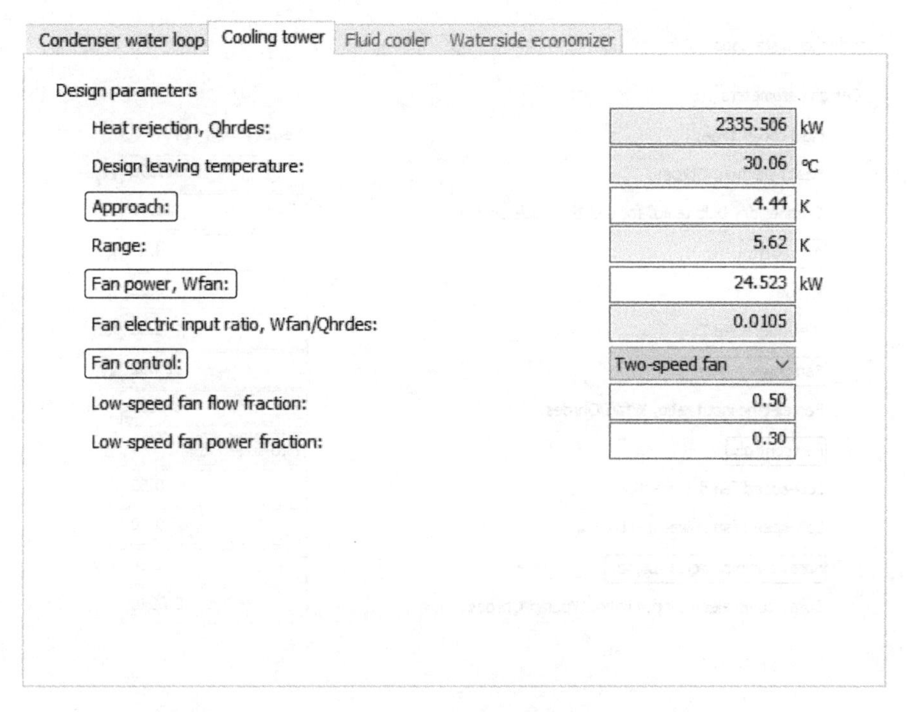

图 10-43　冷却塔设置对话框

【Fan power，Wfan】是冷却塔风机全速运行时的功率。

【Fan electric input ratio，Wfan/Qhrdes】是设计风机功率和设计冷却塔散热负荷之间的比率。

【Fan control】允许用户选择冷却塔的风扇控制类型。有三种风扇控制方式可用：单速风扇、双速风扇和变速风扇。当选择双速风扇时，还需要指定两个参数：低速风扇流量系数（Low-speed fan flow fraction）和低速风扇功率系数（Low-speed fan power fraction）。

3. 流体冷却器 Fluid cooler

根据盘管表面的干湿情况来分类，有两种类型的流体冷却器。

干式（Dry）液体冷却器盘管是永久干燥的，不存在蒸发冷。这种类型的冷却器适用于在限制水供应或环境条件适合干冷却器的地区使用。

干/湿（Wet/dry）液体冷却器，配备一个喷洒水的盘管，用于提供间接蒸发降温。为了防止水在盘管上结冰或出现过度冷却现象，在室外温度较低的情况下喷淋泵可以关闭。此时，冷却器可采用干盘管。设置的主要参数有【Approach】、【Fan power Wfan】、【Fan control】和【Spray pump power】，如图 10-44 所示。

液体冷却器设置的主要参数如图 10-44 所示。

【Heat rejection，Qhrdes】液体冷却器在设计条件下需要处理的散热量。利用所提供的冷却水回路设计数据和冷凝水泵数据，程序自动生成冷却塔的设计散热负荷，无须指定。

【Outdoor dry-bulb temp. for wet/dry mode switch】是在干湿模式和干燥模式之间切换的温度阈值。当室外干球温度低于指定值时，液体冷却器将以干燥模式运行，喷雾泵关闭，盘管干燥。当室外干球温度高于设定值时，喷雾泵将运行（蒸发冷却）。

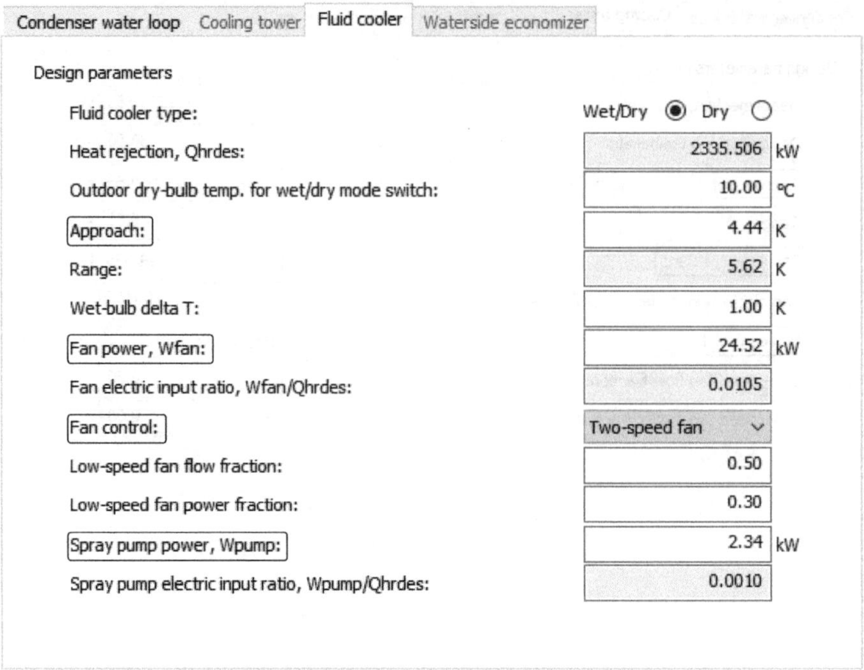

Condenser water loop | Cooling tower | Fluid cooler | Waterside economizer

Design parameters

Fluid cooler type:	Wet/Dry ◉ Dry ○	
Heat rejection, Qhrdes:	2335.506	kW
Outdoor dry-bulb temp. for wet/dry mode switch:	10.00	℃
Approach:	4.44	K
Range:	5.62	K
Wet-bulb delta T:	1.00	K
Fan power, Wfan:	24.52	kW
Fan electric input ratio, Wfan/Qhrdes:	0.0105	
Fan control:	Two-speed fan	
Low-speed fan flow fraction:	0.50	
Low-speed fan power fraction:	0.30	
Spray pump power, Wpump:	2.34	kW
Spray pump electric input ratio, Wpump/Qhrdes:	0.0010	

图 10-44　液体冷却器散热设置对话框

【Approach】在设计条件下液体冷却器的出水温度与室外湿球温度之间的差值。在干燥模式下，其值是在设计条件下出水温度和室外干球温度之间的差值。

【Wet-bulb delta T】液体冷却器流出湿球空气温度和进入湿球空气温度之间的差值。在干燥模式下，是流出干球空气温度和进入干球空气温度之间的差值。

【Fan power，Wfan】液体冷却器风扇全速运行时的功率。

【Fan electric input ratio，Wfan/Qhrdes】设计风扇功率与液体冷却器设计散热负荷之间的比率。它是程序使用所提供的液体冷却器风扇功率和衍生流体冷却器设计的散热负荷自动生成的，不需要指定。

【Fan control】允许用户选择液体冷却器的风扇控制类型。有三种风扇控制方式可用：单速风扇、双速风扇和变速风扇（VSD）。当选择双速风扇时，还必须指定两个附加参数：低速风扇流量系数【Low-speed fan flow fraction】和低速风扇功率系数【Low-speed fan power fraction】。

低速风扇流量系数【Low-speed fan flow fraction】液体冷却器风扇以低速运行时提供的设计流量系数。

低速风扇功率系数【Low-speed fan power fraction】液体冷却器风扇在低速运行时消耗的功率，表示为流体冷却器设计风扇功率的系数。

【Spray pump power，Wpump】设计条件下液体冷却器喷雾泵的功率。仅当选择干湿模式时才需要。

10.2.4　热存储

热存储回路用于对蓄热装置进行蓄放热。热存储设置如图 10-45 所示，可考虑以下设置：

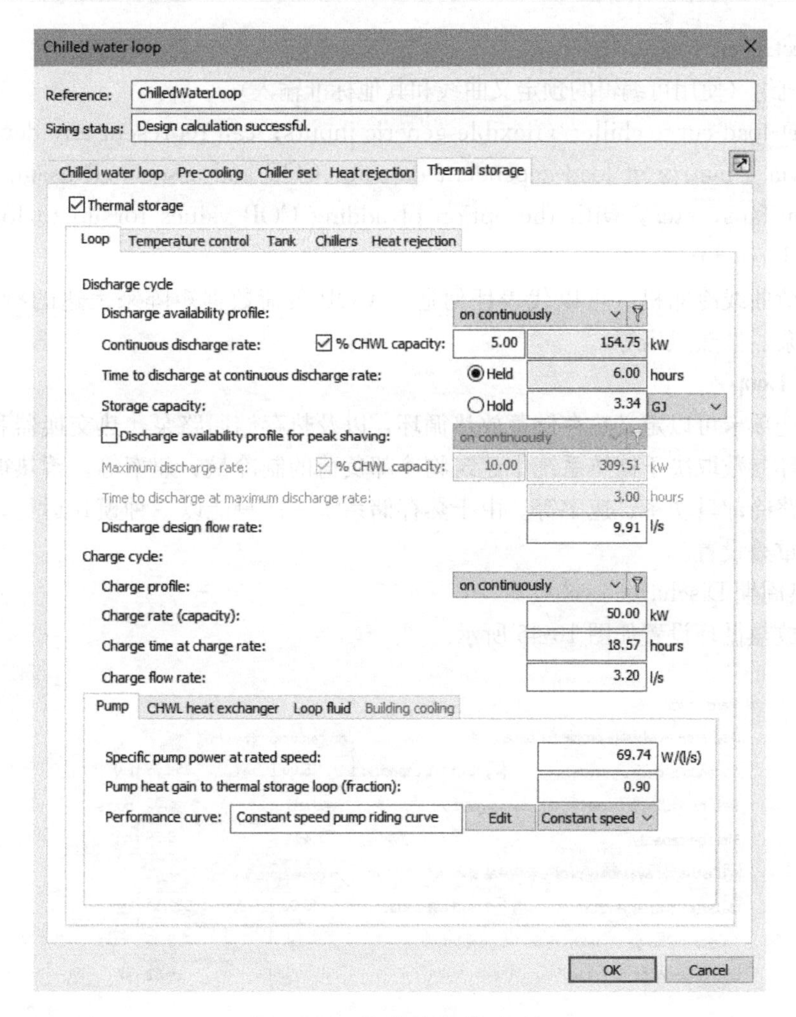

图 10-45 热存储设置对话框

(1) Charge and discharge cycle parameters, including scheduling, flow rates, & design temperatures.

蓄放热循环参数，包括循环周期、流量和设计温度。

(2) Tank storage capacity & losses.

储箱容量和损失。

(3) Chillers and other similar cooling sources (adding, editing, and designating cooling equipment for building cooling on the thermal storage loop).

冷冻机组和其他类似的冷源（添加、编辑和指定在热存储回路上用于建筑制冷的设备）。

(4) Heat-rejection loop (for water-cooled chillers) with cooling tower and fluid cooler options.

具有冷却塔和流体冷却器功能设置的散热回路（用于水冷机组）

热存储回路与构成一定数量的热存储冷冻机组相关联，包括三种不同类型的组合：

(1) Electric water-cooled chiller.

电水冷机组（使用可编辑的预定义曲线和其他标准输入）。

（2）Electric air-cooled chiller.

电风冷机组（使用可编辑的预定义曲线和其他标准输入）。

（3）Part-load-curve chiller（flexible generic inputs；can represent any device used to cool water via a matrix of load-dependent data for COP and associated usage of pumps，heat-rejection fans，etc.，with the option of adding COP values for up to four outdoor DBT or WBT conditions）.

部分负荷曲线冷冻机（可以代表任何通过 COP 负荷数据矩阵来表达的冷却水设备，以及相关的泵、散热风扇等）。

1. 环路 Loop

环路子选项卡可以定义热存储蓄放热循环，以及热存储回路泵、热交换器和流体特性等。放热循环参数取决于储热系统中建筑物冷却负荷的制冷量、速率等。蓄热循环参数取决于放热环路冷却量功率、速率等。由于热存储系统一次只能以一种模式运行，因此蓄放热环路不应重叠设置。

1）散热周期 Discharge cycle

热存储放热循环设置如图 10-46 所示。

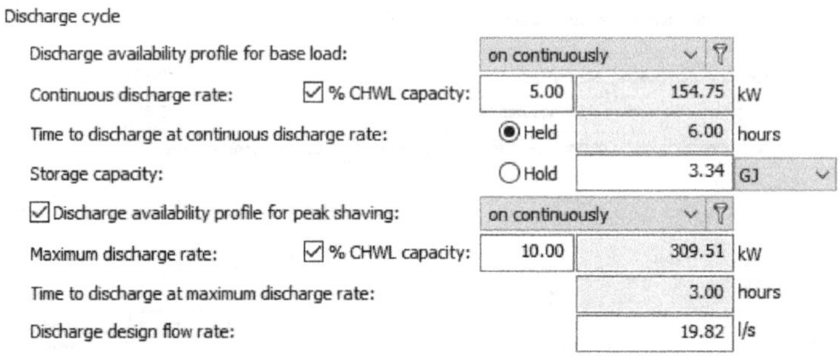

Discharge cycle
Discharge availability profile for base load: on continuously
Continuous discharge rate: ☑ % CHWL capacity: 5.00 154.75 kW
Time to discharge at continuous discharge rate: ◉ Held 6.00 hours
Storage capacity: ○ Hold 3.34 GJ
☑ Discharge availability profile for peak shaving: on continuously
Maximum discharge rate: ☑ % CHWL capacity: 10.00 309.51 kW
Time to discharge at maximum discharge rate: 3.00 hours
Discharge design flow rate: 19.82 l/s

图 10-46　热存储放热循环设置

【Discharge availability profile for base load】用于控制散热循环的开启和关闭。可以在 Apache Profiles 数据库中创建配置文件与冷水环路相比，连续放热速率【Continuous discharge rate】是热存储容量的百分比。

【Time to discharge at continuous discharge rate】是基于上述定义的放热率计算放出储存热能所需的时间，并用于导出存储容量值。

储存容量【Storage capacity】是热存储箱容量。

【Discharge availability profile for peak shaving】用于控制热存储放热，以减少早晚时段可能产生的冷水环路峰值冷负荷。调整周期可以通过开/关（ON/OFF）曲线来控制。

【Maximum discharge rate】用于设定冷冻水环路功率百分比。

【Time to discharge at maximum discharge rate】是放热存储功率在最大放热时所需的时间。

【Discharge design flow rate】是放热循环中流体流量比例。

2）蓄热周期 Charging cycle

蓄热设置如图 10-47 所示。

图 10-47 蓄热设置

【Charge profile】用于控制蓄热周期的开启和关闭。可以在 Apache Profiles 数据库中创建配置文件。

【Charge rate（capacity)】设置蓄热器的蓄热的功率（容量）。

【Charge time at charge rate】设置蓄热箱蓄热所需的时间。

【Charge flow rate】设置蓄热回路蓄热周期的流量比例。

3）泵 Pump

蓄热泵设置如图 10-48 所示。

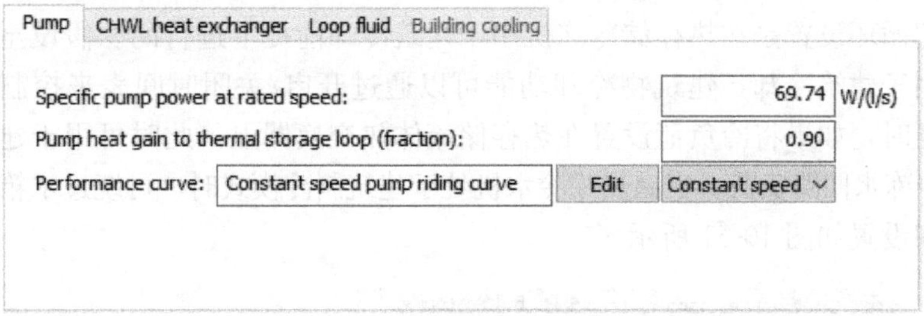

Pump | CHWL heat exchanger | Loop fluid | Building cooling

Specific pump power at rated speed: 69.74 W/(l/s)

Pump heat gain to thermal storage loop (fraction): 0.90

Performance curve: Constant speed pump riding curve | Edit | Constant speed

图 10-48 蓄热泵设置

【Specific pump power at rated speed】额定转速下的蓄热回路特定泵功率。

【Pump heat gain to thermal storage loop（fraction)】是储热循环的泵得热。

【Performance curve】用于设定水泵性能控制曲线，可以是恒定速度或变速运行。

4）CHWL 换热器 CHWL heat exchanger

CHWL 换热器设置如图 10-49 所示。

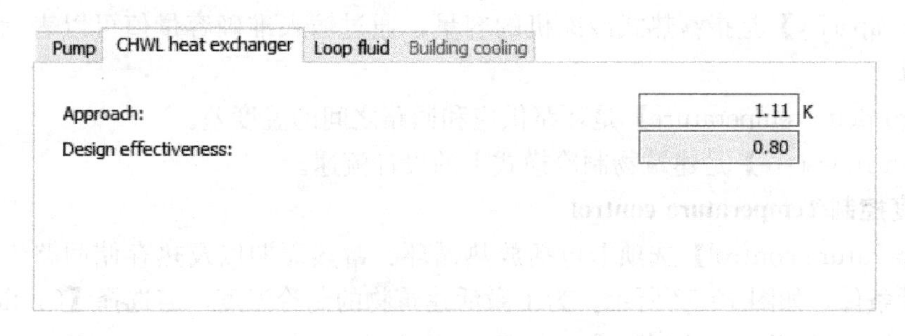

图 10-49 CHWL 换热器设置

【Approach】负荷供给端进水和末端排水之间的临界温差。

【Design effectiveness】一种不可编辑的附加参数，代表了设计条件下冷冻水回路换热器在 0～1 的有效值。

5）回路流体 Loop fluid

见图 10-50。

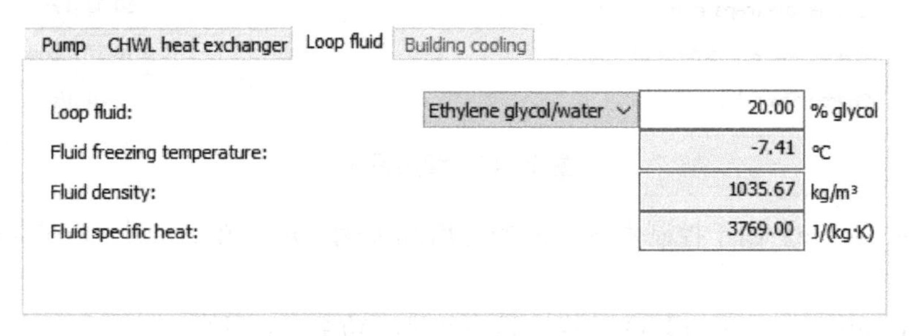

图 10-50　回路流体设置

热存储回路采用二醇与水混合物，以保持低温循环。可用的流体包括乙二醇、丙二醇或混合物（含二醇的水）。【Loop fluid】选项卡可以设置流体冷冻温度、密度和比热、流体类型及混合比等。

6）建筑冷却 Building cooling

建筑冷却循环设置是在热存储冷冻机用于建筑冷却前提下进行的。假设至少有一个热存储冷冻机用于建筑冷却，建筑物冷却功能可以通过开启/关闭时间表来控制。当建筑物冷却设置打开时，如果将冷负荷设置在热存储流体热交换器上，此时可用于建筑冷却的冷冻机将负责冷冻水回路负荷。当储热式冷水机处于建筑制冷模式时，可绕过水箱进行设定。

建筑冷却设置如图 10-51 所示。

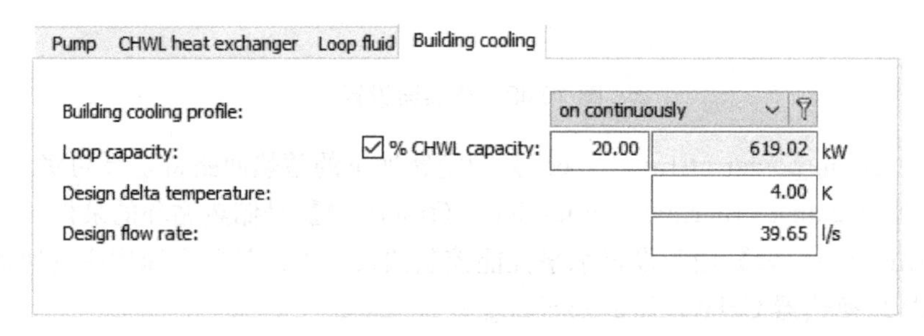

图 10-51　建筑冷却设置

【Loop capacity】是指蓄热式冷冻机的容量，通过输入准确容量值可以表示冷冻水回路功率百分比。

【Design delta temperature】是环路供应和回路之间的温度差。

【Design flow rate】是建筑物制冷模式下的设计流速。

2. 温度控制 Temperature control

【Temperature control】选项卡包括放热循环、蓄热周期以及热存储回路中建筑制冷模式的设计条件，如图 10-52 所示。为了激活建筑物的制冷温度，需选择【Chillers】子选项中的【Use for Building Cooling】。

1）放热 Discharge

【Design supply temperature】是放热周期中的供热温度。

【Supply setpoint temperature】是放热循环期间的目标供热温度。温度设定值可以是恒定的，由绝对曲线定义或设置为保持恒定的方法。

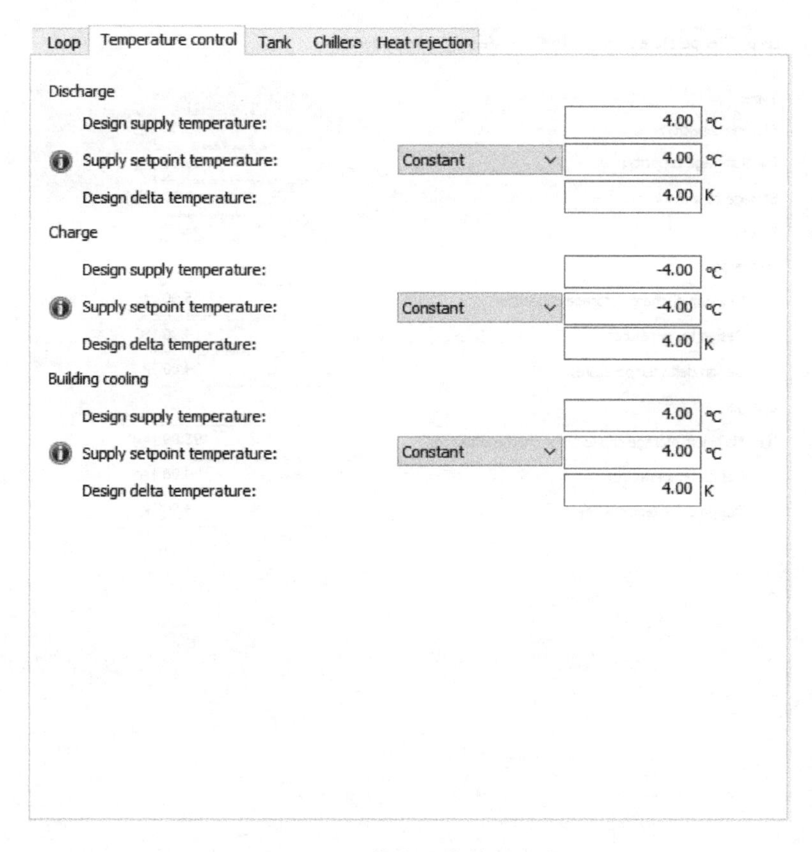

图 10-52 蓄热温度控制设定

设计温度差值【Design delta temperature】是根据【Loop】选项卡上的放热设计流量计算出的，作为从循环流体子选项卡导出的比热和密度值的函数。

2）蓄热 Charge

【Design supply temperature】是蓄热周期内的供热温度。

【Supply setpoint temperature】是蓄热周期内的目标供热温度。温度设定点可以是恒定的，由绝对曲线定义或设置为保持恒定的方法。

【Design delta temperature】是根据【Loop】选项设置上的蓄热设计流量计算的，这是根据【Loop】流体子选项设置导出的比热和密度值的函数。

3）建筑冷却 Building cooling

【Design supply temperature】是建筑物制冷模式下的供应温度。

【Supply setpoint temperature】是建筑物制冷模式期间的目标供应温度。温度设定点可以是恒定的，由绝对曲线定义或设置为保持恒定的方法。

【Design delta temperature】是根据【Loop】选项卡上的蓄热设计流量计算的，这是根据【Loop】流体子选项设置导出的比热和密度值的函数。

3. 储热箱 Tank

储热箱设置如图 10-53 所示。

【Storage capacity】与【Loop】子选项卡的热存储量相同，均定义了存储量。

【Initial storage capacity】是在开始模拟时存储箱的存储量。

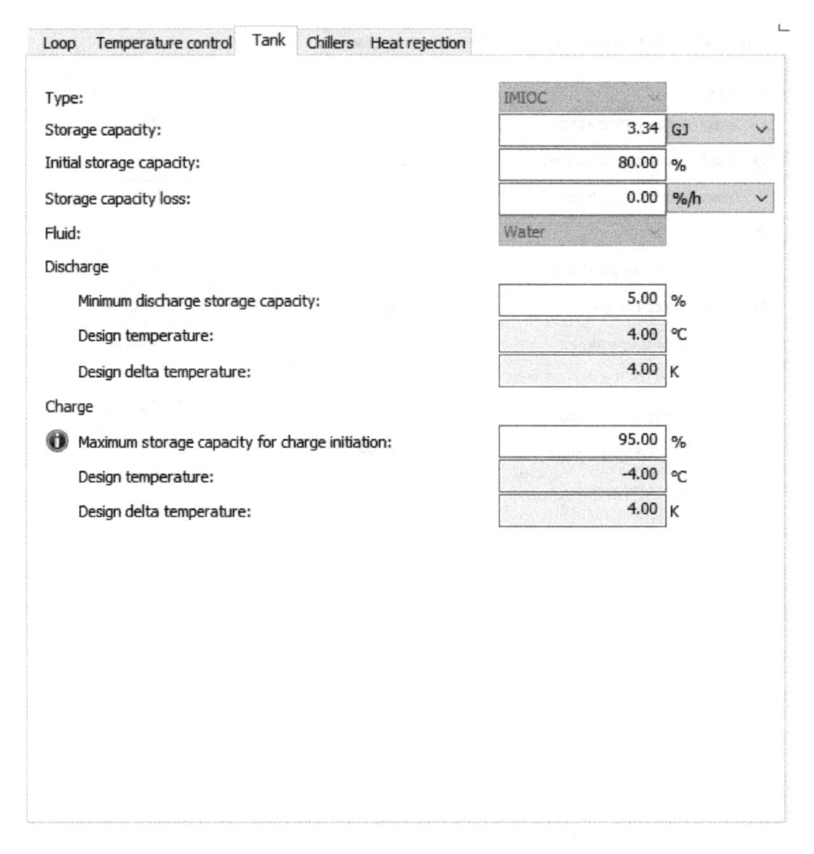

图 10-53　储热箱设置

【Storage capacity loss】是存储量随时间的流失率。

【Minimum discharge storage capacity】是由于剩余容量不可恢复而导致的最小放热存储量。

【Design temperature】和【Design delta temperature】是温度子选项中的设置副本。

【Maximum storage capacity for charge initiation】是存储量低于此值时，不要重新启动蓄热来防止蓄热循环的最大存储量。

4. 冷冻机 Chillers

在【Use for Building Cooling】选择框里，用户可以指定一个蓄热冷冻机，以满足建筑物的冷负荷。蓄热冷冻机可以使用冷冻乙二醇/水混合物进行设置。

蓄热冷冻机参数设置如图 10-54 所示。

【%Charge capacity】是热存储回路上的每个冷冻机的蓄热能力，可以被设定为总蓄热量的一个百分比或明确的蓄热值。

【%Building cooling】是储热冷冻机所服务的冷冻水回路能力的百分比。

5. 散热 Heat rejection

散热设置完成设置后，可以预览冷水环路的原理图。

图 10-55 为激活所有组件时的热水环路示意图。冷水环路可以连接到空调末端冷却部件，如冷却盘管、冷辐射吊顶等。连接到该冷水回路的任何末端部件将显示在网络的开口端。

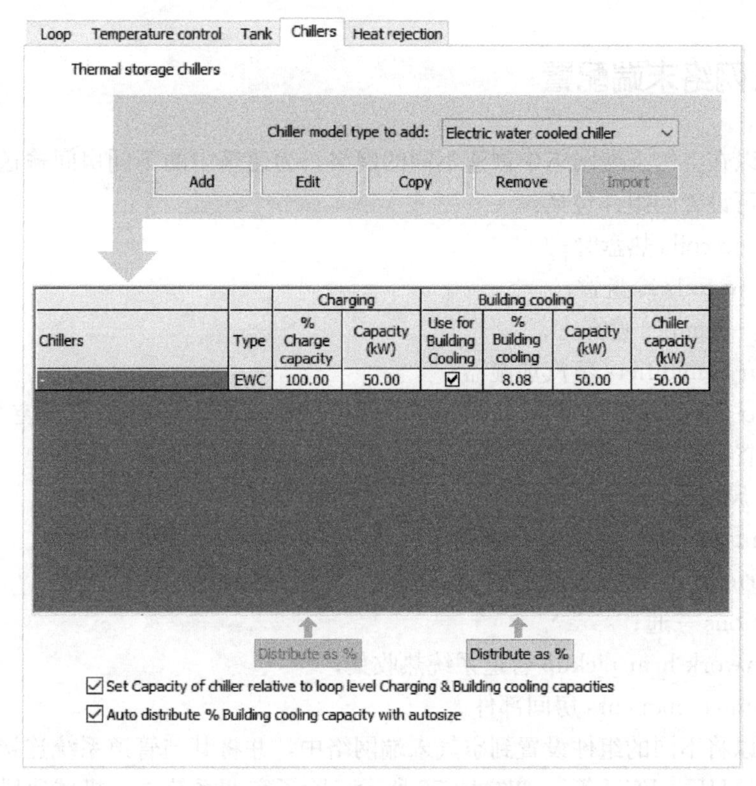

图 10-54　蓄热冷冻机参数设置

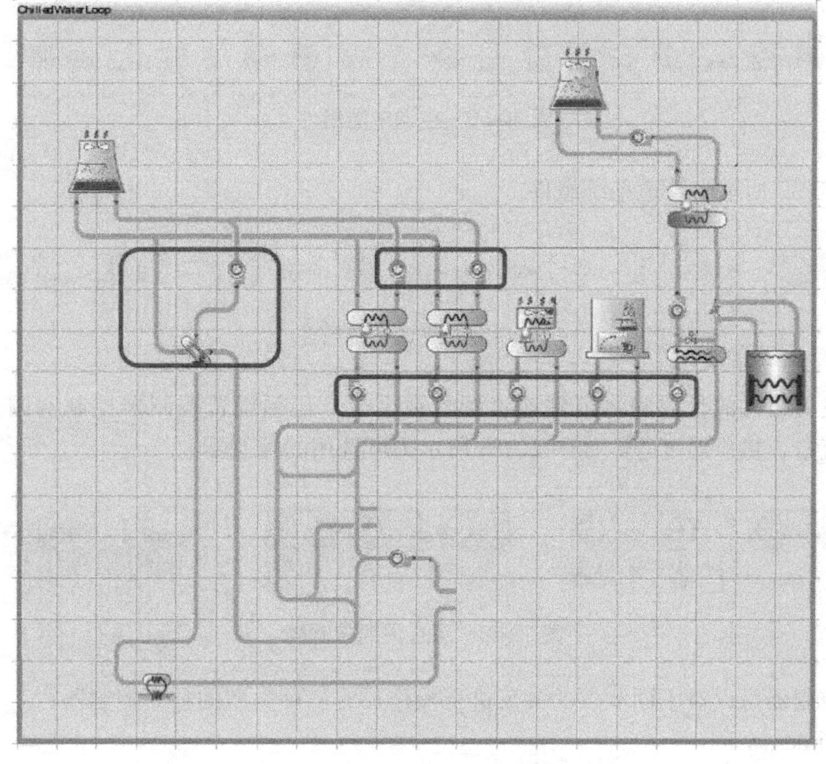

图 10-55　热水环路示意图

10.3　空气网络末端配置

使用者可以在空气末端网络中创建不同的网络，为建筑中的不同房间输送空气。在空气末端网络上可设置的组件包括：

（1）Heating coils 热盘管；

（2）Cooling coils 冷盘管；

（3）Spray chamber 喷雾室；

（4）Steam humidifiers 蒸汽加湿器；

（5）Air-to-Air Heat/Ethalpy Exchanger-Heat recovery devices 空气—空气热/热交换器—热回收装置；

（6）Fans 风扇；

（7）Mixing damper set 混合挡板设定；

（8）Return air damper set 回风挡板设定；

（9）Junctions 三通；

（10）Ductwork heat pickup 管道系统热收集；

（11）Room components 房间部件。

使用者可以将不同的组件设置到空气末端网络中，并将其与管道系统连接。末端安装组件，即每个 AHU、FCU 等，如图 10-56 所示。除了空调系统外，机械通风（供风和排风）也可以放在同一个 HVAC 模型中。

图 10-56　空调末端组件

如图 10-57 所示为管道系统组件。

图 10-57　管道系统组件

除了设置组件的参数和将组件连接到管道系统，还须设置控制器控制空调系统的操作，包括流量、供应温度等。如图 10-58 所示为可选用的控制器。

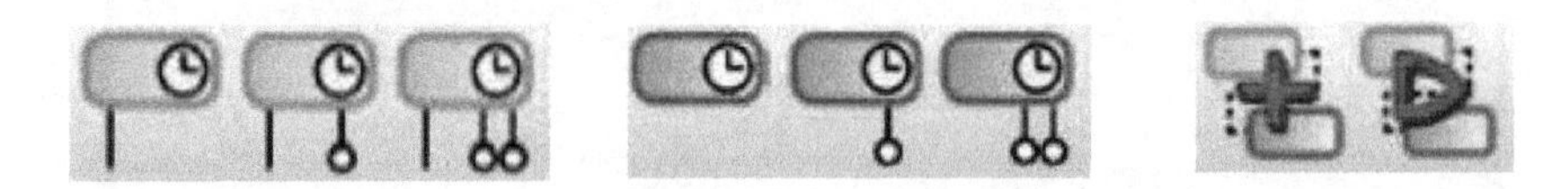

图 10-58　可选用的控制器

独立控制器可以对不同节点的气流进行操作，有三种类型的独立控制器；

（1）Time switch

可采用简单的 ON/OFF 控制曲线。

（2）Controller with sensor

根据感知的变量和曲线进行控制。

（3）Differential controller

根据两个感知变量和控制曲线的差值运行。

非独立控制器不自动执行控制，而是将信号发送给另一个独立控制器进行控制。需要配合使用逻辑运算部件来连接不同的控制器进行设置。有三种类型的非独立控制器，内容同独立控制器。

常用的控制器包括了独立的时间开关控制器和带有传感器的独立控制器两种。

下面是在网络中设置控制器的一些规则：

（1）Most components.

控制器须邻近组件的下游节点，以便组件的功能正常使用。

（2）Fans and Ductwork heat pickup.

这两个组件具有气流流通特性，但不应直接控制。

（3）Divergent "T" junctions.

对于流动分支的"T"接头，可以通过该分支上的下游节点控制，作为流入流量的百分比。但是，该分支上的流动也不能由另一个控制器控制。

（4）Airflow.

用于在每个分支上控制无法确定流量的独立路径。

（5）Air-source heat pumps.

该部件设置在网络上（通常在进气口处），读取空气源温度时，不需要设置控制器，只需读取空气温度。

（6）Heat recovery.

热回收/换热组件在有两个下游节点的情况下不常见。在这种情况下，只需控制其中一个。

使用者可结合实际系统设计需要进行设置。在创建空气端网络末端时，建议参考设计原理图。图 10-59、图 10-60 分别为定风量（CAV）系统示例和变风量（VAV）系统示例。

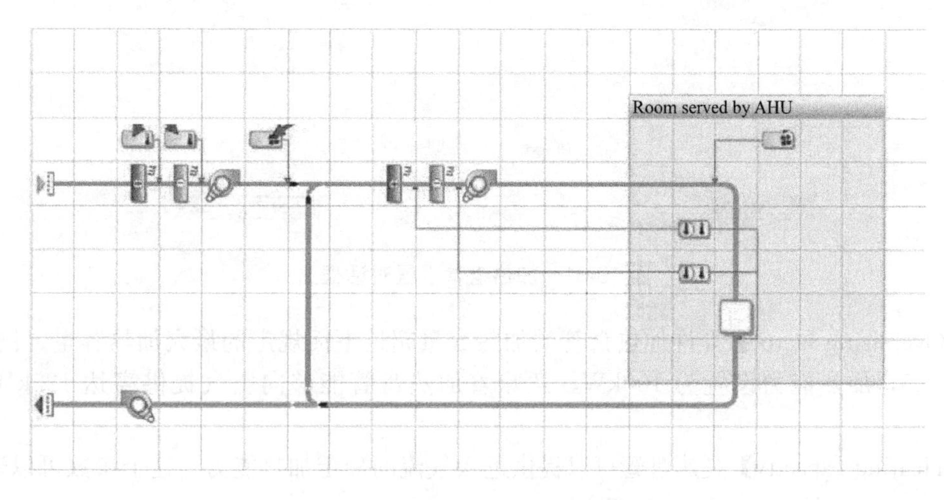

图 10-59 定风量（CAV）系统示例

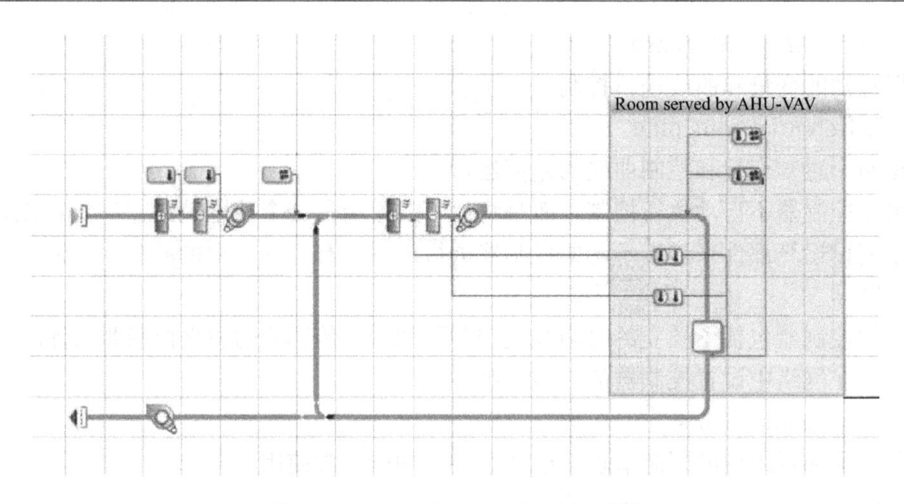

图 10-60　变风量（VAV）系统示例

1. 加热盘管 Heating coil

在暖通空调系统使用中，ApacheHVAC 提供了两个层次的供暖盘管模型。普通的加热盘管模型，使用简化的方式来确定盘管的传热特性，并假设通过盘管的供水端温度变化；高级模型可以设置更明确的空气末端和供水端传热模型，并提供更详细和准确的盘管传热计算和相应的空气末端/供水端特性。

以热水盘管—简单模型（Hot water coil-simple model）为例进行说明，如图 10-61 所示。用户可以在【Hot water loop】（热水回路）的下拉列表中选择热水环路。

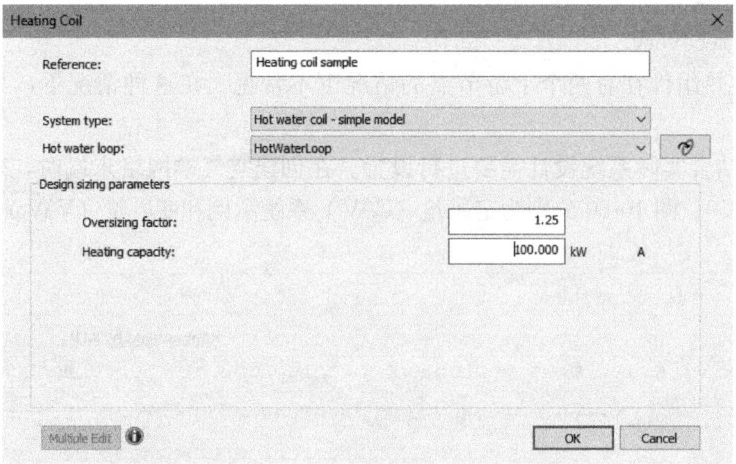

Heating Coil
Reference: Heating coil sample
System type: Hot water coil - simple model
Hot water loop: HotWaterLoop
Design sizing parameters
Oversizing factor: 1.25
Heating capacity: 100.000 kW A
Multiple Edit
OK
Cancel

图 10-61　加热盘管设置对话框

【Oversizing factor】允许加热盘管的加热容量超过下面规定的最大加热容量。例如，输入 1.25，加热能力设置为 100kW，意味着加热盘管能够向空气提供高达 125kW 的热量。

【Heating capacity】是热盘管可以提供进入气流的额定加热能力。这个参数可以通过 Autosizing（自动测量）功能自动设定。

2. 制冷盘管 Cooling coil

ApacheHVAC 系统同样提供了两个级别的冷盘管模型。普通的冷盘管模型可以使用简化的方式来确定盘管的传热特性（即，假设通过盘管的供水端温度是恒定的）。高级的冷却盘管模型更为准确地模拟了空气端和供水端传热，从而提供了更详细和准确的盘管传热计算和相应的空气/水特性。冷却盘管设置对话框如图 10-62 所示。

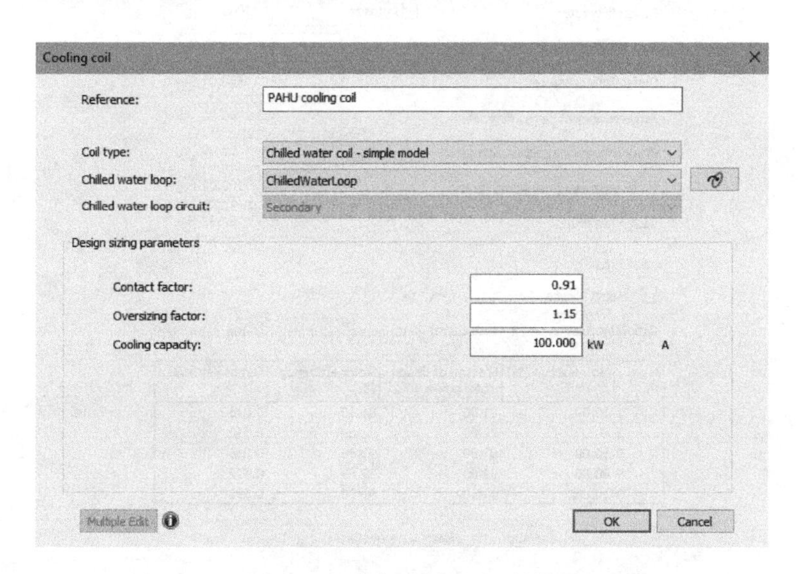

图 10-62　冷却盘管设置对话框

以简单型冷冻水盘管【Chilled water coil-simple model】为例，可以从冷冻水环路【Chilled water loop】下拉列表中选择冷冻水环路连接到热盘管中。

接触系数【Contact factor】是盘管接触到总气流量的比例。假设气流的平衡不受冷盘管的影响，但在离开盘管后与冷空气混合。接触系数的典型值介于 0.7～0.95，可以选择使用默认值。

“Oversizing 系数”是允许冷却盘管的制冷量超出设备容量【cooling capacity】规定的最大制冷容量。例如，如果输入 1.15 并将冷却容量设置为 100kW，意味着冷却盘管能够向空气提供高达 115kW 的冷量。

制冷量【Cooling capacity】是冷却盘管可以提供给空气流的额定制冷量，该参数可以通过自动调整功能调整大小。

3. 风扇 Fan

风扇组件是用来确定在某个特定流速时风扇所需要的功率，从而确定风扇的能耗。

风扇组件不会主动影响流量，此处输入的值不能确定通过系统的流量。这些值仅用于计算相应的能量消耗和给定流量对空气温度的影响。图 10-63 为风扇组件设置对话框。

设计流量【Design flow rate】是风扇在额定条件（即全速）下可以提供的流量。

【Oversizing factor】是允许指定的设计流量的附加因素。

设计总压力【Design total pressure】是设计流量下的风扇压力，包括内部压力（由过滤器、盘管和其他空气处理器部件产生的）和外部压力（来自管道系统、末端单元等）。

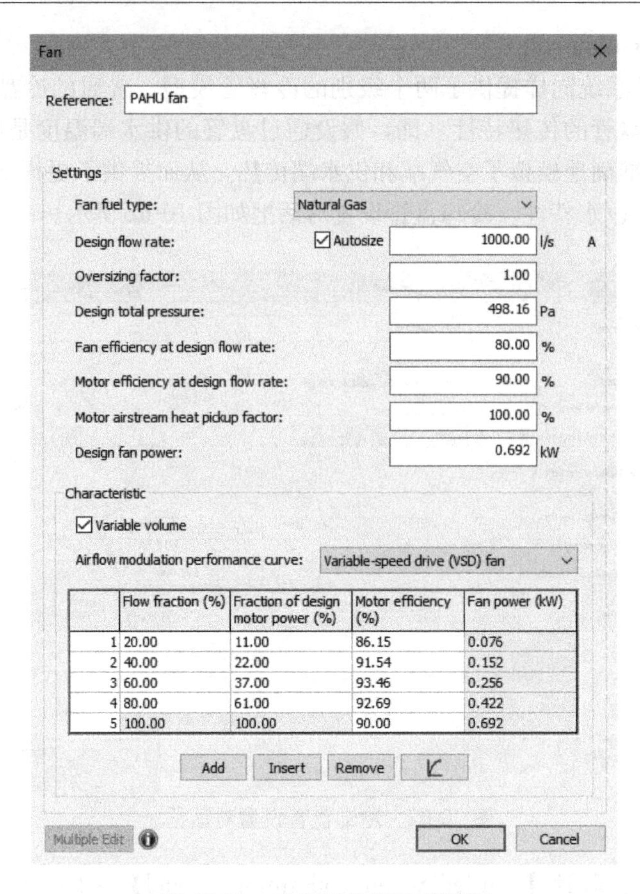

图 10-63　风扇组件设置对话框

设计流量的风扇效率【Fan efficiency at design flow rate】是风扇以设计流量运行时的风扇效率。

设计流量的电机效率【Motor efficiency at design flow rate】是风扇以设计流量运行时的电机效率。

电动机气流加热系数【Motor airstream heat pick up factor】是传递到气流中的电机功率消耗系数。对于电机位于气流中的风扇，应使用 100%的数值。

设计风扇功率【Design fan power】是设计流量下的风扇功率。通常基于上述参数计算。用户可以根据制造商的信息输入准确的风扇功率。

在设置过程中，允许用户以不同的流量系数来定义风扇的风扇特性。可以根据制造商的信息定义不同流量系数的电机功率和电机效率系数。还有一些风扇曲线，用户可以从气流调节性能曲线【Airflow modulation performance curve】下拉列表中选择。

4. 独立时间开关控制器 Independent time switch controller

在上述示例的系统中，有以下三种独立时间开关控制器可使用：

(1) PAHU 加热和冷却供应温度控制。

(2) PAHU 新风流量控制。

(3) CAV 系统，房间供给流量控制。

以 PAHU 加热温度控制器为例进行说明。图 10-64 为独立时间开关控制器设置对话框。

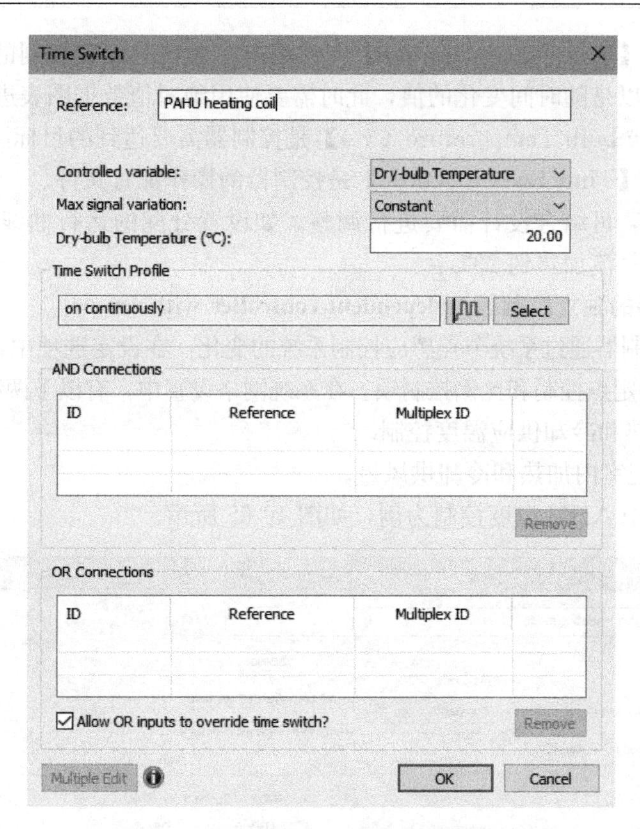

图 10-64 独立时间开关控制器设置对话框

控制变量【Controlled variable】可用于设置控制器变量。可设置的变量如下：

(1) Dry bulb temperature.

干球温度。

(2) Relative Humidity.

相对湿度。

(3) Wet bulb temperature.

湿球温度。

(4) Dew-point temperature.

露点温度。

(5) Percentage flow.

流量百分比。

(6) Heat transfer.

传热。

(7) Moisture input.

湿度输入。

(8) Enthalpy.

焓。

(9) Flow rate.

流量。

最大信号变化【Max signal variation】允许用户在操作时设置控制的变量目标值。可以是恒定值，也可以是随时间变化的值，此时需要使用绝对值数据图表进行设置。

干球温度【Dry-bulb Temperature（℃）】是控制器需要达到的目标温度。

时间开关曲线【Time Switch Profile】是控制器的操作配置文件。

在设置过程中，可结合设计需要进行调整。如设置分配的运行曲线期间，PAHU 热盘管将把通过它的气流加热到 20℃。

5. 带有传感器的独立控制器 Independent controller with sensor

此种类型的控制器通过系统节点感应控制系统的变化。在设定选项中，包括了时间开关和用于 ON/OFF 设定点控制和比例控制项。在系统网络设置中，有以下两种控制器设置：

（1）AHU 加热和冷却供应温度控制。

（2）VAV 系统室内加热和冷却供风量。

以 VAV 系统中 AHU 温度控制为例，如图 10-65 所示。

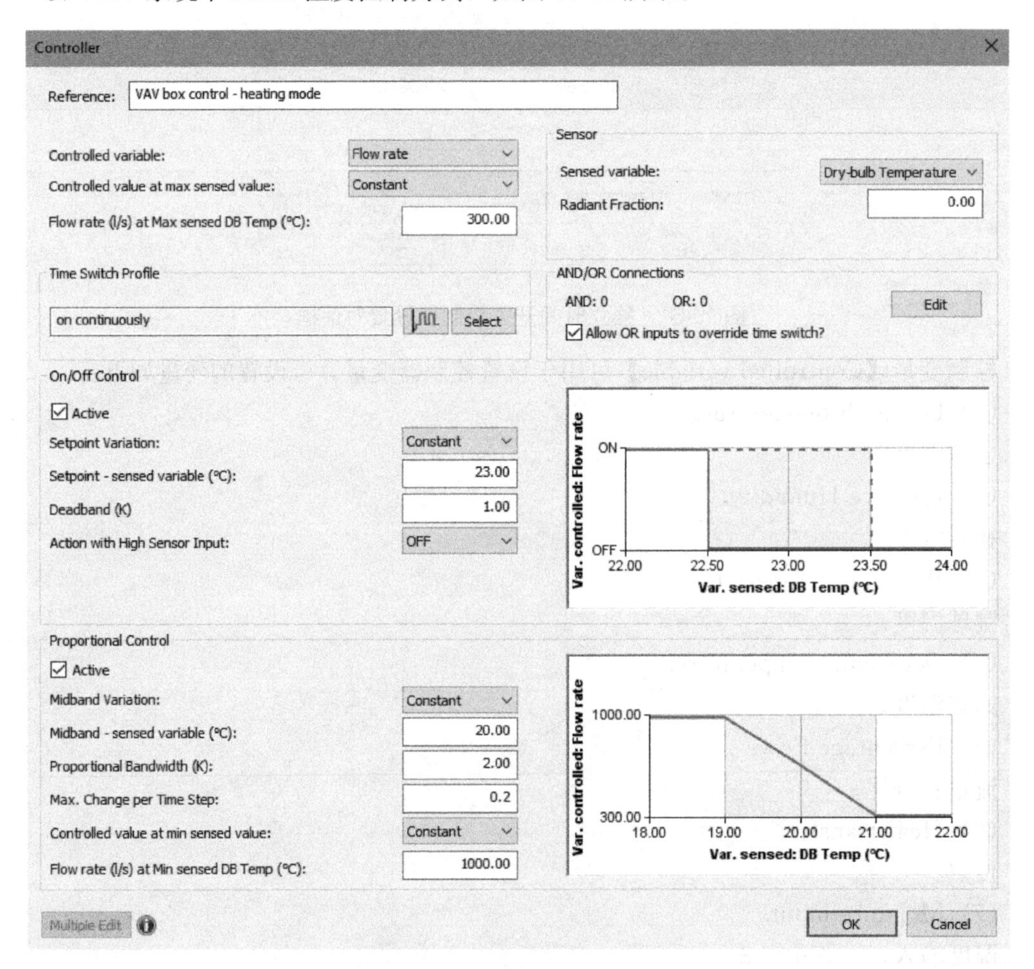

图 10-65　AHU 温度控制对话框

【Controlled variable】用于设置控制器变量，其设置可参考用于变量的独立时间开关。【Controlled value at max sensed value】可以设置为恒定值或随时间变化值，如时间开关控制器。

【Flow rate（l/s）at Max sensed DB Temp（℃）】是当检测到的变量超过比例带的上限值时输出控制信号。

【Time switch profile】是控制器的操作数据图表。可通过 ON/OFF 控制，如图 10-66 所示。

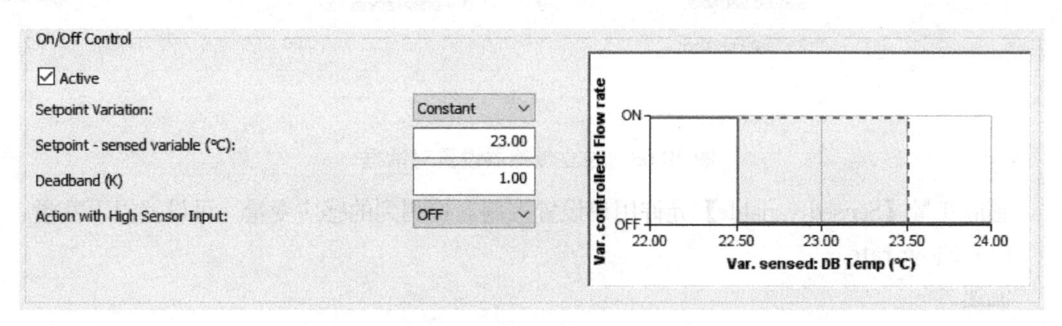

图 10-66 【On/Off Control】对话框

【Setpoint variation】可以设置为常数值或定时值。

【Setpoint-sensed variable（℃）】是主控制器顶部控制 ON/OFF 的设定值。

【Deadband（K）】通过在 ON/OFF 控制中进行切换来体现测量值范围。如果 Deadband 指定为非零值，则当感测到 deadband 的变量上升或下降时，控制将改变其状态。

【Action with High Sensor Input】是指定感测变量的高值，控制器输出的切换信号是 ON 或 OFF。

6. 比例控制 Proportional Control

图 10-67 为传感器比例控制设置对话框

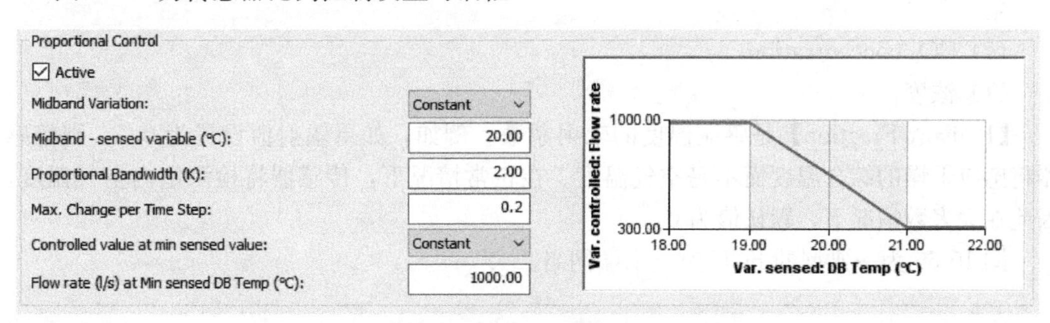

图 10-67 传感器比例控制设置对话框

【Midband Variation】可以是常数值或定时值。

【Midband-sensed variable（℃）】为室内探测温度。

【Proportional Bandwidth（K）】用于控制频带的宽度，这是产生最大和最小控制信号的感应变量范围。

【Max. Change per Times Step】是指在每个模拟时间步长中控制器可以执行的最大浮动变化。该值相对于最大信号值与最小信号值之间的整体控制范围。

【Controlled value at min sensed value】可以设置为恒定值或随时间变化的值。

【Flow rate（l/s）at Min sensed DB Temp（℃）】是感测变量在比例带的下端处或低于该比例带的数值控制信号输出的值。该参数仅适用于比例控制。

7. 传感器 Sensor

图 10-68 为独立传感器设置对话框。

图 10-68　独立传感器设置对话框

感应变量【Sensed variable】允许用户设置控制器检测到的感应变量。可设置以下变量：

（1）Flow rate.

流速。

（2）Dry-bulb temperature.

干球温度。

（3）Relative Humidity.

相对湿度。

（4）Wet-bulb temperature.

湿球温度。

（5）Dew point temperature.

露点温度。

（6）Enthalpy.

焓。

（7）CO_2 concentration.

CO_2 浓度。

【Radiant Fraction】是感应温度的辐射系数。例如，如果辐射值设置为 0.5，则传感器将感应干燥的综合温度而不是空气温度。在正常情况下，传感器将检测室内空气温度，因此在大多数情况下，默认值为 0。

图 10-69 为一典型的 FCU 空气末端网络。

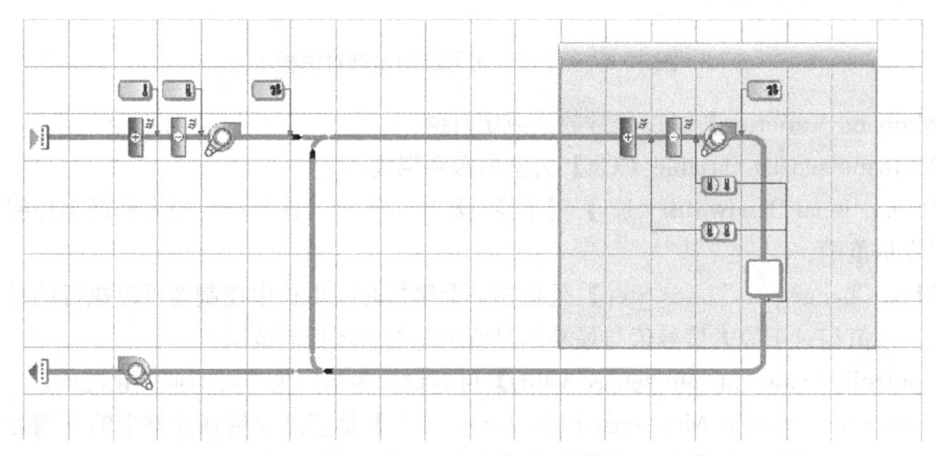

图 10-69　FCU 空气末端网络

对于 FCU 系统，每个房间都有自身的 FCU，其中包括加热和冷盘管和风扇，因此，可将这些组件放入多回路重复利用模拟此种情况。

创建多回路重复利用，用户需要首先决定要复制的组件。然后点击菜单顶部的创建多回路重复利用【Create multiplex】按钮，如图 10-70 所示。

绘制多回路重复利用覆盖区域时，应首先点击图 10-71 中的点 1 位置，将多回路重复利用框拖动到点 2 的位置。

图 10-70　创建多回路复利用

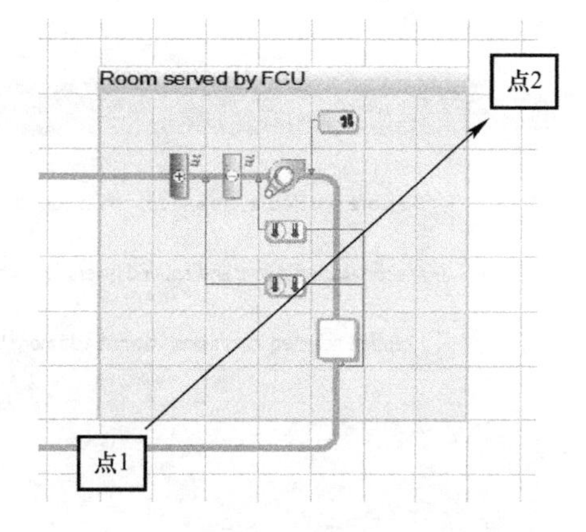

图 10-71　绘制“多路复用”覆盖区域

创建多回路重复利用之后，将出现图 10-72 所示对话框，可以将房间分配给房间组件。

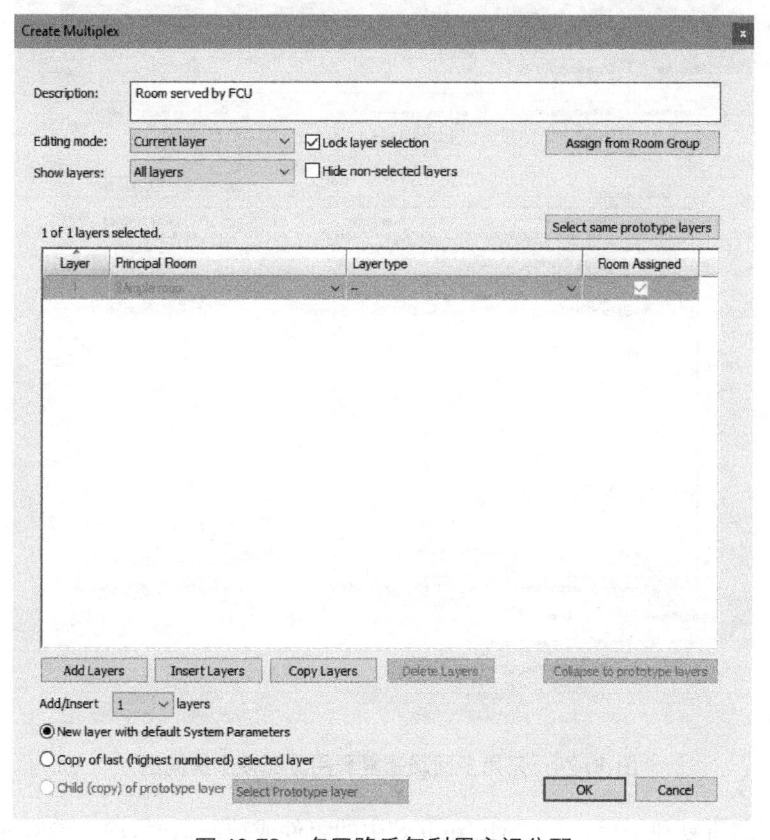

图 10-72　多回路重复利用房间分配

设置过程中，可以通过添加图层【Add Layer】按钮分配不同的房间。在房间数量较多情况下，建议在创建模型时使用房间分组功能。例如，可以将由特定 AHU 提供的房间放置在同一房间组中。

房间分组完成后，用户可以通过点击【Assign from Room Group】（从房间分配组）按钮直接将房间组下的房间分配到多回路重复利用中。在图 10-73 对话框出现后，用户可以选择第一个选项允许“多回路重复利用”添加更多图层以适应附加数量的房间，如图 10-74 所示。

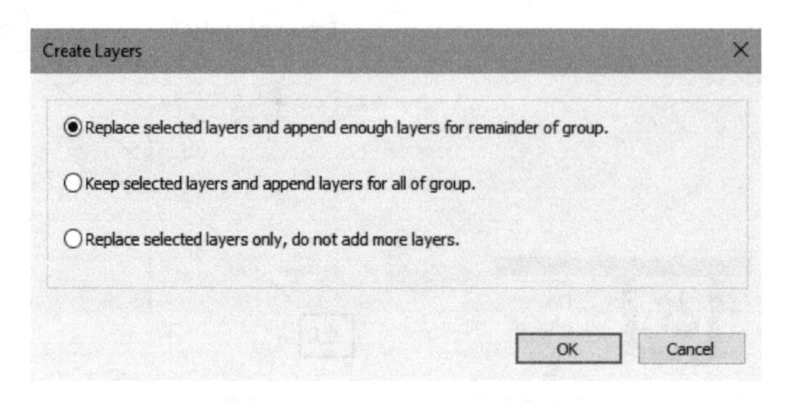

图 10-73　多回路重复利用中创建图层

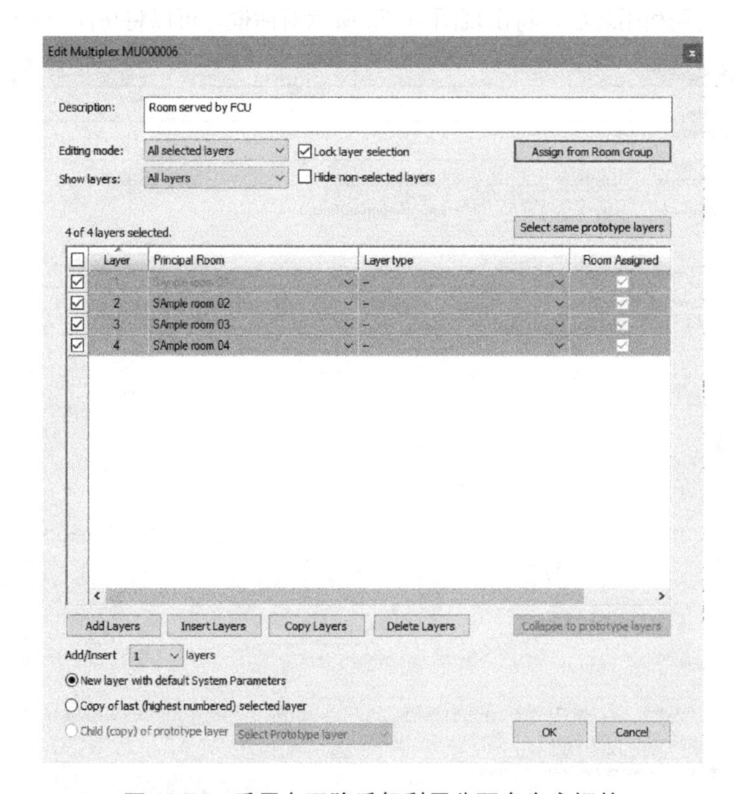

图 10-74　采用多回路重复利用分配多个房间的

创建多回路重复利用后，双击“Multiplex”中的组件或控制器时，输入参数的描述将更改为可以单击的按钮，如图 10-75 所示。

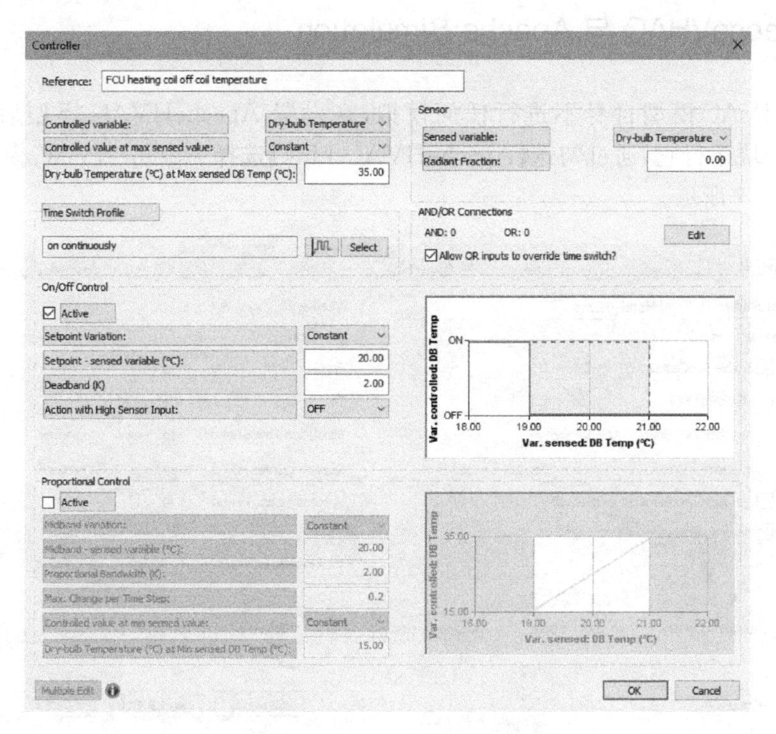

图 10-75 FCU 热盘管对话框

用户可以为“Multiplex”的不同房间设置不同的参数，如图 10-76 所示。

Data Table

Layer	Principal Room	Controlled Variable	Controlled Variable value
1	SAmple room 01	Dry-bulb Temperat	35
2	SAmple room 02	Dry-bulb Temperat	30
3	SAmple room 03	Dry-bulb Temperat	40
4	SAmple room 04	Dry-bulb Temperat	35

Copy　Paste　OK　Cancel

图 10-76 为不同房间设置不同的参数

例如在上述设置中，【SAmple room 01】和【SAmple room 04】使热盘管的断开温度为 35℃，【SAmple room 02】和【SAmple room 03】使热盘管的断开温度分别为 30℃和 40℃。

此处的输入数据也可以从 Excel 电子表格中复制，然后粘贴到数据表中。复制数据后，用户可以选择第一层，然后按【Paste】按钮。

➢ **小提示**：要确保数据输入正确，“Multiplex”中的房间应与电子表格中的相同，否则会将错误的参数值分配给房间。

10.4 ApacheVHAC 与 Apache Simulation

ApacheHVAC 模型自身不进行任何模拟，在设置 ApacheHVAC 模型后，需要使用 ApacheSim 模块运行它，通过勾选【ApacheHVAC Link】选择 ApacheHVAC 模型进行计算分析，如图 10-77 所示。

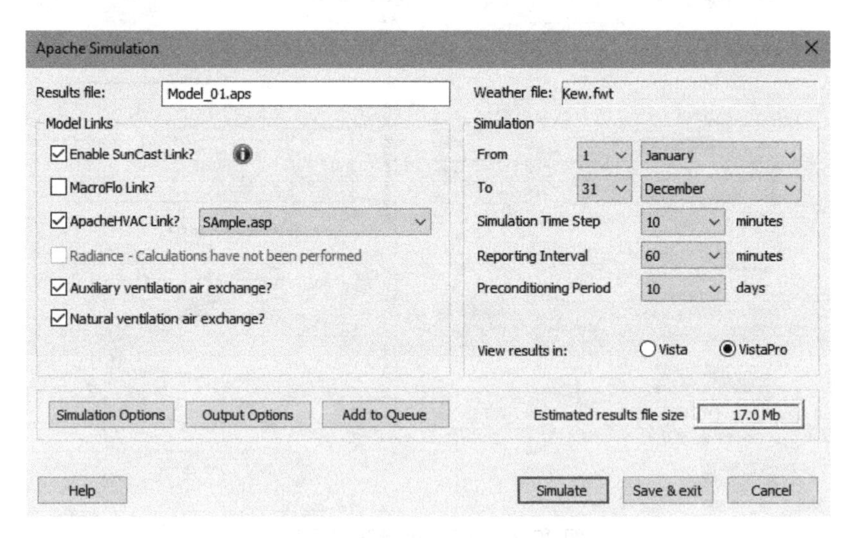

图 10-77 【Apache Simulation】设置对话框

完成模拟后，便能够在 VistaPro 中查看与 ApacheHVAC 模型相关的结果变量。

10.5 本章小结

ApacheHVAC 模块是一个复杂但功能强大的工具，可以给使用者提供详细的 HVAC 系统设置。它可以设置分解的组件级别，通过控制水末端系统和空气末端系统，来测试不同的节能控制策略。在本章中，仅介绍了热水和冷水环路，还有其他可以定义的常用加热和冷却源、传热回路、冷却回路等。

对于空气末端系统，建议使用者遵循设计原理图创建相应的系统网络结构，添加诸如空气—空气热交换器、蒸汽加湿器和喷雾室、混流阀等部件。在模块设置中还有自动设定功能，可以使用模型库中的原型系统，但需要更多的设置说明。自动调整功能可以根据峰值负荷计算结果设置部分参数。

第 11 章　国内外相关案例解析

11.1　案例一：Stenhouse 建筑性能改造项目

11.1.1　项目背景

该项目是英国思克莱德大学内的一栋商学院办公楼，建筑总面积约 7800m²。项目主要内容是针对此栋教育建筑进行绿色设计改造与更新，主体结构不变。项目现状如图 11-1 所示。

图 11-1　项目现状

11.1.2　项目前期评价内容

在项目实施之前，针对此建筑照明、热环境以及日照进行模拟评价，主要内容如下：

（1）对一系列潜在的内部布局进行采光分析，包括 BREEAM 得分项 HEA 01 的评估；

（2）结合风量对比分析来检查所需的窗户开口/面积比，优化建筑自然通风策略；

（3）参考英国建筑能源性能评价标准（EPC），进行能源效率评估。

在项目评估过程中，围护结构部分考虑透光材料和非透光材料对于建筑环境性能的影响。

11.1.3　建筑日照评价

为了更好地改善建筑采光水平，在平面布局改造设计中，将建筑外围的分格式空间和内围开放式空间进行互换，这样采光效果会更好。除底层外的所有楼层均采用这种布局方式。

结合建筑现状建立 IES〈VE〉采光分析模型，如图 11-2 所示。

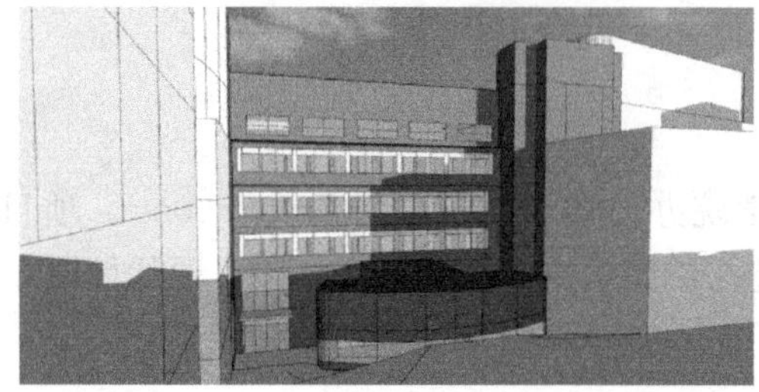
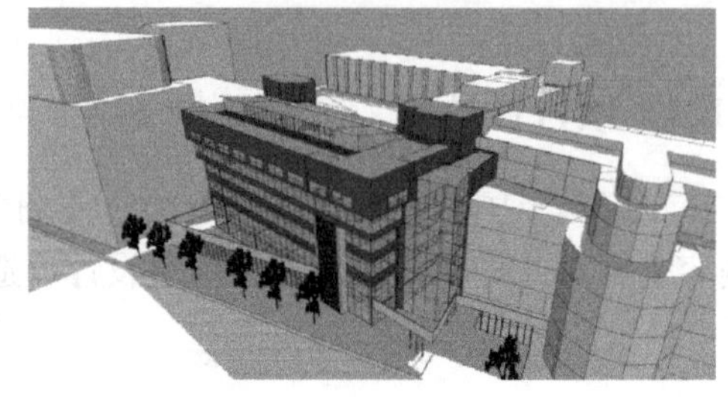

图 11-2　IES〈VE〉分析模型

由现状情况分析来看，其建筑采光易受到周边建筑遮挡，因此要进行建筑不同楼层采光状况进行分析。其单层采光分析模型见图 11-3。

在分析条件为 9 月 21 日 12 时 CIE 全阴天情况下，分别选取重点楼层采光系数分布情况进行模拟分析。

图 11-4 为建筑一层采光分析云图。从分析来看，会议空间有着良好的采光，同时北朝向房间约 50%的面积有 3%以上的采光系数。

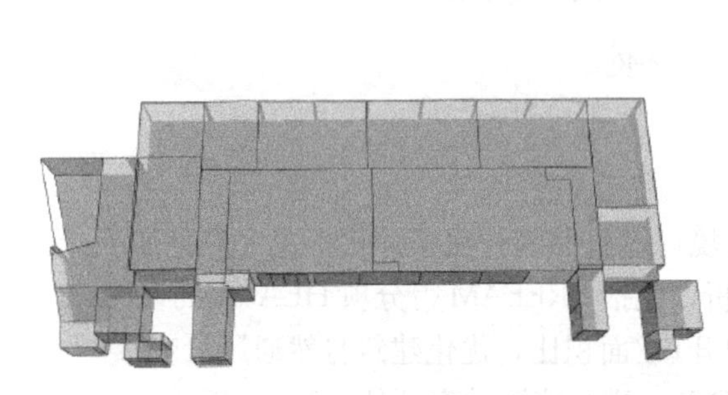
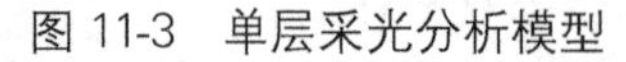

图 11-3　单层采光分析模型

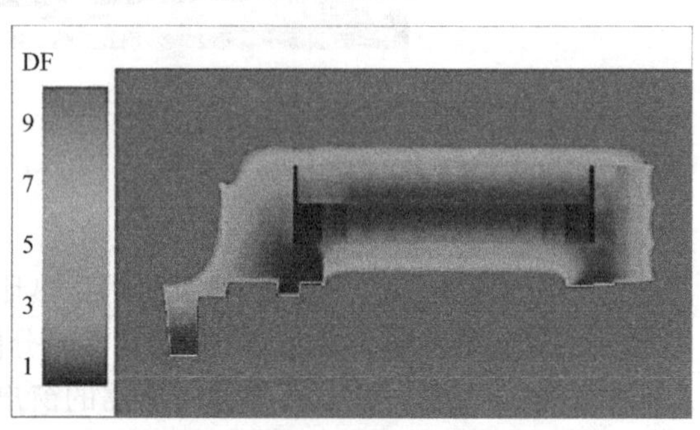

图 11-4　建筑一层采光分析云图

图 11-5 为建筑四层采光分析云图。从分析来看，建筑外围采光优良，北面开敞区域的采光系数值为 4%以上。当分格空间达到一定数量时，采光水平就会下降，所以（该设计方案的）采光优化和空间利用有很好的均衡。

图 11-6 为建筑五层采光分析云图。从分析来看，周围的光线水平良好，北面开敞区域的采光系数值为 3%以上。屋顶条形窗让周边空间和内部空间都有着良好的采光。这有助于提供更均匀的采光分布。

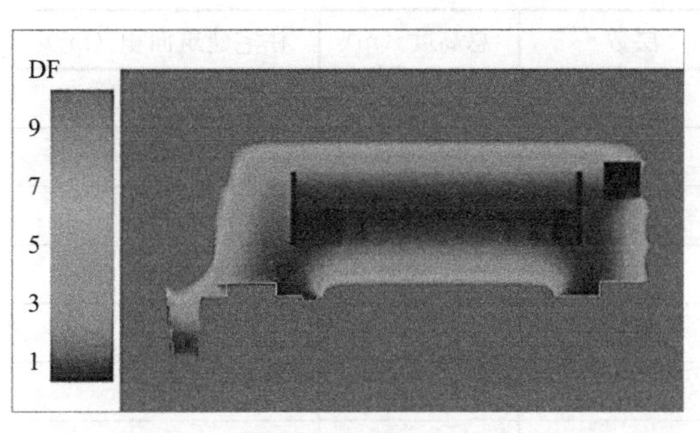

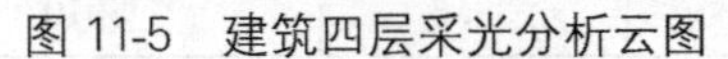
图 11-5 建筑四层采光分析云图

图 11-6 建筑五层采光分析云图

11.1.4 建筑自然通风评估

在自然通风评估中，结合不同平面的布置，采用窗墙比来控制建筑立面的最佳开口大小。在确保室内不会过热的情况下，确定其面积大小，从而为立面设计改造提供建议。结合建筑自身情况，一层到四层可开窗面积控制在23%以内，五层小窗户可开窗面积控制在56%以内，且考虑百叶窗的影响。

本次模拟采用 IES〈VE〉可持续分析软件中的 MacroFlo 和 ApachSim 模块，计算出房间空气温度超过 25℃和 28℃小时数的百分比，并通过数据分析进行评估夏季（房间）是否存在过热的问题。

11.1.5 建筑能耗评估

在能耗评估中，主要考虑建筑外墙（窗墙比）对建筑能耗的影响。结合项目所在地（格拉斯哥）区域气候特征，以及能源系统以燃气为主，且为主要采暖系统，制冷只在夏季偶尔使用。因此，在项目中不考虑夏季制冷所需的热电联产对其能耗的影响。暖通空调系统包括散热器、变风量空调系统、单风道变风量空调系统和风机盘管机组。

依据改进后的参数，该建筑在英国建筑能源性能评估中获得性能评价等级为 B。

11.2 案例二：上海青浦区某高级住宅项目

11.2.1 项目概述

项目地块位置东至诸光路，南至徐南路，西至规划绿地，北至方家塘路。项目规划建设用地 25266.6m^2，地下建筑面积 19637.64m^2，容积率 1.6，绿地率 35.07%，总户数 318 户。整个小区由 10 栋小高层住宅、1 栋保障性住房及地下车库组成，具体建筑信息详见表 11-1。

各楼建筑参数表　　表 11-1

楼号	户型面积（m^2）	标准层层高（m）	层数	总高度（m）	住宅建筑面积（m^2）
1	130＋110＋110＋110	3.15	11＋1	40	5040.2
2	130＋110＋110＋130	3.15	11＋1	40	5217.3

续表

楼号	户型面积（m^2）	标准层层高（m）	层数	总高度（m）	住宅建筑面积（m^2）
3	130+130	3.15	11+1	40	2783
4	大堂	—	—	—	—
5	160+130	3.15	11+1	40	3091
6	160+130	3.15	11+1	40	3091
7	160+160	3.15	11+1	40	3729
8	110+130+110+110	3.15	9	30.45	4104
9	130+130+130+130	3.15	10	33.6	5010
10	110+130+130+110	3.15	10	33.6	4760
11	保障房	—	—	—	—

11.2.2　项目定位

该项目定位为高端舒适的生态绿色科技性住宅，一年四季长时间维持室内恒温、恒湿、恒氧，同时也是目前国内第一个通过德国 DGNB 预认证的科技住宅，旨在打造一个新时代的国际化居住社区。为了健康建筑和绿色建筑的理念，该项目采用同步全球的八大科技系统来不断提升房屋的健康及舒适度，包括地源热泵系统、毛细管网系统、全置换式新风系统、屋顶外墙热阻隔系统、外窗隔热系统、同层排水系统、人性科技系统、家居智能系统。项目效果如图 11-2 所示。

图 11-2　项目效果

11.2.3　建筑能源系统分析

1. 设计参数

本项目拟供冷季约 5 月 15 日至 10 月 15 日，共 152 天。上海市属于夏热冬冷地区，设计规范中无供暖要求，但本项目定位为高端科技性住宅，同时考虑冬季湿冷等气候特点，故拟供暖季约 12 月 1 日至 2 月 28 日，共 90 天。能耗分析以 1 号楼为例，如图 11-3 为 1 号楼模型，层高 3.15m，共 12 层，面积 5040.2m^2，每层 4 户。

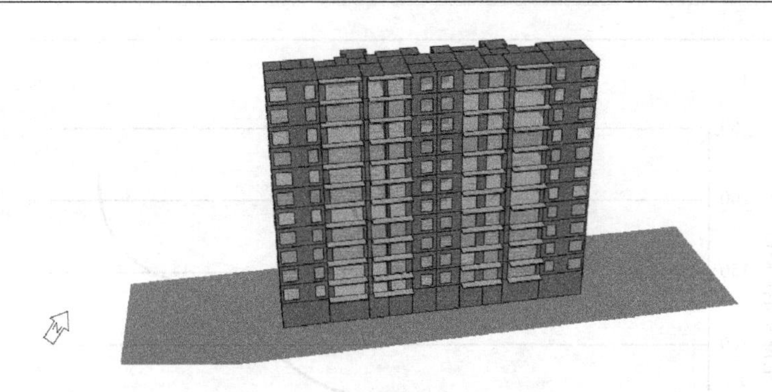

图 11-3 1号楼建筑分析模型

建筑围护结构具体参数：

屋面类型：挤塑聚苯乙烯泡沫板［热导率为 λ=0.028W/(m·K)］，综合传热系数 K=0.50W/(m^2·K)；

外墙类型：A级岩棉［热导率为 λ=0.033W/(m·K)］，综合传热系数 K=0.60W/(m^2·K)；

外窗类型：断热铝合金低辐射中空玻璃窗（5+12A+5 遮阳型），传热系数 2.20W/(m^2·K)，自身遮阳系数 0.62。

建筑热湿环境设计参数：夏季温度 25℃，湿度 55%；冬季温度 22℃，湿度 35%。

2. 空调负荷分析

通过空调负荷分析可知，最大冷负荷仍发生在 8 月初，其数值为 210kW 左右，该数值可为选择空调制冷设备、冷却塔、风机水泵等参数提供参考。全年空调总耗冷量为 266MWh，结合冷水机组设备等的运行效率可以计算出夏季供冷的耗电量及运行费用。各个月份的耗冷量如表 11-1 所示。

冷水装置不同月份负荷分析 **表 11-1**

月份	5月	6月	7月	8月	9月	10月	总计
冷水机负荷（MWh）	5.2442	40.4307	77.8223	74.3693	37.5641	2.7084	238.1

3. 空调设备选型分析

全年空调动态冷负荷如图 11-4 所示。从图中可知，在空调季约 3750h，大部分空调负荷的数值都远远低于最大负荷 214kW，空调负荷小于 100kW 的时间约为 2750h，小于 150kW 的时间约为 3400h。由此可见设备选型时如果只考虑设计负荷而不考虑负荷变化规律，空调系统在运行中就可能出现调节不灵活的现象，造成能源浪费。

4. 空调末端设备选型与温度控制

图 11-5 为 1 号楼某房间在 8 月 3 日的空调动态冷负荷变化规律。由图可知：该房间的最大负荷出现在下午 3 时，其数值为 1.9kW。同时还可以看到房间的冷负荷在一天之内变化很大，下午 3 时的负荷接近 2kW，但到夜间的负荷降低到 0.4kW，相差近 5 倍。因此毛细管空调系统控制设计时必须考虑到房间空调负荷的这个特点，采用适宜的控制方法方能维持房间的温度恒定。

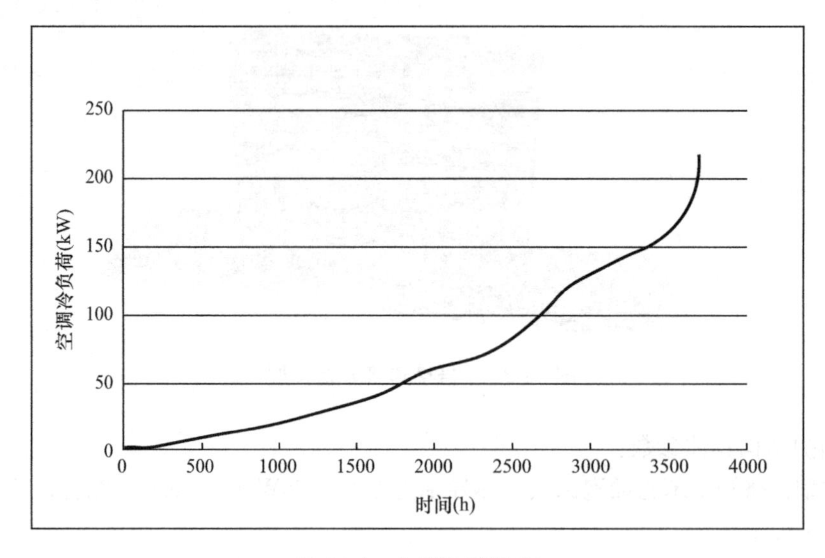

图 11-4　空调负荷排序

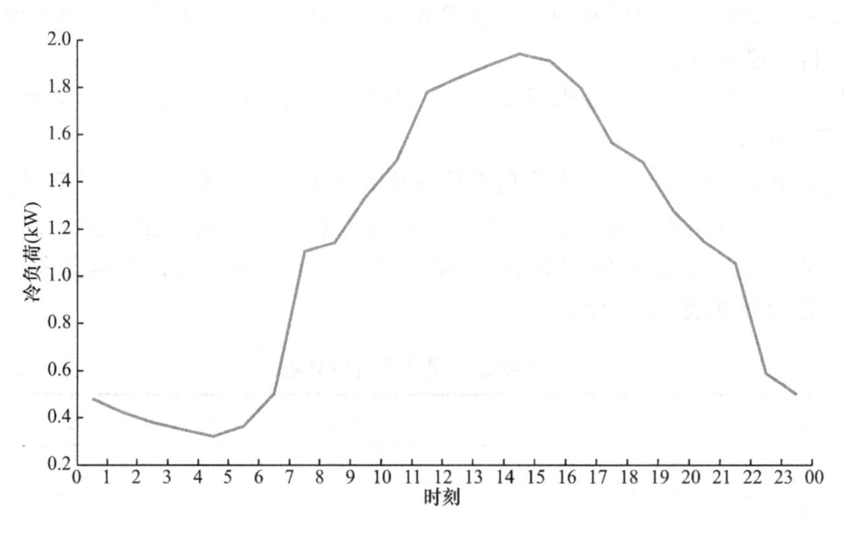

图 11-5　某房间 8 月 3 日空调动态冷负荷

11.3　案例三：湖北工业大学太阳能研究院

11.3.1　建筑概况

湖北工业大学太阳能研究院是湖北工业大学成立的以太阳能技术研究、低碳经济研究为中心的太阳能研究院，该建筑建成后将作为研究院的办公场所和新能源技术研发实验基地，作为新能源产业基地的公共研究平台，也是面向社会展示新能源技术与低碳经济研究及其发展趋势的重要平台。主体建筑是集科研办公、研发实验、现场教学、综合服务以及新能源技术与产品应用展示等多功能为一体的综合性建筑物。该建筑总建筑面积 6000m^2，建筑高度 30m，建筑效果如图 11-6 所示。

11.3.2　总体思路

以绿色设计为目标，在满足基本建筑功能与空间需求的基础上，力图实现建筑与环境的和谐统一，并达到建筑与环境的可持续发展。为实现 SEP 建筑的“环境净化器”功能，在建筑总体设计思路上从两大系统展开：太阳能系统和环境净化系统。本项目中，通过屋顶和南立面安装太阳能装置，利用太阳能光热和光电系统，对空气进行净化（室外腔体静电吸附除尘和室内废热、废气净化利用）、太阳能雨水收集与净化。建筑系统如图 11-7 所示。

图 11-6　建筑效果图

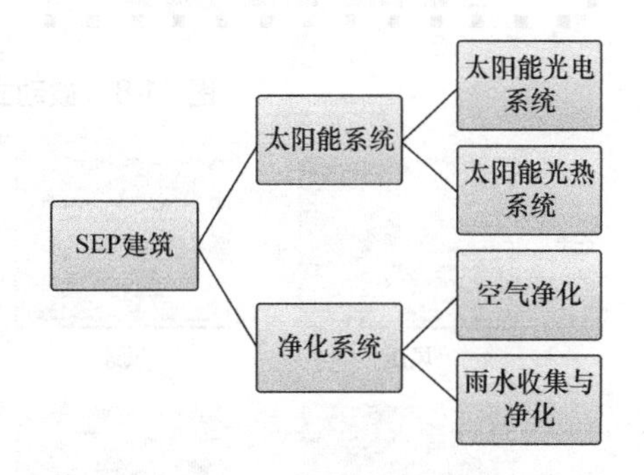

图 11-7　建筑系统图

11.3.3　建筑环境性能分析

在设计过程中，充分考虑建筑地域特征和环境性能需求，从气候条件、被动式设计策略、风环境、太阳能利用以及建筑节能几方面展开，并结合相关的建筑性能分析软件进行有效的设计指导。

1. 气候条件分析

项目地处湖北省武汉市南湖，属北亚热带季风湿润气候，具有雨量充沛、日照充足、夏季酷热、冬季寒冷的特点。年平均气温 15.8～17.5℃，其中 1 月平均气温最低，为 0.4℃，7～8 月气温最高，平均气温 28.7℃；夏季长达 135 天，由于地处北纬 30°，夏季正午太阳高度角可达 38°，夏季气温普遍高于 35℃，极端最高气温 40℃以上；年降水量为 1200mm，活动积温为 5150℃，年无霜期 240 天，年日照总时数 2000 小时。

2. 被动式策略分析

在绿色建筑设计中，“被动为主，主动优化”是设计遵从的基本原则。被动式设计从围护结构、自然通风、采光以及太阳能利用等方面出发，为建筑设计尽可能地提供自然能源补给。设计中，采用 ECOTECT 绿色设计软件中的 WeaTool 工具，并结合地域气候特征进行初步对比分析，提供可行的被动式设计思路和方向，如图 11-8 所示。

3. 建筑风环境影响分析

建筑风环境影响分析从室外风环境和室内风环境两方面考虑。室外风环境状况受到建筑场地周边风环境状况影响，并同建筑自身的布局形式、竖向与空间处理密切联系；室内风环境则受到建筑周边风环境的直接影响，对于自然通风的设计与使用至关重要（图 11-9）。因此，在项目设计前期的方案推敲阶段，就将风环境分析列入其中进行对比论证设计方案的可行性。

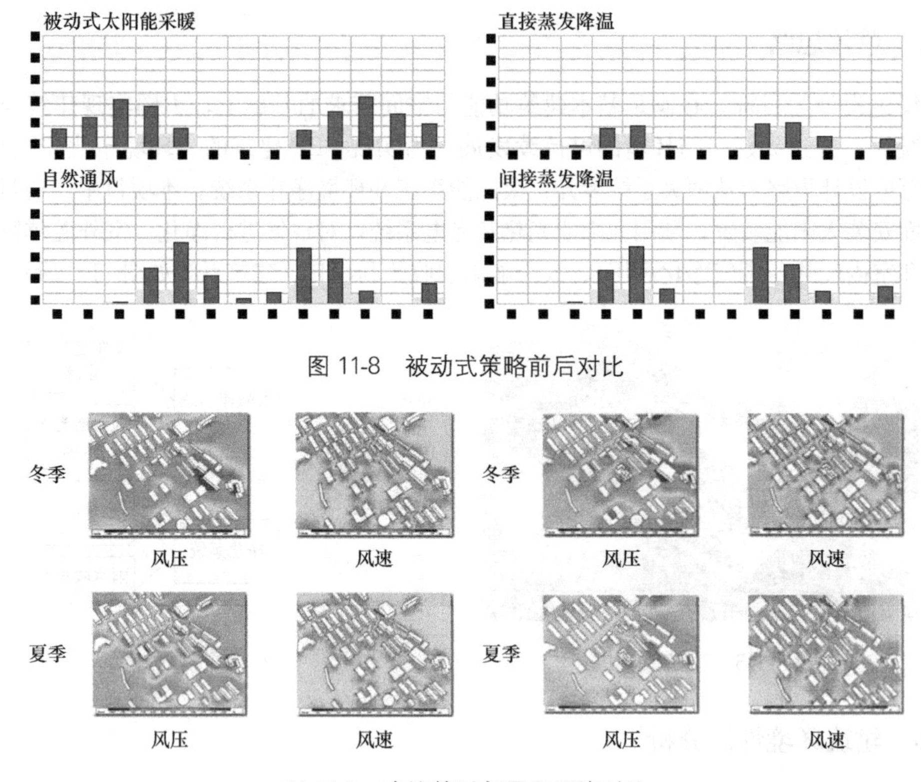

图 11-8　被动式策略前后对比

图 11-9　建筑前后冬夏风环境对比

4. 太阳能利用分析

在太阳能系统设计中，通过采用英国绿色建筑模拟软件 IES-Virtul Evironment 分析该区域的气象数据。从建筑所处区域的太阳辐射量计算分析来看，该地区年度太阳能辐射量 135kWh/(m^2 · 年)，夏季平均月的太阳辐射总量可达 6000kWh，冬季太阳辐射量也在 4000kWh 左右，因此该地区采用太阳能技术是可行和有效的。

本建筑屋顶和南立面设计有太阳能光伏板，总面积达到 358.6m^2，太阳能光电转化率为 15%～20%，其中屋顶的太阳能光伏板可根据太阳高度角变化进行追光收集，面积达到 280m^2；南立面太阳能光伏板面积 78.6m^2。通过南向不同季节不同太阳高度角变换影响下的太阳辐射量计算，在光伏板 15°、25°、35°和 45°情况下，以 25°的设置效率最高。所转换来的电能主要用于照明设备用电和辅助办公实验用电。

在设计中将太阳能光伏板在南立面搁置与建筑外立面相结合，并延伸到南向屋顶，使建筑的南面形成了锯齿形立面，实现技术与艺术的结合。

太阳能光热系统的原理是利用太阳能集热板将太阳辐射能收集并转换成热能加以利用。目前使用最多的太阳能收集装置，主要有聚焦集热器、真空管集热器、陶瓷太阳能集热器和平板型集热器等，该项目主要采用平板型集热器，总面积 129.6m^2，光热转换率约为 40%。屋顶的太阳能集热板转换而来的热能主要用于建筑的太阳能热水供应和雨水的高温杀菌等。如图 11-10 所示。

5. 建筑能耗评价分析

由于项目设计为新工程，无法得到运行数据。在设计过程中，结合 IES〈VE〉性能分析软件进行模拟，得到相关性能数据评定其能效指标（表 11-2）。

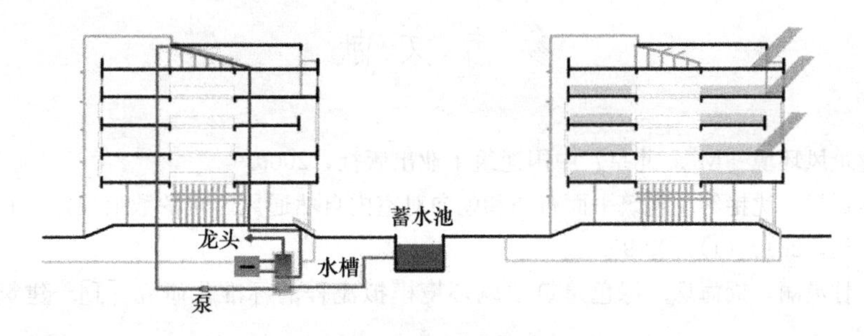

图 11-10 光热系统示意图

评定建筑能效指标 表 11-2

负荷	指标（MWh）
夏季冷负荷	71.7
冬季热负荷	13.6
最热月冷负荷	19.6
最冷月热负荷	3.9

参 考 文 献

[1] 陈飞. 建筑风环境 [M]. 北京：中国建筑工业出版社，2009.

[2] 丁勇，李百战，沈艳等. 建筑平面布局和朝向对室内自然通风影响的数值模拟 [J]. 土木建筑与环境工程，2010 (1)：90-95.

[3] 何开远，甘灵丽，周海珠. 绿色建筑中风环境模拟流程的标准化研究 [J]. 建筑节能，2011 (8)：22-25.

[4] 胡一东，庄智，余元波等. 绿色建筑风环境模拟计算要点敏感性分析 [J]. 建筑科学，2016 (8)：7-13.

[5] 李百战，何天琪，郑洁. 绿色建筑的概述 [M]. 北京：化学工业出版社，2007.

[6] 李百战，丁勇，刘猛. 绿色建筑的发展概述 [J]. 暖通空调，2006，36 (11)：27-32.

[7] 李骥，邹瑜，魏峥. 建筑能耗模拟软件的特点及应用中存在的问题 [J]. 建筑科学，2010，26 (2)：24-28.

[8] 李涛，刘丛红. LEED 与《绿色建筑评价标准》结构体系对比研究 [J]. 建筑学报，2011 (3)：75-78.

[9] 林波荣. 绿色建筑性能模拟优化方法 [M]. 北京：中国建筑工业出版社，2015.

[10] 刘加平，董靓，孙世均编著. 绿色建筑概论 [M]. 北京：中国建筑工业出版社，2010.

[11] 刘加平. 建筑物理 [M]. 北京：中国建筑工业出版社，2000.

[12] 刘凯英，田慧峰. 基于《绿色建筑评价标准》的绿色建筑设计流程优化 [J]. 施工技术，2014，43 (4)：60-62.

[13] 潘毅群等著. 使用建筑能耗模拟手册 [M]. 北京：中国建筑工业出版社，2013.

[14] 齐康，杨维菊，陈衍庆. 绿色建筑设计与技术 [M]. 南京：东南大学出版社，2011.

[15] 秦佑国. 建筑热环境 [M]. 北京：清华大学出版社，2005.

[16] 秦佑国. 中国绿色建筑评估体系研究 [J]. 建筑学报，2007 (3) 60-63.

[17] 清华大学建筑节能研究中心. 中国建筑节能发展研究报告 (2013) [R]. 北京：中国建筑工业出版社，2013.

[18] 宋凌，林波荣，李宏军. 适合我国国情的绿色建筑评价体系研究与应用分析 [J]. 暖通空调，2012，42 (10)：15-19.

[19] 天津生态城绿色建筑研究院，清华大学建筑节能研究中心编. 建筑能耗模拟及 eQUEST&DeST 操作教程 [M]. 北京：中国建筑工业出版社，2014.

[20] 田蕾. 建筑环境性能综合评价体系研究 [M]. 南京：东南大学出版社，2009.

[21] 吴伯谦，王彬，袁旭东. 模拟仿真软件在 HVAC 领域中的应用 [J]. 制冷与空调，2006，6 (4)：5-9.

[22] 谢家平. 绿色设计评价与优化 [M]. 武汉：中国地质大学出版社，2004.

[23] 叶青，卜增文. 本土、低耗、精细——中国绿色建筑的设计策略 [J]. 建筑学报，2006 (11)：15-17.

[24] 中国城市科学研究会. 绿色建筑 2014 [M]. 北京：中国建筑工业出版社，2014.

[25] 中国建筑标准设计研究院. 绿色建筑评价标准应用技术图示-15J904 [S]. 北京：中国建筑标准设计研究院，2015.

[26] 中国建筑科学研究院. 绿色建筑评价技术细则 2015 [M]. 北京：中国建筑工业出版社，2015.

[27] 中国建筑科学研究院主编. 绿色建筑评价技术细则 2015 [M]. 北京：中国建筑工业出版社，2015.

[28] 中华人民共和国住房和城乡建设部. 公共建筑节能设计标准：GB 50189—2015 [S]. 北京：中国建筑工业出版社，2014.

[29] 中华人民共和国住房和城乡建设部. 建筑采光设计标准：GB 50033—2013 [S]. 北京：中国建筑工业出版社，2014.

[30] 中华人民共和国住房和城乡建设部. 建筑节能气象参数标准：JGJ/T 346—2014 [S]. 北京：中国建筑工业出版社，2014.

[31] 中华人民共和国住房和城乡建设部. 绿色建筑评价标准 GB/T 50378—2019 [S]. 北京：中国建筑工业出版社，2019.

[32] 周楚，郑立红，陈晖等. 关于绿色建筑性能模拟优化流程的研究 [J]. 建筑节能，2016 (10)：68-72.

[33] 庄智，余元波，叶海，谭洪卫等. 建筑室外风环境 CFD 模拟技术研究现状 [J]. 建筑科学，2014 (2)：108-112.

[34] 日本可持续建筑协会著. 建筑物综合环境性能评价体系——绿色设计工具 [M]. 石文星译. 北京：中国建筑工业出版社，2005.

[35] Hamdy M，Hasan A，Siren K. A multi-stage optimization method for cost-optimal and nearly-zero-energy building solutions in line with the EPBD-recast 2010 [J]. Energy and Buildings，2013，56 (1)：189-203.